非线性优化算法

韦增欣 陆莎 著

科学出版社

北京

内 容 简 介

本书主要对几类常用的非线性优化算法：共轭梯度法、拟牛顿法、邻近点法、信赖域方法以及求解约束优化问题的梯度投影法、有限记忆 BFGS 方法、Topkis-Veinott 方法等逐一作了介绍，尤其着重对这几类算法的改进和扩展应用，包含对共轭梯度法参数的讨论、修正的共轭梯度法、修正的拟牛顿公式及对应的修改的拟牛顿算法、非单调的 BFGS 类算法、非光滑凸优化的一类邻近点模式算法、邻近束方法、带非单调线搜索的 Barzilai-Borwein 梯度法、自适应三次正则化信赖域算法、结合有限记忆 BFGS 的有效集投影信赖域方法、初始点任意的梯度投影法、变形 Topkis-Veinott 方法、子空间有限记忆 BFGS 方法等，以及随机规划 SQP 算法和随机极限载荷分析模型. 对应算法均给出了收敛性质的分析，部分算法给出一些算例和数值试验结果.

本书可供具备最优化理论基础的高等院校数学系高年级本科生，运筹学与控制论、应用数学、计算数学等相关专业的研究生，以及对最优化理论和算法感兴趣的教师和科技工作者阅读.

图书在版编目 (CIP) 数据

非线性优化算法/韦增欣, 陆莎著. —北京: 科学出版社, 2015.11

ISBN 978-7-03-046237-4

Ⅰ. ①非… Ⅱ. ①韦… ②陆… Ⅲ. ①非线性—最优化算法—算法分析
Ⅳ. ①O224

中国版本图书馆 CIP 数据核字 (2015) 第 264612 号

责任编辑: 李 欣/责任校对: 邹慧卿
责任印制: 吴兆东/封面设计: 陈 敬

科学出版社 出版

北京东黄城根北街 16 号
邮政编码: 100717
http://www.sciencep.com

北京凌奇印刷有限责任公司 印刷
科学出版社发行 各地新华书店经销

*

2016 年 1 月第 一 版 开本: 720 × 1000 1/16
2024 年 2 月第三次印刷 印张: 19
字数: 383 000

定价: 118.00 元
(如有印装质量问题, 我社负责调换)

前　　言

最优化是一门应用性很强的学科, 它讨论决策问题最优解的存在性、稳定性、求解方法以及这些方法的收敛性态和数值表现. 随着计算机技术的高速发展, 最优化理论与方法的应用越来越广泛, 涉及经济、工程、生产、交通、国防等重要领域. 最优化的思想方法与技术是各类技术人员、管理人员所必备的思维方式和基础知识.

本书主要是对几类常用的求解非线性规划问题的方法进行介绍和分析, 大部分内容是作者及合作者多年的研究成果. 对于非线性规划中的无约束优化问题, 重点介绍了在共轭梯度法、拟牛顿法、邻近点法和信赖领域法等的主要结果; 对于非线性规划中的约束优化问题, 则介绍了梯度投影法、有限记忆 BFGS、Topkis-Veinott 法等.

本书分为 6 章, 下面简要叙述每一章的内容.

第 1 章为本书的引论部分, 主要介绍在后面 5 章将要用到的数学基础知识, 包括最优化算法的迭代框架和数值实验等.

第 2 章为共轭梯度法, 在简要介绍了一些传统的共轭梯度法及其收敛性后给出了一族不依赖线搜索而自动具有充分下降性的共轭梯度算法; 利用 Moreau-Yosida 正则函数给出新的线搜索技术进而获得一类修正的 Armijo 型线搜索下的 PRP 共轭梯度法; 由于共轭梯度法中参数非负性的重要性, 作者给出了一个修正的 PRP 方法, 此处所给的参数自动保持非负性, 而且此法中参数的选取技巧很容易推广至其他共轭梯度法.

第 3 章为拟牛顿方法, 通过在第 k 次迭代用逼近函数代替原函数得出新的拟牛顿方程, 由此导出了各类拟牛顿公式. 重点研究了 BFGS 型的拟牛顿算法, 包括两个非单调 BFGS 型算法, 对这些算法的全局收敛性和超线性收敛性都给予了详细的讨论.

第 4 章为邻近点方法, 主要是通过 Moreau-Yosida 正则函数来研究正常下半连续广义值凸函数的最优解的求解问题. 给出了一个很一般的算法框架并讨论其收敛性质; 利用一族二次函数逼近目标函数给出了一类近似方法; 最后求解非凸类优化的非单调线搜索 Barzilai-Borwein 梯度法.

第 5 章为信赖域方法, 首先利用 Moreau-Yosida 正则化技术给出了一个自适应三次正则化信赖域算法, 由于采用的是近似技术, 超线性收敛证明具有一定的难度; 利用有限记忆 BFGS 技术, 给出了求解带框型约束的非光滑方程的有效集投影信赖域方法；结合 Moreau-Yosida 正则化函数，得到带有限记忆 BFGS 的非光滑凸优化信赖域算法；虽然上述两算法求解的问题不具有光滑性，它们仍然获得了局部超线性收敛性，初步的数值结果表明最后一个算法是很有效的.

第 6 章为约束优化问题的一些方法，核心的内容是首次给出了初始点任意且全局收敛的梯度投影法，而且只要迭代点落入可行域，后来的所有迭代均在可行域中进行；给出变形的 Topkis-Veinott 方法有一些良好的理论性质；给出的近似 SQP 算法可以用来求解一些复杂问题，这些问题的目标函数值以及梯度值都很难精确求得；最后给出了求解大规模有界约束问题的子空间有限记忆 BFGS 方法.

借此机会，韦增欣对引领他进入优化领域的薛声家教授、赖炎连教授、韩继业教授、越民义教授表示感谢；对博士生导师祁力群教授表示感谢，感谢他的培养关心和多年来的鼓励和帮助；感谢郭柏灵院士、袁亚湘院士、孙德峰教授、戴彧虹教授、修乃华教授、杨新民教授、李董辉教授、李声杰教授、万中教授、凌晨教授、孙文瑜教授、吴至友教授、莫降涛教授、袁功林教授等多年来的支持和帮助.

本书得到国家自然科学基金 (11161003) 的资助，特此表示致谢.

由于作者水平有限，本书的不妥之处在所难免，欢迎读者批评和指正.

作　者

目　　录

第1章 引　论

1.1 引　言

最优化方法是一个重要的数学分支, 源自于军事、管理、经济和工程技术领域的各个方面, 其内容的深度和广度也随着各个不同阶段的科学技术进步而发展. 它所研究的问题是讨论如何对众多方案进行判别与衡量, 并以合适的方法从这些方案中选出最优方案. 例如在确定投资项目时希望选择期望收益最大或者风险最小的项目; 城建规划中, 希望能合理安排工厂、机关、学校等单位的布局; 在输送管道和运输路线的设计中, 希望在满足设计要求的条件下能尽可能的短. 类似这样的问题, 不胜枚举. 要应用最优化技术确定最优方案, 需对具体实际问题进行建模, 再根据相应模型的形式与特征选择出适当的方法进行求解. 最优化为解决这些问题, 提供了理论基础与求解方法, 从而在一切可能的方案中选择一个最好的方案以达到最优的目标. 它是一门应用广泛、实用性强的学科.

非线性最优化问题的一般表达形式为

$$\text{(NLP)} \begin{cases} \min & f(x); \\ \text{s.t.} & c_i(x) = 0, \quad i \in E, \\ & c_i(x) \leqslant 0, \quad i \in I, \\ & x \in R^n. \end{cases} \tag{1.1.1}$$

其中 x 是决策变量, $f(x)$ 为目标函数, E 和 I 分别表示等式约束指标集和不等式约束指标集, $c_i(x)$ 是约束函数. 记集合

$$D = \{x | c_i(x) = 0, i \in E; c_i(x) \leqslant 0, i \in I, x \in R^n\},$$

则称 D 为 (NLP) 问题的可行域, 将 $x \in D$ 的点称为可行点. 特别地, 如果 $D = R^n$, 则最优化问题 (1.1.1) 称为无约束优化问题

$$\min_{x \in R^n} f(x); \tag{1.1.2}$$

否则, 称最优化问题 (1.1.1) 为约束优化问题.

最优化问题可应用于多个方面, 如下面的一个例子.

例 1.1.1　投资组合问题

假设有一笔资金为 a 亿元, 准备将其投资于 n 种证券. 已知第 i 种证券的期望收益率为 r_i, 证券收益率之间的协方差矩阵为 A. 假设投资到各种证券所构成的资金向量为 $x = (x_1, x_2, \cdots, x_n)^{\mathrm{T}}$, 且期望收益不低于事先指定的数 r_0, 如何根据 Markowitz 的投资组合理论, 建立最优化模型.

解　这项投资的风险是 $V(x) = x^{\mathrm{T}}Ax$, 期望收益率是 $R(x) = r_1x_1 + r_2x_2 + \cdots + r_nx_n$. 我们有如下最优化数学模型, 即投资组合模型:

$$\begin{cases} \min & V(x) = x^{\mathrm{T}}Ax, \\ \text{s.t.} & r_1x_1 + r_2x_2 + \cdots + r_nx_n \geqslant ar_0, \\ & \sum_{i=1}^{n} x_i = a, \quad x_i \geqslant 0, \quad i = 1, \cdots, n. \end{cases}$$

不仅经济金融, 在工程技术、现代化管理、军事领域中还有许多问题可归结为最优化问题来解决, 限于篇幅不再介绍, 有兴趣的读者可以参考相关文献. 本书的相关章节也有一些应用举例, 如随机规划在工程中的应用等.

本书主要研究求解最优化问题的理论和方法, 其中第 2 至第 5 章研究无约束最优化问题, 第 6 章研究约束最优化问题. 书中的大部分是作者及合作者近年来的研究结果.

1.2　数学基础

凸性和最优性条件是最优化理论分析中较为重要的一部分内容, 本节将扼要地介绍凸集和凸函数的一些概念, 凸集的分离和支撑、无约束问题和约束优化问题最优性条件的一些结果, 对其证明过程感兴趣的读者可参阅这方面的专著, 如 Rockafellar 的 *Convex Analysis*[154] 等.

1.2.1　凸集和凸函数

定义 1.2.1(凸集)　设集合 $X \subset R^n$, 若 $\forall x, y \in X$ 与 $\forall \lambda \in [0,1]$, 有 $\lambda x + (1-\lambda)y \in X$, 则称集合 X 是凸集. 称 $\lambda x + (1-\lambda)y$ 为 x, y 的凸组合. 当 $\lambda \in (0,1)$ 时, 称 $\lambda x + (1-\lambda)y$ 为 x, y 的严格凸组合.

定理 1.2.2　R^n 中任意两个凸集的交集仍然是凸集.

应注意的是, 两个凸集的并集未必是凸集.

定理 1.2.3　X 为凸集的充分必要条件是: $\forall x_1, x_2, \cdots, x_m \in X$ $(m \geqslant 2$ 为正整数) 及任意非负实数 $\lambda_1, \lambda_2, \cdots, \lambda_m$, 当 $\lambda_1 + \lambda_2 + \cdots + \lambda_m = 1$ 时, 有 $\lambda_1x_1 + \lambda_2x_2 + \cdots + \lambda_mx_m \in X$.

定义 1.2.4 (凸函数)　设集合 X 是非空凸集, f 是定义在 X 上的函数, 若 $\forall x, y \in X$ 与 $\lambda \in (0, 1)$, 均有 $f(\lambda x + (1-\lambda)y) \leqslant \lambda f(x) + (1-\lambda)f(y)$, 则称 f 为 X 上的凸函数; 若 $\forall x, y \in X$ 与 $\lambda \in (0, 1)$, 均有 $f(\lambda x + (1-\lambda)y) < \lambda f(x) + (1-\lambda)f(y)$, 则称 f 为 X 上的严格凸函数.

利用凸函数的定义及相关性质可以判断函数的凸性, 但有时候计算过于繁琐且不便, 因此需要进一步研究函数的判别问题. 在介绍凸函数的判别定理之前先给出以下定义.

定义 1.2.5　设函数 $f(x)$ 存在一阶偏导数, $x \in R^n$, 则称向量

$$\nabla f(x) = \left(\frac{\partial f(x)}{\partial x_1}, \frac{\partial f(x)}{\partial x_2}, \cdots, \frac{\partial f(x)}{\partial x_n} \right)^{\mathrm{T}}$$

为 $f(x)$ 在点 x 处的梯度或一阶导数, 记 $g(x) = \nabla f(x)$.

定义 1.2.6　设函数 $f(x)$ 存在二阶偏导数, $x \in R^n$, 则称矩阵

$$\nabla^2 f(x) = \begin{bmatrix} \dfrac{\partial^2 f(x)}{\partial x_1^2} & \dfrac{\partial^2 f(x)}{\partial x_1 \partial x_2} & \cdots & \dfrac{\partial^2 f(x)}{\partial x_1 \partial x_n} \\ \dfrac{\partial^2 f(x)}{\partial x_2 \partial x_1} & \dfrac{\partial^2 f(x)}{\partial x_2^2} & \cdots & \dfrac{\partial^2 f(x)}{\partial x_2 \partial x_n} \\ \vdots & \vdots & & \vdots \\ \dfrac{\partial^2 f(x)}{\partial x_n \partial x_1} & \dfrac{\partial^2 f(x)}{\partial x_n \partial x_2} & \cdots & \dfrac{\partial^2 f(x)}{\partial x_n^2} \end{bmatrix}$$

为 $f(x)$ 在点 x 处的 Hesse 矩阵或二阶导数, 记 $G(x) = \nabla^2 f(x)$.

当 $f(x)$ 为二次函数时, 函数的梯度及 Hesse 阵很容易求得. 二次函数可以写成以下形式

$$f(x) = \frac{1}{2} x^{\mathrm{T}} A x + b^{\mathrm{T}} x + c.$$

容易验证, 函数 $f(x)$ 在 x 处的梯度为

$$\nabla f(x) = Ax + b,$$

Hesse 阵为

$$\nabla^2 f(x) = A.$$

显然, 二次函数的 Hesse 阵与点的位置无关.

定理 1.2.7　$f(x)$ 为凸函数的充分必要条件是: $\forall x, y \in R^n, \alpha \in R$, 一元函数 $\varphi(\alpha) = f(x + \alpha y)$ 是关于 α 的凸函数.

定理 1.2.8　设 $X \subset R^n$ 为非空开凸集, $f(x)$ 是定义在 X 上的可微函数, 则

(1) $f(x)$ 是 X 上凸函数的充分必要条件是

$$f(x) \geqslant f(x) + \nabla f(x)^{\mathrm{T}}(y - x), \quad \forall x, y \in X. \tag{1.2.1}$$

(2) $f(x)$ 是 X 上严格凸函数的充分必要条件是

$$f(x) > f(x) + \nabla f(x)^{\mathrm{T}}(y - x), \quad \forall x, y \in X, x \neq y. \tag{1.2.2}$$

下面叙述判别凸函数的二阶条件.

定理 1.2.9　设 $X \subset R^n$ 为非空开凸集, $f(x)$ 是定义在 X 上的二阶可微函数, 则

(1) f 是 X 上凸函数的充分必要条件是 $f(x)$ 的 Hesse 阵 $\nabla^2 f(x)$ 在 X 上半正定.

(2) 如果 $f(x)$ 的 Hesse 阵 $\nabla^2 f(x)$ 在 X 上正定, 则 $f(x)$ 是 X 上的严格凸函数; 反之, 如果 $f(x)$ 是 X 上的严格凸函数, 则 $\nabla^2 f(x)$ 在 X 上正定.

利用以上几个定理容易判断一个可微函数是否为凸函数, 特别对于二次函数, 可以通过函数的 Hesse 阵来判别函数的凸性. 由于二次函数的 Hesse 阵为常数矩阵, 与所考虑的点无关, 故很容易对其凸性进行判断.

另外, 凸函数亦与水平集关系密切. 下面的定理指出凸函数的水平集是凸集.

定义 1.2.10　设 $f(x)$ 是定义在 $X \subset R^n$ 上的函数, $\alpha \in R$, 集合

$$L_\alpha = \{x | x \in X, f(x) \leqslant \alpha\}$$

称为函数 f 的 α 水平集.

定理 1.2.11　设 $X \subset R^n$ 是非空凸集, f 是定义在 X 上的凸函数, α 是一个实数, 则水平集 $L_\alpha = \{x | x \in X, f(x) \leqslant \alpha\}$ 是凸集.

定理 1.2.12　设水平集 $L(x_0) = \{x \in X | f(x) \leqslant f(x_0)\}$, $f(x)$ 在 $X \subset R^n$ 上二次连续可微, 且存在常数 $m > 0$, 使得

$$u^{\mathrm{T}} \nabla^2 f(x) u \geqslant m \|u\|^2, \quad \forall x \in L(x_0), u \in R^n, \tag{1.2.3}$$

则水平集 $L(x_0)$ 是有界闭凸集.

1.2.2　最优性条件

优化问题解的类型有局部极小点和全局极小点两种.

定义 1.2.13　设 $x^* \in R^n$ (或在约束优化问题中 $x^* \in$ 可行域 D), 若存在 $\delta > 0$, 使得对于所有满足 $\|x - x^*\| < \delta$ 的 $x \in R^n$ (或 $x^* \in$ 可行域 D), 都有 $f(x) \geqslant f(x^*)$

成立, 则称 x^* 为 $f(x)$ 的局部极小点; 若对所有满足 $x \in R^n$ (或 $x^* \in$ 可行域 D), $x \neq x^*$ 和 $\|x - x^*\| < \delta$ 的 x, 都有 $f(x) > f(x^*)$, 则称 x^* 为 $f(x)$ 的严格局部极小点.

定义 1.2.14　若对于任意的 $x \in R^n$ (或在约束优化问题中 $x^* \in$ 可行域 D), 都有 $f(x) \geqslant f(x^*)$, 则称 x^* 为 $f(x)$ 的全局极小点; 若对于任意的 $x \in R^n$ (或在约束优化问题中 $x^* \in$ 可行域 D), 都有 $f(x) > f(x^*)$, 则称 x^* 为 $f(x)$ 的严格全局极小点.

显然, 全局极小点也是一个局部极小点, 而局部极小点却未必是全局极小点.

虽然目前国内外已有许多求全局极小点的算法, 但一般来说这仍是一项相对艰巨的任务. 尤其对较复杂的目标函数或大型数据规模问题, 求出全局极小点往往不可行. 在现实运用中, 求出局部极小点有时也能满足许多问题的要求. 因此, 本书所指的优化问题求解, 通常是指求局部极小点, 仅当问题具有某种凸性时, 局部极小点才是全局极小点.

定理 1.2.15　设 $X \subset R^n$ 为凸集, $f : X \to R$, 假定 $\overline{x} \in X$ 是 $f(x)$ 在 X 上的一个局部极小点,

(1) 如果 f 是凸的, 则 $\overline{x}$ 是 f 在 X 上的全局极小点;

(2) 如果 f 是严格凸的, 则 $\overline{x}$ 是 f 在 X 上的唯一的全局极小点.

下面分别给出无约束优化问题及有约束优化问题的最优性条件. 相关定理的证明在许多优化书籍中都能找到, 故在此仅列出结论而略去其证明.

1. 无约束优化问题的最优性条件

考虑无约束优化问题:

$$\min_{x \in R^n} f(x),　　　　　　　　　　(1.2.4)$$

对极小点的判断, 有如下一些结论:

定理 1.2.16 (无约束优化一阶必要条件)　设 $f(x)$ 一阶连续可微. 如果 x^* 是无约束优化问题 (1.2.4) 的一个局部极小点, 则

$$\nabla f(x^*) = 0.　　　　　　　　　　(1.2.5)$$

定理 1.2.17 (无约束优化二阶必要条件)　设 $f(x)$ 二阶连续可微. 如果 x^* 是无约束优化问题 (1.2.4) 的一个局部极小点, 则

$$\nabla f(x^*) = 0, \quad \nabla^2 f(x^*) \text{ 为半正定.}$$

定理 1.2.18 (无约束优化二阶充分条件)　设 $f(x)$ 二阶连续可微. 如果 $\nabla f(x^*) = 0, \nabla^2 f(x^*)$ 为正定, 则 x^* 是无约束优化问题的一个严格局部极小点.

定理 1.2.19 (无约束凸优化充要条件)　如果 $f : X \to R^n$ 是凸函数, 且 $f(x)$ 一阶连续可微, 则 x^* 是全局极小点的充分必要条件是 $\nabla f(x^*) = 0$.

2. 有约束优化问题的最优性条件

考虑一般约束优化问题:

$$\begin{cases} \min & f(x); \\ \text{s.t.} & c_i(x) = 0, \quad i \in E, \\ & c_i(x) \leqslant 0, \quad i \in I, \\ & x \in R^n. \end{cases} \tag{1.2.6}$$

记指标集 $E = \{1, 2, \cdots, l\}$, $I = \{1, 2, \cdots, m\}$, $I(x) = \{i | c_i(x) = 0\}$, 可行域为 D.

约束优化问题 (1.2.6) 的拉格朗日函数为

$$L(x, \mu, \lambda) = f(x) - \sum_{i=1}^{l} \mu_i c_i(x) - \sum_{i=1}^{m} \lambda_i c_i(x), \tag{1.2.7}$$

它关于变量 x 的梯度和 Hesse 矩阵分别为

$$\nabla_x L(x, \mu, \lambda) = \nabla f(x) - \sum_{i=1}^{l} \mu_i \nabla c_i(x) - \sum_{i=1}^{m} \lambda_i \nabla c_i(x),$$

$$\nabla_{xx}^2 L(x, \mu, \lambda) = \nabla^2 f(x) - \sum_{i=1}^{l} \mu_i \nabla^2 c_i(x) - \sum_{i=1}^{m} \lambda_i \nabla^2 c_i(x).$$

对约束优化问题极小点的判断, 有如下定理:

定理 1.2.20(KKT 一阶必要条件)   设 x^* 是约束优化问题 (1.2.6) 的一个局部极小点, 在 x^* 处的有效约束集为

$$\mathcal{A}(x^*) = E \bigcup I(x^*),$$

并且 $f(x)$ 和约束函数 $c_i(x)$, $i \in E \bigcup I$ 在 x^* 上均一阶连续可微. 若向量组 $\nabla c_i(x^*)$, $i \in \mathcal{A}(x^*)$ 线性无关, 则存在向量 $(\mu^*, \lambda^*) \in R^l \times R^m$, 其中 $\mu^* = (\mu_1^*, \cdots, \mu_l^*)$, $\lambda^* = (\lambda_1^*, \cdots, \lambda_m^*)$, 使得

$$\begin{cases} \nabla f(x^*) - \sum_{i=1}^{l} \mu_i^* \nabla c_i(x^*) - \sum_{i=1}^{m} \lambda_i^* \nabla c_i(x^*) = 0, \\ c_i(x^*) = 0, \quad i \in E, \\ c_i(x^*) \geqslant 0, \; \lambda_i^* \geqslant 0, \; \lambda_i^* c_i(x^*) = 0, \quad i \in I. \end{cases} \tag{1.2.8}$$

(1.2.8) 称为约束优化问题 (1.2.6) 的 KKT 条件, 满足这一条件的点 x^* 称为 KKT 点, $(x^*; (\mu^*, \lambda^*))$ 称为 KKT 对, 其中 (μ^*, λ^*) 称为约束优化问题的拉格朗日乘子;KKT 条件中的 $\lambda_i^* c_i(x^*) = 0$, $i \in I$ 称为互补松弛条件, 它意味着 λ_i^* 和 $c_i(x^*)$ 必须至少有一个为 0, 若两者中有一个为 0 而另一个严格大于 0, 则称之为满足严格互补松弛条件.

定理 1.2.21 (约束优化二阶充分条件) 对约束优化问题 (1.2.6), 设 $f(x)$ 和约束函数 $c_i(x)$, $i \in E \bigcup I$ 均二阶连续可微, 并且 x^* 为问题的 KKT 点, (μ^*, λ^*) 是对应的拉格朗日乘子. 若对任意的 $d \neq 0$, $d \in R^n$, $\nabla c_i(x^*)^{\mathrm{T}} d = 0 (i \in \mathcal{A}(x^*))$, 均有

$$d^{\mathrm{T}} \nabla_{rr}^{L}(x^*, \mu^*, \lambda^*) d > 0,$$

则 x^* 是约束优化问题 (1.2.6) 的一个严格局部极小点.

一般而言, 约束优化问题的 KKT 点不一定是局部极小点, 但如果是凸优化问题且满足一定的约束规格, 则 KKT 点、局部极小点、全局极小点三者是等价的.

定义 1.2.22 (凸优化问题) 当 $f(x)$ 是凸函数, $c_i(x) (i \in E)$ 是线性函数, $c_i(x) (i \in I)$ 是凸函数时, 约束优化问题 (1.2.6) 称为凸优化问题.

定理 1.2.23 设 x^* 是带约束凸优化问题的 KKT 点, 则 x^* 是该问题的全局极小点.

1.3 优化算法结构

最优化方法通常采用迭代的方法求出其最优解, 其基本思想是: 从已知点 x_k 出发, 按照某种规则求出后继点 x_{k+1}, 继而用 $k+1$ 代替 k 并重复以上过程, 这样就得到一个点列 $\{x_k\}$, 并且使得当 $\{x_k\}$ 是有穷点列时, 其最后一个点是该最优化问题的最优解; 当 $\{x_k\}$ 是无穷点列时, 它有极限点, 且其极限点是最优化问题的最优解. 当然, 一般算法需要首先给出初始点 x_0, 以使迭代可以开始进行. 一个好的算法应该具备的典型特征是: 迭代点 x_k 能稳定地接近局部极小点 x^* 的邻域, 然后迅速收敛于 x^*. 当给定的某种收敛准则满足时, 迭代即可终止.

下面给出最优化算法的基本结构:

算法 1.3.1 (最优化算法的基本结构)

步 1. 给定最优解的一个初始估计 x_0, 令 $k := 0$;

步 2. 若 x_k 满足对最优解估计的某种终止条件, 则停止迭代;

步 3. 按照某种规则得到改善的下一个迭代点 x_{k+1};

步 4. 令 $k := k+1$, 转步 2.

在上述基本结构中涉及了初始点的选取、迭代的终止准则、收敛速度、搜索方向和下一个迭代点的产生等问题. 下面对这些分别加以简单的讨论.

1.3.1 初始点的选取

初始点的选取往往对算法的收敛性能产生影响. 如果一个算法产生的序列 $\{x_k\}$ 满足

$$\lim_{k \to \infty} \|x_k - x^*\| = 0, \tag{1.3.1}$$

称其为收敛的. 一个算法如果对于任意给定的初始点都能够收敛, 则说明该方法是全局收敛的. 如果只有当初始点接近或者充分接近最优解时才有收敛性, 则称这样的算法为局部收敛的. 因此, 对于全局收敛的算法, 没有任何对于初始点的选取的限制. 而对于局部收敛的算法, 一方面要求初始点应尽可能的接近最优解; 另一方面, 由于最优解是未知的, 选取一个好的初始点也是一个困难的问题. 对于大量的实际优化问题一般可以从以往的实践经验确定出合适的最优解的初始估计.

1.3.2 终止准则

在最优化方法中, 一般会选用一个评价函数来评价迭代点的好坏. 对于无约束最优化问题, 由于没有约束条件, 通常便以目标函数 $f(x)$ 作为评价函数. 以无约束极小化问题 $\min f(x)$ 为例, 如果有 $f(x_{k+1}) < f(x_k)$, 就是说点 x_{k+1} 要好于点 x_k, 即要求产生的迭代序列 $\{x_k\}$ 使评价函数值单调下降. 而对于约束最优化问题, 则要复杂一些. 如果迭代点都是可行点, 当然可以直接用目标函数作评价函数, 这适用于迭代点都是可行点的方法. 但是如果迭代点不是可行点, 判定一个点的好坏既要考虑目标函数值的大小, 还要考虑这个点的可行程度. 因此, 这类方法采用的评价函数中一般既包含目标函数又包含约束函数. 对此有许多不同类型的评价函数, 有关评价函数将在第 6 章加以介绍.

迭代的终止条件在不同的最优化方法中也是不同的. 一个理想的算法的终止准则为

$$\|f(x_k) - f(x^*)\| \leqslant \varepsilon.$$

但是由于 x^* 是未知的, 这样的准则并不具有任何的实用价值. 注意到

$$
\begin{aligned}
\frac{\|x_{k+1} - x^*\|}{\|x_k - x^*\|} &= \frac{\|x_{k+1} - x_k + x_k - x^*\|}{\|x_k - x^*\|} \\
&\geqslant \left| \frac{\|x_{k+1} - x_k\| - \|x_k - x^*\|}{\|x_k - x^*\|} \right| \\
&= \left| \frac{\|x_{k+1} - x_k\|}{\|x_k - x^*\|} - 1 \right| \geqslant 0,
\end{aligned}
$$

在序列 $\{x_k\}$ 超线性收敛于 x^* 时, 可以得到

$$\lim_{k \to \infty} \frac{\|x_{k+1} - x_k\|}{\|x_k - x^*\|} = 1.$$

上式表明, $\|x_{k+1} - x_k\|$ 可以用来代替 $\|x_k - x^*\|$ 给出终止判断, 并且这个估计随着 k 的增加而改善. 因此, 对于具有超线性收敛速度的方法,

$$\|x_{k+1} - x_k\| \leqslant \varepsilon \tag{1.3.2}$$

是比较合适的收敛准则. 同样也可以用评价函数值序列来确定终止准则, 由于 x^* 未知, $\|f(x_k) - f(x^*)\| \leqslant \varepsilon$ 不可能直接作为收敛准则, 但当目标函数二次连续可微时可以推得 $|f(x_{k+1}) - f(x_k)| = O(\|x_{k+1} - x_k\|^2)$, 因此对于快速收敛的算法,

$$\|f(x_{k+1}) - f(x_k)\| \leqslant \varepsilon \tag{1.3.3}$$

也是一个相对有效的收敛准则. 但是, 在有些情况下, 终止准则 (1.3.2) 和 (1.3.3) 是不适当的. 因为有时虽然 $\|x_{k+1} - x_k\|$ 是小的, 但 $f(x_{k+1}) - f(x_k)$ 是大的, 极小点 x^* 远离 x_k; 有时虽然 $f(x_k) - f(x_{k+1})$ 是小的, 但 $\|x_{k+1} - x_k\|$ 又是大的, 极小点 x^* 也远离 x_k. 因此, 在有些方法中为了确保所得的是最优解理想的估计, 往往采用两个或几个收敛准则同时使用的方法. 例如, 当 $\|x_k\| > \varepsilon_1$ 和 $\|f(x_k)\| > \varepsilon_2$ 时, 采用

$$\frac{\|x_{k+1} - x_k\|}{\|x_k\|} \leqslant \varepsilon_1, \quad \frac{\|f(x_k) - f(x_{k+1})\|}{\|f(x_k)\|} \leqslant \varepsilon_2, \tag{1.3.4}$$

否则采用

$$\|x_{k+1} - x_k\| \leqslant \varepsilon_1, \quad \|f(x_k) - f(x_{k+1})\| \leqslant \varepsilon_2. \tag{1.3.5}$$

对于有一阶导数信息, 且收敛不太快的算法, 例如共轭梯度法, 可以采用如下终止准则:

$$\|g_k\| \leqslant \varepsilon_3, \tag{1.3.6}$$

其中, $g_k = g(x_k) = \nabla f(x_k)$. 此外, 也可以把 (1.3.6) 和其他准则组合起来使用.

1.3.3　收敛速度

收敛速度也是衡量最优化方法的重要方面. 对于一个不能在有限步内找到最优解的优化算法, 我们不仅要求它收敛, 还要求它要有较快的收敛速度, 这是因为一个收敛很慢的方法一般都需要较长的时间才能找到满足精度要求的最优解的近似, 在实际应用中不是一个有效的方法.

若算法满足 (1.3.1), 且存在实数 $\alpha > 0$ 及一个与迭代次数 k 无关的常数 $q > 0$, 使得

$$\lim_{k \to \infty} \frac{\|x_{k+1} - x^*\|}{\|x_k - x^*\|^\alpha} = q,$$

则称算法产生的迭代点列 $\{x_k\}$ 具有 $Q\text{-}\alpha$ 阶收敛速度, 特别地,

(1) 当 $\alpha = 1, q > 0$ 时, 称迭代点列 $\{x_k\}$ 具有 Q-线性收敛速度;

(2) 当 $1 < \alpha < 2, q > 0$ 或 $\alpha = 1, q = 0$ 时, 称迭代点列 $\{x_k\}$ 具有 Q-超线性收敛速度;

(3) 当 $\alpha = 2$ 时, 称迭代点列 $\{x_k\}$ 具有 Q-二阶收敛速度.

一般认为, 具有超线性收敛速度和二阶收敛速度的方法是比较快速的. 当然我们也应该意识到, 一个算法收敛性和收敛速度的理论结果并不保证算法在实际执行

时一定有好的实际计算结果. 这一方面是由于这些结果本身并不代表其一定具有某种好的特性; 另一方面, 是由于它们忽略了在实际计算过程中舍入误差所产生的影响. 此外, 这些结果通常还要对函数加上某些限制, 而且这些限制条件在实际计算中并不一定能得到实现. 因此, 最优化方法的开发还要依赖于数值试验, 也就是说, 通过对各种具有代表性的检验函数进行数值计算, 一个好的算法还应该具有在数值计算实践中可以接受的特性.

1.3.4 迭代点的产生

对于已知点 x_k, 为了得到某种意义下更好的 x_{k+1}, 可以在某一区域如信赖域上直接求出下一迭代点, 更一般地, 我们先产生一个下降 (或非单调但总体下降) 的方向, 然后在这一方向上寻找合适的步长 α_k 以获得该方向上的满意下降量, 然后可令 $x_{k+1} = x_k + \alpha_k d_k$, 即新迭代点由搜索方向和线搜索步长得到.

1. 方向产生技术

搜索方向的产生有多种方法, 如无约束优化的共轭梯度法、拟牛顿法, 约束优化的可行方向法、序列二次规划法等. 不同的搜索方向结合不同的线搜索策略构成不同的算法. 本书将在后面几章中对共轭梯度法、拟牛顿法、信赖域法、邻近点法及约束优化的一些算法逐一加以介绍.

2. 线搜索技术

所谓线搜索技术, 又称为线性搜索, 它是多变量函数最优化方法的基础. 其迭代格式为

$$x_{k+1} = x_k + \alpha_k d_k, \tag{1.3.7}$$

其中关键是构造搜索方向 d_k 和步长因子 α_k. 设

$$\varphi(\alpha) = f(x_k + \alpha d_k),$$

这样, 从 x_k 出发, 沿搜索方向 d_k, 确定步长因子 α_k, 使得

$$\varphi(\alpha_k) < \varphi(0)$$

的问题就是关于 α 的线性搜索问题.

一般理想的方法是使目标函数沿方向 d_k 达到极小, 即使得

$$f(x_k + \alpha_k d_k) = \min_{\alpha > 0} f(x_k + \alpha d_k),$$

或者选取 $\alpha_k > 0$ 使得

$$\alpha_k = \min\{\alpha > 0 | \nabla f(x_k + \alpha d_k)^{\mathrm{T}} d_k = 0\},$$

我们称这样的线性搜索为精确的线性搜索, 所得到的 α_k 叫精确步长因子. 对于精确线性搜索算法, 通常可以分成两个阶段. 第一阶段确定包含理想的步长因子的初始搜索区间 $[a, b]$, 第二阶段采用某种分割技术或者插值方法缩小该区间, 直到其区间的长度 $|b - a| < \varepsilon$. 线性搜索方法根据是否采用导数信息还可分为无导数方法和导数方法. 较为典型的无导数方法有二分法、0.618 法 (黄金分割法)、Fibonacci 法等, 导数方法有牛顿切线法、逐次插值逼近法等.

但是, 精确线性搜索需要的计算量相当大, 而且实际上也不必要. 特别地, 对某些非光滑函数或导数表达式复杂的函数不能利用精确线性搜索. 此外, 在计算实践中人们也发现过分追求线性搜索的精度反而会降低整个方法的效率, 因此提出了既花费较少的计算量, 又能达到足够下降的非精度线性搜索方法.

非精确线性搜索的基本思想是求 α_k, 使得 $\varphi(\alpha_k) < \varphi(0)$, 但不希望 α_k 值过大, 因为 α_k 过大会引起点列 $\{x_k\}$ 产生大幅度的摆动; 也不希望 α_k 值过小, 因为 α_k 值过小会使得点列 $\{x_k\}$ 在未达到 x^* 之前就没有足够的进展. 下面简单介绍几种非精确线性搜索方法.

(1)Armijo 准则

给定 $\rho \in (0, 1)$, $\delta \in \left(0, \dfrac{1}{2}\right)$. 设 j_k 是使不等式

$$f(x_k + \rho^j d_k) - f(x_k) \leqslant \delta \rho^j g_k^{\mathrm{T}} d_k \tag{1.3.8}$$

成立的最小非负整数 j, 则令

$$\alpha_k = \rho^{j_k}. \tag{1.3.9}$$

由于 d_k 是下降方向, 所以满足式 (1.3.8) 的最小非负整数 j 一定存在. 这样由式 (1.3.9) 确定的 α_k 既不会太小, 又保证了目标函数 $f(x)$ 充分下降. 实际上, 式 (1.3.8) 就是充分下降条件

$$\varphi(\alpha_k) \leqslant \varphi(0) + \delta \alpha_k \varphi'(0).$$

如果上式成立, 则停止搜索; 否则, 可缩小 α_k, 或者在区间 $[0, \alpha_k]$ 上用二次插值公式求解近似极小值点

$$\overline{\alpha} = -\frac{\varphi'(0)\alpha_k^2}{2(\varphi(\alpha_k)) - \varphi(0) - \varphi'(0)\alpha_k}$$

将其作为新的 α_k. 可以看到, Armijo 准则是一个插值法与充分下降条件相结合的试探性的一维搜索方法.

(2)Amijo-Goldstein 准则

$$f(x_k + \alpha_k d_k) - f(x_k) \leqslant \delta \alpha_k g_k^{\mathrm{T}} d_k, \tag{1.3.10}$$

$$f(x_k + \alpha_k d_k) - f(x_k) \geqslant (1 - \delta)\alpha_k g_k^{\mathrm{T}} d_k, \quad \delta \in \left(0, \frac{1}{2}\right). \tag{1.3.11}$$

上式第一个不等式是充分下降条件, 第二个不等式保证了步长 α_k 不会取得太小而导致算法前进很慢. 另外, 若设 $\varphi(\alpha) = f(x_k + \alpha d_k)$, 则式子 (1.3.10) 和 (1.3.11) 可以分别写成

$$\varphi(\alpha_k) \leqslant \varphi(0) + \delta\alpha_k\varphi'(0), \tag{1.3.12}$$

$$\varphi(\alpha_k) \geqslant \varphi(0) + (1 - \delta)\alpha_k\varphi'(0). \tag{1.3.13}$$

(3)Wolfe-Powell 准则

在 Amijo-Goldstein 准则中, (1.3.11) 的一个缺点是可能把 $\varphi(\alpha) = f(x_k + \alpha d_k)$ 的极小点排除在可接受区间之外. 为了克服这个缺点, 同时保证 α_k 不是太小, Wolfe-Powell 提出了以下条件来代替 (1.3.11):

$$g_{k+1}^{\mathrm{T}} d_k \geqslant \sigma \ g_k^{\mathrm{T}} d_k, \quad \sigma \in (\delta, 1), \tag{1.3.14}$$

即

$$\begin{aligned} \varphi'(\alpha_k) &= g(x_k + \alpha_k d_k)^{\mathrm{T}} d_k \geqslant \sigma g_k^{\mathrm{T}} d_k \\ &= \sigma\varphi'(0) > \varphi'(0), \end{aligned} \tag{1.3.15}$$

其几何解释是在可接受点处切线的斜率 $\varphi'(\alpha_k)$ 大于或等于初始斜率的 σ 倍. 这个条件也叫做曲率条件. 这样, 充分下降条件和曲率条件一起构成了 Wolfe-Powell 准则:

$$f(x_k + \alpha_k d_k) - f(x_k) \leqslant \delta\alpha_k g_k^{\mathrm{T}} d_k, \tag{1.3.16}$$

$$g(x_k + \alpha_k d_k)^{\mathrm{T}} d_k \geqslant \sigma g_k^{\mathrm{T}} d_k, \tag{1.3.17}$$

其中 $0 < \delta < \sigma < 1$.

另外, 应指出不等式 (1.3.17) 是精确线性搜索所满足的正交条件

$$g_{k+1}^{\mathrm{T}} d_k = 0$$

的近似. 但 (1.3.17) 的不足之处是即使在 $\delta \to 0$ 时也不能导致精确线性搜索. 因此, 下面给出强 Wolfe 准则:

$$f(x_k + \alpha_k d_k) - f(x_k) \leqslant \delta\alpha_k g_k^{\mathrm{T}} d_k, \tag{1.3.18}$$

$$|g(x_k + \alpha_k d_k)^{\mathrm{T}} d_k| \leqslant \sigma|g_k^{\mathrm{T}} d_k|, \tag{1.3.19}$$

其中 $0 < \delta < \sigma < 1$. 这样, 当 $\delta \to 0$ 时, (1.3.19) 的极限便是精确线性搜索.

一般地, δ 越小, 线性搜索越精确. 不过, 随着 δ 的减小, 工作量也会随着增加, 因而非精确线性搜索不要求过小的 δ, 通常取 $\delta = 0.1, \sigma \in [0.6, 0.8]$.

(4) 广义 Wolfe 准则

寻找一个 $\alpha_k > 0$ 并满足:

$$f(x_k + \alpha_k d_k) - f(x_k) \leqslant \delta \alpha_k g_k^{\mathrm{T}} d_k, \tag{1.3.20}$$

$$\sigma_1 g_k^{\mathrm{T}} d_k \leqslant g_{k+1}^{\mathrm{T}} d_k \leqslant -\sigma_2 g_k^{\mathrm{T}} d_k,$$

其中 $0 < \delta < \sigma_1 < 1, \sigma_2 \geqslant 0$.

这几种非精确线性搜索准则都是常用的, 利用以上准则可以构造若干非精确线性搜索方法.

1.4　数 值 试 验

算法是按照某种规则进行迭代计算, 一步一步地接近所求解的过程. 一个好的算法不仅在理论上要求有迭代收敛性的保证、具备良好的稳健性和尽可能快的收敛速度, 而且在数值计算上同样也要求能够有效、高效地求解实际问题. 因此, 一般对给出的算法既做理论上的分析论证, 也要做适当的数值试验比较.

算法在求解问题时所需的迭代次数很大程度上决定了计算花费的时间多少. 但是, 对不一样问题, 同一个算法所需耗费也有着很大的差异. 对一些 “好” 的问题, 可能算法可以瞬间得到最优解, 而对一些 “坏” 的问题, 这个算法可能要花上百倍的时间甚至计算失败. 那么如何在几个不同的算法中, 挑选出计算表现更好或是更适合的算法呢? 目前较为广泛采用的是如下三种基本测量途径:

1) 数值试验分析. 通过数值实验进行实证分析的目的是估计算法在实践中的表现. 在这种分析中需要编写算法对应的计算机程序, 并对某一类优化问题进行求解实测, 通过实测结果对算法的性能进行比较分析.

2) 平均情况分析. 平均情况分析的目的是对算法一般所需的迭代次数进行预估. 在这类分析中, 通过选取满足一定概率分布的测试问题, 并利用概率分析推算出这一算法在统计意义上的预期运算时间、运算次数.

3) 最坏情况分析. 最坏情况分析对算法在求解任何情形下的问题时所需的迭代步数给出上界.

在数值试验实证分析中, 为了对不同算法的计算效果进行比较, 在选取测试问题时应多尝试不同的函数, 包括函数变量维数的多少、函数的复杂程度等, 甚至选取一些有特点的函数进行有针对性的计算, 从计算结果的精确度、耗费时间及存储、求解成功率等多方面进行综合评测. 对一些常见类型的优化问题, 许多文献

(如 [120] 等) 构造出或给出一些有代表意义的用于计算比较的函数, 有的还整理并建立了比较大型的测试问题数据库及相关网站, 以便于对各类型算法的计算效果进行比较.

在算法数值试验中, 可以通过一些量的计算分析比较不同算法的计算效果. 其中一种可采用的比较方式是: 在对计算耗费的比较中, 采用所需 CPU 运算时间、所需数值计算次数 (迭代次数 NI、函数值计算次数 NF 和梯度值计算次数 NG) 等进行比较. 进一步地, 可用下式表示算法共需的函数值及梯度值的计算总次数:

$$N_{\text{tol}} = NF + m * NG,$$

其中 m 非负. 视实践中梯度计算的难易和采用的计算手段, m 可取不同的数值, 譬如 $m = 5$ 意味着 1 次梯度值计算相当于 5 次的函数值计算量, 这样在大规模优化问题中, 就应尽可能地避免梯度值的计算. 对两个要进行比较的算法 Alg1 和 Alg2, 记测试问题集为 S, 用 $|S|$ 表示问题集中的测试问题个数, i 为问题序号, 以下标 $i(i = 1, \cdots, |S|)$, $j(j = 1, 2)$ 表示用算法 j 计算求解问题 i, 考察两个算法在计算问题 i 时总需计算量的比值

$$r_i(\text{Alg1}/\text{Alg2}) = \frac{N_{\text{tol,Alg1}}}{N_{\text{tol,Alg2}}},$$

当算法 j 在求解问题 i 失败时, 可用一个正常数 τ 取代问题 i 上的计算量比值, 比如可取

$$\tau = \max\{r_i(\text{Alg1}/\text{Alg2}) : 对所有能被算法 j 成功求解的问题 i\}.$$

再对所有测试问题的计算量比值计算几何平均

$$r(\text{Alg1}/\text{Alg2}) = (\prod_{i \in S} r_i(\text{Alg1}/\text{Alg2}),$$

于是, 算法间对测试问题集的数值试验表现可以由平均计算量比值 $r(\text{Alg1}/\text{Alg2})$ 得以体现, 比值越小说明从测试问题集来看, 对应的算法数值计算表现越好.

在本书中, 对给出的算法, 将主要从理论上讨论它们的收敛性质, 但也包含一些数值试验实证分析和最坏情况分析, 具体细节将在相关章节中详细介绍.

第2章　共轭梯度法

共轭梯度法是由 Hestenes 和 Stiefel 于 1952 年在求解大规模线性方程组时提出的一种迭代算法, 由 Fletcher 和 Reeves 于 1964 年推广到非线性优化领域, 得到了求解无约束问题的共轭梯度法. 后来, Beale, Fletcher, Powell 等优化专家对非线性共轭梯度算法进行了深一步的研究, 并取得了十分优秀的成果. 共轭梯度法在计算过程中只需运用一阶导数信息, 存储信息少, 适合求解大规模非线性规划问题. 其收敛速度介于最速下降法和牛顿法之间, 且具有二次终止性, 在求解无约束优化问题时有良好的数值效果.

2.1　一些基本的共轭梯度法及收敛性质

2.1.1　共轭梯度法

考虑二次函数极小化问题:

$$\min f(x) = \frac{1}{2}x^{\mathrm{T}}Gx + b^{\mathrm{T}}x + c. \tag{2.1.1}$$

定义 2.1.1　设矩阵 $G \in R^{n \times n}$ 对称正定, $d_1, d_2, \cdots, d_m$ 是 R^n 中任意一组非零向量, 若

$$d_i^{\mathrm{T}}Gd_j = 0 \quad (i \neq j),$$

则称向量组 $d_1, d_2, \cdots, d_m$ 是 G-共轭的.

由共轭向量组的定义, 若 $d_1, d_2, \cdots, d_m$ 是 G-共轭, 则它们线性无关. 如果 $G = I$, 则向量组的共轭性等价于正交性. 运用共轭方向法求解凸二次函数, 执行精确线性搜索, 至多 n 次迭代以后就能得到最优值点.

对严格凸二次函数 (2.1.1), f 的梯度为

$$g(x) = Gx + b.$$

令

$$d_0 = -g_0, \quad x_1 = x_0 + \alpha_0 d_0,$$

其中 α_0 为最优步长. 由

$$g_1^{\mathrm{T}}d_0 = 0,$$

令

$$d_1 = -g_1 + \beta_0 d_0, \tag{2.1.2}$$

d_1 满足

$$d_1^{\mathrm{T}} G d_0 = 0.$$

对 (2.1.2) 两边左乘 $d_0^{\mathrm{T}} G$, 得

$$\beta_0 = \frac{g_1^{\mathrm{T}} G d_0}{d_0^{\mathrm{T}} G d_0} = \frac{g_1^{\mathrm{T}}(g_1 - g_0)}{d_0^{\mathrm{T}}(g_1 - g_0)} = \frac{g_1^{\mathrm{T}} g_1}{g_0^{\mathrm{T}} g_0}. \tag{2.1.3}$$

由此计算出 d_1 的表达式. 对 d_2, 由

$$g_2^{\mathrm{T}} g_0 = 0, \quad g_2^{\mathrm{T}} g_1 = 0,$$

令

$$d_2 = -g_2 + \beta_0 d_0 + \beta_1 d_1,$$

选择 β_0 和 β_1, 使得 $d_2^{\mathrm{T}} G d_i = 0, i = 0, 1.$ 则有

$$\beta_0 = 0,$$
$$\beta_1 = \frac{g_2^{\mathrm{T}}(g_2 - g_1)}{d_1^{\mathrm{T}}(g_2 - g_1)}. \tag{2.1.4}$$

一般在第 k 次迭代, 令

$$d_k = -g_k + \sum_{i=0}^{k-1} \beta_i d_i. \tag{2.1.5}$$

选择 β_i, 使

$$d_k^{\mathrm{T}} G d_i = 0, \quad i = 0, 1, \cdots, k-1.$$

假定

$$g_k^{\mathrm{T}} d_i = 0, \quad g_k^{\mathrm{T}} g_i = 0, \quad i = 0, 1, \cdots, k-1. \tag{2.1.6}$$

对 (2.1.5) 左乘 $d_j^{\mathrm{T}} G, j = 0, 1, \cdots, k-1,$ 则

$$\beta_j = \frac{g_k^{\mathrm{T}} G d_j}{d_j^{\mathrm{T}} G d_j} = \frac{g_k^{\mathrm{T}}(g_{j+1} - g_j)}{d_j^{\mathrm{T}}(g_{j+1} - g_j)}, \quad j = 0, 1, \cdots, k-1.$$

由 (2.1.6)

$$g_k^{\mathrm{T}} g_{j+1} = 0, \quad j = 0, 1, \cdots, k-2,$$

$$g_k^{\mathrm{T}} g_j = 0, \quad j = 0, 1, \cdots, k-1,$$

得 $\beta_j = 0, j = 0, 1, \cdots, k - 2$,

$$\beta_{k-1} = \frac{g_k^{\mathrm{T}}(g_k - g_{k-1})}{d_{k-1}^{\mathrm{T}}(g_k - g_{k-1})} = \frac{g_k^{\mathrm{T}} g_k}{g_{k-1}^{\mathrm{T}} g_{k-1}}.$$

因此, 共轭梯度法迭代公式为

$$x_{k+1} = x_k + \alpha_k d_k.$$

对凸二次函数, 最优步长

$$\alpha_k = \frac{-g_k^{\mathrm{T}} d_k}{d_k^{\mathrm{T}} G d_k}.$$

根据上述迭代思想, 可以得到 (2.1.1) 的共轭梯度算法.

算法 2.1.2 (共轭梯度算法)

步 1. 取初始点 $x_0 \in R^n$, 精度 $\varepsilon, g_0 = \nabla f(x_0), d_0 = -g_0$, 令 $k := 0$.

步 2. 如果 $\|g_k\| \leqslant \varepsilon$, 算法终止; 否则计算步长因子

$$\alpha_k = -\frac{g_k^{\mathrm{T}} d_k}{d_k^{\mathrm{T}} G d_k}, \quad x_{k+1} = x_k + \alpha_k d_k, \quad g_{k+1} = \nabla f(x_{k+1}).$$

步 3. 计算参数

$$\beta_k = \frac{g_{k+1}^{\mathrm{T}} G d_k}{d_k^{\mathrm{T}} G d_k}, \quad d_{k+1} = -g_{k+1} + \beta_k d_k.$$

令 $k := k + 1$; 转步 2.

定理 2.1.3 (共轭梯度法性质定理)　设目标函数由 (2.1.1) 给定, 采用精确线性搜索的共轭梯度法经 $m \leqslant n$ 步后终止, 对所有 $1 \leqslant i \leqslant m$ 下列关系式成立

$$\begin{aligned}
&d_i^{\mathrm{T}} G d_j = 0, \quad g_i^{\mathrm{T}} g_j = 0, \quad j = 0, 1, \cdots, i - 1, \\
&d_i^{\mathrm{T}} g_i = -g_i^{\mathrm{T}} g_i, \\
&[g_0, g_1, \cdots, g_i] = [g_0, G g_0, \cdots, G^i g_0], \\
&[d_0, d_1, \cdots, d_i] = [g_0, G g_0, \cdots, G^i g_0].
\end{aligned} \tag{2.1.7}$$

具体证明参考袁亚湘、孙文瑜著《最优化理论与方法》第 189-191 页 [209].

对一般无约束优化问题:

$$\min\{f(x) | x \in R^n\}, \tag{2.1.8}$$

$f : R^n \to R$ 是光滑非线性函数, 记其梯度函数为 $g, g_k = g(x_k)$, 共轭梯度法迭代公式为

$$x_{k+1} = x_k + \alpha_k d_k, \tag{2.1.9}$$

$$d_k = \begin{cases} -g_k, & k = 1, \\ -g_k + \beta_k d_{k-1}, & k \geqslant 2, \end{cases} \tag{2.1.10}$$

其中 d_k 即为共轭梯度搜索方向, α_k 是由某种线搜索规则得到的步长.

对共轭梯度法来说, 关键在于搜索方向的构造, 即共轭梯度迭代公式中 β_k 的计算, 再配以不同的线搜索规则, 就得到不同的共轭梯度算法. 其中常见的共轭公式有

$$\beta_k^{\mathrm{HS}} = \frac{g_k^{\mathrm{T}}(g_k - g_{k-1})}{d_{k-1}^{\mathrm{T}}(g_k - g_{k-1})}, \tag{2.1.11}$$

$$\beta_k^{\mathrm{FR}} = \frac{g_k^{\mathrm{T}} g_k}{g_{k-1}^{\mathrm{T}} g_{k-1}}, \tag{2.1.12}$$

$$\beta_k^{\mathrm{PRP}} = \frac{g_k^{\mathrm{T}}(g_k - g_{k-1})}{g_{k-1}^{\mathrm{T}} g_{k-1}}, \tag{2.1.13}$$

$$\beta_k^{\mathrm{CD}} = -\frac{g_k^{\mathrm{T}} g_k}{d_{k-1}^{\mathrm{T}} g_{k-1}}, \tag{2.1.14}$$

$$\beta_k^{\mathrm{LS}} = -\frac{g_k^{\mathrm{T}}(g_k - g_{k-1})}{d_{k-1}^{\mathrm{T}} g_{k-1}}, \tag{2.1.15}$$

$$\beta_k^{\mathrm{DY}} = \frac{g_k^{\mathrm{T}} g_k}{d_{k-1}^{\mathrm{T}}(g_k - g_{k-1})}. \tag{2.1.16}$$

在精确线搜索下, 对凸二次函数, 这些表达是等价的. 当目标函数为非二次函数时, 算法的收敛性质和数值表现随着 β_k 和线搜索的不同而不同. 运用 $\beta_k^{\mathrm{HS}}, \beta_k^{\mathrm{PRP}}, \beta_k^{\mathrm{LS}}$ 作为参数的共轭梯度法通常有较好的数值表现, 但是使用 Wolfe 类型的线搜索无法保证该类算法的下降性, 使用 $\beta_k^{\mathrm{FR}}, \beta_k^{\mathrm{CD}}, \beta_k^{\mathrm{DY}}$ 作为参数结合 Wolfe 类型的线搜索可以保证算法的全局收敛性, 但在实际计算中, 其数值效率通常不如 PRP 方法或 HS 方法.

为了提高算法的数值表现且使算法具有好的理论收敛性, 大批专家、学者提出了不同的共轭梯度法, 比如一些修正的共轭梯度公式等:

$$\beta_k^{\mathrm{PRP+}} = \max\{0, \beta_k^{\mathrm{PRP}}\},$$
$$\beta_k^{\mathrm{DL}} = \beta_k^{\mathrm{HS}} - t\frac{g_{k+1}^{\mathrm{T}} s_k}{d_k^{\mathrm{T}} y_k}, \quad t \geqslant 0, \tag{2.1.17}$$
$$\beta_k^{\mathrm{HZ}} = \beta_k^{\mathrm{HS}} - 2\frac{y_k^{\mathrm{T}} y_k}{y_k^{\mathrm{T}} s_k} \frac{g_{k+1}^{\mathrm{T}} s_k}{d_k^{\mathrm{T}} y_k}.$$

2.1.2　一些基本共轭梯度法的收敛性分析

对早期发展起来的共轭梯度法, 如 FR 共轭梯度法和 PRP 共轭梯度法, 它们的收敛性质已经得到深入的研究. 其中 Powell 证明了 FR 方法在精确线搜索下具有全局收敛性; A1-Baali 在非精确线搜索下证明了 FR 方法具有全局收敛性但数值结果较差; Polak Ribière Polyak 方法有很好的数值结果但其全局收敛性较差, 因此 Touati-Ahmed 和 Story 把 β_k^{FR} 和 β_k^{PRP} 结合起来, 得到了具有较好的数值结果和全局收敛性的方法; Han Ji-Ye 等把公式中 β_k 的取值范围进一步扩大, 并证明了在强 Wolfe 线搜索下的全局收敛性. 相关的研究结果又进一步促使许多改进的共轭梯度算法的产生.

下面列举一些关于 FR 共轭梯度法和 PRP 共轭梯度法的收敛性结论, 相关的证明可参见袁亚湘、戴彧虹等 ([207, 209]).

Fletcher-Reeves 共轭梯度法是最早的非线性梯度法, FR 共轭梯度法的形式如下:

$$x_{k+1} = x_k + \alpha_k d_k, \tag{2.1.18}$$

$$d_k = \begin{cases} -g_k, & k = 1, \\ -g_k + \beta_k d_{k-1}, & k \geqslant 2, \end{cases} \tag{2.1.19}$$

参数 β_k 的计算公式为

$$\beta_k^{\mathrm{FR}} = \frac{g_k^{\mathrm{T}} g_k}{g_{k-1}^{\mathrm{T}} g_{k-1}}.$$

早期 FR 方法基于精确线搜索. 在精确线搜索下, 当 FR 方法在某一步产生了一个小步长时, 可能会随之连续产生许多小步长, 并且在进入到 $f(x)$ 为二维二次函数的区域, 搜索方向 d_k 和负梯度方向 $-g_k$ 的夹角有可能保持接近直角, 从而导致 FR 方法的收敛非常慢, 在数值试验中计算效果不理想. 但可以证明采取精确线搜索的 FR 方法对一般非凸函数总是收敛的.

由于精确线搜索计算量大, 用时长, 实际运用 FR 算法时, 一般使用非精确线搜索, 如强 Wolfe 线搜索等. 在强 Wolfe 线搜索下, 当参数 $\sigma < 1/2$ 时, FR 方法必满足充分下降条件且全局收敛; 当 $\sigma = 1/2$ 时, FR 方法在每一个迭代点产生一个下降方向, 从而全局收敛; 当 $\sigma > 1/2$ 时, 有反例表明 FR 方法可能因为产生一个上升方向而导致不收敛.

定理 2.1.4 (精确线搜索的 FR 共轭梯度法的收敛性)　假定在有界水平集 $L = \{x \in R^n | f(x) \leqslant f(x_0)\}$ 上, $f : R^n \to R$ 连续可微, 那么采用 $\beta_k^{\mathrm{FR}} = \dfrac{g_k^{\mathrm{T}} g_k}{g_{k-1}^{\mathrm{T}} g_{k-1}}$ 公式和精确线性搜索的 Fletcher-Reeves 共轭梯度法产生的序列 $\{x_k\}$ 至少有一个聚点是驻点, 即

(1) 当 $\{x_k\}$ 是有穷点列时, 最后一个点 x^* 是 f 的驻点.

(2) 当 $\{x_k\}$ 是无穷点列时, 它必有极限点, 且其任一极限点是 f 的驻点.

证明见文献 [209] 的 199-200 页.

定理 2.1.5 (非精确线搜索的 FR 共轭梯度法的收敛性) 假设目标函数 $f:$ $R^n \to R$ 二阶连续可微, 水平集 $L = \{x \in R^n | f(x) \leqslant f(x_0)\}$ 是有界集, 梯度函数 $\nabla f(x)$ 在水平集上 Lipschitz 连续, 则强 Wolfe 步长规则下 $\left(\text{其中 } 0 < \delta < \sigma < \dfrac{1}{2}\right)$ 的 FR 共轭梯度法产生的序列 $\{x_k\}$ 满足

$$\lim_{k \to \infty} \inf \|g_k\| = 0.$$

证明见文献 [209] 的 203-205 页.

PRP 共轭梯度法由 Polak, Ribière 和 Polyak 在 1969 年独立提出. 参数 β_k 的计算公式为

$$\beta_k^{\mathrm{PRP}} = \frac{g_k^{\mathrm{T}}(g_k - g_{k-1})}{\|g_{k-1}\|^2}.$$

与 FR 方法不同, PRP 方法的搜索方向 d_k 在遇到算法产生一个小步长时能够自动靠近负梯度方向 $-g_k$ 而不会出现近似直角, 因而在数值实验中往往能获得很好的计算表现. Powell 证明了在精确线搜索下, PRP 方法对一致凸函数全局收敛; 但对一般非凸函数, 他也给出了三维的反例, 表明即使按 Curry 原则取步长 α_k 为精确线搜索中的第一个极小点, PRP 方法也可能在六个点附近循环, 但这六个点都不是目标函数的驻点. 这一反例表明了即使在精确线搜索下 PRP 共轭梯度法也有可能计算失败.

在非精确线搜索下, 如采用强 Wolfe 线搜索, 也有例子表明, 即使目标函数一致凸, 参数 $\sigma \in (0,1)$ 充分小, PRP 方法仍可能产生一个上升搜索方向. 若能保证每一个搜索方向下降, 则可证明非精确线搜索下的 PRP 方法对此凸目标函数优化问题全局收敛. 对一般非凸函数, Powell 建议将参数 β_k^{PRP} 限制为非负, 即 $\beta_k = \max\{\beta_k^{\mathrm{PRP}}, 0\}$, 则可避免在 $\|d_k\|$ 很大时, 相邻两个搜索方向会趋于相反的情况. 进而在适当的线搜索条件下, 可以得到这一 PRP$^+$ 方法对一般非凸目标函数的优化问题全局收敛.

定理 2.1.6 (精确线搜索的 PRP 共轭梯度法收敛性) 假设目标函数 $f(x)$ 有下界, 梯度函数 $\nabla f(x)$ Lipschitz 连续, 那么采用 β_k^{PRP} 公式和精确线性搜索的 PRP 共轭梯度法产生的序列 $\{x_k\}$ 满足:

$$\text{若当} k \to \infty \text{时}, \quad \|\alpha_k d_k\| \to 0, \quad \text{则} \lim_{k \to \infty} \inf \|g_k\| = 0.$$

证明见文献 [207] 的 32-33 页.

定理 2.1.7(精确线搜索的 PRP 共轭梯度法对一致凸函数的收敛性)　设目标函数 $f : R^n \to R$ 是一致凸的, 即存在常数 $\eta > 0$, 使得

$$(x - y)^{\mathrm{T}}[\nabla f(x) - \nabla f(y)] \geqslant \eta \|x - y\|^2$$

对任意 $x, y \subset R^n$ 均成立, 那么采用 β_k^{PRP} 公式和精确线性搜索的 PRP 共轭梯度法产生的序列 $\{x_k\}$ 满足

$$\liminf_{k \to \infty} \|g_k\| = 0.$$

证明见文献 [207] 的 33 页.

定理 2.1.8(非精确线搜索的 PRP$^+$ 共轭梯度法的收敛性)　设目标函数 $f : R^n \to R$ 水平集有界, 梯度函数 $\nabla f(x)$ Lipschitz 连续, 那么采用 $\beta_k = \max\{\beta_k^{\mathrm{PRP}}, 0\}$ 公式, 并且步长 α_k 满足 Wolfe 线搜索和充分下降条件的 PRP$^+$ 共轭梯度法产生的序列 $\{x_k\}$ 满足

$$\liminf_{k \to \infty} \|g_k\| = 0.$$

证明见文献 [207] 的 37-42 页.

此外, 还有 HS 共轭梯度法、DY 共轭梯度法, 以及许多修改的共轭梯度算法的提出和对它们收敛性质、数值表现的研究. 这些算法和收敛性质的研究一般都着眼于参数 β_k 的构造和对不同非精确线搜索规则的建立, 以便获得更好的收敛结果. 本章后几小节将给出一些不同于前面的参数构造和线搜索规则的方法. 在分析共轭梯度算法的收敛性中, 常常需要借助于下降条件、充分下降条件、Zoutendijk 条件的讨论, 这几个条件将在后面出现时详细介绍. 其中, 充分下降性是一个非常重要的性质, 它对于保证算法的全局收敛性有很好的作用.

2.2　改进的共轭梯度法

2.2.1　对共轭梯度法参数 β_k 的修改

在共轭梯度算法迭代中, 如果运用弱 Wolfe-Powell (WWP) 条件寻找 α_k, 那么 α_k 满足

$$f(x_k + \alpha_k d_k) - f(x_k) \leqslant \delta \alpha_k g_k^{\mathrm{T}} d_k \tag{2.2.1}$$

和

$$g(x_k + \alpha_k d_k)^{\mathrm{T}} d_k \geqslant \sigma g_k^{\mathrm{T}} d_k, \tag{2.2.2}$$

其中 $\delta \in \left(0, \dfrac{1}{2}\right), \sigma \in (\delta, 1)$. 然而, 数值运算表现好的 PRP 方法在弱 Wolfe-Powell

线搜索下并不能保证全局收敛性, 而一些在 WWP 线搜索条件下拥有全局收敛性的算法在数值实验上的表现又不如 PRP 算法. 因而如果要提出一个新的算法, 那么我们希望它的迭代公式能够满足如下两个条件:

(1) 算法在 WWP 条件 (或者其他线搜索方法) 下有好的收敛性质, 或者至少能够在每步迭代中产生的都是下降方向, 并且满足全局收敛.

(2) 与 PRP 共轭梯度法相比, 算法在 WWP 条件 (或者其他线搜索方法) 下的数值计算效果能够好于或至少不能和 PRP 方法相差太远.

基于以上考虑, 我们给出一种新的满足以上两个条件的共轭梯度公式.

在讨论非精确线搜索下共轭梯度法的全局收敛性中, 常要涉及到迭代中的下降性质

$$g_k^{\mathrm{T}} d_k \leqslant 0 \tag{2.2.3}$$

和充分下降性

$$g_k^{\mathrm{T}} d_k \leqslant -c\|g_k\|^2, \quad c > 0. \tag{2.2.4}$$

注意到一些优化方法如最速下降法和牛顿法, 能够不依赖于任何线搜索而在每个迭代步中自动满足下降性和充分下降性, 为使共轭梯度法也能够拥有类似性质进而得到全局收敛性的保证, 首先从研究参数 β_k 的性质出发, 提出一个 β_k 使 d_k 满足 (2.2.3) 甚至 (2.2.4).

如果存在一个常数 $\tau \in [0,1]$(或 $\tau \in [0,1)$), 对于任意 $k \geqslant 2$,

$$\beta_k g_k^{\mathrm{T}} d_{k-1} \leqslant \tau\|g_k\|^2, \tag{2.2.5}$$

则称 β_k 是共轭梯度法的一个下降参数列 (或充分下降参数列). 运用 (2.1.10), 对任意 $k \geqslant 2$,

$$g_k^{\mathrm{T}} d_k = -\|g_k\|^2 + \beta_k g_k^{\mathrm{T}} d_{k-1}.$$

通过以上讨论, 得到

$$-\|g_k\|^2 + \beta_k g_k^{\mathrm{T}} d_{k-1} \leqslant -(1-\eta)\|g_k\|^2,$$

其中 $\eta \in (\sigma, 1]$. 由上述不等式得

$$\beta_k g_k^{\mathrm{T}} d_{k-1} \leqslant \eta\|g_k\|^2.$$

当迭代步长由如下 Wolfe-Powell 条件

$$g_k^{\mathrm{T}} d_{k-1} \geqslant \sigma g_{k-1}^{\mathrm{T}} d_{k-1}$$

决定时, 为使下降性 (2.2.3) 成立, 易知, 只要 $g_k^{\mathrm{T}} d_k \leqslant 0, \eta \in (\sigma, 1]$, 如下序列 $\{\beta_k^{1*}\}$

$$\beta_k^{1*}(\eta) = \frac{\eta \|g_k\|^2}{g_k^{\mathrm{T}} d_{k-1} - \eta g_{k-1}^{\mathrm{T}} d_{k-1}}, \tag{2.2.6}$$

即是共轭梯度法的一个下降参数列. 事实上, 如果 $g_k^{\mathrm{T}} d_k \leqslant 0$, 并且 $\eta \in (\sigma, 1]$, 通过 Wolfe-Powell 条件得到

$$g_k^{\mathrm{T}} d_{k-1} - \eta g_{k-1}^{\mathrm{T}} d_{k-1} > g_k^{\mathrm{T}} d_{k-1} - \sigma g_{k-1}^{\mathrm{T}} d_{k-1} \geqslant 0.$$

由该不等式, 可推出当 $\tau = \eta$ 时, $\beta_k^{1*}(\eta)$ 满足 (2.2.5) .

类似地, 我们发现, 在不依赖于任何线搜索的情况下, 如下 $\{\beta_k^{2*}\}$ 序列

$$\beta_k^{2*}(\mu, \eta) = \frac{\eta \|g_k\|^2}{\mu |g_k^{\mathrm{T}} d_{k-1}| - \eta g_{k-1}^{\mathrm{T}} d_{k-1}}, \quad \eta \in [0, +\infty), \quad \mu \in (\eta, +\infty), \tag{2.2.7}$$

在 $g_k^{\mathrm{T}} d_k \leqslant 0$ 时同样是一个下降序列 $\left(\text{此时对 } \tau = \dfrac{\eta}{\mu}\right)$. 由此得到如下定理.

定理 2.2.1 假设 β_k^{2*} 是通过 (2.2.7) 给出, 那么对于所有 $k \geqslant 1$,

$$g_k^{\mathrm{T}} d_k \leqslant -\left(1 - \frac{\eta}{\mu}\right) \|g_k\|^2. \tag{2.2.8}$$

证明 对任意 $k > 1$, 假设 $g_k^{\mathrm{T}} d_k \leqslant 0$.

$$\begin{aligned}
g_{k+1}^{\mathrm{T}} d_{k+1} &= -\|g_{k+1}\|^2 + \frac{\eta \|g_{k+1}\|^2}{\mu |g_{k+1}^{\mathrm{T}} d_k| - \eta g_k^{\mathrm{T}} d_k} g_{k+1}^{\mathrm{T}} d_k \\
&\leqslant -\|g_{k+1}\|^2 + \frac{\eta \|g_{k+1}\|^2}{\mu |g_{k+1}^{\mathrm{T}} d_k| - \eta g_k^{\mathrm{T}} d_k} |g_{k+1}^{\mathrm{T}} d_k| \\
&\leqslant -\|g_{k+1}\|^2 + \frac{\eta \|g_{k+1}\|^2}{\mu |g_{k+1}^{\mathrm{T}} d_k|} |g_{k+1}^{\mathrm{T}} d_k| \\
&\leqslant -\left(1 - \frac{\eta}{\mu}\right) \|g_{k+1}\|^2.
\end{aligned}$$

其中 $\mu > \eta, g_1^{\mathrm{T}} d_1 = -\|g_1\|^2 < 0$, 可以得出 (2.2.8) 对所有 $k \geqslant 1$ 成立. □

为了进一步给出新的迭代公式, 记 $\lambda = (\lambda_1, \lambda_2, \lambda_3, \lambda_4)^{\mathrm{T}} \in R^4$.

定义 $U_\sigma = [0, 1] \times (\sigma, 1] \times [0, 1] \times (1, +\infty)$, 记 $R^4 \backslash U_\sigma$ 为 $\overline{U_\sigma}$.

对任意 $k \geqslant 2$, $\beta_k^*(\lambda_1, \lambda_2, \lambda_3, \lambda_4)$ 记为 $\beta_k^*(\lambda)$, $\beta_k^*(\lambda_k)$ 记为 β_k^*, $\beta_k^{1*}(\lambda_k)$ 记为 β_k^{1*}, $\beta_k^{2*}(\lambda_k)$ 记为 β_k^{2*}.

通过这些符号, 可以给出新的迭代公式如下:

$$\beta_k^*(\lambda) = \begin{cases} (1-\lambda_1)\dfrac{\lambda_2\|g_k\|^2}{g_k^{\mathrm{T}}d_{k-1}-\lambda_2 g_{k-1}^{\mathrm{T}}d_{k-1}} + \lambda_1\dfrac{\lambda_3\|g_k\|^2}{\lambda_4|g_k^{\mathrm{T}}d_{k-1}|-\lambda_3 g_{k-1}^{\mathrm{T}}d_{k-1}}, & \lambda \in U_\sigma \\ 0, & \lambda \in \overline{U_\sigma} \end{cases}.$$
$$(2.2.9)$$

当采用精确线搜索时, 可以推出 $\lambda \in U_\sigma$ 时, $\beta_k^*(\lambda) = \beta_k^{\mathrm{CD}}$, 即 CD 共轭梯度法可视为下面给出的共轭梯度法 2.2.2 的一种特殊情形; 同时, 也有当 $\lambda \in U_\sigma$ 时, $\beta_k^*(0,1,\lambda_3,\lambda_4) = \beta_k^{\mathrm{DY}}$.

我们给出修改的共轭梯度算法如下.

算法 2.2.2(修正共轭梯度法)

步 1. 选初始点 $x_1 \in R^n$, 令 $d_1 = -g_1, k := 1$. 如果 $g_1 = 0$, 则停止.

步 2. 计算步长 α_k, 使其满足 WWP 条件.

步 3. 计算 $x_{k+1} = x_k + \alpha_k d_k, g_{k+1} = g(x_{k+1})$, 如果 $g_{k+1} = 0$, 则停止.

步 4. 选择 $\lambda_{k+1} \in R^4$, 通过 (2.2.9) 计算 $\beta_{k+1}^* = \beta_{k+1}^*(\lambda_{k+1})$, 并且运用 (2.1.10) 计算 d_{k+1}.

步 5. 令 $k := k+1$, 转步 2.

如下定理可以看出基于 β_k^* 的共轭梯度算法 2.2.2 有很好的性质.

定理 2.2.3 对于任意 k, 如果 $g_k^{\mathrm{T}}d_k < 0$, 并且 $(\alpha_k, x_{k+1}, g_{k+1}, \beta_{k+1}^*, d_{k+1})$ 由算法 2.2.2 给出, 那么

(a)

$$\begin{cases} \beta_{k+1}^* > 0, & \lambda_{k+1} \in U_\sigma, \\ \beta_{k+1}^* = 0, & \lambda_{k+1} \in \overline{U_\sigma}. \end{cases} \qquad (2.2.10)$$

(b) 如果 $\lambda_{k+1} \in \overline{U}_\sigma$, 那么

$$g_{k+1}^{\mathrm{T}}d_{k+1} = -\|g_{k+1}\|^2; \qquad (2.2.11)$$

如果 $\lambda_{k+1} \in U_\sigma$, 那么

$$g_{k+1}^{\mathrm{T}}d_{k+1} \leqslant ((1-\lambda_{1(k+1)})\lambda_{2(k+1)}\beta_{k+1}^{1*})g_k^{\mathrm{T}}d_k, \qquad (2.2.12)$$

且

$$g_{k+1}^{\mathrm{T}}d_{k+1} < -\mu_{k+1}\|g_{k+1}\|^2, \qquad (2.2.13)$$

其中

$$\mu_{k+1} = 1 - \left((1-\lambda_{1(k+1)})\lambda_{2(k+1)} + \frac{\lambda_{1(k+1)}\lambda_{3(k+1)}}{\lambda_{4k}}\right). \qquad (2.2.14)$$

证明　首先证明 (2.2.10). 从 $\beta_k^*(\lambda)$ 的定义有 $\lambda_{k+1} \in \overline{U}_\sigma, \beta_{k+1}^* = 0.$
当 $\lambda_{k+1} \in U_\sigma$ 时, 因为 $g_k^T d_k < 0$, 且 α_{k+1} 满足 WWP 条件, 有

$$g_{k+1}^T d_k - \lambda_{2(k+1)} g_k^T d_k > g_{k+1}^T d_k - \sigma g_k^T d_k \geqslant 0,$$

且

$$\lambda_{4k} |g_{k+1}^T d_k| - \lambda_{3(k+1)} g_k^T d_k > 0.$$

因此, $\beta_{k+1}^* > 0$, 这样就证明了 (2.2.10). 接下来证明 (2.2.12) 和 (2.2.13). 由 β_k^* 的
定义, 当 $\lambda_{k+1} \in \overline{U}_\sigma$, 有

$$g_{k+1}^T d_{k+1} = -\|g_{k+1}\|^2. \tag{2.2.15}$$

当 $\lambda_{k+1} \in U_\sigma$ 时, 有

$$\begin{aligned}
g_{k+1}^T d_{k+1} &= -\|g_{k+1}\|^2 + (1 - \lambda_{1(k+1)})\beta_{k+1}^{1*} g_{k+1}^T d_k + \lambda_{1(k+1)}\beta_{k+1}^{2*} g_{k+1}^T d_k \\
&\leqslant -\|g_{k+1}\|^2 + (1 - \lambda_{1(k+1)})[\beta_{k+1}^{1*}(g_{k+1}^T d_k - \lambda_{2(k+1)} g_k^T d_k) \\
&\quad + \beta_{k+1}^{1*}\lambda_{2(k+1)} g_k^T d_k] + \lambda_{1(k+1)}\beta_{k+1}^{2*} |g_{k+1}^T d_k| \\
&\leqslant -\|g_{k+1}\|^2 + (1 - \lambda_{1(k+1)})(\lambda_{2(k+1)}\|g_{k+1}\|^2 + \beta_{k+1}^{1*}\lambda_{2(k+1)} g_k^T d_k) \\
&\quad + \frac{\lambda_{1(k+1)}\lambda_{3(k+1)}}{\lambda_{4(k+1)}}\|g_{k+1}\|^2 \\
&= -\left(1 - (1 - \lambda_{1(k+1)})\lambda_{2(k+1)} + \frac{\lambda_{1(k+1)}\lambda_{3(k+1)}}{\lambda_{4k}}\right)\|g_{k+1}\|^2 \\
&\quad + (1 - \lambda_{1(k+1)})\lambda_{2(k+1)}\beta_{k+1}^{1*} g_k^T d_k.
\end{aligned}$$

通过上式, 在 $g_k^T d_k < 0$ 的假设下, 注意到 $\beta_k^{1*} \geqslant 0, \beta_k^{2*} \geqslant 0$, (2.2.12) 和 (2.2.13)
成立.　　　　　　　　　　　　　　　　　　　　　　　　　　　　　　　　□

定理 2.2.3 表明了算法 2.2.2 不但可行, 并且只要选取 λ_k 满足

$$\underline{\mu} \equiv \inf\{\mu_k\} > 0, \tag{2.2.16}$$

算法即能保证充分下降性 (2.2.4).

推论 2.2.4　假设 (2.2.16) 成立, 那么算法 2.2.2 是恰当定义的, 或者存在一个
k_0, 满足 $g_{k_0} = 0$, 或者产生一个序列 $\{x_k\}$, 使得对所有的 k, 充分下降性质 (2.2.4)
满足.

证明　如果 $g_1 = 0$, 推论得证. 假设 $g_1 \neq 0$. 则 $d_1 = -g_1, g_1^T d_1 = -\|g_1\|^2 \neq 0.$
所以

$$g_1^T d_1 = -\underline{\mu}\|g_1\|^2.$$

由定理 2.2.3, 算法产生 (α_1, x_2, g_2). 如果 $g_2 \neq 0$, 可以计算 β_2^* 和 d_2. 再次运用定理 2.2.3, 得到

$$g_2^{\mathrm{T}} d_2 \leqslant -\mu_k \|g_2\|^2 \leqslant -\underline{\mu} \|g_2\|^2.$$

重复上述过程, 并注意到 $\mu_k \leqslant 1$, 即可推出结论.   □

如下的结论是定理 2.2.3 更直接的推导.

推论 2.2.5   对所有的 $k \geqslant 1, g_k^{\mathrm{T}} d_k \leqslant -\underline{\mu} \|g_k\|^2$.

定理 2.2.6   假设 $\{x_k\}$ 是由算法 2.2.2 产生, 那么对所有的 $k \geqslant 2$ 有

$$0 \leqslant \beta_k^{1*}(\lambda_{2k}) \leqslant \frac{\lambda_{2k}}{\lambda_{2k} - \sigma} \beta_k^{\mathrm{CD}}, \tag{2.2.17}$$

$$0 \leqslant \beta_k^{1*}(\lambda_{2k}) \leqslant \frac{\lambda_{2k}}{\mu_{k-1}(\lambda_{2k} - \sigma)} \beta_k^{\mathrm{FR}}, \tag{2.2.18}$$

$$0 \leqslant \beta_k^{2*}(\lambda_{3k}, \lambda_{4k}) \leqslant \beta_k^{\mathrm{CD}}, \tag{2.2.19}$$

$$0 \leqslant \beta_k^{2*}(\lambda_{3k}, \lambda_{4k}) \leqslant \frac{1}{\mu_{k-1}} \beta_k^{\mathrm{FR}}. \tag{2.2.20}$$

证明   从 β_k^{1*} 定义可得

$$\begin{aligned}
\beta_k^{1*}(\lambda_{2k}) &= \frac{\lambda_{2k} \|g_k\|^2}{g_k^{\mathrm{T}} d_{k-1} - \lambda_{2k} g_{k-1}^{\mathrm{T}} d_{k-1}} \\
&\leqslant \frac{\lambda_{2k} \|g_k\|^2}{(g_k^{\mathrm{T}} d_{k-1} - \sigma g_{k-1}^{\mathrm{T}} d_{k-1}) + (\sigma - \lambda_{2k}) g_{k-1}^{\mathrm{T}} d_{k-1}} \\
&\leqslant \frac{\lambda_{2k}}{\lambda_{2k} - \sigma} \frac{\|g_k\|^2}{|g_{k-1}^{\mathrm{T}} d_{k-1}|}.
\end{aligned}$$

于是 (2.2.17) 得证, 再由 (2.2.13), 可得 (2.2.18).

下证 (2.2.19), 由 β_k^{2*} 的定义有

$$\beta_k^{2*}(\lambda_{3k}, \lambda_{4k}) = \frac{\lambda_{3k} \|g_k\|^2}{\lambda_{4k} |g_k^{\mathrm{T}} d_{k-1}| - \lambda_{3k} g_{k-1}^{\mathrm{T}} d_{k-1}} \leqslant \frac{\|g_k\|^2}{|g_{k-1}^{\mathrm{T}} d_{k-1}|}.$$

因此 (2.2.19) 成立. 运用 (2.2.13), 可以证明 (2.2.20).   □

由以上证明, 不难得到

定理 2.2.7   假设序列 $\{x_k\}$ 由算法 2.2.2 产生, 那么

$$0 \leqslant \beta_k^* \leqslant \frac{\lambda_{2k}(1 - \lambda_{1k}) + \lambda_{1k}(\lambda_{2k} - \sigma)}{\lambda_{2k} - \sigma} \frac{\|g_k\|^2}{|g_{k-1}^{\mathrm{T}} d_{k-1}|}. \tag{2.2.21}$$

β_k 的非负性质在构造一些共轭梯度算法并讨论其全局收敛性时有重要的意义. 上述讨论表明了由 (2.2.9) 定义的 β_k^* 是非负的, 对应的共轭梯度算法在每一步迭代

中均产生一个下降方向 d_k, 并且只要 $\underline{\mu} > 0$ 即可满足充分下降条件而不依赖于任何线搜索. 这些性质对分析算法的全局收敛性很有帮助.

下面再给出两个不依赖于线搜索而具有充分下降性的公式. 令

$$\beta_k^{**}(\mu_1, \mu_2, \mu_3) = \frac{\mu_1 \|g_k\|^2}{\mu_2 |g_k^{\mathrm{T}} d_{k-1}| - \mu_3 g_{k-1}^{\mathrm{T}} d_{k-1}}, \tag{2.2.22}$$

其中 $\mu_1 \in (0, +\infty), \mu_2 \in [\mu_1 + \varepsilon_1, +\infty), \mu_3 \in (0, +\infty), \varepsilon_1$ 是任一正常数. 如果 $g_k^{\mathrm{T}} d_k \leqslant 0$, 且 $g_{k+1} \neq 0$, 那么有

$$g_{k+1}^{\mathrm{T}} d_{k+1} \leqslant -\left(1 - \frac{\mu_1}{\mu_1 + \varepsilon_1}\right) \|g_{k+1}\|^2. \tag{2.2.23}$$

事实上有

$$\begin{aligned}
g_{k+1}^{\mathrm{T}} d_{k+1} &= -\|g_{k+1}\|^2 + \frac{\mu_1 \|g_{k+1}\|^2}{\mu_2 |g_{k+1}^{\mathrm{T}} d_k| - \mu_3 g_k^{\mathrm{T}} d_k} g_{k+1}^{\mathrm{T}} d_k \\
&\leqslant -\|g_{k+1}\|^2 + \frac{\mu_1 \|g_{k+1}\|^2}{\mu_2 |g_{k+1}^{\mathrm{T}} d_k|} g_{k+1}^{\mathrm{T}} d_k \\
&\leqslant -\|g_{k+1}\|^2 + \frac{\mu_1 \|g_{k+1}\|^2}{\mu_2 |g_{k+1}^{\mathrm{T}} d_k|} |g_{k+1}^{\mathrm{T}} d_k| \\
&\leqslant -\left(1 - \frac{\mu_1}{\mu_2}\right) \|g_{k+1}\|^2.
\end{aligned}$$

因此 (2.2.23) 成立. 因为 $g_1^{\mathrm{T}} d_1 = -\|g_1\|^2 < 0$, 所以 (2.2.23) 对 $k \geqslant 1$ 都成立. 注意到 (2.2.23) 独立于线搜索条件, 如果使用精确线搜索, 可以得到如下 β_k^{**}

$$\beta_k^{**}(\mu_1, \mu_2, \mu_3) = \frac{\mu_1}{\mu_3} \beta_k^{\mathrm{CD}}. \tag{2.2.24}$$

如果 $\mu_1 \neq \mu_3, \beta_k^{**}$ 就不是非线性共轭梯度法, 但是很接近共轭梯度法, 这也是单独讨论 β_k^{**} 的原因.

考虑如下的 FR 公式变形

$$\beta_k^{\mathrm{VFR}}(\mu) = \frac{\mu_1 \|g_k\|^2}{\mu_2 |g_k^{\mathrm{T}} d_{k-1}| + \mu_3 \|g_{k-1}\|^2}, \tag{2.2.25}$$

μ_1, μ_2, μ_3 同 β_k^{**} 中的定义范围. 与 (2.2.23) 的证明一样, 对 $k \geqslant 1$, 有

$$g_k^{\mathrm{T}} d_k^{\mathrm{VFR}} \leqslant -\left(1 - \frac{\mu_1}{\mu_1 + \varepsilon_1}\right) \|g_k\|^2. \tag{2.2.26}$$

因此公式 (2.2.25) 定义的 FR 变形公式也具有独立于线性搜索的充分下降性质. 类似地容易得到, 如下定义的

$$\beta_k^{***}(\mu) = \mu_{01} \beta_k^{**}(\mu_1, \mu_2, \mu_3) + \mu_{02} \beta_k^{\mathrm{VFR}}(\mu_4, \mu_5, \mu_6) + \mu_{03} \beta_k^{****}(\mu_7, \mu_8, \mu_9, \mu_{10}, \mu_{11}) \tag{2.2.27}$$

对于部分 $\mu \in R^{11}$, 在不用线搜索的情况下也具有充分下降性, 其中

$$\beta_k^{****}(\mu) = \frac{\mu_7\|g_k\|^2}{\mu_8|g_k^{\mathrm{T}}d_{k-1}| + \mu_9\|g_{k-1}\|^2 + \mu_{10}\|g_k\|^2 - \mu_{11}g_{k-1}^{\mathrm{T}}d_{k-1}}, \tag{2.2.28}$$

$\mu_{01}, \mu_{02}, \mu_{03}$ 非负, 且满足 $\mu_{01} + \mu_{02} + \mu_{03} = 1$.

下面讨论采用 β_k^{**} (或 β_k^{VFR}) 的共轭梯度法的全局收敛性.

首先有如下两个假设:

假设 A 水平集 $\Omega = \{x \in R^n | f(x) \leqslant f(x_1)\}$ 是有界的.

假设 B 存在一个常数 L, 对于 $x, y \in \Omega$ 满足

$$\|g(x) - g(y)\| \leqslant L\|x - y\|. \tag{2.2.29}$$

因为 $\{f(x_k)\}$ 是一个下降序列, 故由算法 2.2.2 产生的序列 $\{x_k\}$ 落在集合 Ω 里, 且存在 f^* 满足

$$\lim_{k \to \infty} f(x_k) = f^*. \tag{2.2.30}$$

为了研究算法 2.2.2, 引入如下性质.

性质 (∗∗) 若 $\{g_k^{\mathrm{T}}d_k\}$ 有界, 并且

$$\liminf_{k \to \infty} g(x_k + \alpha_k d_k)^{\mathrm{T}} d_k \leqslant \liminf_{k \to \infty} g_k^{\mathrm{T}} d_k,$$

则称 $\{(\alpha_k, d_k)\}$ 具有性质 (∗∗).

定理 2.2.8 对 $k \geqslant 1$, 设给定的序列 $\{(\alpha_k, x_k, d_k)\}$ 满足下面三个条件:

(a1) $x_{k+1} = x_k + \alpha_k d_k$,

(a2) 存在两个正数 M 和 τ, 满足 $g_k^{\mathrm{T}} d_k \leqslant -M\|g_k\|^\tau$,

(a3) $g(x_k + \alpha_k d_k)^{\mathrm{T}} d_k \geqslant \sigma g_k^{\mathrm{T}} d_k$, 那么若 $\{(\alpha_k, d_k)\}$ 具有性质 (∗∗), 即可推出

$$\liminf_{k \to \infty} \|g_k\| = 0. \tag{2.2.31}$$

证明 由条件 (a2)、(a3) 和性质 (∗∗), 可以推出

$$0 \geqslant \liminf_{k \to \infty} g_k^{\mathrm{T}} d_k \geqslant \lim_{k \to \infty} g(x_k + \alpha_k d_k)^{\mathrm{T}} d_k \geqslant \sigma \liminf_{k \to \infty} g_k^{\mathrm{T}} d_k,$$

再由 $\sigma \in (0, 1)$, 即得

$$\liminf_{k \to \infty} g_k^{\mathrm{T}} d_k = 0.$$

$\square$

推论 2.2.9 设假设 A 和假设 B 成立, 序列 $\{x_k\}$ 由算法 2.2.2 产生. 如果 $\underline{\mu} > 0$, 那么只要如下情形之一成立:

(a4) $\displaystyle\sum_{k=1}^{\infty} \alpha_k < +\infty$, 那么 $\lim_{k\to\infty} \inf \alpha_k \|d_k\|^2 = 0$;

(a5) $\left\{ \dfrac{\|d_k\|^2}{k} \right\}$ 有界,

即有 (2.2.31) 成立.

证明 假设结论不成立, 则存在变量 $\varepsilon > 0$, 对所有 $k \geqslant 1$, 有

$$\|g_k\| \geqslant \varepsilon. \tag{2.2.32}$$

通过假设 A, 可以推断 $\{x_k\}$ 和 $\{\|g_k\|\}$ 有界, 再由 WWP 条件和推论 2.2.5, 有

$$f(x_{k+1}) - f(x_k) \leqslant -\varepsilon^2 \underline{\mu} \alpha_k.$$

因而

$$\lim_{k=1}^{\infty} \alpha_k < +\infty. \tag{2.2.33}$$

首先证明 (a4) 成立的情形. 利用 (a4), 有

$$\lim_{k\to\infty} \inf \alpha_k \|d_k\|^2 = 0. \tag{2.2.34}$$

一方面, 由推论 2.2.5, 有

(*1) $\{g_k^{\mathrm{T}} d_k\}$ 有界. 从推论 2.2.5, (2.2.34) 和假设 B, 有

$$\|g(x_k + \alpha_k d_k)^{\mathrm{T}} d_k - g_k^{\mathrm{T}} d_k\| \leqslant L\alpha_k \|d_k\|^2,$$

并且

(*2) $\displaystyle\lim_{k\to\infty} \inf g(x_k + \alpha_k d_k)^{\mathrm{T}} d_k = \lim_{k\to\infty} \inf g_k^{\mathrm{T}} d_k.$

由上, $\{(\alpha_k, d_k)\}$ 满足性质 (**). 性质 (**) 和推论 2.2.5 表明定理 2.2.8 的所有条件都成立. 于是定理 2.2.8 的结论与假设 (2.2.32) 矛盾. 从而 (a4) 情形下结论得证.

下面证明 (a5) 成立的情形, 事实上, 由 $\left\{ \dfrac{\|d_k\|^2}{k} \right\}$ 有界和 (2.2.33) 可得

$$\lim_{k\to\infty} \alpha_k \|d_k\|^2 = 0.$$

再利用上述 (a4) 情形的证明即可推出结论成立. $\qquad\square$

下一引理表明算法 2.2.2 满足 Zoutendijk 条件, 这一条件将用在后面的一些收敛性分析中.

引理 2.2.10 设假设 A 和假设 B 成立, 序列 $\{x_k\}$ 由算法 2.2.2 产生, 那么如下 Zoutendijk 条件成立:

$$\sum_{k=1}^{\infty} \frac{(g_k^{\mathrm{T}} d_k)^2}{\|d_k\|^2} < +\infty. \tag{2.2.35}$$

证明 运用假设 B 和 WWP 线搜索条件, 可以得到

$$-(1-\sigma)g_k^{\mathrm{T}} d_k \leqslant (g_{k+1} - g_k)^{\mathrm{T}} d_k \leqslant L\alpha_k \|d_k\|^2.$$

所以

$$\alpha_k \geqslant \frac{-(1-\sigma)g_k^{\mathrm{T}} d_k}{L\|d_k\|^2}, \tag{2.2.36}$$

这表明

$$\sum_{k=1}^{\infty} \frac{(g_k^{\mathrm{T}} d_k)^2}{\|d_k\|^2} \leqslant \frac{L}{1-\sigma} \sum_{k=1}^{\infty} (-\alpha_k g_k^{\mathrm{T}} d_k).$$

运用 WWP 条件和 (2.2.30) 即得到 (2.2.35). □

由定理 2.2.3 和引理 2.2.10, 可得下面结果.

引理 2.2.11 设假设 A 和假设 B 成立, 序列 $\{x_k\}$ 由算法 2.2.2 产生, 那么

$$\sum_{k=1}^{\infty} \frac{\mu_k^2 \|g_k\|^4}{\|d_k\|^2} < +\infty. \tag{2.2.37}$$

定理 2.2.12 设假设 A 和假设 B 成立, 序列 $\{x_k\}$ 由算法 2.2.2 产生. 如果 $\underline{\mu} > 0$, 且满足下述条件之一

(a6) 存在 $\mu \in [0, 2]$, 使得

$$\sum_{k=1}^{\infty} \frac{(g_k^{\mathrm{T}} d_k)^{\mu}}{\|d_k\|^2} = +\infty, \tag{2.2.38}$$

(a7) 存在 $\mu \in [0, 4]$, 使得

$$\sum_{k=1}^{\infty} \frac{\|g_k\|^{\mu}}{\|d_k\|^2} = +\infty, \tag{2.2.39}$$

则 (2.2.31) 成立.

证明 由 $\underline{\mu} > 0$ 和引理 2.2.11, 得

$$\sum_{k=1}^{\infty} \frac{\|g_k\|^4}{\|d_k\|^2} < +\infty, \tag{2.2.40}$$

若 (a6) 情形成立, 则可由推论 2.2.5 和 (2.2.40) 得证. 若 (a7) 情形成立, 则结论可以由 (2.2.40) 得到. □

我们希望产生一种新的线搜索技术以满足算法 2.2.2 收敛性定理的需求. 在算法 2.2.2 中, 如果通过修正的弱 Wolfe-Powell 条件而不是 WWP 条件找到步长 α_k, 可以得到如下算法.

算法 2.2.13(定义线搜索 MWWP)　**寻找 α_k 满足**

$$f(x_k + \alpha_k d_k) - f(x_k) \leqslant \delta \alpha_k g_k^{\mathrm{T}} d_k - \min\{\varepsilon, \|g_k\|^{\mu}\} \alpha_k^2 \|d_k\|^4, \qquad (2.2.41)$$

且

$$g(x_k + \alpha_k d_k)^{\mathrm{T}} d_k \geqslant \sigma g_k^{\mathrm{T}} d_k, \qquad (2.2.42)$$

其中 $\varepsilon \in (0,1), \mu \in (1, +\infty)$.

算法 2.2.13 有如下全局收敛性结果.

定理 2.2.14　*设假设 A 和假设 B 成立, 序列 $\{x_k\}$ 由算法 2.2.13 产生. 如果 $\underline{\mu} > 0$, 那么 (2.2.31) 成立.*

证明　(2.2.41) 表明如果 $\|g_k\| \geqslant \varepsilon$, 那么

$$\sum_{k=1}^{\infty} \alpha_k^2 \|d_k\|^4 < +\infty,$$

因而由推论 (2.2.9) 结论成立.　　　　　　　　　　　　　　　　　　　□

下面给出基于 $\beta_k^{2*}, \beta_k^{**}, \beta_k^{\mathrm{VFR}}$ 结合相应线搜索条件下的共轭梯度法的全局收敛性结果.

算法 2.2.15

步 1. 选初始点 $x_1 \in R^n$, 令 $d_1 = -g_1, k := 1$. 如果 $g_1 = 0$, 则停止.

步 2. 通过步长搜索技术寻找步长 $\alpha_k > 0$.

步 3. 计算 $x_{k+1} = x_k + \alpha_k d_k, g_{k+1} = g(x_{k+1})$, 如果 $g_{k+1} = 0$, 则停止.

步 4. 运用 (2.2.7) 计算 $\beta_{k+1}^{2*} = \beta_{k+1}^{2*}(\mu_k, \eta_k)$, 并且运用 (2.1.10) 计算 d_{k+1}.

步 5. 令 $k := k + 1$, 转步 2.

定理 2.2.16　*假设序列 $\{x_k\}$ 由算法 2.2.15 产生. 如果 Zoutendijk 条件 (2.2.35) 成立, 那么 (2.2.31) 成立.*

证明　由 d_k 的定义有

$$-\mu_{k+1}|g_{k+1}^{\mathrm{T}} d_k| + \eta_{k+1} g_{k+1}^{\mathrm{T}} d_k < 0,$$

于是

$$
\begin{aligned}
g_{k+1}^{\mathrm{T}} d_{k+1} &= g_{k+1}^{\mathrm{T}}(-g_{k+1} + \beta_{k+1}^{2*} d_{k+1}) \\
&= -\|g_{k+1}\|^2 + \frac{\eta_{k+1}\|g_{k+1}\|^2}{\mu_{k+1}|g_{k+1}^{\mathrm{T}} d_k| - \eta_{k+1} g_k^{\mathrm{T}} d_k} g_{k+1}^{\mathrm{T}} d_k \\
&= \frac{\|g_{k+1}\|^2(-\mu_{k+1}|g_{k+1}^{\mathrm{T}} d_k| + \eta_{k+1} g_{k+1}^{\mathrm{T}} d_k + \eta_{k+1} g_k^{\mathrm{T}} d_k)}{\mu_{k+1}|g_{k+1}^{\mathrm{T}} d_k| - \eta_{k+1} g_k^{\mathrm{T}} d_k} \\
&\leqslant \frac{\eta_{k+1}\|g_{k+1}\|^2}{\mu_{k+1}|g_{k+1}^{\mathrm{T}} d_k| - \eta_{k+1} g_k^{\mathrm{T}} d_k} g_k^{\mathrm{T}} d_k \\
&= \beta_{k+1}^{2*} g_k^{\mathrm{T}} d_k.
\end{aligned}
$$

所以

$$
\beta_{k+1}^{2*} \leqslant \frac{g_{k+1}^{\mathrm{T}} d_{k+1}}{g_k^{\mathrm{T}} d_k}. \tag{2.2.43}
$$

对下式两边平方

$$
d_{k+1} + g_{k+1} = \beta_{k+1}^{2*} d_k,
$$

得到

$$
\|d_{k+1}\|^2 = (\beta_{k+1}^{2*})^2 \|d_k\|^2 - 2 g_{k+1}^{\mathrm{T}} d_{k+1} - \|g_{k+1}\|^2.
$$

由 (2.2.42), 有

$$
\begin{aligned}
\frac{\|d_{k+1}\|^2}{(g_{k+1}^{\mathrm{T}} d_{k+1})^2} &= \frac{(\beta_{k+1}^{2*})^2 \|d_k\|^2}{(g_{k+1}^{\mathrm{T}} d_{k+1})^2} - \frac{2}{g_{k+1}^{\mathrm{T}} d_{k+1}} - \frac{\|g_{k+1}\|^2}{(g_{k+1}^{\mathrm{T}} d_{k+1})^2} \\
&\leqslant \frac{\|d_k\|^2}{(g_k^{\mathrm{T}} d_k)^2} - \frac{2}{g_{k+1}^{\mathrm{T}} d_{k+1}} - \frac{\|g_{k+1}\|^2}{(g_{k+1}^{\mathrm{T}} d_{k+1})^2} \\
&= \frac{\|d_k\|^2}{(g_k^{\mathrm{T}} d_k)^2} - \left(\frac{\|g_{k+1}\|}{g_{k+1}^{\mathrm{T}} d_{k+1}} + \frac{1}{\|g_{k+1}\|}\right)^2 + \frac{1}{\|g_{k+1}\|^2} \\
&\leqslant \frac{\|d_k\|^2}{(g_k^{\mathrm{T}} d_k)^2} + \frac{1}{\|g_{k+1}\|^2}.
\end{aligned}
$$

由 $\|d_1\|^2/(g_1^{\mathrm{T}} d_1)^2 = 1/\|g_1\|^2$, 有

$$
\frac{\|d_k\|^2}{(g_k^{\mathrm{T}} d_k)^2} \leqslant \sum_{i=1}^{k} \frac{1}{\|g_i\|^2}. \tag{2.2.44}
$$

假设 (2.2.31) 不成立, 那么存在 $\varepsilon > 0$, 对 $k \geqslant 1$,

$$
\|g_k\| \geqslant \varepsilon, \tag{2.2.45}
$$

再结合 (2.2.44), 得到

$$
\sum_{k=1}^{+\infty} \frac{(g_k^{\mathrm{T}} d_k)^2}{\|d_k\|^2} = +\infty.
$$

这与 Zoutendijk 条件矛盾, 证明结束. □

算法 2.2.17

步 1. 选初始点 $x_1 \in R^n$, 令 $d_1 = -g_1, k = 1$. 如果 $g_1 = 0$, 则停止.

步 2. 通过步长搜索技术求出步长 $\alpha_k > 0$.

步 3. 计算 $x_{k+1} = x_k + \alpha_k d_k, g_{k+1} = g(x_{k+1})$, 如果 $g_{k+1} = 0$, 则停止.

步 4. 运用 (2.2.22) 计算 $\beta_{k+1}^{**} = \beta_{k+1}^{**}(\mu_{1(k+1)}, \mu_{2(k+1)}, \mu_{3(k+1)})$, 并且运用 (2.1.10) 计算 d_{k+1}.

步 5. 令 $k := k + 1$, 转步 2.

定理 2.2.18　*假设序列 $\{x_k\}$ 由算法 2.2.17 产生. 如果*

$$\bar{\mu}_1 \equiv \sup\{\mu_{1k}|k \geqslant 1\} < +\infty, \tag{2.2.46}$$

$$q \equiv \sup\left\{\left.\frac{\mu_{1k}^2(\mu_{1k} + \varepsilon_1)^2}{\varepsilon_1^2 \mu_{3k}^2}\right| k \geqslant 1\right\} < 1, \tag{2.2.47}$$

并且 Zoutendijk 条件 (2.2.35) 成立, 那么 (2.2.31) 成立.

证明　由 d_k 的定义和 (2.2.23), 对 $k \geqslant 2$, 有

$$\|d_k\|^2 = \|g_k\|^2 - 2\beta_k^{**} g_k^{\mathrm{T}} d_{k-1} + (\beta_k^{**})^2 \|d_{k-1}\|^2$$

$$= \|g_k\|^2 - 2\frac{\mu_{1k}\|g_k\|^2}{(\mu_{2k}|g_k^{\mathrm{T}} d_{k-1}| - \mu_{3k} g_{k-1}^{\mathrm{T}} d_{k-1})} g_k^{\mathrm{T}} d_{k-1}$$

$$\quad + \left(\frac{\mu_{1k}\|g_k\|^2}{(\mu_{2k}|g_k^{\mathrm{T}} d_{k-1}| - \mu_{3k} g_{k-1}^{\mathrm{T}} d_{k-1})}\right)^2 \|d_{k-1}\|^2$$

$$\leqslant \|g_k\|^2 + 2\frac{\mu_{1k}\|g_k\|^2}{\mu_{2k}|g_k^{\mathrm{T}} d_{k-1}|}|g_k^{\mathrm{T}} d_{k-1}| + \frac{\mu_{1k}\|g_k\|^4}{(\mu_{3k} g_{k-1}^{\mathrm{T}} d_{k-1})^2}\|d_{k-1}\|^2$$

$$\leqslant \|g_k\|^2 + \frac{2\mu_{1k}}{\mu_{2k}}\|g_k\|^2 + \frac{\mu_{1k}^2}{\mu_{3k}^2}\left(\frac{1}{1 - \dfrac{\mu_{1k}}{\mu_{1k} + \varepsilon_1}}\right)^2 \|g_k\|^4 \frac{\|d_{k-1}\|^2}{\|g_{k-1}\|^4}.$$

因此

$$\frac{\|d_k\|^2}{\|g_k\|^4} \leqslant \frac{2\mu_{1k} + \mu_{2k}}{\mu_{2k}}\frac{1}{\|g_k\|^2} + \frac{\mu_{1k}^2(\mu_{1k} + \varepsilon_1)^2}{\varepsilon_1^2 \mu_{3k}^2}\frac{\|d_{k-1}\|^2}{\|g_{k-1}\|^4}.$$

假设结论不成立, 由 (2.2.45) 有

$$\frac{\|d_k\|^2}{\|g_k\|^4} \leqslant \frac{2\mu_{1k} + \mu_{2k}}{\mu_{2k}}\frac{1}{\varepsilon} + \frac{\mu_{1k}^2(\mu_{1k} + \varepsilon_1)^2}{\varepsilon_1^2 \mu_{3k}^2}\frac{\|d_{k-1}\|^2}{\|g_{k-1}\|^4}.$$

由 $\|d_1\| = \|g_1\|$ 和 $\mu_{2k} \in [\mu_{1k} + \varepsilon_1, +\infty)$, 有

$$\frac{\|d_k\|^2}{\|g_k\|^4} \leqslant \frac{3}{\varepsilon}\left(1 + \sum_{i=1}^{k} q^i\right) \leqslant \frac{3}{\varepsilon}\frac{1}{1 - q}, \tag{2.2.48}$$

这表明

$$\sum_{k=1}^{\infty} \frac{\|g_k\|^4}{\|d_k\|^2} = +\infty. \tag{2.2.49}$$

另一方面, 由 Zoutendijk 条件和 (2.2.23) 有

$$\sum_{i=1}^{\infty} \frac{\|g_k\|^4}{\|d_k\|^2} < \sum_{i=1}^{\infty} \frac{\mu_{1k} + \varepsilon_1}{\varepsilon_1} \frac{(g_k^T d_k)^2}{\|d_k\|^2} \leqslant \frac{\overline{\mu}_1 + \varepsilon_1}{\varepsilon_1} \sum_{i=1}^{\infty} \frac{(g_k^T d_k)^2}{\|d_k\|^2}.$$

再结合 (2.2.46) 和 Zoutendijk 条件, 可推出与 (2.2.49) 相矛盾. 结论得证. □

一般情况下, 当假设 A 和假设 B 成立, 步长 α_k 由 WWP 线搜索得到时, Zoutendijk 条件总是成立的. 下一定理表明, Zoutendijk 条件是 (2.2.31) 成立的充分条件, 但在某些情况下未必是必要条件.

定理 2.2.19 设假设 A 成立, f 是连续可微的, 步长 α_k 由标准 Armijo 线搜索得到, 序列 $\{x_k\}$ 由算法 2.2.17 产生. 如果 (2.2.46) 和 (2.2.47) 成立, 那么 $\lim_{k \to \infty} \inf \|g_k\| = 0$ 成立.

证明 假设结论不成立, 用与定理 2.2.18 一样的证明方式可以得到 (2.2.48) 成立, 于是

$$\|d_k\|^2 \leqslant \frac{3}{\varepsilon} \frac{1}{1-q} \|g_k\|^4.$$

通过假设 B, 可以推出存在一个正数 $M_1 \in (0, +\infty)$ 满足

$$\|d_k\|^2 \leqslant \frac{3}{\varepsilon} \frac{1}{1-q} M_1. \tag{2.2.50}$$

另外, 由 (2.2.23) 和 Armijo 线搜索条件, 得到

$$f(x_k + \alpha_k d_k) - f(x_k) \leqslant -\delta \alpha_k \frac{\varepsilon_1}{\mu_{1k} + \varepsilon_1} \|g_k\|^2 \leqslant -\delta \alpha_k \frac{\varepsilon_1 \varepsilon^2}{\overline{\mu}_1 + \varepsilon_1}.$$

则有

$$\lim_{k \to \infty} \alpha_k = 0.$$

由假设 A 和 (2.2.50), 不失一般性, 假设存在一个子集 $K_1 \subset \{k | k \geqslant 1\}$ 满足

$$\lim_{k \in K_1} x_k = x^*,$$

且

$$\lim_{k \in K_1} d_k = d^*.$$

由 α_k 的定义有

$$f(x_k + (\alpha_k/\rho) d_k) - f(x_k) > -\delta(\alpha_k/\rho) g_k^T d,$$

两边同时除以 α_k/ρ, 当 $k \in K_1$ 且趋于无穷时, 则有

$$g(x^*)^{\mathrm{T}}d^* \geqslant -\delta g(x^*)^{\mathrm{T}}d^*,$$

注意到 $\delta \in (0,1), g(x^*)^{\mathrm{T}}d^* \leqslant 0$, 得

$$g(x^*)^{\mathrm{T}}d^* = 0$$

于是由 (2.2.23) 得到与 (2.2.45) 矛盾, 证明完毕. □

定理 2.2.19 的意义在于, 它给出了一种仅用标准 Armijo 线搜索而能保证全局收敛的共轭梯度法. 这对于大规模的优化问题非常重要, 因为不同于其他线搜索 (如弱 Wolfe-Powell 条件或强 Wolfe-Powell 条件), Armijo 线搜索不需要在内子循环中计算 f 的额外的梯度. 下面的讨论表明对前面给出的 FR 变形公式 β_k^{VFR}, 也有同样的收敛结果.

算法 2.2.20

步 1. 选初始点 $x_1 \in R^n$, 令 $d_1 = -g_1, k := 1$. 如果 $g_1 = 0$, 则停止.

步 2. 通过步长搜索技术寻找一个 $\alpha_k > 0$.

步 3. 计算 $x_{k+1} = x_k + \alpha_k d_k, g_{k+1} = g(x_{k+1})$, 如果 $g_{k+1} = 0$, 则停止.

步 4. 运用 (2.2.25) 计算 $\beta_{k+1}^{\mathrm{VFR}} = \beta_{k+1}^{\mathrm{VFR}}(\mu_{1(k+1)},\ \mu_{2(k+1)},\ \mu_{3(k+1)})$, 并且运用 (2.1.10) 计算 d_{k+1}.

步 5. 令 $k := k+1$, 转步 2.

定理 2.2.21　假设序列 $\{x_k\}$ 由算法 2.2.20 产生. 如果

$$\overline{\mu}_1 \equiv \sup\{\mu_{1k} | k \geqslant 1\} < +\infty, \tag{2.2.51}$$

$$q \equiv \sup\left\{\frac{\mu_{1k}^2}{\mu_{3k}^2} | k \geqslant 1\right\} < 1, \tag{2.2.52}$$

并且 Zoutendijk 条件 (2.2.35) 成立, 那么 (2.2.31) 成立.

证明　运用与证明定理 2.2.18 一样的方法, 得到对于 $k \geqslant 2$, 有

$$\|d_k\|^2 \leqslant \|g_k\|^2 + 2\frac{\mu_{1k}\|g_k\|^2}{\mu_{2k}|g_k^{\mathrm{T}}d_{k-1}|}|g_k^{\mathrm{T}}d_{k-1}| + \frac{\mu_{1k}^2\|g_k\|^4}{(\mu_{3k}\|g_{k-1}\|)^2}\|d_{k-1}\|^2$$

$$= \|g_k\|^2 + 2\frac{\mu_{1k}}{\mu_{2k}}\|g_k\|^2 + \frac{\mu_{1k}^2}{\mu_{3k}^2}\|g_k\|^4\frac{\|d_{k-1}\|^2}{\|g_{k-1}\|^4},$$

故有

$$\frac{\|d_k\|^2}{\|g_{k-1}\|^4} \leqslant \frac{2\mu_{1k} + \mu_{2k}}{\mu_{2k}}\frac{1}{\|g_k\|^2} + \frac{\mu_{1k}^2}{\mu_{3k}^2}\frac{\|d_{k-1}\|^2}{\|g_{k-1}\|^4}.$$

假设结论不成立, 由 (2.2.45), 有

$$\frac{\|d_k\|^2}{\|g_{k-1}\|^4} \leqslant \frac{2\mu_{1k} + \mu_{2k}}{\mu_{2k}}\frac{1}{\varepsilon} + \frac{\mu_{1k}^2}{\mu_{3k}^2}\frac{\|d_{k-1}\|^2}{\|g_{k-1}\|^4}.$$

因为 $\|d_1\| = \|g_1\|, \mu_{2k} \in [\mu_{1k} + \varepsilon_1, +\infty)$, 有

$$\frac{\|d_k\|^2}{\|g_k\|^4} \leqslant \frac{3}{\varepsilon}\left(1 + \sum_{i=1}^{k} q_1^i\right) \leqslant \frac{3}{\varepsilon}\frac{1}{1-q_1}, \tag{2.2.53}$$

这表明

$$\frac{\|g_k\|^4}{\|d_k\|^2} = +\infty, \tag{2.2.54}$$

另一方面由 Zoutendijk 条件和 (2.2.26) 有

$$\sum_{i=1}^{\infty} \frac{\|g_k\|^4}{\|d_k\|^2} < \sum_{i=1}^{\infty} \frac{\mu_{1k} + \varepsilon_1}{\varepsilon_1} \frac{(g_k^{\mathrm{T}} d_k)^2}{\|d_k\|^2} \leqslant \frac{\overline{\mu}_1 + \varepsilon_1}{\varepsilon_1} \sum_{i=1}^{\infty} \frac{(g_k^{\mathrm{T}} d_k)^2}{\|d_k\|^2},$$

结合 (2.2.51) 和 Zoutendijk 条件, 可得出与 (2.2.54) 矛盾的结果. 由此证明了结论.
□

与定理 2.2.19 的证明类似, 可以证明如下结果.

定理 2.2.22 设假设 A 成立, f 是连续可微的, α_k 是由标准 Armijo 线搜索得到, 序列 $\{x_k\}$ 由算法 2.2.20 产生. 如果 (2.2.51) 和 (2.2.52) 成立, 那么 (2.2.31) 成立.

2.2.2 一类修正 Armijo 型线搜索下的无约束优化问题 PRP 共轭梯度法

考虑无约束优化问题 (2.1.8).

对目标函数 $f(x)$, 设

$$f_k = f + \frac{1}{2}(x - x_k)^{\mathrm{T}} B_k(x - x_k), \tag{2.2.55}$$

其中 B_k 是对称正定矩阵. 文献 [178] 和 [179] 在 $f(x)$ 的基础上给出了三种非精确线搜索方法.

1. 修改的 Armijo 步长搜索方法 (MA)

寻找 $\alpha_k = \rho^{j_k}$, j_k 是满足下式的最小非负整数:

$$f(x_k + \rho^j d_k) - f(x_k) \leqslant \delta \rho^j g_k^{\mathrm{T}} d_k - \frac{1}{2}(\rho^j)^2 d_k^{\mathrm{T}} B_k d_k, \tag{2.2.56}$$

其中 $\rho \in (0,1), \delta \in \left(0, \frac{1}{2}\right)$.

2. 修改的 Armijo-Goldstein 步长搜索方法 (MAG)

寻找 $\alpha_k > 0$ 满足

$$f(x_k + \alpha_k d_k) - f(x_k) \leqslant \delta \alpha_k g_k^{\mathrm{T}} d_k - \frac{1}{2}\alpha_k^2 d_k^{\mathrm{T}} B_k d_k$$

且

$$f(x_k + \alpha_k d_k) - f(x_k) \geqslant (1 - \delta)\alpha_k g_k^{\mathrm{T}} d_k - \frac{1}{2}\alpha_k^2 d_k^{\mathrm{T}} B_k d_k,$$

其中 $\delta \in \left(0, \dfrac{1}{2}\right)$.

3. **修改的标准 Wolfe-Powell 步长搜索方法 (MWP)**

寻找 $\alpha_k > 0$ 满足

$$f(x_k + \alpha_k d_k) - f(x_k) \leqslant \delta\alpha_k g_k^{\mathrm{T}} d_k - \frac{1}{2}\alpha_k^2 d_k^{\mathrm{T}} B_k d_k$$

且

$$g(x_k + \alpha_k d_k)^{\mathrm{T}} d_k \geqslant -\alpha_k d_k^{\mathrm{T}} B_k d_k + \sigma g_k^{\mathrm{T}} d_k,$$

其中 $\delta \in \left(0, \dfrac{1}{2}\right), \sigma \in (\delta, 1)$.

对强 Wolfe-Powell 线搜索条件, 可以给出一个修改的强 Wolfe-Powell 步长搜索方法如下:

4. **一个修改的强 Wolfe-Powell 步长搜索方法 (MSWP)**

$$f(x_k + \alpha_k d_k) - f(x_k) \leqslant \delta\alpha_k g_k^{\mathrm{T}} d_k - \frac{1}{2}\alpha_k^2 d_k^{\mathrm{T}} B_k d_k \tag{2.2.57}$$

且

$$-\alpha_k d_k^{\mathrm{T}} B_k d_k + \sigma g_k^{\mathrm{T}} d_k \leqslant g(x_k + \alpha_k d_k)^{\mathrm{T}} d_k \leqslant \alpha_k d_k^{\mathrm{T}} B_k d_k - \sigma g_k^{\mathrm{T}} d_k, \tag{2.2.58}$$

其中 $\delta \in \left(0, \dfrac{1}{2}\right), \sigma \in (\alpha, 1)$.

注意到在共轭方向法中, (1) PRP 公式是求解非线性优化问题中很有效的方法; (2) 和其他线搜索方法相比, Armijo 类型的线搜索可以运用回溯技巧, 从而使寻找步长在一个可预知的变化范围中; (3) 充分下降性对共轭梯度法来说是一个非常好且重要的性质, 在迭代中我们希望能保持这种性质. 基于此, 下面分析一些 Armijo 型线搜索下的 PRP 共轭梯度法的全局收敛性. 其中利用了 f_k 中增加的 B_k 项结构. 为便于讨论, 令 $B_k = \mu I$.

Armijo 型线搜索 (ATLS)　给定 $\delta \in \left[0, \dfrac{1}{2}\right), c \in (0, 1), \mu > 0, \phi_k > 0, \rho \in (0, 1]$. 记 $\alpha_k^j = \rho^j \cdot \phi_k$. ATLS 线搜索为: 寻找步长 $\alpha_k = \alpha_k^{j_k}$, 其中, j_k 是最小的非负整数 j 使得

$$f(x_k + \alpha_k^j d_k) - f(x_k) \leqslant \delta\alpha_k^j g_k^{\mathrm{T}} d_k - \frac{\mu}{2}(\alpha_k^j)^2\|d_k\|^2, \tag{2.2.59}$$

$$g(x_k + \alpha_k^j d_k)^{\mathrm{T}} Q_k(j) \leqslant -c\|g(x_k + \alpha_k^j d_k)\|^2, \tag{2.2.60}$$

其中,

$$Q_k(j) = -g(x_k + \alpha_k^j d_k) + \frac{g(x_k + \alpha_k^j d_k)^{\mathrm{T}}(g(x_k + \alpha_k^j d_k) - g_k)}{\|g_k\|^2} d_k. \tag{2.2.61}$$

参数 ϕ_k 的作用在于改善初始步长, 以得到合适度量的搜索方向, 在不增加存储和迭代量的前提下提高算法的效率. ϕ_k 的选取将在后面进一步说明.

下一引理表明由 (2.2.59)-(2.2.61) 定义的 Armijo 型线搜索 (ATLS) 是合理的.

引理 2.2.23 $\forall k \in N$, 假设 $\delta \in \left[0, \dfrac{1}{2}\right), \mu > 0, \phi_k > 0$. 如果 $g_k^{\mathrm{T}} d_k < 0$ 对任意 $k \in N$ 都成立, 那么存在一个非负整数 j_k 使得 $\alpha_k = \phi_k \rho^{j_k}$ (ATLS).

证明   首先证明存在 j_0, 使得 $\forall j \geqslant j_0$, (2.2.59) 成立.

假设结论不成立, 假设 $\forall j$,

$$f(x_k + \phi_k \rho^j d_k) - f(x_k) > \delta \phi_k \rho^j g_k^{\mathrm{T}} d_k - \frac{\mu}{2}(\phi_k \rho^j)^2 \|d_k\|^2.$$

由 Taylor 展式有

$$\phi_k \rho^j g_k^{\mathrm{T}} d_k + o(\rho^j) > \delta \phi_k \rho^j g_k^{\mathrm{T}} d_k - \frac{\mu}{2}(\phi_k \rho^j)^2 \|d_k\|^2.$$

两边同时除以 ρ^j, 且让 $j \to \infty$, 得到

$$\phi_k g_k^{\mathrm{T}} d_k \geqslant \delta \phi_k g_k^{\mathrm{T}} d_k.$$

由 $g_k^{\mathrm{T}} d_k < 0$ 和 $\phi_k > 0$, 得到 $\delta > 1$, 这和 $\delta \in \left[0, \dfrac{1}{2}\right)$ 矛盾.

接着证明存在 $j_1 \in (j_0, +\infty)$ 使 (2.2.60) 成立. 假设结论不成立, $\forall j > j_0$ 有

$$g(x_k + \phi_k \rho^j d_k)^{\mathrm{T}} Q_k(j) > -c\|g(x_k + \phi_k \rho^j d_k)\|^2.$$

从 (2.2.61) 中 $Q_k(j)$ 的定义可以得到

$$g(x_k + \phi_k \rho^j d_k)^{\mathrm{T}} \left(-g(x_k + \phi_k \rho^j d_k) + \frac{g(x_k + \phi_k \rho^j d_k)^{\mathrm{T}}(g(x_k + \phi_k \rho^j d_k) - g_k)}{\|g_k\|^2} d_k \right)$$
$$> -c\|g(x_k + \phi_k \rho^j d_k)\|^2.$$

于是有

$$-\|g(x_k + \phi_k \rho^j d_k)\|^2 + \frac{g(x_k + \phi_k \rho^j d_k)^{\mathrm{T}}(g(x_k + \phi_k \rho^j d_k) - g_k)}{\|g_k\|^2} g(x_k + \phi_k \rho^j d_k)^{\mathrm{T}} d_k$$
$$> -c\|g(x_k + \phi_k \rho^j d_k)\|^2.$$

设 $j \in (j_0, +\infty), j \to \infty$, 由 g 的连续性可得

$$-\|g_k\|^2 \geqslant -c\|g_k\|^2.$$

由 $g_k \neq 0$ 得到 $c > 1$, 这和 $c \in (0,1)$ 矛盾. 因此, 由上讨论, 存在 j_k 使 (2.2.59) 和 (2.2.60) 成立. $\qquad\qquad\square$

关于 ϕ_k 的合理选择方法. 考虑二次模型

$$q_k(\alpha) = f(x_k) + \alpha g_k^{\mathrm{T}} d_k + \frac{1}{2}\alpha^2 d_k^{\mathrm{T}}\nabla^2 f(x_k)d_k.$$

注意到如果 $\varepsilon > 0$ 充分小, 那么如下的近似关系成立

$$\nabla^2 f(x_k)d_k \approx \frac{g(x_k + \varepsilon d_{x_k}) - g_k}{\varepsilon}.$$

定义

$$z_k = \frac{g(x_k + \varepsilon d_{x_k}) - g_k}{\varepsilon}. \tag{2.2.62}$$

则有

$$q_k(\alpha) \approx f(x_k) + \alpha g_k^{\mathrm{T}} d_k + \frac{1}{2}\alpha^2 d_k^{\mathrm{T}} z_k.$$

且

$$q_k'(\alpha) \approx g_k^{\mathrm{T}} d_k + \alpha d_k^{\mathrm{T}} z_k.$$

如果 $d_k^{\mathrm{T}} z_k \neq 0$, 令 $\alpha_0 = \dfrac{-g_k^{\mathrm{T}} d_k}{d_k^{\mathrm{T}} z_k}$, 则有 $q_k'(\alpha_0) = 0$. 于是类似地, 可用如下规则寻找 ϕ_k: 假设 $\eta > 0$ 是一个接近 0 的实数, 那么

$$\phi_k = \begin{cases} \dfrac{-g_k^{\mathrm{T}} d_k}{d_k^{\mathrm{T}} z_k}, & \text{如果 } \dfrac{-g_k^{\mathrm{T}} d_k}{d_k^{\mathrm{T}} z_k} \geqslant \eta, \\ 1, & \text{其他}, \end{cases} \tag{2.2.63}$$

z_k 由 (2.2.62) 定义.

从引理 2.2.23 和 ϕ_k 的选择可以给出修正的 Polak-Ribière-Polyak 算法.

算法 2.2.24(修正的 PRP 算法: MPRP)

步 1. 选初始点 $x_1 \in R^n, \delta \in [0, 1/2), c \in (0,1), \mu, \varepsilon, \eta > 0$, 令 $d_1 = -g_1, k := 1$. 如果 $g_1 = 0$, 则停止.

步 2. 由 (2.2.63) 计算 ϕ_k, 并且寻找一个 $\alpha_k > 0$ 满足 ATLS 线搜索.

步 3. 计算 $x_{k+1} = x_k + \alpha_k d_k, g_{k+1} = g(x_{k+1})$. 如果 $g_{k+1} = 0$, 则停止.

步 4. 计算 $\beta_k^{\mathrm{PRP}} = \dfrac{g_k^{\mathrm{T}}(g_k - g_{k-1})}{g_{k-1}^{\mathrm{T}} g_{k-1}}$, 运用 (2.1.10) 计算 d_{k+1}.

步 5. 令 $k := k + 1$, 转步 3.

接下来的引理将证明算法 2.2.24 因 ϕ_k 的定义而具有很好的性质.

引理 2.2.25 $\forall k$, 如果 $g_k^{\mathrm{T}} d_k < 0$ 且 $(\alpha_k, x_{k+1}, g_{k+1}, \beta_k, d_{k+1})$ 由算法 2.2.24 给出, 那么

$$g_{k+1}^{\mathrm{T}} d_{k+1} \leqslant -c\|g_{k+1}\|^2. \tag{2.2.64}$$

证明 由引理 2.2.23, 通过 (ATLS) 线搜索生成步长 α_k, 然后由算法 2.2.24 计算 $x_{k+1}, g_{k+1}, \beta_k$ 和 d_{k+1}. 因此有

$$
\begin{aligned}
g_{k+1}^{\mathrm{T}} d_{k+1} &= -\|g_{k+1}\|^2 + \beta_{k+1}^{\mathrm{PRP}} g_{k+1}^{\mathrm{T}} d_k \\
&= -\|g_{k+1}\|^2 + \frac{g_{k+1}^{\mathrm{T}}(g_{k+1} - g_k)}{\|g_k\|^2} g_{k+1}^{\mathrm{T}} d_k \\
&= -\|g(x_k + \alpha_k d_k)\|^2 + \frac{g(x_k + \alpha_k d_k)^{\mathrm{T}}(g(x_k + \alpha_k d_k) - g_k)}{\|g_k\|^2} g(x_k + \alpha_k d_k)^{\mathrm{T}} d_k.
\end{aligned}
$$

因为 α_k 满足 (2.2.60), 则有

$$
\begin{aligned}
&- \|g(x_k + \alpha_k d_k)\|^2 + \frac{g(x_k + \alpha_k d_k)^{\mathrm{T}}(g(x_k + \alpha_k d_k) - g_k)}{\|g_k\|^2} g(x_k + \alpha_k d_k)^{\mathrm{T}} d_k \\
&\leqslant -c\|g(x_k + \alpha_k d_k)\|^2.
\end{aligned}
$$

即得到 (2.2.64) 的结论.   □

由引理 2.2.23 和 2.2.25, 可以得到下面的定理, 定理表明算法 2.2.24 具有充分下降性的良好性质.

定理 2.2.26 对算法 2.2.24, 或者存在一个 $k_0 \in N$, 满足 $g_{k_0} = 0$; 或者 $\forall k$, 由算法产生的序列 $\{x_k\}$, 均满足性质 (2.2.4).

证明 如果 $g_1 = 0$, 那么证明结束. 假设 $g_1 \neq 0$, 则有 $d_1 = -g_1$, 那么 $g_1^{\mathrm{T}} d_1 = -\|g_1\|^2 \neq 0$ 且

$$g_1^{\mathrm{T}} d_1 \leqslant -c\|g_1\|^2.$$

运用引理 2.2.23 和引理 2.2.25 可以得到 (α_1, x_2, g_2), 如果 $g_2 \neq 0$, 则产生 β_1 和 d_2, 再次运用引理 2.2.25, 有

$$g_2^{\mathrm{T}} d_2 \leqslant -c\|g_2\|^2.$$

重复上述步骤, 运用引理 2.2.23 和引理 2.2.25, 可以得到结论.   □

对于 FR 公式 (2.1.12), 运用如下的 Armijo 型线搜索: 寻找 $\alpha_k = \rho^{j_k}$, 其中 j_k 是最小的非负整数 j, 满足

$$f(x_k + \phi_k \rho^j d_k) - f(x_k) \leqslant \delta \phi_k \rho^j g_k^{\mathrm{T}} d_k - \frac{\mu}{2}(\phi_k \rho^j)^2 d_k^{\mathrm{T}} d_k, \tag{2.2.65}$$

且

$$g(x_k + \phi_k \rho^j d_k)^{\mathrm{T}} Q_k^{\mathrm{FR}}(j) \leqslant -c\|g(x_k + \phi_k \rho^j d_k)\|^2, \tag{2.2.66}$$

其中 $Q_k^{\mathrm{FR}}(j)$ 的定义如下

$$Q_k^{\mathrm{FR}}(j) = -g(x_k + \phi_k\rho^j d_k) + \frac{g(x_k + \phi_k\rho^j d_k)^{\mathrm{T}}g(x_k + \phi_k\rho^j d_k)}{\|g_k\|^2}d_k. \qquad (2.2.67)$$

那么可以得到和算法 2.2.24 类似的算法. 而且, 引理 2.2.23 和引理 2.2.25 的结论对如此修改的 FR 算法仍然成立, 可以看出, 当且仅当 (2.2.66) 成立时, 有充分下降性质

$$g(x_k + \phi_k\rho^j d_k)^{\mathrm{T}} d_k \leqslant (1-c)\|g_k\|^2 \qquad (2.2.68)$$

成立.

对其余一些共轭梯度法, 也有类似的结果, 比如采用上述 Armijo 型线搜索 (2.2.65) 和 (2.2.66) 下的 FR 共轭梯度法. 对于 CD 共轭梯度法 (2.1.14), 可以运用如下的线搜索: 寻找 $\alpha_k = \rho^{j_k}$ 其中 j_k 是最小的非负整数 j, 满足

$$f(x_k + \phi_k\rho^j d_k) - f(x_k) \leqslant \delta\phi_k\rho^j g_k^{\mathrm{T}} d_k - \frac{\mu}{2}(\phi_k\rho^j)^2 d_k^{\mathrm{T}} d_k, \qquad (2.2.69)$$

$$g(x_k + \phi_k\rho^j d_k)^{\mathrm{T}} Q_k^{\mathrm{CD}}(j) \leqslant -c\|g(x_k + \phi_k\rho^j d_k)\|^2, \qquad (2.2.70)$$

其中 $Q_k^{\mathrm{CD}}(j)$ 的定义如下

$$Q_k^{\mathrm{CD}}(j) = -g(x_k + \phi_k\rho^j d_k) - \frac{g(x_k + \phi_k\rho^j d_k)^{\mathrm{T}}g(x_k + \phi_k\rho^j d_k)}{g_k^{\mathrm{T}} d_k}d_k. \qquad (2.2.71)$$

那么可以得到和算法 2.2.24 类似的算法. 而且, 引理 2.2.23 和引理 2.2.25 的结论对此类修改的 CD 共轭算法仍然成立. 易知, 由 $g_1^{\mathrm{T}} d_1 = -\|g_1\|^2 < 0$, 当且仅当 (2.2.70) 成立时,

$$g(x_k + \phi_k\rho^j d_k)^{\mathrm{T}} d_k \leqslant (1-c)g_k^{\mathrm{T}} d_k \qquad (2.2.72)$$

成立. 以此, 对于 CD 共轭梯度算法, (2.2.70) 可以由 (2.2.72) 替代. 已有的研究表明, 如果 $m = 0, 1-c \neq 0$, 那么 CD 公式 (2.1.14) 使用线性搜索 (2.2.69) 和 (2.2.72) 时收敛, 具体证明见文献 [49][50].

对于 LS 共轭公式 (2.1.15), 采用如下的线搜索: 寻找 $\alpha_k = \rho^{j_k}$, 其中 j_k 是最小的非负整数 j, 满足

$$f(x_k + \phi_k\rho^j d_k) - f(x_k) \leqslant \delta\phi_k\rho^j g_k^{\mathrm{T}} d_k - \frac{\mu}{2}(\phi_k\rho^j)^2 d_k^{\mathrm{T}} d_k, \qquad (2.2.73)$$

$$g(x_k + \phi_k\rho^j d_k)^{\mathrm{T}} Q_k^{\mathrm{LS}}(j) \leqslant -c\|g(x_k + \phi_k\rho^j d_k)\|^2, \qquad (2.2.74)$$

其中 $Q_k^{\mathrm{LS}}(j)$ 的定义如下

$$Q_k^{\mathrm{LS}}(j) = -g(x_k + \phi_k\rho^j d_k) - \frac{g(x_k + \phi_k\rho^j d_k)^{\mathrm{T}}(g(x_k + \phi_k\rho^j d_k) - g_k)}{g_k^{\mathrm{T}} d_k}d_k. \qquad (2.2.75)$$

那么可以得到和算法 2.2.24 类似的算法. 而且, 引理 2.2.23 和引理 2.2.25 的结论对如此修改的 LS 共轭算法仍然成立.

接下来证明算法 2.2.24 在如下假设下的全局收敛性.

假设 A　水平集 $\Omega = \{x \in R^n : f(x) \leqslant f(x_1)\}$ 有界, 其中 x_1 是初始点.

假设 B　存在一个常数 L 满足, $\forall x, y \in \Omega$,

$$\|g(x) - g(y)\| \leqslant L\|x - y\|. \tag{2.2.76}$$

因为 $\{f(x_k)\}$ 是下降序列, 由算法 2.2.24 产生的序列 $\{x_k\}$ 包含在 Ω 里, 而且存在常数 f^*, 满足

$$\lim_{k \to \infty} f(x_k) = f^*. \tag{2.2.77}$$

引理 2.2.27　设假设 A 成立, 则有

$$\lim_{k \to \infty} \alpha_k \|d_k\| = 0, \tag{2.2.78}$$

且

$$\lim_{k \to \infty} -\alpha_k g_k^{\mathrm{T}} d_k = 0. \tag{2.2.79}$$

证明　由 (2.2.77) 有

$$\sum_{k=1}^{\infty} (f(x_k) - f(x_{k+1})) = \lim_{N \to \infty} \sum_{k=1}^{N} (f(x_k) - f(x_{k+1}))$$
$$= \lim_{N \to \infty} (f(x_1) - f(x_{k+1}))$$
$$= f(x_1) - f^*.$$

则有

$$\sum_{k=1}^{\infty} (f(x_k) - f(x_{k+1})) < +\infty,$$

结合下式

$$f(x_k + \alpha_k d_k) - f(x_k) \leqslant \delta \alpha_k g_k^{\mathrm{T}} d_k - \frac{\mu}{2} \alpha_k^2 \|d_k\|^2$$

有

$$\sum_{k=1}^{N} \alpha_k^2 \|d_k\|^2 < +\infty \tag{2.2.80}$$

和

$$\sum_{k=1}^{\infty} -\alpha_k g_k^{\mathrm{T}} d_k < +\infty. \tag{2.2.81}$$

则 (2.2.78) 和 (2.2.79) 成立.　　　　　　　　　　　　　　　　　　　　□

　　性质 (2.2.78) 对证明算法 2.2.24 的全局收敛性非常重要, 目前我们仍不知道对于别的线性搜索 (例如, 标准 Wolfe-Powell 搜索) 下的共轭梯度法 (2.2.78) 能否满足.

　　引理 2.2.28　设假设 A 和 B 成立, 假设存在常数 $\varepsilon > 0$, 使得 $\forall k$, 有

$$\|g_k\| \geqslant \varepsilon, \tag{2.2.82}$$

那么存在常数 $M_2 > 0$, 使得 $\forall k$, 均有

$$\|d_k\| \leqslant M_2. \tag{2.2.83}$$

　　证明　由 d_k 的定义, 有

$$\|d_k\| \leqslant \|g_k\| + |\beta_k^{\mathrm{PRP}}| \|d_{k-1}\|$$
$$\leqslant \|g_k\| + (\|g_k\| \|g_k - g_{k-1}\| / \|g_{k-1}\|^2) \|d_{k-1}\|.$$

由假设 B 得到

$$\|d_k\| \leqslant \|g_k\| + \|g_k\| \frac{L\alpha_{k-1}\|d_{k-1}\|}{\varepsilon^2} \|d_{k-1}\|. \tag{2.2.84}$$

另外, 由于 $\{x_k\}$ 是有界的, 由假设 B 可以推出存在 $M_3 > 0$, $\forall k$ 满足

$$\|g_k\| \leqslant M_3. \tag{2.2.85}$$

则由 (2.2.84) 和 (2.2.85) 得到如下不等式

$$\|d_k\| \leqslant M_3 + \frac{M_3 L}{\varepsilon^2} \alpha_{k-1} \|d_{k-1}\|^2$$
$$= M_3 + \left(\frac{L M_3}{\varepsilon^2} \alpha_{k-1} \|d_{k-1}\| \right) \|d_{k-1}\|. \tag{2.2.86}$$

由 (2.2.78), 可以得出存在常数 $q \in (0, 1)$ 和一个整数 k_0, 满足 $\forall k \geqslant k_0$

$$\frac{L M_3}{\varepsilon^2} \alpha_{k-1} \|d_{k-1}\| \leqslant q.$$

于是, $\forall k \geqslant k_0$ 有

$$\|d_k\| \leqslant M_3 + q\|d_{k-1}\|$$
$$\leqslant M_3(1 + q + q^2 + \cdots + q^{k-k_0-1}) + q^{k-k_0}\|d_{k_0}\|$$
$$\leqslant \frac{M_3}{1-q} + q^{k-k_0}\|d_{k_0}\|$$
$$\leqslant \frac{M_3}{1-q} + \|d_{k_0}\|.$$

令 $M_2 = \max\{\|d_1\|, \|d_2\|, \cdots, \|d_{k_0}\|, \frac{M_3}{1-q} + \|d_{k_0}\|\}$, 推出 $\forall k$, (2.2.83) 成立.　□

引理 2.2.29　设假设 A 和 B 成立, $\{x_k\}$ 由算法 2.2.24 产生, 那么存在 $M_1 > 0$, 使得 $\forall k$,

$$\alpha_k \geqslant M_1 \|g_k\|^2 / \|d_k\|^2. \tag{2.2.87}$$

证明　分两种情况进行讨论.

(1) $\alpha_k = 1$. 在这种情况下, 由 (2.2.4), 有

$$\|g_k\|^2 \leqslant \frac{1}{c} |g_k^{\mathrm{T}} d_k| \leqslant (1/c) \|g_k\| \|d_k\|,$$

于是

$$\|g_k\| \leqslant \frac{1}{c} \|d_k\|.$$

由 $\alpha_k = 1$, 得

$$\|g_k\|^2 \leqslant \frac{1}{c^2} \|d_k\|^2 = \frac{\alpha_k}{c^2} \|d_k\|^2.$$

则

$$\alpha_k \geqslant c^2 \|g_k\|^2 / \|d_k\|^2. \tag{2.2.88}$$

(2) $\alpha_k < 1$. 在这种情况下, 知 $j_k - 1$ 是一个非负整数, 由 α_k 的定义, (2.2.59) 和 (2.2.60) 在 $\alpha_k / \rho = \phi_k \rho^{j_k - 1}$ 时不能同时成立. 若 α_k / ρ 不能满足 (2.2.59), 则有

$$f(x_k + (\alpha_k/\rho) d_k) - f(x_k) > \delta(\alpha_k/\rho) g_k^{\mathrm{T}} d_k - \frac{\mu}{2} (\alpha_k/\rho)^2 \|d_k\|^2.$$

在上述不等式中运用中值定理, 知存在 $\theta_k \in (0, 1)$, 满足

$$(\alpha_k/\rho) \cdot g(x_k + \theta_k(\alpha_k/\rho) d_k)^{\mathrm{T}} d_k > \delta(\alpha_k/\rho) g_k^{\mathrm{T}} d_k - \frac{\mu}{2} (\alpha_k/\rho)^2 \|d_k\|^2,$$

在上述不等式两边同时除以 α_k/ρ, 有

$$g(x_k + \theta_k(\alpha_k/\rho) d_k)^{\mathrm{T}} d_k > \delta g_k^{\mathrm{T}} d_k - \frac{\mu}{2} (\alpha_k/\rho) \|d_k\|^2.$$

两边再同时减去 $g_k^{\mathrm{T}} d_k$, 有

$$(g(x_k + \theta_k(\alpha_k/\rho) d_k) - g_k)^{\mathrm{T}} d_k > -(1 - \delta) g_k^{\mathrm{T}} d_k - \frac{\mu}{2} (\alpha_k/\rho) \|d_k\|^2.$$

结合假设 B, 得到

$$L\theta_k(\alpha_k/\rho) \|d_k\|^2 > -(1 - \delta) g_k^{\mathrm{T}} d_k - \frac{\mu}{2} (\alpha_k/\rho) \|d_k\|^2.$$

因而有

$$\alpha_k > \frac{2(1 - \delta)\rho}{2L\theta_k + \mu} \frac{(-g_k^{\mathrm{T}} d_k)}{\|d_k\|^2}.$$

由 (2.2.4) 和 $\theta_k \in (0,1)$, 可知

$$\alpha_k > \frac{2c(1-\delta)\rho}{2L\theta_k + \mu} \frac{\|g_k\|^2}{\|d_k\|^2} > \frac{2c(1-\delta)\rho}{2L + \mu} \frac{\|g_k\|^2}{\|d_k\|^2}. \tag{2.2.89}$$

若 α_k 不满足 (2.2.60), 则在这种情况下, 有

$$-c\|g(x_k + (\alpha_k/\rho)d_k)\|^2 < g(x_k + (\alpha_k/\rho)d_k)^{\mathrm{T}}Q_k(j_k - 1).$$

由 (2.2.61) 中 Q_k 的定义有

$$- c\|g(x_k + (\alpha_k/\rho)d_k)\|^2 < \|g(x_k + (\alpha_k/\rho)d_k)\|^2$$
$$+ \frac{g(x_k + (\alpha_k/\rho)d_k)^{\mathrm{T}}(g(x_k + (\alpha_k/\rho)d_k) - g_k)}{\|g_k\|^2} g(x_k + (\alpha_k/\rho)d_k)^{\mathrm{T}}d_k.$$

则有

$$- c\|g(x_k + (\alpha_k/\rho)d_k)\|^2 < -\|g(x_k + (\alpha_k/\rho)d_k)\|^2$$
$$+ \frac{\|g(x_k + (\alpha_k/\rho)d_k)\|^2}{\|g_k\|^2} \|g(x_k + (\alpha_k/\rho)d_k) - g_k\|\|d_k\|.$$

上述不等式两边同时除以 $\|g(x_k + (\alpha_k/\rho)d_k)\|^2$, 有

$$-c \leqslant -1 + \frac{\|g(x_k + (\alpha_k/\rho)d_k) - g_k\|\|d_k\|}{\|g_k\|^2}. \tag{2.2.90}$$

由假设 B, 有

$$-c \leqslant -1 + \frac{L(\alpha_k/\rho)\|d_k\|^2}{\|g_k\|^2}.$$

则

$$\alpha_k > ((1-c)\rho/L)(\|g_k\|^2/\|d_k\|^2). \tag{2.2.91}$$

这就证明了 (2) 的情况.

令

$$M_1 = \min\left\{c^2, \frac{2(1-\alpha)\rho}{2L + \mu}, \frac{(1-c)\rho}{L}\right\},$$

即由 (1) 和 (2) 的讨论得到 (2.2.66). $\qquad\square$

由以上的引理, 对于算法 2.2.24 可以给出如下全局收敛性定理.

定理 2.2.30　设假设 A 和假设 B 成立, $\{x_k\}$ 由算法 2.2.24 产生, 那么

$$\lim_{k \to \infty} \inf \|g_k\| = 0. \tag{2.2.92}$$

证明 假设结论不成立, 那么存在常数 $\varepsilon > 0, \forall k$,

$$\|g_k\| \geqslant \varepsilon. \tag{2.2.93}$$

由引理 2.2.28, 可以得到一个常数 $M_1 > 0$, 满足 $\forall k$,

$$\alpha_k \geqslant M_1 \|g_k\|^2 / \|d_k\|^2,$$

结合引理 2.2.27 得到

$$\|g_k\|^2 \leqslant \frac{M_2}{M_1} \alpha_k \|d_k\|.$$

当 $k \to \infty$ 时, 由 (2.2.78) 得到上述不等式和 (2.2.93) 矛盾, 因此 (2.2.92) 成立. □

PRP 算法在一般的线搜索, 如 Armijo, WWP, SWP 等线搜索下是不能保证收敛的, 但在前述修改的强 Wolfe-powell 线搜索 (MSWP) 下, 可以证明 PRP 共轭梯度算法的全局收敛性.

接下来将证明下面的算法在满足 $\forall k g_k^{\mathrm{T}} d_k < 0$ 时的全局收敛性.

算法 2.2.31 (采用 MSWP 线搜索的 PRP 算法)

步 1. 选初始点 $x_1 \in R^n, \delta \in (0,1), \sigma \in (\delta, 1)$, 令 $d_1 = -g_1, k := 1$. 如果 $g_1 = 0$, 则停止.

步 2. 寻找 α_k 满足 (MSWP) 线搜索条件 (2.2.57) 和 (2.2.58).

步 3. 计算 $x_{k+1} = x_k + \alpha_k d_k, g_{k+1} = g(x_{k+1})$. 如果 $g_{k+1} = 0$, 则停止.

步 4. 由 PRP 公式 (2.1.13) 计算 β_k, 运用 (2.1.10) 计算 d_{k+1}.

步 5. 令 $k := k + 1$, 转步 3.

如果 $\forall k$ 有 $g_k^{\mathrm{T}} d_k < 0$, 那么算法 2.2.31 有如下全局收敛的结果. (为方便讨论, $\forall k$, 令 $B_k = \mu I$, 其中 μ 为一个给定整数.)

定理 2.2.32 设假设 A 和假设 B 成立, $\{x_k\}$ 由算法 2.2.31 产生, 若 $\forall k \in N$ 有

$$g_k^{\mathrm{T}} d_k \leqslant 0, \tag{2.2.94}$$

则有

$$\lim_{k \to \infty} \inf \|g_k\| = 0.$$

证明 由假设 B 和 (MSWP) 线搜索条件, 有

$$-(1-\sigma)g_k^{\mathrm{T}} d_k - \mu \alpha_k \|d_k\|^2 \leqslant (g_{k+1} - g_k)^{\mathrm{T}} d_k \leqslant L \alpha_k \|d_k\|^2.$$

则有

$$\alpha_k \geqslant \frac{-(1-\sigma)g_k^{\mathrm{T}} d_k}{(L+\mu)\|d_k\|^2}, \tag{2.2.95}$$

结合 (2.2.94) 有

$$\sum_{k=1}^{\infty} \frac{(g_k^{\mathrm{T}} d_k)^2}{\|d_k\|^2} \leqslant \frac{L+\mu}{1-\sigma} \sum_{k=1}^{\infty} (-\alpha_k g_k^{\mathrm{T}} d_k).$$

由 (2.2.81), 得到如下的 Zoutendijk 条件

$$\sum_{k=1}^{\infty} \frac{(g_k^{\mathrm{T}} d_k)^2}{\|d_k\|^2} < +\infty. \tag{2.2.96}$$

另一方面, $\forall k \geqslant 2$, 有

$$d_k + g_k = \beta_k^{\mathrm{PRP}} d_{k-1}.$$

对上式两边同时平方, 得到

$$\|d_k\|^2 = -\|g_k\|^2 - 2g_k^{\mathrm{T}} d_k + (\beta_k^{\mathrm{PRP}})^2 \|d_{k-1}\|^2,$$

结合 (2.2.94), 有

$$\|d_k\|^2 \geqslant (\beta_k^{\mathrm{PRP}})^2 \|d_{k-1}\|^2 - \|g_k\|^2.$$

由 (2.1.10), 有

$$g_k^{\mathrm{T}} d_k - \beta_k^{\mathrm{PRP}} g_k^{\mathrm{T}} d_{k-1} = -\|g_k\|^2.$$

由 (MSWP) 线搜索条件, 得到

$$|g_k^{\mathrm{T}} d_k| + \sigma |\beta_k^{\mathrm{PRP}}| |g_{k-1}^{\mathrm{T}} d_{k-1}| + \mu \alpha_{k-1} |\beta_k^{\mathrm{PRP}}| \|d_{k-1}\|^2 \geqslant \|g_k\|^2.$$

上述不等式两边同时平方, 且运用如下不等式

$$(a+b+c)^2 \leqslant 3(a^2+b^2+c^2) \quad (\forall a, b, c > 0),$$

得到

$$(g_k^{\mathrm{T}} d_k)^2 + \sigma^2 (\beta_k^{\mathrm{PRP}})^2 (g_{k-1}^{\mathrm{T}} d_{k-1})^2 \geqslant \frac{1}{3} \|g_k\|^4 - \mu^2 (\beta_k^{\mathrm{PRP}})^2 \alpha_{k-1}^2 \|d_{k-1}\|^4.$$

当 $\sigma \in (0, 1)$ 时, 有

$$(g_k^{\mathrm{T}} d_k)^2 + (\beta_k^{\mathrm{PRP}})^2 (g_{k-1}^{\mathrm{T}} d_{k-1})^2 \geqslant \frac{1}{3} \|g_k\|^4 - \mu^2 (\beta_k^{\mathrm{PRP}})^2 \alpha_{k-1}^2 \|d_{k-1}\|^4.$$

因而, 推断出

$$\frac{(g_k^{\mathrm{T}} d_k)^2}{\|d_k\|^2} + \frac{(g_{k-1}^{\mathrm{T}} d_{k-1})^2}{\|d_{k-1}\|^2} = \frac{1}{\|d_k\|^2} \left((g_k^{\mathrm{T}} d_k)^2 + \frac{\|d_k\|^2}{\|d_{k-1}\|^2} (g_{k-1}^{\mathrm{T}} d_{k-1})^2 \right)$$

$$\geqslant \frac{1}{\|d_k\|^2} \left((g_k^{\mathrm{T}} d_k)^2 + (\beta_k^{\mathrm{PRP}})^2 (g_{k-1}^{\mathrm{T}} d_{k-1})^2 - \frac{(g_{k-1}^{\mathrm{T}} d_{k-1})^2}{\|d_{k-1}\|^2} \|g_k\|^2 \right)$$

$$\geqslant \frac{1}{\|d_k\|^2} \left(\frac{1}{3} \|g_k\|^4 - \frac{(g_{k-1}^{\mathrm{T}} d_{k-1})^2}{\|d_{k-1}\|^2} \|g_k\|^2 - \mu^2 (\beta_k^{\mathrm{PRP}})^2 \alpha_{k-1}^2 \|d_{k-1}\|^4 \right).$$

故有

$$\frac{(g_k^{\mathrm{T}} d_k)^2}{\|d_k\|^2} + \frac{(g_{k-1}^{\mathrm{T}} d_{k-1})^2}{\|d_{k-1}\|^2} + \mu^2 (\beta_k^{\mathrm{PRP}})^2 \frac{\alpha_{k-1}^2 \|d_{k-1}\|^4}{\|d_{k-1}\|^2}$$

$$\geqslant \frac{1}{\|d_k\|^2} \left(\frac{1}{3} \|g_k\|^4 - \frac{(g_{k-1}^{\mathrm{T}} d_{k-1})^2}{\|d_{k-1}\|^2} \|g_k\|^2 \right). \tag{2.2.97}$$

由 Cauchy-Schwarz 不等式和假设 B, 注意到

$$|\beta_k^{\mathrm{PRP}}| = \left| \frac{g_k^{\mathrm{T}} (g_k - g_{k-1})}{g_{k-1}^{\mathrm{T}} g_{k-1}} \right|$$

$$\leqslant \frac{L \alpha_{k-1} \|g_k\|^2 \|d_{k-1}\|}{\|g_{k-1}\|^2}$$

$$\leqslant \frac{M_3^2 L}{\varepsilon_1^2} \alpha_{k-1} \|d_{k-1}\|$$

$$= \widetilde{M} \alpha_{k-1} \|d_{k-1}\|, \tag{2.2.98}$$

其中 $\widetilde{M} = \dfrac{M_3^2 L}{\varepsilon_1^2}$, 则可以得到

$$\frac{(g_k^{\mathrm{T}} d_k)^2}{\|d_k\|^2} + \frac{(g_{k-1}^{\mathrm{T}} d_{k-1})^2}{\|d_{k-1}\|^2} + \mu^2 \widetilde{M}^2 \frac{\alpha_{k-1}^4 \|d_{k-1}\|^6}{\|d_k\|^2}$$

$$\geqslant \frac{1}{\|d_k\|^2} \left(\frac{1}{3} \|g_k\|^4 - \frac{(g_{k-1}^{\mathrm{T}} d_{k-1})^2}{\|d_{k-1}\|^2} \|g_k\|^2 \right). \tag{2.2.99}$$

我们将用反证法完成证明. 假设结论不成立, 则存在一个 $\varepsilon_1 > 0$, 满足 $\forall k \in N$,

$$\|g_k\| \geqslant \varepsilon_1. \tag{2.2.100}$$

特别地, 有

$$\|g_k\|^2 \leqslant \frac{1}{\varepsilon_1^2} \|g_k\|^4. \tag{2.2.101}$$

由 Zoutendijk 条件 (2.2.96), 得到

$$\lim_{k \to \infty} \frac{(g_{k-1}^{\mathrm{T}} d_{k-1})^2}{\|d_{k-1}\|^2} = 0. \tag{2.2.102}$$

这表明对所有足够大的 k 有

$$\frac{1}{3} \|g_k\|^4 - \frac{(g_{k-1}^{\mathrm{T}} d_{k-1})^2}{\|d_{k-1}\|^2} \|g_k\|^2 \geqslant \frac{1}{6} \|g_k\|^4. \tag{2.2.103}$$

另一方面, 由引理 2.2.28 知, 存在 $\overline{M}_2 > 0$, 满足 $\forall k \in N, \|d_k\| \leqslant \overline{M}_2$, 这表明

$$\|d_k\| \geqslant \|g_k\| - |\beta_k^{\mathrm{PRP}}|\|d_{k-1}\| \geqslant \varepsilon_1 - |\beta_k^{\mathrm{PRP}}|\overline{M}_2.$$

由 (2.2.78) 和 (2.2.98), 得到存在 $k_0 \in N$ 满足 $\forall k \geqslant k_0$,

$$\|d_k\| \geqslant \varepsilon_1/2.$$

因此, 由 $\|d_k\| \leqslant \overline{M}_2$ 和 (2.2.80) 得到

$$\sum_{k=k_0}^{\infty} \frac{\alpha_{k-1}^4 \|d_{k-1}\|^6}{\|d_k\|^2} \leqslant \frac{4\overline{M}_2^2}{\varepsilon_1^2} \sum_{k=k_0}^{\infty} \alpha_{k-1}^4 \|d_{k-1}\|^4 < \infty. \tag{2.2.104}$$

由 (2.2.99)、(2.2.103) 和 (2.2.104) 以及 Zoutendijk 条件 (2.2.96) 得到

$$\sum_{k=1}^{\infty} \frac{\|g_k\|^4}{\|d_k\|^2} < +\infty. \tag{2.2.105}$$

然而, 由 (2.2.100) 以及 $\|d_k\| \leqslant \overline{M}_2$, 注意到

$$\frac{\|d_k\|^2}{\|g_k\|^4} \leqslant \frac{\overline{M}_2^2}{\varepsilon_1^4},$$

有

$$\sum_{k=1}^{\infty} \frac{\|g_k\|^4}{\|d_k\|^2} \geqslant \sum_{k=1}^{\infty} \frac{\varepsilon_1^4}{\overline{M}_2^2} = +\infty.$$

这就产生矛盾, 证明结束. $\qquad\qquad\qquad\qquad\qquad\qquad\qquad\qquad\qquad\qquad\square$

类似地, 使用 LS 共轭公式结合 (MSWP) 线搜索可得到算法 2.2.33, 如果 $g_k^{\mathrm{T}} d_k \leqslant 0$ 对任意 k 成立, 那么可得到算法 2.2.33 全局收敛.

算法 2.2.33(采用 (MSWP) 线搜索的 LS 共轭梯度算法)

步 1. 选初始点 $x_1 \in R^n$, 令 $d_1 = -g_1, k := 1$. 如果 $g_1 = 0$, 则停止.

步 2. 寻找 α_k 满足 (MSWP) 线搜索条件 (2.2.57) 和 (2.2.58).

步 3. 计算 $x_{k+1} = x_k + \alpha_k d_k, g_{k+1} = g(x_{k+1})$. 如果 $g_{k+1} = 0$, 则停止.

步 4. 由 LS 公式 (2.1.15) 计算 β_k, 运用 (2.1.10) 计算 d_{k+1}.

步 5. 令 $k := k + 1$, 转步 3.

和 PRP 方法类似, HS 方法在精确线搜索条件下也不能保证全局收敛, 那么一个很自然的问题就是 HS 方法在使用 (MWSP) 时是否全局收敛有待继续研究.

2.2.3   一类修正的共轭梯度法的收敛性质

本小节给出如下的修改的 PRP 公式

$$\beta_k^* = \frac{g_k^{\mathrm{T}}(g_k - \frac{\|g_k\|}{\|g_{k-1}\|}g_{k-1})}{\|g_{k-1}\|^2}. \tag{2.2.106}$$

首先给出如下的算法:

算法 2.2.34(修正的共轭梯度法)

步 1. 选初始点 $x_1 \in R^n, \varepsilon \geqslant 0$, 令 $d_1 = -g_1, k := 1$. 如果 $\|g_1\| \leqslant \varepsilon$, 则停止.

步 2. 通过某些线搜索方法计算步长 α_k.

步 3. 计算 $x_{k+1} = x_k + \alpha_k d_k, g_{k+1} = g(x_{k+1})$. 如果 $\|g_{k+1}\| \leqslant \varepsilon$, 则停止.

步 4. 由 (2.2.106) 计算 β_{k+1}, 运用 (2.1.10) 计算 d_{k+1}.

步 5. 令 $k := k+1$, 转步 2.

继续在如下两个假设下研究共轭梯度法的收敛性质.

假设 A $f(x)$ 的水平集 $\Omega = \{x \in R^n : f(x) \leqslant f(x_1)\}$ 有界.

假设 B   在 Ω 中 f 是连续可微的, 而且梯度是 Lipschitz 连续的, 即存在一个常数 $L \geqslant 0$, 满足

$$\|g(x) - g(y)\| \leqslant L\|x - y\|, \quad \forall x, y \in N. \tag{2.2.107}$$

证明中需要用到 Zoutendijk 条件

$$\sum_{k \geqslant 1} \frac{(g_k^{\mathrm{T}} d_k)^2}{\|d_k\|^2} < +\infty. \tag{2.2.108}$$

已知若假设 A 和假设 B 成立, $\forall k \in N$ 满足下降条件

$$g_k^{\mathrm{T}} d_k < 0$$

的共轭梯度法在精确线搜索, Armijo-Goldstein 线搜索, 弱 Wolfe-Powell(WWP) 线搜索和强 Wolfe-Powell(SWP) 线搜索下, Zoutendijk 条件 (2.2.108) 均成立.

引理 2.2.35   设假设 A 和 B 成立, $\{x_k\}$ 由算法 2.2.34 产生, 其中 α_k 由精确线搜索给出, 那么 Zoutendijk 条件 (2.2.108) 成立.

证明   假设 $\forall k, g_k \neq 0$. 因为 $d_1 = -g_1$, 所以 $-g_1^{\mathrm{T}} d_1 = -\|g_1\|^2 < 0$. 如果在某个点 x_k, d_k 不是一个下降方向, 那么由精确线搜索, 有 $x_{k+1} = x_k$, 即有 $g_{k+1} = g_k$. 由式 (2.2.106) 得到 $\beta_k^* = 0$, 这意味着在这些点上的搜索方向 d_k 将为最速下降方向

$-g_k$. 记这些点的集合为 $N_1 = \{x_k|\beta_k^* = 0\}$, 其余的点记为 $N_2 = \{x_k|\beta_k^* \neq 0\}$. 对于所有在 N_1 中的点, 由于其对应的搜索方向 d_k 为最速下降方向, 于是有

$$\sum_{x_k \in N_1} \frac{(g_k^{\mathrm{T}} d_k)^2}{\|d_k\|^2} < +\infty. \tag{2.2.109}$$

同样地, 对于 N_2 中的点有

$$\sum_{x_k \in N_2} \frac{(g_k^{\mathrm{T}} d_k)^2}{\|d_k\|^2} < +\infty. \tag{2.2.110}$$

由 (2.2.109) 和 (2.2.110), 有

$$\sum_{k \geqslant 1} \frac{(g_k^{\mathrm{T}} d_k)^2}{\|d_k\|^2} = \sum_{x_k \in N_1} \frac{(g_k^{\mathrm{T}} d_k)^2}{\|d_k\|^2} + \sum_{x_k \in N_2} \frac{(g_k^{\mathrm{T}} d_k)^2}{\|d_k\|^2} < +\infty.$$

证明结束. □

上述引理表明算法 2.2.34 有一个好处, 即当 α_k 很小时, 算法的方向会接近最速下降方向.

定理 2.2.36　设假设 A 和假设 B 成立, $\{x_k\}$ 由算法 2.2.34 产生, 如果当 $k \to \infty$ 时, $\|s_k\| = \|\alpha_k d_k\| \to 0$, 那么

$$\liminf_{k \to \infty} \|g_k\| = 0. \tag{2.2.111}$$

证明　假设 θ_k 是 $-g_k$ 和 d_k 的夹角, 那么由精确线搜索有 $g_k^{\mathrm{T}} d_{k-1} = 0$ 和 $d_k = -g_k + \beta_k d_{k-1}$, 这两个不等式表明 $\|d_k\| = \sec\theta_k\|g_k\|$ 且 $\beta_{k+1}\|d_k\| = \tan\theta_{k+1}\|g_{k+1}\|$, 则有

$$\begin{aligned}
\tan\theta_{k+1} &= \beta_{k+1}^* \sec\theta_k \frac{\|g_k\|}{\|g_{k+1}\|} \\
&= \sec\theta_k \frac{\|g_k\| g_{k+1}^{\mathrm{T}} \left(g_{k+1} - \frac{\|g_{k+1}\|}{\|g_k\|} g_k\right)}{\|g_{k+1}\| \cdot \|g_k\|^2} \\
&\leqslant \sec\theta_k \frac{\|g_{k+1}\| \cdot \|g_k\| \cdot \left\|g_{k+1} - \frac{\|g_{k+1}\|}{\|g_k\|} g_k\right\|}{\|g_{k+1}\| \cdot \|g_k\|^2} \\
&= \sec\theta_k \frac{\left\|g_{k+1} - g_k + g_k - \frac{\|g_{k+1}\|}{\|g_k\|} g_k\right\|}{\|g_k\|} \\
&\leqslant \sec\theta_k \frac{\|g_{k+1} - g_k\| + \|\|g_k\| - \|g_{k+1}\|\|}{\|g_k\|} \\
&\leqslant \sec\theta_k \frac{2\|g_{k+1} - g_k\|}{\|g_k\|}. \tag{2.2.112}
\end{aligned}$$

如果 (2.2.111) 不成立, 那么存在 $\gamma > 0, \forall k \in N$ 满足

$$\|g_k\| \geqslant \gamma. \tag{2.2.113}$$

当 $\|s_k\| \to 0$ 和 Lipschitz 条件 (2.2.107) 成立时, 一定存在一个整数 $M \geqslant 0, \forall k \geqslant M$ 满足

$$\|g_{k+1} - g_k\| \leqslant \frac{1}{4}\gamma. \tag{2.2.114}$$

结合 (2.2.112)-(2.2.114) 得到

$$\tan \theta_{k+1} \leqslant \frac{1}{2} \sec \theta_k. \tag{2.2.115}$$

注意到 $\forall \theta \in \left[0, \frac{1}{2}\right)$, 如下不等式成立

$$\sec \theta \leqslant 1 + \tan \theta. \tag{2.2.116}$$

故由 (2.2.115)-(2.2.116) 可推出

$$\tan \theta_{k+1} \leqslant \frac{1}{2} + \frac{1}{4} + \cdots + \left(\frac{1}{2}\right)^{k+1-m}(1 + \tan \theta_m) \leqslant 1 + \tan \theta_m.$$

这个结果表明 θ_k 一定小于某些 $\overline{\theta}$, 其中 $\overline{\theta}$ 小于 $\frac{\pi}{2}$, 但是由引理 2.2.35, 有

$$\sum_{k \geqslant 1} \frac{(g_k^{\mathrm{T}} d_k)^2}{\|d_k\|^2} = \sum_{k \geqslant 1} \|g_k\|^2 \cdot (\cos \theta_k)^2 < +\infty.$$

这表明 $\lim_{k \to \infty} \inf \|g_k\| = 0$, 与 (2.2.113) 矛盾, 证明结束. $\qquad\square$

下面讨论由 β_k^* 产生的共轭梯度法在不同线搜索下的收敛性质.

(一) 精确线搜索情形

当 α_k 是由精确线搜索给出, 戴彧虹和袁亚湘 [51] 证明了若目标函数一致凸, 则 $\forall k \in N$, 如下不等式成立

$$f(x_k) - f(x_k + \alpha_k d_k) \geqslant C\|s_k\|^2, \tag{2.2.117}$$

其中常数 $C > 0$. 由这个性质可以得到如下定理, 表明对一致凸函数, 采用公式 (2.2.106) 及精确线搜索的共轭梯度法收敛.

定理 2.2.37 设假设 A 和假设 B 成立, $f(x)$ 是一致凸的, $\{x_k\}$ 由算法 2.2.34 产生, 如果 α_k 是由精确线搜索给出, 那么 (2.2.111) 成立.

证明　因为 $f(x)$ 在水平集 $\Omega = \{x \in R^n : f(x) \leqslant f(x_1)\}$ 上是一致凸的, 当 $k \to \infty$ 时, 由 (2.2.117) 得到 $\|s_k\| \to 0$, 结合定理 2.2.36, 那么 (2.2.111) 成立.　□

(二) Grippo-Lucidi 线搜索情形

充分下降性 (2.2.4) 在研究共轭梯度法中非常重要, 然而这个性质难以保证成立. 使用强 Wolfe-Powell 线搜索的 PRP 方法并不能保证每一步迭代都满足, 因此 Grippo 和 Lucidi 在文献 [80] 中通过构造一种新的线搜索方法使得充分下降性能够满足, 并且在这种线搜索下的 PRP 方法的收敛性得到证明.

下面证明 β_k^* 在结合 Grippo 和 Lucidi 提出的线搜索时, 共轭梯度算法同样收敛.

Grippo-Lucidi 线搜索为: 计算步长

$$\alpha_k = \max\left\{\sigma^j \frac{\tau |g_k^{\mathrm{T}} d_k|}{\|d_k\|^2}, \ j = 0, 1, \cdots\right\} \tag{2.2.118}$$

满足如下的不等式

$$f(x_k + \alpha_k d_k) \leqslant f(x_k) - \delta \alpha_k^2 \|d_k\|^2, \tag{2.2.119}$$

$$-C_2 \|g_{k+1}\|^2 \leqslant g_{k+1}^{\mathrm{T}} d_{k+1} \leqslant -C_1 \|g_{k+1}\|^2, \tag{2.2.120}$$

其中 $\delta > 0$, $\tau > 0$, $\sigma \in (0, 1)$, 且 $0 < C_1 < 1 < C_2$.

如下定理表明 Grippo-Lucidi 线搜索与 β_k^* 是相适的.

定理 2.2.38　设假设 A 和假设 B 成立, 考虑 (2.1.9) 和 (2.1.10) 的共轭梯度法, β_k 由 (2.2.106) 计算, 步长 α_k 由 (2.2.118) 获得, 那么 $\forall k \in N$, 存在 $\alpha_k > 0$ 使 (2.2.119) 和 (2.2.120) 成立. 而且, 存在一个常数 $c > 0$, 使得

$$\alpha_k \geqslant c \frac{|g_k^{\mathrm{T}} d_k|}{\|d_k\|^2}. \tag{2.2.121}$$

证明　用归纳法证明. 因为 $d_1 = -g_1$, 故对 $k = 1$, (2.2.120) 成立. 假设 (2.2.120) 对某些 $k \geqslant 1$ 成立, 记

$$C_3 = \frac{\min(1 - c_1, c_2 - 1)}{2LC_2} > 0. \tag{2.2.122}$$

由 Lipschitz 条件 (2.2.107) 和 (2.2.120), 得到 $\forall \alpha_k \in \left(0, C_3 \dfrac{|g_k^{\mathrm{T}} d_k|}{\|d_k\|^2}\right)$, 有

$$|g_{k+1}^{\mathrm{T}} d_{k+1} + \|g_{k+1}\|^2| \leqslant |\beta_{k+1}^*| \cdot |g_{k+1}^{\mathrm{T}} d_k|$$

$$\leqslant \|g_{k+1}\|^2 \cdot \frac{\left\|g_{k+1} - \dfrac{\|g_{k+1}\|}{\|g_k\|} g_k\right\| \cdot \|d_k\|}{\|g_k\|^2}$$

$$= \|g_{k+1}\|^2 \frac{\left\|g_{k+1} - g_k + g_k - \dfrac{\|g_{k+1}\|}{\|g_k\|} g_k\right\| \cdot \|d_k\|}{\|g_k\|^2}$$

$$\leqslant \|g_{k+1}\|^2 \frac{(\|g_{k+1} - g_k\| + |\|g_k\| - \|g_{k+1}\||) \cdot \|d_k\|}{\|g_k\|^2}$$

$$\leqslant \|g_{k+1}\|^2 \frac{2\|g_{k+1} - g_k\| \cdot \|d_k\|}{\|g_k\|^2}$$

$$\leqslant \|g_{k+1}\|^2 \frac{2L\alpha_k \cdot \|d_k\|^2}{\|g_k\|^2}$$

$$\leqslant \|g_{k+1}\|^2 \min(1 - c_1, c_2 - 1).$$

因此, (2.2.120) 对 $k := k + 1$ 也成立.

另外, 由中值定理和 Lipschitz 条件, 可得

$$f(x_{k+1}) - f(x_k) = \int_0^1 g(x_k + t \cdot \alpha_k d_k)^{\mathrm{T}} (\alpha_k d_k) dt$$

$$= \alpha_k g_k^{\mathrm{T}} d_k + \int_0^1 [g(x_k + t \cdot \alpha_k d_k) - g(x_k)]^{\mathrm{T}} (\alpha_k d_k) dt$$

$$\leqslant \alpha_k g_k^{\mathrm{T}} d_k + \frac{1}{2} L \alpha_k^2 \|d_k\|^2$$

$$= -\frac{\alpha_k^2 |g_k^{\mathrm{T}} d_k| \cdot \|d_k\|^2}{\|d_k\|^2 \alpha_k} + \frac{1}{2} L \alpha_k^2 \|d_k\|^2$$

$$= \alpha_k^2 \|d_k\|^2 \left(-\frac{|g_k^{\mathrm{T}} d_k|}{\|d_k\|^2 \alpha_k} + \frac{L}{2} \right)$$

$$\leqslant \alpha_k^2 \|d_k\|^2 \left(-\frac{L + 2\delta}{2} + \frac{L}{2} \right)$$

$$= -\delta \alpha_k^2 \|d_k\|^2.$$

所以 (2.2.119) 对 $\alpha_k \in \left(0, \frac{2}{L + 2\delta} \frac{|g_k^{\mathrm{T}} d_k|}{\|d_k\|^2} \right)$ 成立.

以上证明了满足 (2.2.119) 和 (2.2.120) 的 α_k 的存在性.

进一步, 取 $C = \min \left(\tau, C_3, \frac{2}{L + 2\delta} \right)$ 时, 即有 (2.2.121) 成立. 证明结束.   □

综上, β_k^* 在 Grippo-Lucidi 线搜索下的共轭梯度法的全局收敛性可以由如下定理给出.

定理 2.2.39   设假设 A 和假设 B 成立, 考虑共轭梯度法 (2.1.10) 和 (2.2.1), 其中 β_k 由 (2.2.106) 给出, 那么

$$\lim_{k \to \infty} \|g_k\| = 0. \tag{2.2.123}$$

证明　由 Lipschitz 条件 (2.2.107)、(2.2.118) 和 (2.2.120), 得到

$$
\begin{aligned}
\|d_k\| &\leqslant \|g_k\| + |\beta_k^*| \cdot \|d_{k-1}\| \\
&\leqslant \|g_k\| \left(1 + \frac{\left\| g_k - \dfrac{\|g_k\|}{\|g_{k-1}\|} g_{k-1} \right\|}{\|g_{k-1}\|^2} \|d_{k-1}\| \right) \\
&\leqslant \|g_k\| \left(1 + \frac{\|g_k - g_{k-1}\| + \big|\|g_{k-1}\| - \|g_k\|\big|}{\|g_{k-1}\|^2} \cdot \|d_{k-1}\| \right) \\
&\leqslant \|g_k\| \left(1 + \frac{2L\alpha_{k-1}}{\|g_{k-1}\|^2} \|d_{k-1}\|^2 \right) \\
&\leqslant \|g_k\| \left(1 + \frac{2\tau L |g_{k-1} d_{k-1}|}{\|g_{k-1}\|^2} \right) \\
&\leqslant (1 + 2C_2\tau L)\|g_k\|.
\end{aligned}
\tag{2.2.124}
$$

由假设A, 显然Zoutendijk条件 (2.2.108) 成立, 结合 (2.2.108)、(2.2.120) 和 (2.2.124), 得到

$$
\infty > \sum_{k\geqslant 1} \frac{(g_k^{\mathrm{T}} d_k)^2}{\|d_k\|^2} \geqslant C_1^2 (1 + 2C_2\tau L)^{-2} \sum_{k\geqslant 1} \|g_k\|^2.
$$

这一结果表明 $\lim\limits_{k\to\infty} \|g_k\| = 0$.　□

由定理 (2.2.39), 在使用 Grippo-Lucidi 线搜索的情况下, 由 (2.2.106) 得到的共轭梯度法产生的序列 $\{x_k\}$ 的聚点即为驻点. 这个结果可能受益于 β_k^* 的一个性质: 当 $\|s_{k-1}\| \to 0$ 时, 由 β_k^* 给出的方向接近 $-g_k$.

(三) Wolfe-Powell 线搜索情形

为保证共轭梯度算法的收敛性, 在文献 [134] 中, Powell 认为 β_k 不应该小于 0, 这点对 PRP 方法非常有用. 具体证明见文献 [134]. 在充分下降条件下,Gilbert 和 Nocedal 在文章 [76] 中证明在使用 Wolfe-Powell 线搜索时, 采用 $\beta_k = \max(0, \beta_k^{\mathrm{PRP}})$ 的修正 PRP 方法是全局收敛的. 而对于本节给出的 β_k^*, 可以证明其总是非负.

$$
\beta_k^* = \frac{\left(\|g_k\|^2 - \dfrac{\|g_k\|}{\|g_{k-1}\|} g_k^{\mathrm{T}} g_{k-1} \right)}{\|g_{k-1}\|^2} \geqslant \frac{\left(\|g_k\|^2 - \dfrac{\|g_k\|}{\|g_{k-1}\|} \|g_k\|\|g_{k-1}\| \right)}{\|g_{k-1}\|^2} = 0.
$$

Gilbert 和 Nocedal 证明了在充分下降条件下, PRP 方法具有如下的性质 (*), 可以证明, 由 β_k^* 给出的共轭梯度法, 性质 (*) 也成立.

性质 (*)　对由 (2.1.9) 和 (2.1.10) 构造的共轭梯度法的方法, 假设

$$
0 < \gamma \leqslant \|g_k\| \leqslant \overline{\gamma}.
\tag{2.2.125}
$$

我们称该算法有性质 (*), 若 $\forall k \in N$, 存在常数 $b > 1, \lambda > 0$, 使得 $|\beta_k| \leqslant b$, 并且若 $\|s_{k-1}\| \leqslant \lambda$ 则有 $|\beta_k| \leqslant \dfrac{1}{2b}$.

下一引理表明 β_k^* 对应的共轭梯度法有性质 (*).

引理 2.2.40 考虑共轭梯度法 (2.1.9) 和 (2.1.10), 其中 $\beta_k = \beta_k^*$, 设假设 A 和假设 B 成立, 那么该方法具有性质 (*).

证明 令 $b = \dfrac{\overline{\gamma}^2(\gamma + \overline{\gamma})}{\gamma^3} > 1, \lambda = \dfrac{\gamma^2}{4L\overline{\gamma}b}$. 由 (2.2.106) 和 (2.2.125) 有

$$
\begin{aligned}
|\beta_k^*| &= \frac{\left| g_k^{\mathrm{T}} \left(g_k - \dfrac{\|g_k\|}{\|g_{k-1}\|} g_{k-1} \right) \right|}{\|g_{k-1}\|^2} \\
&\leqslant \frac{\|g_k\|(\|g_k\| + \dfrac{\overline{\gamma}}{\gamma}\|g_{k-1}\|)}{\|g_{k-1}\|^2} \\
&\leqslant \frac{\overline{\gamma}(\overline{\gamma} + \dfrac{\overline{\gamma}^2}{\gamma})}{\gamma^2} \\
&= \frac{\overline{\gamma}^2(\gamma + \overline{\gamma})}{\gamma^3} \\
&= b.
\end{aligned}
$$

由假设 B, (2.2.107) 成立. 如果 $\|s_{k-1}\| \leqslant \lambda$, 那么

$$
\begin{aligned}
|\beta_k^*| &\leqslant \frac{\left(\|g_k - g_{k-1}\| + \left\| g_{k-1} - \dfrac{\|g_k\|}{\|g_{k-1}\|} g_{k-1} \right\| \right) \|g_k\|}{\|g_{k-1}\|^2} \\
&\leqslant \frac{(L\lambda + |\|g_{k-1}\| - \|g_k\||) \|g_k\|}{\|g_{k-1}\|^2} \\
&\leqslant \frac{(L\lambda + \|g_k\| - \|g_{k-1}\|) \|g_k\|}{\|g_{k-1}\|^2} \\
&\leqslant \frac{2L\lambda \|g_k\|}{\|g_{k-1}\|^2} \\
&\leqslant \frac{2L\overline{\gamma}\lambda}{\gamma^2} \\
&= \frac{1}{2b}.
\end{aligned}
$$

证明结束. $\square$

如下引理表明, 如果 (2.2.125) 成立, 则算法有性质 (*), 那么 α_k 为小步长的情形不会出现很多次.

引理 2.2.41　设假设 A、假设 B 和 (2.2.117) 成立, $\{x_k\}$ 和 $\{d_k\}$ 由 (2.1.9) 和 (2.1.10) 给出, 其中 α_k 满足 Wolfe-Powell 线搜索 (2.2.1) 和 (2.2.2), β_k 具有性质 (*). 如果 (2.2.125) 成立, 那么, $\forall \lambda > 0$, 存在 $\Delta \in N^+, k_0 \in N^+, \forall k \geqslant k_0$ 有

$$|\kappa_{k,\Delta}^{\lambda}| \geqslant \frac{\Delta}{2},$$

其中 $\kappa_{k,\Delta}^{\lambda} = \{i \in Z^+ : k \leqslant i \leqslant k + \Delta - 1, \|s_{i-1}\| \geqslant \lambda\}, |\kappa_{k,\Delta}^{\lambda}|$ 记为 $\kappa_{k,\Delta}^{\lambda}$ 的元素个数.

引理 2.2.42　设假设 A、假设 B 和 (2.2.117) 成立, $\{x_k\}$ 由 (2.1.9) 和 (2.1.10) 产生, 其中 α_k 满足 Wolfe-Powell 线搜索 (2.2.1) 和 (2.2.2), $\beta_k \geqslant 0$ 具有性质 (*), 那么

$$\lim_{k \to \infty} \inf \|g_k\| = 0.$$

引理 (2.2.41) 和 (2.2.42) 的证明见文献 [52].

由上述三个引理, 可以直接推出如下收敛结果.

定理 2.2.43　设假设 A、假设 B 和 (2.2.117) 成立, $\{x_k\}$ 由 (2.1.9) 和 (2.1.10) 产生, 其中 α_k 满足 Wolfe-Powell 线搜索 (2.2.1) 和 (2.2.2), β_k 由 (2.2.106) 计算, 那么

$$\lim_{k \to \infty} \inf \|g_k\| = 0.$$

定理 2.2.43 表明, 在一些假设下, 采用 β_k^* 的共轭梯度算法在 Wolfe-Powell 线搜索下全局收敛.

2.2.4　WYL 共轭公式的进一步推广

为了找到既有全局收敛性又有很好数值效果的算法, 上一节给出修改的 β_k^*, 即为由韦增欣、姚胜伟、刘利英 [180] 提出的 β_k^{WYL}

$$\beta_k^{\text{WYL}} = \frac{g_k^{\text{T}}(g_k - \dfrac{\|g_k\|}{\|g_{k-1}\|} g_{k-1})}{g_{k-1}^{\text{T}} g_{k-1}}. \tag{2.2.126}$$

在使用强 Wolfe-Powell 线搜索的情况下, WYL 方法不仅有很好的数值结果, 也有充分下降方向和全局收敛性.

强 Wolfe-Powell 线搜索 (SWP) 是为了找 α_k 满足

$$f(x_k + \alpha_k d_k) - f(x_k) \leqslant \delta \alpha_k g_k^{\text{T}} d_k, \tag{2.2.127}$$

$$|g(x_k + \alpha_k d_k)^{\text{T}}| \geqslant \sigma |g_k^{\text{T}} d_k|, \tag{2.2.128}$$

其中 $\delta \in \left(0, \dfrac{1}{2}\right), \sigma \in (\delta, 1)$.

由 WYL 公式的结构, 当 $x_{k+1} - x_k$ 很小时, $\dfrac{\|g_k\|}{\|g_{k-1}\|}$ 趋向于 1, 因此, β_k 会变的很小, 下一个搜索方向 d_{k+1} 会接近最速下降方向 $-g_k$. 事实上, WYL 方法类似 PRP 方法, 把 PRP, HS, LS 和 WYL 公式重新列出如下:

$$\beta_k^{\mathrm{PRP}} = \frac{g_k^{\mathrm{T}} y_k}{g_{k-1}^{\mathrm{T}} g_{k-1}},$$

$$\beta_k^{\mathrm{HS}} = \frac{g_k^{\mathrm{T}} y_k}{d_{k-1}^{\mathrm{T}} (g_k - g_{k-1})},$$

$$\beta_k^{\mathrm{LS}} = -\frac{g_k^{\mathrm{T}} y_k}{d_{k-1}^{\mathrm{T}} g_{k-1}},$$

$$\beta_k^{\mathrm{WYL}} = \frac{g_k^{\mathrm{T}} \overline{y}_k}{g_{k-1}^{\mathrm{T}} g_{k-1}}.$$

其中 $y_k = g_k - g_{k-1}, \overline{y}_k = g_k - \dfrac{\|g_k\|}{\|g_{k-1}\|} g_{k-1}$.

一个很直接的问题就是 HS 和 LS 公式的分子 $g_k^{\mathrm{T}} y_k$ 被换成 $g_k^{\mathrm{T}} \overline{y}_k$, 那么修改的公式是否会拥有和 WYL 公式类似的收敛性质? 在文章 [94] 和 [187] 中讨论了这个问题. 下面将 β_k^{WYL} 在 HS, LS 公式上的类似推广及对应算法的收敛性质做进一步讨论. 对于 HS 和 LS 公式, 分别给出修改的公式如下:

$$\beta_k^{\mathrm{MHS}} = \frac{g_k^{\mathrm{T}} \overline{y}_k}{(g_k - g_{k-1})^{\mathrm{T}} d_{k-1}}, \tag{2.2.129}$$

$$\beta_k^{\mathrm{MLS}} = -\frac{g_k^{\mathrm{T}} \overline{y}_k}{d_{k-1}^{\mathrm{T}} g_{k-1}}. \tag{2.2.130}$$

首先给出如下的算法.

算法 2.2.44

步 1. 选初始点 $x_1 \in R^n, \varepsilon \geqslant 0$, 令 $d_1 = -g_1, k := 1$. 如果 $\|g_1\| \leqslant \varepsilon$, 则停止.

步 2. 通过某些线搜索计算 α_k.

步 3. 计算 $x_{k+1} = x_k + \alpha_k d_k, g_{k+1} = g(x_{k+1})$. 如果 $\|g_{k+1}\| \leqslant \varepsilon$, 则停止.

步 4. 由某些 β_k 公式计算 β_k, 运用 (2.1.10) 计算 d_{k+1}.

步 5. 令 $k := k + 1$, 转步 2.

以下讨论仍然在假设 A、假设 B 下进行, 即 $f(x)$ 在水平集有界, 且 $f(x)$ 在其水平集 Ω 上是连续可微的, 梯度 Lipschitz 连续. 讨论过程中将用到 Zoutendijk 条件 (2.2.35) 和性质 (∗). 可以证明, 由 $\beta_k^{\mathrm{MHS}}, \beta_k^{\mathrm{MLS}}$ 产生的共轭梯度算法同样满足性质 (∗).

首先介绍如下重要的定理, 其由 Gilbert 和 Nocedal 在文章 [76] 中给出.

定理 2.2.45　考虑任何基于 (2.1.9) 和 (2.1.10), 且满足如下条件的共轭梯度法

(1) $\beta_k > 0$,

(2) 搜索方向满足充分下降性 (2.2.4),

(3) Zoutendijk 条件 (2.2.35) 成立,

(4) 性质 (*) 满足.

如果 Lipschitz 条件和有界条件这两个假设成立, 那么迭代过程是全局收敛的.

如下的引理和定理表明在强 Wolfe-Powell 线搜索下, 采用参数 $\beta_k^{\mathrm{WYL}}, \beta_k^{\mathrm{MHS}}$ 或 β_k^{MLS} 产生的共轭梯度法满足定理 2.2.45 的四个条件.

定理 2.2.46　假设 $\{g_k\}, \{d_k\}$ 由 (2.1.9)、(2.1.10) 和 (2.2.126) 产生, 其中 α_k 由强 Wolfe-Powell 线搜索 (2.2.127) 和 (2.2.128) 得到, 如果 $\sigma < \dfrac{1}{4}$, 那么方向列 $\{d_k\}$ 满足充分下降性.

证明　首先证明 $\{d_k\}$ 的下降性.

由 (2.1.10) 有 $g_k^{\mathrm{T}} d_k = -\|g_k\|^2 + \beta_k^{\mathrm{WYL}} g_k^{\mathrm{T}} d_{k-1}$, 结合 (β_k^{WYL}) 的定义, 得到

$$\frac{g_k^{\mathrm{T}} d_k}{\|g_k\|^2} = -1 + \frac{g_k^{\mathrm{T}} d_{k-1}}{\|g_{k-1}\|^2}\left(1 - \frac{g_k^{\mathrm{T}} g_{k-1}}{\|g_k\|\|g_{k-1}\|}\right). \tag{2.2.131}$$

利用 (2.2.131) 和强 Wolf-Powell 线搜索条件 (2.2.128) 可推出

$$-1 + \frac{\sigma g_{k-1}^{\mathrm{T}} d_{k-1}}{\|g_{k-1}\|^2}\left(1 - \frac{g_k^{\mathrm{T}} g_{k-1}}{\|g_k\|\|g_{k-1}\|}\right) \leqslant \frac{g_k^{\mathrm{T}} d_k}{\|g_k\|^2} \leqslant -1 + \frac{-\sigma g_{k-1}^{\mathrm{T}} d_{k-1}}{\|g_{k-1}\|^2}\left(1 - \frac{g_k^{\mathrm{T}} g_{k-1}}{\|g_k\|\|g_{k-1}\|}\right). \tag{2.2.132}$$

当 $g_1 \neq 0$ 时, $g_1^{\mathrm{T}} d_1 = -\|g_1\|^2 < 0$, 假设 $d_i, i = 1, 2, \cdots, k-1$ 是下降方向, 即 $g_i^{\mathrm{T}} d_i < 0$.

由 Cauchy-Schwarz 不等式, 有

$$0 \leqslant 1 - \frac{g_k^{\mathrm{T}} g_{k-1}}{\|g_k\|\|g_{k-1}\|} \leqslant 2. \tag{2.2.133}$$

由 (2.2.132) 和 (2.2.133) 可推出

$$-1 + 2\sigma \frac{g_{k-1}^{\mathrm{T}} d_{k-1}}{\|g_{k-1}\|^2} \leqslant \frac{g_k^{\mathrm{T}} d_k}{\|g_k\|^2} \leqslant -1 - 2\sigma \frac{g_{k-1}^{\mathrm{T}} d_{k-1}}{\|g_{k-1}\|}. \tag{2.2.134}$$

重复该过程, 并注意到 $g_1^{\mathrm{T}} d_1 = -\|g_1\|^2$, 可得

$$-\sum_{j=0}^{k-1}(2\sigma)^j \leqslant \frac{g_k^{\mathrm{T}} d_k}{\|g_k\|^2} \leqslant -2 + \sum_{j=0}^{k-1}(2\sigma)^j. \tag{2.2.135}$$

由

$$\sum_{j=0}^{k-1} (2\sigma)^j < \sum_{j=0}^{\infty} (2\sigma)^j = \frac{1}{1-2\sigma},$$

(2.2.135) 可推出

$$\frac{1}{1-2\sigma} \leqslant \frac{g_k^{\mathrm{T}} d_k}{\|g_k\|^2} \leqslant -2 + \frac{1}{1-2\sigma}. \tag{2.2.136}$$

若令 $\sigma \in \left(0, \dfrac{1}{4}\right)$, 即有 $g_k^{\mathrm{T}} d_k < 0$. 故通过归纳法, 对任意的 $k \in N$, $g_k^{\mathrm{T}} d_k < 0$ 均成立.

再证明 d_k 的充分下降性. 当 $\sigma \in \left(0, \dfrac{1}{4}\right)$ 时, 令 $c = 2 - \dfrac{1}{1-2\sigma}$, 则有 $0 < c < 1$, 且由 (2.2.136) 即有

$$c - 2 \leqslant \frac{g_k^{\mathrm{T}} d_k}{\|g_k\|^2} \leqslant -c, \tag{2.2.137}$$

于是充分下降性成立. 结论得证.   □

由文章 [94] 和 [180] 的结论可以得到如下引理.

引理 2.2.47   假设 $\{g_k\}, \{d_k\}$ 由 (2.1.9)、(2.1.10) 和 (2.2.129) 产生, 其中 α_k 由强 Wolfe-Powell 线搜索 (2.2.127) 和 (2.2.128) 得到, 如果 $\sigma < \dfrac{1}{3}$, 那么该算法满足定理 2.2.45 的四个条件.

引理 2.2.48   假设 $\{g_k\}, \{d_k\}$ 由 (2.1.9)、(2.1.10) 和 (2.2.130) 产生, 其中 α_k 由强 Wolfe-Powell 线搜索 (2.2.127) 和 (2.2.128) 得到, 如果 $\sigma < \dfrac{1}{2}$, 那么该算法满足定理 2.2.45 的四个条件.

关于引理 2.2.47 和引理 2.2.48 的详细证明可见文献 [94].

结合定理 2.2.45 和定理 2.2.46 以及 Zoutendijk 条件、引理 2.2.47 和引理 2.2.48, 可以得到如下收敛性结果 [114,180].

(1) 对于在强 Wolfe-Powell 线搜索下使用参数 β_k^{WYL} 的共轭梯度法, 如果参数 $\sigma < \dfrac{1}{4}$, 那么该方法全局收敛.

(2) 对于在强 Wolfe-Powell 线搜索下使用参数 β_k^{MHS} 的共轭梯度法, 如果参数 $\sigma < \dfrac{1}{3}$, 那么该方法全局收敛.

(3) 对于在强 Wolfe-Powell 线搜索下使用参数 β_k^{MLS} 的共轭梯度法, 如果参数 $\sigma < \dfrac{1}{2}$, 那么该方法全局收敛.

第3章 拟牛顿方法

许多最优化方法都是牛顿法的变种, 它们一般都需要计算 Hesse 矩阵的二阶导数. 而拟牛顿方法解决了牛顿法需要计算 Hesse 矩阵而导致工作量大的弊端. 拟牛顿方法仅需要利用目标函数值和一阶导数的信息就可以构造出近似的 Hesse 矩阵, 这个近似将在每次迭代中利用一个低阶矩阵进行校正. 在无约束最优化问题中, 普通的拟牛顿方程为 $B_{k+1}s_k = y_k$, 其中 y_k 为第 $k+1$ 次迭代与第 k 次迭代的梯度之差. 近年来的一些研究表明, 拟牛顿方法是解决下列无约束最优化问题的有效方法.

$$\min\{f(x)|x \in R^n\}, \tag{3.0.1}$$

其中 $f: R^n \to R$ 是连续可微的.

一般的拟牛顿算法如下:

算法 3.0.1 (一般的拟牛顿算法 (GQNM))

步 1. 给定初始点 $x_1 \in R^n$, 及对称正定矩阵 B_1. 设 $\epsilon > 0$, 并令 $k := 1$.

步 2. 用 g_k 表示 f 在 x_k 点的梯度. 若在 x_k 上满足 $\|g_k\| \leqslant \epsilon$, 则停止.

步 3. 解以下等式

$$B_k d_k + g_k = 0, \tag{3.0.2}$$

得到搜索方向 d_k.

步 4. 由线性搜索求步长因子 α_k. 并令

$$x_{k+1} = x_k + \alpha_k d_k. \tag{3.0.3}$$

步 5. 选择一个新的对称正定矩阵 B_{k+1}, 并满足以下拟牛顿条件

$$B_{k+1}s_k = y_k, \tag{3.0.4}$$

其中, $s_k = x_{k+1} - x_k, y_k = g_{k+1} - g_k$.

步 6. 令 $k := k+1$, 转步 2.

在上述拟牛顿法中, 初始 Hesse 近似阵 B_1 通常取为单位矩阵, 即 $B_1 = I$, 这样, 拟牛顿法的第一次迭代等价于一个最速下降迭代. 拟牛顿法的优点如下:

- 仅需一阶导数 (牛顿法需要二阶导数).
- B_k 保持正定性, 使得方法具有下降性质 (牛顿法中, G_k 不一定正定).
- 每次迭代仅需 $O(n^2)$ 次乘法运算 (牛顿法中, 需要 $O(n^3)$ 次乘法运算).

- 搜索方向具有共轭性, 并具有二次终止性.
- 具有超线性收敛性.

拟牛顿法最重要的是利用校正公式, 对 Hesse 阵的近似矩阵 B_k 的每次迭代进行校正, 从而代替牛顿迭代中的 Hesse 矩阵.

下面介绍几种常用的拟牛顿校正公式.

- BFGS 校正公式:

$$B_{k+1} = B_k - \frac{B_k s_k s_k^{\mathrm{T}} B_k}{s_k^{\mathrm{T}} B_k s_k} + \frac{y_k y_k^{\mathrm{T}}}{s_k^{\mathrm{T}} y_k}. \tag{3.0.5}$$

我们将利用 BFGS 校正公式的一般拟牛顿方法称为 "BFGS 方法".

- DFP 校正公式:

$$B_{k+1} = B_k - \left(1 + \frac{s_k^{\mathrm{T}} B_k s_k}{s_k^{\mathrm{T}} y_k}\right) \frac{y_k y_k^{\mathrm{T}}}{s_k^{\mathrm{T}} y_k} - \frac{y_k s_k^{\mathrm{T}} B_k + B_k s_k y_k^{\mathrm{T}}}{s_k^{\mathrm{T}} y_k}. \tag{3.0.6}$$

- Broyden 族校正公式:

$$B_{k+1} = B_k - \frac{B_k s_k s_k^{\mathrm{T}} B_k}{s_k^{\mathrm{T}} B_k s_k} + \frac{y_k y_k^{\mathrm{T}}}{s_k^{\mathrm{T}} y_k} + \phi_k(s_k^{\mathrm{T}} B_k s_k)\omega_k\omega_k^{\mathrm{T}}, \tag{3.0.7}$$

其中, $\omega_k = \frac{y_k}{s_k^{\mathrm{T}} y_k} - \frac{B_k s_k}{s_k^{\mathrm{T}} B_k s_k}$, ϕ_k 是一个参数. 取 $\phi_k = 0$, 得到 BFGS 校正; 取 $\phi_k = 1$, 得到 DFP 校正.

3.1   修正的拟牛顿方法

从拟牛顿法的数值实验看, BFGS 校正是最为有效的拟牛顿校正方法, 它对凸函数优化是全局并且超线性收敛的. 在此基础上, 我们试图寻找一种不仅全局收敛且比 BFGS 有更好的数值结果的方法. 自 20 世纪 70 年代以来, 国内外研究者就一直在寻找一种比 BFGS 更优的方法. 实际上, 大多数研究者旨在利用普通的拟牛顿方程来得到新的方法, 例如 PSB 校正[133], Perry 和 Shanno 的无记忆校正[130,164] 等, 但也有一些研究者是通过对拟牛顿方程进行修正来得到一个新的校正方法[107,108].

本节主要研究如何通过修正拟牛顿方程, 并依此提出新的拟牛顿方法. 首先将给出一个新的拟牛顿方程 $B_{k+1}s_k = y_k^*$, 其中 y_k^* 由 y_k 以及 $A_k s_k$ 决定, A_k 是一个矩阵. 通过不同的 A_k 构造方式去获取目标函数的二阶导数信息; 然后在 3.1.2 小节中, 提出一个通用的 BFGS 型方法并研究该方法在一些线搜索策略下的性质; 3.1.3 小节利用上述结果, 给出三个 BFGS 型算法 3.1.8-3.1.10; 3.1.4 小节研究这些算法的全局收敛性质; 最后将证明算法 3.1.8 和算法 3.1.10 的超线性收敛性. 在本节中, 用 f_k 表示 f 在 x_k 点的函数值, g_k 表示 f 在 x_k 上的梯度, G_k 表示 f 在 x_k 上的 Hesse 矩阵.

3.1.1　修正的拟牛顿公式

通过如下函数 $f_k(x)$ 提出三种新的线性搜索方法,

$$f_k(x) = f(x) + \frac{1}{2}(x - x_k)^{\mathrm{T}} A_k (x - x_k),$$

其中 A_k 是一个简单正定对称矩阵. 如果在拟牛顿法中用函数 $f_k(x)$ 进行第 k 次迭代, 便有以下新的拟牛顿方程

$$B_{k+1} s_k = y_k^*, \tag{3.1.1}$$

其中 $y_k^* = y_k + A_k s_k$. 我们发现当 $k \to \infty$, $s_k \to 0$ 时, 这个新的拟牛顿方程即接近于普通拟牛顿方程. 运用该新的拟牛顿方程对 BFGS 公式进行校正, 可得到新的 BFGS 型公式

$$B_{k+1} = B_k - \frac{B_k s_k s_k^{\mathrm{T}} B_k}{s_k^{\mathrm{T}} B_k s_k} + \frac{y_k^* (y_k^*)^{\mathrm{T}}}{s_k^{\mathrm{T}} y_k^*}. \tag{3.1.2}$$

接下来的主要工作是如何选择一个合理的 A_k, 从而保证生成的新公式能更有效. 下面将给出三种 A_k 的构造方法.

方法 1　$A_k = A_k(1) = m_k I$.

此时有 $B_{k+1} s_k = y_k^* = y_k + m_k s_k$, 其中 $m_k = O(\|g_k\|)$ 或 m_k 是一个正常数.

实际上, 对一般的目标函数 f, Li 和 Fukushima[108] 已经用这种方法构造出一个具有全局收敛性的修正 BFGS 方法. 然而数值结果表明, 即使选择一个很小的 m_k, 例如, 令 $m_k \leqslant 10^6$ 时, 这种修正的方法并没有获得比 BFGS 方法更好的数值结果. 由于这个修正方法在第 k 次迭代中只使用了目标函数的一阶信息, 因此, 考虑用包含目标函数二阶信息的一个简单结构来重新定义 A_k.

首先, 假设目标函数 $f(x)$ 足够光滑. 对目标函数 $f(x)$ 进行 Taylor 展开, 得到

$$f(x) \approx f_{k+1} + g_{k+1}^{\mathrm{T}}(x - x_{k+1}) + \frac{1}{2}(x - x_{k+1})^{\mathrm{T}} G_{k+1}(x - x_{k+1}),$$

其中 G_{k+1} 为 f 在 x_{k+1} 的 Hesse 阵, 即有

$$f_k \approx f_{k+1} - g_{k+1}^{\mathrm{T}} s_k + \frac{1}{2} s_k^{\mathrm{T}} G_{k+1} s_k.$$

于是

$$\begin{aligned}
s_k^{\mathrm{T}} G_{k+1} s_k &\approx 2(f_k - f_{k+1}) + 2 g_{k+1}^{\mathrm{T}} s_k \\
&= 2(f_k - f_{k+1}) + (g_{k+1} + g_k)^{\mathrm{T}} s_k + s_k^{\mathrm{T}} y_k.
\end{aligned} \tag{3.1.3}$$

通过 (3.0.1), 有

$$s_k^{\mathrm{T}} B_{k+1} s_k = s_k^{\mathrm{T}} y_k^* = s_k^{\mathrm{T}} y_k + s_k^{\mathrm{T}} A_k s_k, \tag{3.1.4}$$

结合 (3.1.3) 表明, 合理的 A_k 选择应该满足以下新拟牛顿方程

$$s_k^{\mathrm{T}} A_k s_k = \vartheta_k \quad (\vartheta_k = 2(f_k - f_{k+1}) + (g_{k+1} + g_k)^{\mathrm{T}} s_k). \tag{3.1.5}$$

下面两个定理表明, 新的 A_k 具有一些好的性质.

定理 3.1.1　假设函数 $f(x)$ 足够光滑, 并且 A_k 满足 (3.1.5). 如果 $\|s_k\|$ 足够小, 则有

$$s_k^{\mathrm{T}} G_{k+1} s_k - s_k^{\mathrm{T}} y_k^* = \frac{1}{3} s_k^{\mathrm{T}} (T_{k+1} s_k) s_k + O(\|s_k\|^4), \tag{3.1.6}$$

$$s_k^{\mathrm{T}} G_{k+1} s_k - s_k^{\mathrm{T}} y_k = \frac{1}{2} s_k^{\mathrm{T}} (T_{k+1} s_k) s_k + O(\|s_k\|^4), \tag{3.1.7}$$

其中, $y_k^* = y_k + A_k s_k$, T_{k+1} 是 f 在 x_{k+1} 的张量,

$$s_k^{\mathrm{T}} (T_{k+1} s_k) s_k = \sum_{i,j,l=1}^{n} \frac{\partial^3 f(x_{k+1})}{\partial x^i \partial x^j \partial x^l} s_k^i s_k^j s_k^l.$$

证明　对目标函数进行 Taylor 展开可得

$$f_k = f_{k+1} - g_{k+1}^{\mathrm{T}} s_k + \frac{1}{2} s_k^{\mathrm{T}} G_{k+1} s_k - \frac{1}{6} s_k^{\mathrm{T}} (T_{k+1} s_k) s_k + O(\|s_k\|^4) \tag{3.1.8}$$

和

$$g_k^{\mathrm{T}} s_k = g_{k+1}^{\mathrm{T}} - s_k^{\mathrm{T}} G_{k+1} s_k + \frac{1}{2} s_k^{\mathrm{T}} (T_{k+1} s_k) s_k + O(\|s_k\|^4). \tag{3.1.9}$$

然后根据 y_k^* 和 y_k 的定义便可以得到上述结论.　　　　　　　　　　　　□

定理 3.1.2　假设 A_k 满足 (3.1.5), 且 B_k 由公式 (3.1.2) 生成, 则对于任意的 k, 有

$$f_k = f_{k+1} + g_{k+1}^{\mathrm{T}} (x_k - x_{k+1}) + \frac{1}{2} (x_k - x_{k+1})^{\mathrm{T}} B_{k+1} (x_k - x_{k+1}). \tag{3.1.10}$$

证明　由 (3.1.4) 和 (3.1.5) 易证.　　　　　　　　　　　　　　　　　　□

必须指出的是, 结论 (3.1.10) 并不需要对 f 的凸性进行假设, 而且由原拟牛顿方程得出的校正公式中从未获得过 (3.1.10) 这一结果. 从 (3.1.5) 式, 可以将这一类 A_k 的选取方式描述为

$$A_k s_k = w_k \quad \left(w_k = \frac{\vartheta_k}{s_k^{\mathrm{T}} u_k} u_k \right), \tag{3.1.11}$$

其中, u_k 为使得 $s_k^{\mathrm{T}} u_k \neq 0$ 的向量.

在给出 A_k 新的构造方式之前先介绍以下关于 u_k 的两种选取.

u_k 选取方式 1　根据 (3.0.2) 和 (3.0.3), 如果 $s_k = 0$, 则有 $g_k = 0$. 因此, 假设对所有的 k 都有 $\|s_k\| \neq 0$, 否则算法在迭代到第 k 次时终止. 这样可以令 $u_k = s_k$;

u_k 选取方式 2   由 (3.0.4) 可知, 如果 $s_k \neq 0$, 则有 $s_k^{\mathrm{T}} y_k = s_k^{\mathrm{T}} B_{k+1} s_k \neq 0$. 这样可以令 $u_k = y_k$.

下面, 给出一个 A_k 新的构造方法.

方法 2   令等式 (3.1.11) 中的 $u_k = s_k$, 便可得到 A_k 新的选取方式

$$A_k(2) = \frac{\vartheta_k}{\|s_k\|^2} I, \tag{3.1.12}$$

其中 $\vartheta_k = 2(f_k - f_{k+1}) + (g_{k+1} + g_k)^{\mathrm{T}} s_k$.

方法 3   对任意使得 $s_k^{\mathrm{T}} u_k \neq 0$ 的 u_k, 则如下构造的矩阵 A_k 可满足等式 (3.1.11),

$$A_k = \frac{\vartheta_k}{(s_k^{\mathrm{T}} u_k)^2} (u_k u_k^{\mathrm{T}}).$$

若在上式中令 $u_k = y_k$, 则可以得到另外一个方案

$$A_k(3) = \frac{\vartheta_k}{(s_k^{\mathrm{T}} y_k)^2} (y_k y_k^{\mathrm{T}}), \tag{3.1.13}$$

其中, $\vartheta_k = 2(f_k - f_{k+1}) + (g_{k+1} + g_k)^{\mathrm{T}} s_k$.

对于 (3.1.11), 我们也可以用普通的拟牛顿校正方法产生 A_k, 如 Broyden 秩一校正, BFGS, PSB, 无记忆拟牛顿法等. 例如, 用 Broyden 秩一校正得到

$$A_k = \begin{cases} I, & \text{如果} k = 0, \\ A_{k-1} + \dfrac{1}{s_k^{\mathrm{T}} s_k}(w_k - A_{k-1} s_k) s_k^{\mathrm{T}}, & \text{如果} k \geqslant 1, \end{cases} \tag{3.1.14}$$

其中 $w_k = \dfrac{\vartheta_k}{s_k^{\mathrm{T}} u_k} u_k$. 但在 3.1.2 小节将主要研究 $A_k(2)$ 和 $A_k(3)$. 原因主要基于: 首先, 它们的结构非常简单, 通过一些简单的方法就可以对其进行构造和分析. 其次, 当运用新拟牛顿方程 (3.1.1) 计算 B_{k+1} 时, 只需要考虑 $A_k s_k$ 的值, 只要 u_k 固定, 采用不同生成公式但满足 (3.1.11) 的 A_k 都可以给出相同的 B_{k+1}.

3.1.2 新 A_k 公式的性质

为表述方便, 下面用 $B \geqslant 0 (> 0)$ 来表示 $n \times n$ 阶对称正半定 (正定) 矩阵 B.

算法 3.1.3(一般 BFGS 型方法 (GBTM))

步 1. 给定初始点 $x_1 \in R^n$, 初始正定矩阵 $B_1 > 0$. 令 $k := 1$.

步 2. 若 $g_k = 0$, 则停止.

步 3. 解 (3.0.2), 得搜索方向 d_k.

步 4. 由线性搜索求步长 α_k.

步 5. 令 $x_{k+1} = x_k + \alpha_k d_k$. 选择一个合适的 A_k, 并用 (3.1.2) 校正 B_{k+1}.

步 6. $k := k+1$, 转步 1.

定理 3.1.4   对任意的 k, $(\alpha_k, x_{k+1}, g_{k+1}, d_{k+1})$ 由上述一般 BFGS 型算法 (GBTM) 生成, 假如不等式

$$s_k^{\mathrm{T}} y_k^* > 0 \tag{3.1.15}$$

成立, 则有 $B_{k+1} > 0$.

证明   见文献 [209].   □

推论 3.1.5   对任意的 k, $(\alpha_k, x_{k+1}, g_{k+1}, d_{k+1})$ 由一般 BFGS 型算法 (GBTM) 生成, 并选取 A_k 使得 (3.1.11) 成立. 若 f 为二次连续可微函数, 且

$$z^{\mathrm{T}} G(x) z > 0, \quad \forall x, y \in R^n, \tag{3.1.16}$$

其中 $G(x)$ 为 f 的 Hesse 阵, 则对于所有的 $k \geqslant 0$ 都有 $B_{k+1} > 0$ 成立. 特别地, 如果选择 $A_k = A_k(2)$ 或 $A_k(3)$, 只要 (3.1.16) 式成立, 则对于所有的 $k \geqslant 0$ 都有 $B_{k+1} > 0$.

证明   选择 A_k 使得 (3.1.11) 成立, 由 y_k^* 的定义, 有

$$
\begin{aligned}
s_k^{\mathrm{T}} y_k^* &= s_k^{\mathrm{T}} y_k + s_k^{\mathrm{T}} A_k s_k = 2[f_k - f_{k+1}] + 2g_{k+1}^{\mathrm{T}} s_k \\
&= 2[-g_{k+1}^{\mathrm{T}} s_k + \frac{1}{2} s_k^{\mathrm{T}} G(x_k + \theta(x_{k+1} - x_k)) s_k] + s g_{k+1}^{\mathrm{T}} s_k \\
&= s_k^{\mathrm{T}} G(x_k + \theta(x_{k+1} - x_k)) s_k \quad (\theta \in (0, 1)),
\end{aligned}
\tag{3.1.17}
$$

其中第三个等式由 Taylor 展开定理和 f 的二次连续可微性得. 因此, 由 (3.1.16) 式可得

$$s_k^{\mathrm{T}} y_k^* > 0,$$

结合定理 3.1.4 可知, 对于所有的 $k \geqslant 0$ 都有 $B_k > 0$ 成立.   □

从推论 3.1.5 的证明我们看出, 尽管由新的 A_k 所产生的 $s_k^{\mathrm{T}} y_k^*$ 得到 $s_k^{\mathrm{T}} G_{k+1} s_k$ 一个更好的估计, 但当 (3.1.16) 式不成立时, 我们并不能保证 B_k 的正定性 (例如当 f 是个非凸函数时). 因此, 下面介绍一个谨慎的校正.

定义指标集 K

$$K = \left\{ i : \frac{s_k^{\mathrm{T}} y_k^*}{\|s_k\|^2} \geqslant \beta \|g_k\|^\gamma \right\}, \tag{3.1.18}$$

其中 β 是一个正常数, $\gamma \in [\mu_1, \mu_2]$ 且 $0 < \mu_1 \leqslant \mu_2$. B_{k+1} 由下式确定:

$$
B_{k+1} = \begin{cases}
B_k - \dfrac{B_k s_k s_k^{\mathrm{T}} B_k}{s_k^{\mathrm{T}} B_k s_k} + \dfrac{y_k^* (y_k^*)^{\mathrm{T}}}{s_k^{\mathrm{T}} y_k^*}, & \text{如果} k \in K, \\[4mm]
B_k, & \text{如果} k \notin K.
\end{cases}
\tag{3.1.19}
$$

算法 3.1.6   带谨慎校正的一般 BFGS 型算法 (GBTMCU)

步 1. 给定初始点 $x_1 \in R^n$, 初始正定矩阵 $B_1 > 0$. 令 $k := 1$.

步 2. 若 $g_k = 0$, 则停止.

步 3. 解 (3.0.2), 得搜索方向 d_k.

步 4. 由线性搜索求步长 α_k.

步 5. 令 $x_{k+1} = x_k + \alpha_k d_k$. 选择一个合理的 A_k, 并用 (3.1.19) 式校正 B_{k+1}.

步 6. 令 $k := k + 1$, 转步 1

推论 3.1.7　对任意的 k, $(\alpha_k, x_{k+1}, g_{k+1}, d_{k+1})$ 是由带谨慎校正的 BFGS 型算法 (GBTMCU) 所生成, 并选取 A_k 使得 (3.1.11) 成立. 则对于所有的 $k \geqslant 0$ 都有 $B_{k+1} > 0$ 成立. 特别地, 如果选择 $A_k = A_k(2)$ 或 $A_k(3)$, 则对于所有的 $k \geqslant 0$ 都有 $B_{k+1} > 0$ 成立.

证明　首先, 不失一般性, 假设对于所有的 k, $\|g_k\| \neq 0$, 否则 (GBTMCU) 停止. 现用归纳法证明结论. $k = 0$ 时, 因为 B_0 是对称正定矩阵, 因此结论成立. 假设 $k = n$ 时, 结论成立, 考虑 $n = k + 1$ 情形. 根据 (3.1.18) 和 (3.1.19) 可知, 若 $k \in K$ 则有 $s_k^T y_k^* > 0$, 再由定理 3.1.4 即知对 $n = k + 1$ 上述结论是成立的; 另一方面, 如果 $k \notin K$, 由假设可知, $B_{k+1} = B_k$ 也是正定的. 这就完成了证明.　□

3.1.3　三个算法

基于上述 (GBTM) 算法、(GBTMCU) 算法、推论 3.1.5 和 3.1.7, 下面给出三个算法.

算法 3.1.8

步 1. 给定初始点 $x_1 \in R^n$, 初始正定矩阵 $B_1 > 0$. 令 $k := 1$.

步 2. 若 $g_k = 0$, 则停止.

步 3. 解 (3.0.2), 得搜索方向 d_k.

步 4. 由 WWP 步长规则 (3.1.20) 和 (3.1.21) 求步长 α_k:

$$f_{k+1} \leqslant f_k + \delta \alpha_k g_k^T d_k, \tag{3.1.20}$$

$$g_{k+1}^T d_k \geqslant \sigma g_k^T d_k, \tag{3.1.21}$$

其中 $\delta \in \left(0, \dfrac{1}{2}\right)$ 和 $\sigma \in (\delta, 1)$.

步 5. 令 $x_{k+1} = x_k + \alpha_k d_k$. 根据公式

$$A_k(2) = \frac{\vartheta_k}{\|s_k\|^2} I \quad (\vartheta_k = 2(f_k - f_{k+1}) + (g_{k+1} + g_k)^T s_k)$$

计算 $A_k(2)$, 并选择两个合适的常数 β, γ, 用 (3.1.19) 式校正 B_{k+1}.

步 6. $k := k + 1$, 转步 1.

算法 3.1.9   在算法 3.1.8 的基础上把步 5 改成: 令 $x_{k+1} = x_k + \alpha_k d_k$. 根据公式

$$A_k(3) = \frac{\vartheta_k}{(s_k^{\mathrm{T}} y_k)^2}(y_k y_k^{\mathrm{T}})$$

计算 $A_k(3)$, 并选择两个合适的常数 β, γ, 用 (3.1.19) 式校正 B_{k+1}.

算法 3.1.10   在算法 3.1.8 的基础上把步 5 改成: 令 $x_{k+1} = x_k + \alpha_k d_k$. 根据公式

$$A_k(2) = \frac{\vartheta_k}{\|s_k\|^2} I \quad (\vartheta_k = 2(f_k - f_{k+1}) + (g_{k+1} + g_k)^{\mathrm{T}} s_k)$$

计算 $A_k(2)$, 并用公式 (3.1.2) 校正 B_{k+1}.

下面将研究算法 3.1.8-3.1.10 的收敛性质, 我们将证明它的全局收敛性以及超线性收敛性.

3.1.4 全局收敛性分析

首先给出如下假设:

假设 A   水平集 $\Omega = \{x | f(x) \leqslant f(x_0)\}$ 包含在有界凸集 D 里.

假设 B   函数 f 是定义在 D 上的连续可微函数, 并存在一个常数 $L > 0$ 使得

$$\|g(x) - g(y)\| \leqslant L\|x - y\|, \quad x, y \in D.$$

由于 f_k 为一个递减序列, 故由算法 3.1.8 (或算法 3.1.9、算法 3.1.10) 产生的序列 $\{x_k\} \subset \Omega$, 并存在一个常数 f^* 使得

$$\lim_{k \to \infty} f_k = f^*. \tag{3.1.22}$$

此外, 由于序列 $\{x_k\}$ 是有界的, 根据假设 B, 可推断出存在一个 $M > 0$, 使得对于所有的 k, 有

$$\|g_k\| \leqslant M. \tag{3.1.23}$$

为了建立算法 3.1.8-3.1.10 的全局收敛性, 先给出一些有用的引理.

引理 3.1.11   设 f 满足假设 A 和 B, 且序列 $\{x_k\} \subset \Omega$ 是由算法 3.1.8 (或者算法 3.1.9、算法 3.1.10) 产生的. 假设存在常数 a_1, a_2 及 a_3 使得对于无穷多个 k 都有

$$\|B_k s_k\| \leqslant a_1 \|s_k\| \quad \text{和} \quad s_k^{\mathrm{T}} B_k s_k \geqslant a_2 \|s_k\|^2, \tag{3.1.24}$$

则

$$\liminf_{k \to \infty} g(x_k) = 0. \tag{3.1.25}$$

证明　首先, 由 (3.1.24) 和关系式 $g_k = -B_k d_k$ 可得

$$d_k^\mathrm{T} B_k d_k \geqslant a_2 \|d_k\|^2 \quad \text{和} \quad a_2 \|d_k\| \leqslant \|g_k\| \leqslant a_1 \|d_k\|. \tag{3.1.26}$$

设 Λ 是使得 (3.1.24) 成立的 k 的指标集. 根据 WWP 规则 (3.1.21) 和假设 B 有

$$L\alpha_k \|d_k\|^2 \geqslant (g_{k+1} - g_k)^\mathrm{T} d_k \geqslant -(1-\sigma) g_k^\mathrm{T} d_k$$

这意味着对于任意 $k \in \Lambda$,

$$\alpha_k \geqslant \frac{-(1-\sigma) g_k^\mathrm{T} d_k}{L \|d_k\|^2} = \frac{(1-\sigma) d_k^\mathrm{T} B_k d_k}{L \|d_k\|^2} \geqslant \frac{(1-\sigma) a_2}{L}. \tag{3.1.27}$$

另一方面, 从 (3.1.22), 有

$$\sum_{k=1}^{\infty}(f_k - f_{k+1}) = \lim_{N \to \infty} \sum_{k=1}^{N}(f_1 - f_{k+1}) = \lim_{N \to \infty}(f(x_1) - f_{k+1}) = f(x_1) - f^*.$$

这样

$$\sum_{k=1}^{\infty}(f_k - f_{k+1}) < +\infty,$$

结合 WWP 规则 (3.1.20) 可得

$$\sum_{k=1}^{\infty} -\alpha_k g_k^\mathrm{T} d_k < +\infty, \tag{3.1.28}$$

特别地, 有

$$\lim_{k=1} \alpha_k g_k^\mathrm{T} d_k = 0.$$

再由 (3.1.27) 式可得

$$\lim_{k \in \Lambda, k \to \infty} d_k^\mathrm{T} B_k d_k = \lim_{k \in \Lambda, k \to \infty} -g_k^\mathrm{T} d_k = 0.$$

结合这个关系式和 (3.1.26) 可以得到结论 (3.1.25).　　　　　　　　　□

由引理 3.1.11, 则为了得到全局收敛性, 只需证 (3.1.24) 式能无限次成立即可. 为此下面介绍引理 3.1.12. 它的证明过程类似文献 [28] 中定理 2.1 的证明, 故而在此略去证明.

引理 3.1.12　设 B_0 是一个对称正定矩阵, 以公式 (3.1.2) 校正 B_k. 假设有正常数 m, M 使得对于所有的 $k \geqslant 0$ 有

$$\frac{s_k^\mathrm{T} y_k^*}{\|s_k\|^2} \geqslant m \quad \text{和} \quad \frac{\|y_k^*\|^2}{s_k^\mathrm{T} y_k^*} \leqslant M. \tag{3.1.29}$$

则存在常数 a_1, a_2, 对于任意的正整数 t, 在 $k \in \{1, 2, \cdots, t\}$ 中至少有 $[t/2]$ 的值使得 (3.1.24) 成立.

定理 3.1.13 设 f 满足假设 A 和 B, 且由算法 3.1.8 产生 $\{x_k\}$, 则 (3.1.25) 式成立.

证明 由引理 3.1.11, 只需要证明 (3.1.24) 式对于无限个 k 成立. 下面分两种情况证明:

(a) 情况 1. K 是一个有限集. 在这种情况下, B_k 经过有限次迭代后为一个常数矩阵, 因此存在常数 a_1, a_2 使得对于一切充分大的 k 都有 (3.1.25) 式成立.

(b) 情况 2. K 是一个有限集. 运用反证法, 假设 (3.1.25) 式不成立, 即存在一个常数 $\epsilon(\epsilon \in (0,1))$, 使得对于所有的 k 有 $\|g_k\| \geqslant \epsilon$ 成立. 则由 (3.1.18) 式, 对于所有的 $k \in K$ 有

$$\frac{s_k^{\mathrm{T}} y_k^*}{\|s_k\|^2} \geqslant \beta\epsilon^\gamma \geqslant \beta\epsilon^{\mu_2}. \tag{3.1.30}$$

另外, 根据中值定理有

$$
\begin{aligned}
|\vartheta_k| &= |2(f_k - f_{k+1}) + (g_{k+1} + g_k)^{\mathrm{T}} s_k| \\
&= |[-2g(x_k + \theta s_k) + g_{k+1} + g_k]^{\mathrm{T}} s_k| \quad (\theta \in [0,1]) \\
&\leqslant \|s_k\|[\|g_{k+1} - g(x_k + \theta s_k)\| + |g_k - g(x_k + \theta s_k)|] \\
&\leqslant \|s_k\|[L(1-\theta)\|s_k\| + L\theta\|s_k\|] = L\|s_k\|^2.
\end{aligned}
\tag{3.1.31}
$$

这样从 y_k^* 的定义和假设 B, 对于所有的 $k \in K$, 有

$$\|y_k^*\| = \|y_k + A_k(2)s_k\| = \left\| y_k + \frac{\vartheta_k}{\|s_k\|^2} s_k \right\| \leqslant L\|s_k\| + \frac{|\vartheta_k|}{\|s_k\|} \leqslant 2L\|s_k\|. \tag{3.1.32}$$

因此, 由 (3.1.30) 式, 对于所有的 $k \in K$, 有

$$\frac{\|y_k^*\|^2}{s_k^{\mathrm{T}} y_k^*} \leqslant \frac{\|y_k^*\|^2}{\beta\epsilon^{\mu_2}\|s_k\|^2} \leqslant \frac{4L^2\|s_k\|^2}{\beta\epsilon^{\mu_2}\|s_k\|^2} = \frac{4L^2}{\beta\epsilon^{\mu_2}}.$$

对矩阵序列 $\{B_k\}_{k \in K}$ 应用引理 3.1.12, 则知存在常数 a_1, a_2 使得对于无限个 k 有 (3.1.24) 式成立. 这与引理 3.1.11 矛盾. 这就完成了定理的证明. $\square$

上述定理表明了在不需对 f 进行凸性假设的条件下, 算法 3.1.8 的全局收敛性. 特别地, 它表明存在子序列 $\{x_k\}$ 收敛到驻点 x^*. 若进一步假设 f 为凸函数, 则 x^* 是 f 的全局极小点. 又因为序列 $f(x_k)$ 是收敛的, 故 $\{x_k\}$ 的每一个聚点都是 f 的全局极小点. 因此有下面的推论.

推论 3.1.14 设 f 满足假设 A 和假设 B, 且 $\{x_k\}$ 由算法 3.1.8 产生. 若 f 为凸函数, 则对于整个序列 $\{x_k\}$, g_k 收敛到 0, 于是 $\{x_k\}$ 的每一个聚点都是一个全局最优解.

下面证明算法 3.1.10 的全局收敛性. 由推论 3.1.5 可知由算法 3.1.10 产生的矩阵 B_k 的正定性需要函数 f 为凸. 因此, 若没有凸性假设, 很难推断它的全局收敛性. 为此在假设 A、B 的基础上额外添加一个假设 C.

假设 C　假设函数 f 是一致凸的, 即存在正常数 λ_1 和 λ_2 使得

$$\lambda_1 \|z\|^2 \leqslant z^{\mathrm{T}} G(x) z \leqslant \lambda_2 \|z\|^2, \quad \forall x, z \in R^n$$

其中 G 表示 f 的 Hesse 阵.

引理 3.1.15　设 f 满足假设 A、假设 B 和假设 C. 且 $\{x_k\}$ 由算法 3.1.10 产生, 则 (3.1.25) 式成立.

证明　由引理 3.1.11, 只需证明对无穷多个 k, 有 (3.1.24) 式成立. 实际上, 由 (3.1.17) 式和假设 C 可知

$$s_k^{\mathrm{T}} y_k^* = s_k^{\mathrm{T}} G(x_k + \theta(x_{k+1} - x_k)) s_k \geqslant \lambda_1 \|s_k\|^2. \tag{3.1.33}$$

另一方面, 与 (3.1.32) 式相似, 对于所有的 k 有

$$\|y_k^*\| \leqslant 2L\|s_k\|.$$

再结合 (3.1.33) 式可得

$$\frac{\|y_k^*\|^2}{s_k^{\mathrm{T}} y_k^*} \leqslant \frac{4L^2 \|s_k\|^2}{\lambda_1 \|s_k\|^2} = \frac{4L^2}{\lambda_1}.$$

因此, 可见对于所有 k, (3.1.29) 式都成立. 对矩阵序列 $\{B_k\}_{k \in N}$ 利用引理 3.1.12, 则对于无限多个 k 有 (3.1.24) 式成立. □

3.1.5　超线性收敛分析

在本小节中, 我们将研究算法 3.1.8 的超线性收敛性, 另外对算法 3.1.10, 证明也是类似的. 为了得到超线性收敛结果, 除了假设 A, B, C 外, 还需要增加以下假设条件:

假设 D　f 在 x^* 附近二次连续可微.

假设 E　$x_k \to x^*$, 且 $g(x^*) = 0$, $G(x^*)$ 正定.

假设 F　G 在 x^* 上 Holder 连续, 即存在常数 $\nu \in (0, 1)$ 和 M_2, 使得对 x^* 某一邻域上的所有的 x, 有

$$\|G(x) - G(x^*)\| \leqslant M_2 \|x - x^*\|^{\nu}.$$

首先, 我们注意到以下两个事实:

1. 由 (3.1.17) 式和假设 C 可知

$$\frac{s_k^{\mathrm{T}} y_k^*}{\|s_k\|^2} = \frac{s_k^{\mathrm{T}} G(x_k + \theta(x_{k+1} - x_k)) s_k}{\|s_k\|^2} \geqslant \lambda_1.$$

根据推论 3.1.11 有 g_k 收敛到零. 因此对于一切充分大的 k, 关系式 $\dfrac{s_k^T y_k^*}{\|s_k\|^2} \geqslant \beta\|g_k\|^\gamma$ 恒成立, 即对一切充分大的 $k \in K$ 成立. 基于此, 在本小节中, 不失一般性, 假设对于所有的 $k, k \in K$.

2. 利用假设 D 和 E, 可知存在 x^* 的邻域 $U(x^*)$ 使得 $\forall x \in U(x^*)$, $G(x)$ 是一致正定的. 因此, 存在一个正常数 λ_3 使得对所有的 $d \in R^n$ 和 $x \in U(x^*)$ 有

$$\|g(x)\| = \|g(x) - g(x^*)\| \geqslant \lambda_3\|x - x^*, \| \tag{3.1.34}$$

$$d^T G(x)d \geqslant \lambda_3\|d\|^2. \tag{3.1.35}$$

特别地, 若对于一切充分大的 k, $x = x_k$, 则有 (3.1.34) 和 (3.1.35) 成立.

以下用符号 "A-F" 表示从 A 到 F 的所有假设并假定对于所有的 $k, k \in K$. 为了证明算法 3.1.8 和 3.1.10 的超线性收敛性, 先给出下面一些引理, 这些引理的证明与文献 [108] 中的证明类似.

引理 3.1.16 若目标函数 f 满足假设 A-F, 且 $\{x_k\}$ 由算法 3.1.8 (或算法 3.1.10) 产生, 则存在常数 ξ_{1k} 和 ξ_{2k} 使得

$$\|A_k(2)\| \leqslant \|G(\xi_{2k}) - G(\xi_{1k})\|. \tag{3.1.36}$$

并且

$$\lim_{k \to \infty} \|A_k(2)\| = 0. \tag{3.1.37}$$

证明 利用 Taylor 公式, 有

$$y_k^T s_k = (g_{k+1} - g_k)^T s_k = s_k^T G(\xi_{1k})s_k,$$

$$f_k - f_{k+1} = -g_{k+1}^T s_k + \frac{1}{2}s_k^T G(\xi_{2k})s_k,$$

其中 $\xi_{1k} = x_k + \theta_{1k}s_k$, $\xi_{2k} = x_k + \theta_{2k}s_k$, $\theta_{1k}, \theta_{2k} \in (0,1)$. 由 $A_k(2)$ 的定义可得

$$\begin{aligned} A_k(2) &= \frac{\vartheta_k}{\|s_k\|^2}I \\ &= \frac{2(f_k - f_{k+1}) + (g_{k+1} + g_k)^T s_k}{\|s_k\|^2}I \\ &= \frac{s_k^T(G(\xi_{2k}) - G(\xi_{1k}))s_k}{\|s_k\|^2}I, \end{aligned}$$

于是有

$$\|A_k(2)\| \leqslant \|G(\xi_{2k}) - G(\xi_{1k})\|.$$

这样就证明了 (3.1.36) 和 (3.1.37) 式.   □

引理 3.1.17　　若目标函数 f 满足假设 A-F, 且 $\{x_k\}$ 由算法 3.1.8 (或算法 3.1.10) 产生, 则存在正常数 m_1, m_2 和 m_3 使得

$$m_4\|s_k\|^2 \leqslant m_3 s_k^{\mathrm{T}} y_k \leqslant m_1\|s_k\|^2 \leqslant s_k^{\mathrm{T}} y_k^* \leqslant m_2\|s_k\|^2, \quad k = 1, 2, \cdots, \tag{3.1.38}$$

$$\|y_k^*\| \leqslant m_2\|s_k\|, \quad k = 1, 2, \cdots. \tag{3.1.39}$$

证明　　因已假设对于所有的 k, $k \in K$. (3.1.39) 式的证明类似于 (3.1.32), (3.1.38) 的第三个不等式的证明类似于 (3.1.30). (3.1.38) 的第四个不等式可由 (3.1.39) 式的结果以及 Cauchy-Schwarz 不等式得到. 因此, 只需证 (3.1.38) 的第一和第二个不等式. 对于第一个等式, 利用中值定理

$$s_k^{\mathrm{T}} y_k = s_k^{\mathrm{T}}(g_{k+1} - g_k) = s_k^{\mathrm{T}} G(x_k + \theta s_k) s_k \geqslant \lambda_1\|s_k\|^2 \quad (\theta \in (0,1)), \tag{3.1.40}$$

马上得证. 对于第二个不等式, 利用假设 B 和 Cauchy-Schwarz 不等式有

$$s_k^{\mathrm{T}} y_k \leqslant \|s_k\|\|y_k\| \leqslant L\|s_k\|^2.$$

结论得证.　　　　　　　　　　　　　　　　　　　　　　　　　　　　　　□

引理 3.1.18　　若目标函数 f 满足假设 A-F, 且 $\{x_k\}$ 由算法 3.1.8 (或算法 3.1.10) 产生, 则必有一个正常数 M_1 使得

$$\mathrm{Tr}(B_{k+1}) \leqslant M_1(k+1) \tag{3.1.41}$$

和

$$\sum_{i=1}^{k} \frac{\|B_i s_i\|^2}{s_i^{\mathrm{T}} B_i s_i} \leqslant M_1(k+1). \tag{3.1.42}$$

证明　　由引理 3.1.17 和 (3.1.2) 式, 有

$$\begin{aligned}
\mathrm{Tr}(B_{k+1}) &= \mathrm{Tr}(B_k) - \frac{\|B_k s_k\|^2}{s_k^{\mathrm{T}} B_k s_k} + \frac{\|y_k^*\|^2}{(y_k^*)^{\mathrm{T}} s_k} \\
&\leqslant \mathrm{Tr}(B_k) - \frac{\|B_k s_k\|^2}{s_k^{\mathrm{T}} B_k s_k} + \frac{m_2^2}{m_1} \leqslant \cdots \\
&\leqslant \mathrm{Tr}(B_1) - \sum_{i=1}^{k} \frac{\|B_i s_i\|^2}{s_i^{\mathrm{T}} B_i s_i} + \frac{m_2^2}{m_1}(k+1).
\end{aligned}$$

利用 B_{k+1} 的正定性, 有 $\mathrm{Tr}(B_{k+1}) > 0$. 因此, 由上述不等式可以推出 (3.1.41) 和 (3.1.42) 式成立.　　　　　　　　　　　　　　　　　　　　　　　　　□

引理 3.1.19   若目标函数 f 满足假设 A-F, 且 $\{x_k\}$ 由算法 3.1.8 (或算法 3.1.10) 产生, 则必有一个正常数 c_1 使得

$$\prod_{i=1}^{k} \alpha_i \geqslant c_1^k. \tag{3.1.43}$$

证明   由引理 (3.1.17) 和 (3.1.2) 式, 有

$$\begin{aligned}
\mathrm{Det}(B_{k+1}) &= \mathrm{Det}(B_k)\frac{(y_k^*)^{\mathrm{T}}s_k}{s_k^{\mathrm{T}}B_k s_k} \\
&\geqslant \mathrm{Det}(B_k)\frac{m_3 y_k^{\mathrm{T}}s_k}{s_k^{\mathrm{T}}B_k s_k} \\
&\geqslant \mathrm{Det}(B_k)\frac{-(1-\sigma)m_3 g_k^{\mathrm{T}}s_k}{-\alpha_k g_k^{\mathrm{T}}s_k} \\
&= \frac{(1-\sigma)m_3}{\alpha_k}\mathrm{Det}(B_k) \\
&\geqslant \cdots \geqslant \prod_{i=1}^{k}\frac{1}{\alpha_k}[(1-\sigma)m_3]^{k+1}\mathrm{Det}(B_0).
\end{aligned}$$

利用不等式

$$\mathrm{Det}(B_{k+1}) \leqslant \left[\frac{1}{n}\mathrm{Tr}(B_{k+1})\right]^n$$

和 (3.1.41) 式, 有

$$\begin{aligned}
\prod_{i=1}^{k}\alpha_k &\geqslant \frac{[(1-\sigma)m_3]^{k+1}\mathrm{Det}(B_0)}{\mathrm{Det}(B_{k+1})} \\
&\geqslant \frac{[(1-\sigma)m_3]^{k+1}\mathrm{Det}(B_0)}{\left[\dfrac{\mathrm{Tr}(B_{k+1})}{n}\right]^n} \\
&\geqslant \frac{[(1-\sigma)m_3]^{k+1}\mathrm{Det}(B_0)}{\left[\dfrac{M_1(k+1)}{n}\right]^n}.
\end{aligned}$$

因此, 对于一切充分大的 k, 有 (3.1.43) 成立. $\square$

引理 3.1.20   设目标函数 f 满足假设 A-F, 且 $\{x_k\}$ 由算法 3.1.8 (或算法 3.1.10) 产生. 若 ξ_k 是 s_k 和 $B_k s_k$ 之间的夹角, 即

$$\cos\xi_k = \frac{s_k^{\mathrm{T}}B_k s_k}{\|s_k\|\|B_k s_k\|} = -\frac{g_k^{\mathrm{T}}s_k}{\|g_k\|\|s_k\|}.$$

则存在常数 $a_1 > 0$, $a_1' > 0$, $a_2 > 0$, 以及下标 k' 使得当 $k \geqslant k'$ 时, 有

$$a_1'\|g_k\|\cos\xi_k \leqslant \|s_k\| \leqslant a_1\|g_k\|\cos\xi_k, \tag{3.1.44}$$

$$\prod_{i=0}^{k} \cos^2 \xi_k \geqslant a_2^{k+1}. \tag{3.1.45}$$

证明　利用 WWP 线搜索准则 (3.1.20) 的第一个不等式, (3.1.35) 以及 Taylor 定理知, 存在下标 k_1 使得对于所有 $k \geqslant k_1$ 有

$$\delta g_k^{\mathrm{T}} s_k \geqslant f_{k+1} - f_k \geqslant g_k^{\mathrm{T}} s_k + \frac{1}{2} \lambda_3 \|s_k\|^2,$$

这意味着

$$\|s_k\|^2 \leqslant -\frac{2(1-\delta)}{\lambda_3} g_k^{\mathrm{T}} s_k = \frac{2(1-\delta)}{\lambda_3} \|g_k\| \|s_k\| \cos \xi_k.$$

令 $a_1 = 2(1-\delta)/\lambda_3$, 便得到 (3.1.44) 右边的不等式. 利用 (3.1.20) 和 (3.1.38) 式, 有

$$m_2 \|s_k\|^2 \geqslant (y_k^*)^{\mathrm{T}} s_k \geqslant m_3 y_k^{\mathrm{T}} s_k \geqslant -m_3(1-\sigma) g_k^{\mathrm{T}} s_k$$

$$= (1-\sigma) m_3 \|g_k\| \|s_k\| \cos \xi_k,$$

于是得到 (3.1.44) 左边的不等式.

因为 $B_k s_k = \alpha_k g_k$, 由 (3.1.44) 可知, 当 $k \geqslant k_1$ 时, 有

$$\frac{\|B_k s_k\|^2}{s_k^{\mathrm{T}} B_k s_k} = \frac{\|B_k s_k\|}{\|s_k\| \cos \xi_k} = \alpha_k \frac{\|g_k\|}{\|s_k\| \cos \xi_k} \geqslant \frac{\alpha_k}{a_1 \cos^2 \xi_k}.$$

将从 k_1 到 $k(k > k_1)$ 的不等式两边相乘, 并利用几何不等式可得

$$\left\{ \prod_{i=k_1}^{k} \frac{\alpha_i}{a_1 \cos^2 \xi_i} \right\}^{\frac{1}{k-k_1+1}} \leqslant \left\{ \prod_{i=k_1}^{k} \frac{\|B_i s_i\|^2}{s_i^{\mathrm{T}} B_i s_i} \right\}^{\frac{1}{k-k_1+1}}$$

$$\leqslant \frac{1}{k-k_1+1} \sum_{i=k_1}^{k} \frac{\|B_i s_i\|^2}{s_i^{\mathrm{T}} B_i s_i}$$

$$\leqslant \frac{1}{k-k_1+1} \sum_{i=0}^{k} \frac{\|B_i s_i\|^2}{s_i^{\mathrm{T}} B_i s_i}$$

$$\leqslant M_1 \frac{k+1}{k-k_1+1},$$

其中, 最后一个不等式由 (3.1.42) 式得. 于是对于任意充分大的 k, 有

$$\prod_{i=k_1}^{k} \cos^2 \xi_i \geqslant \left(\prod_{i=k_1}^{k} \alpha_i \right) a_1^{-(k-k_1+1)} M_1^{-(k-k_1+1)} \left(\frac{k-k_1+1}{k+1} \right)^{k-k_1+1}$$

$$= \left(\prod_{i=0}^{k} \alpha_i \right) a_1^{-(k-k_1+1)} M_1^{-(k-k_1+1)} \left(\frac{k-k_1+1}{k+1} \right)^{k-k_1+1} \prod_{i=0}^{k_1-1} \alpha_i^{-1}$$

$$\geqslant c_1^k \left(a_1^{-1} M_1^{-1} \frac{k-k_1+1}{k+1} \right)^{k-k_1+1} \prod_{i=0}^{k_1-1} \alpha_i^{-1},$$

其中最后一个不等式由 (3.1.43) 式得到. 因为 k_1 是固定的, 所以由上述不等式可知, 当 k 充分大, 即 $k \geqslant k'$ 时, (3.1.45) 式成立. □

引理 3.1.21   若目标函数 f 满足假设 A-F, 且 $\{x_k\}$ 由算法 3.1.8 (或算法 3.1.10) 产生. 记 $f_* = f(x^*)$, 则存在正常数 a_3 和 k_1' 使得对于所有的 $k \geqslant k_1'$ 有

$$f_{k+1} - f_* \leqslant (1 - a_3 \cos^2 \xi_k)(f_k - f_*). \tag{3.1.46}$$

证明   利用 WWP 线搜索准则的第一个不等式 (3.1.20), 有

$$f_{k+1} - f_* \leqslant f_k - f_* + \delta g_k^{\mathrm{T}} s_k. \tag{3.1.47}$$

利用 x^* 满足 $g(x^*) = 0$ 和 Taylor 展式, 得到一个常数 $M_3 > 0$ 使得

$$f_k - f_* \leqslant M_3 \|x_k - x^*\|^2.$$

再由 (3.1.34) 和 (3.1.44) 式, 可推断对于一切充分大的 k,

$$\begin{aligned}
g_k^{\mathrm{T}} s_k = -\|g_k\|\|s_k\| \cos \xi_k &\leqslant -a_1' \|g_k\|^2 \cos^2 \xi_k \\
&\leqslant -a_1' \lambda_3^2 \|x_k - x^*\|^2 \cos^2 \xi_k \\
&\leqslant \frac{-a_1' \lambda_3^2}{M_3} \cos^2 \xi_k (f_k - f_*).
\end{aligned}$$

利用上述不等式以及 (3.1.47), 便可证明 (3.1.46) 式. □

引理 3.1.22   若目标函数 f 满足假设 A-F, 且 $\{x_k\}$ 由算法 3.1.8 (或算法 3.1.10) 产生. 则有

$$\sum_{i=0}^{\infty} \|x_{k+1} - x^*\|^\nu < \infty. \tag{3.1.48}$$

并且, 若令 $\tau_k = \max\{\|x_k - x^*\|^\nu, \|x_{k+1} - x^*\|^\nu\}$, 则

$$\sum_{i=1}^{\infty} \tau_k < \infty, \tag{3.1.49}$$

$$\sum_{i=1}^{\infty} \|A_k(2)\| < +\infty. \tag{3.1.50}$$

证明   根据引理 3.1.17, 知存在一个指标 $k_1' > 0$ 使得对于任意的 $k \geqslant k_1'$, (3.1.46) 式成立. 故有

$$\begin{aligned}
f_{k+1} - f_* &\leqslant (1 - a_3 \cos^2 \xi_k)(f_k - f_*) \\
&\leqslant \cdots \leqslant (f_{k_1'} - f_*) \Pi_{i=k_1'}^k (1 - a_3 \cos^2 \xi_i) \\
&\leqslant (f_{k_1'} - f_*) \left[\frac{1}{k - k_1' + 1} \sum_{i=k_1'}^k (1 - a_3 \cos^2 \xi_i) \right]^{k - k_1' + 1}
\end{aligned}$$

$$= (f_{k_1'} - f_*) \left[1 - \frac{a_3}{k - k_1' + 1} \sum_{i=k_1'}^{k} (\cos^2 \xi_i) \right]^{k - k_1' + 1}$$

$$\leqslant (f_{k_1'} - f_*) \left[1 - a_3 \left(\prod_{i=k_1'}^{k} \cos^2 \xi_i \right)^{\frac{1}{k - k_1' + 1}} \right]^{k - k_1' + 1}$$

$$= (f_{k_1'} - f_*) \left[1 - a_3 \left(\prod_{i=0}^{k} \cos^2 \xi_i \right)^{\frac{1}{k - k_1' + 1}} \left(\prod_{i=0}^{k_1' - 1} \cos^2 \xi_i \right)^{-\frac{1}{k - k_1' + 1}} \right]^{k - k_1' + 1}$$

$$\leqslant (f_{k_1'} - f_*) \left(1 - a_3 a_2^{\frac{k+1}{k - k_1' + 1}} \left(\prod_{i=0}^{k_1' - 1} \cos^2 \xi_i \right)^{-\frac{1}{k - k_1' + 1}} \right)^{\frac{1}{k - k_1' + 1}},$$

其中最后一个不等式由 (3.1.45) 式得到. 由于 k' 是一个常数, 上面不等式括号中的项在 $k \to \infty$ 时将趋于一个常数, 故上述不等式表明, 存在一个常数 $\rho_1 \in (0, 1)$ 使得对于一切充分大的 k, 有

$$f_{k+1} - f_* \leqslant (f_{k_1'} - f_*) \rho_1^{k - k_1' + 1}.$$

再由 Taylor 展式得, 对充分大的 k,

$$f_{k+1} - f_* \geqslant \frac{\lambda_3}{2} \|x_{k+1} - x^*\|^2.$$

且有

$$\|x_{k+1} - x^*\| \leqslant \left(\frac{2}{\lambda_3} (f_{k+1} - f_*) \right)^{\frac{1}{2}}$$

$$\leqslant \left(\frac{2}{\lambda_3} (f_{k_1'} - f_*) \rho_1^{k - k_1' + 1} \right)^{\frac{1}{2}}$$

$$= \left(\frac{2}{\lambda_3} (f_{k_1'} - f_*) \right)^{\frac{1}{2}} \rho_1^{\frac{k - k_1' + 1}{2}},$$

这样就证明了 (3.1.48) 式.

最后, 注意到 $\tau_k \leqslant \|x_k - x^*\|^\nu + \|x_{k+1} - x^*\|^\nu$, (3.1.50) 式可由 (3.1.48) 式直接得到. 此外, 利用引理 3.1.16 有

$$\|A_k(2)\| \leqslant \|g(\xi_{2k}) - G(\xi_{1k})\|.$$

注意到

$$\sum_{k=1}^{\infty}\|G(\xi_{2k}) - G(\xi_{1k})\| \leqslant \sum_{k=1}^{\infty}\|G(\xi_{2k}) - G(x^*)\| + \sum_{k=1}^{\infty}\|G(\xi_{1k}) - G(x^*)\|$$

$$\leqslant \sum_{k=1}^{\infty}M_2\|\xi_{2k} - x^*\|^{\nu} + \sum_{k=1}^{\infty}M_2\|\xi_{1k} - x^*\|^{\nu}$$

$$\leqslant 2M_2\sum_{k=1}^{\infty}\tau_k < +\infty.$$

故有

$$\sum_{k=1}^{\infty}\|A_k(2)\| \leqslant \sum_{k=1}^{\infty}\|g(\xi_{2k}) - G(\xi_{1k})\| < \infty. \tag{3.1.51}$$

$\square$

引理 3.1.23　若目标函数 f 满足假设 A-F, 且 $\{x_k\}$ 由算法 3.1.8 (或算法 3.1.10) 产生. 记

$$Q = G(X^*)^{-1/2}, \quad H_K = B_K^{-1}.$$

则有正常数 $b_i, i = 1, 2, \cdots, 7$, 以及 $\eta \in (0,1)$, 使得对于一切充分大的 k, 有

$$\|B_{k+1} - G(x^*)\|_{Q,F} \leqslant (1 + b_1\tau_k)\|B_k - G(x^*)\|_{Q,F} + b_2\tau_k + b_3\|A_k(2)\|, \tag{3.1.52}$$

$$\|H_{k+1} - G(x^*)^{-1}\|_{Q^{-1},F}$$
$$\leqslant \left(\sqrt{1 - p\varpi_k^2} + b_4\tau_k + b_5\|A_k(2)\|\right)\|H_k$$
$$- G(x^*)^{-1}\|_{Q^{-1},F} + b_6\tau_k + b_7\|A_k(2)\|, \tag{3.1.53}$$

其中 $\|A\|_{Q,F} = \|Q^{\mathrm{T}}AQ\|_F$, $\|\cdot\|_F$ 是 Frobenius 矩阵范数, ϖ_k 定义如下:

$$\varpi_k = \frac{\|Q^{-1}(H_K - G(X^*)^{-1})y_k^*\|}{\|H_k - G(x^*)^{-1}\|_{Q^{-1},F}\|Qy_k^*\|}. \tag{3.1.54}$$

并且有 $\{\|B_k\|\}_F$ 和 $\{\|H_k\|\}_F$ 是有界的.

证明　由 (3.1.2), 有

$$\|B_{k+1} - G(x^*)\|_{Q,F} = \left\|B_k - G(x^*) + \frac{B_k s_k s_k^{\mathrm{T}} B_k}{s_k^{\mathrm{T}} B_k s_k} + \frac{y_k^*(y_k^*)^{\mathrm{T}}}{s_k^{\mathrm{T}} y_k^*}\right\|_{Q,F}$$

$$\leqslant \left\|B_k - G(x^*) + \frac{B_k s_k s_k^{\mathrm{T}} B_k}{s_k^{\mathrm{T}} B_k s_k} + \frac{y_k y_k^{\mathrm{T}}}{s_k^{\mathrm{T}} y_k}\right\|_{Q,F}$$

$$+ \left\|\frac{y_k^*(y_k^*)^{\mathrm{T}}}{s_k^{\mathrm{T}} y_k^*} - \frac{y_k y_k^{\mathrm{T}}}{s_k^{\mathrm{T}} y_k}\right\|_{Q,F}$$

$$\leqslant (1 + b_1\tau_k)\|B_k - G(x^*)\|_{Q,F} + b_2\tau_k$$

$$+ \left\|\frac{y_k^*(y_k^*)^{\mathrm{T}}}{s_k^{\mathrm{T}} y_k^*} - \frac{y_k y_k^{\mathrm{T}}}{s_k^{\mathrm{T}} y_k}\right\|_{Q,F},$$

其中, 最后一个不等式根据文献 [79] 的 (49) 式得到. 因此,

$$
\left\| \frac{y_k^*(y_k^*)^{\mathrm{T}}}{s_k^{\mathrm{T}} y_k^*} - \frac{y_k y_k^{\mathrm{T}}}{s_k^{\mathrm{T}} y_k} \right\|_{Q,F}
$$

$$
- \left\| \frac{(y_k + A_k(2) s_k)(y_k + A_k(2) s_k)^{\mathrm{T}}}{s_k^{\mathrm{T}}(y_k + A_k(2) s_k)} - \frac{y_k y_k^{\mathrm{T}}}{s_k^{\mathrm{T}} y_k} \right\|_{Q,F}
$$

$$
= \left\| \frac{s_k^{\mathrm{T}} y_k (y_k + A_k(2) s_k)(y_k + A_k(2) s_k)^{\mathrm{T}} - s_k^{\mathrm{T}}(y_k + A_k(2) s_k)(y_k y_k^{\mathrm{T}})}{s_k^{\mathrm{T}}(y_k + A_k(2) s_k)(s_k^{\mathrm{T}} y_k)} \right\|_{Q,F}
$$

$$
\leqslant \|A_k(2)\| \cdot \frac{\|s_k^{\mathrm{T}} y_k s_k y_k^{\mathrm{T}}\|_{Q,F} + \|s_k^{\mathrm{T}} y_k y_k s_k^{\mathrm{T}}\|_{Q,F}}{s_k^{\mathrm{T}}(y_k + A_k(2) s_k)(s_k^{\mathrm{T}} y_k)}
$$

$$
+ \frac{\|s_k^{\mathrm{T}} y_k s_k s_k^{\mathrm{T}} A_k(2)\|_{Q,F} + \|s_k^{\mathrm{T}} s_k (y_k y_k^{\mathrm{T}})\|_{Q,F}}{s_k^{\mathrm{T}}(y_k + A_k(2) s_k)(s_k^{\mathrm{T}} y_k)}
$$

$$
\leqslant \|A_k(2)\| \cdot \frac{(3\|s_k\|^2 \|y_k\|^2 + \|A_k(2)\| \|s_k\|^3 \|y_k\|)\|Q\|_F^2}{s_k^{\mathrm{T}}(y_k + A_k(2) s_k)(s_k^{\mathrm{T}} y_k)}.
$$

利用 (3.1.38) 和 (3.1.40), 有

$$
\left\| \frac{y_k^*(y_k^*)^{\mathrm{T}}}{s_k^{\mathrm{T}} y_k^*} - \frac{y_k y_k^{\mathrm{T}}}{s_k^{\mathrm{T}} y_k} \right\|_{Q,F} \leqslant \|A_k(2)\| \cdot \frac{(3\|s_k\|^2 \|y_k\|^2 + \|A_k(2)\| \|s_k\|^3 \|y_k\|)\|Q\|_F^2}{s_k^{\mathrm{T}}(y_k + A_k(2) s_k)(s_k^{\mathrm{T}} y_k)}
$$

$$
\leqslant \|A_k(2)\| \cdot \frac{(3\|s_k\|^2 \|y_k\|^2 + \|A_k(2)\| \|s_k\|^3 \|y_k\|)\|Q\|_F^2}{m_1 \lambda_3 \|s_k\|^4}
$$

$$
= \|A_k(2)\| \cdot \frac{(3\|y_k\|^2 + \|A_k(2)\| \|s_k\| \|y_k\|)\|Q\|_F^2}{m_1 \lambda_3 \|s_k\|^4}.
$$

由假设 B, 可知存在一个正常数 b_3 使得

$$
\left\| \frac{y_k^*(y_k^*)^{\mathrm{T}}}{s_k^{\mathrm{T}} y_k^*} - \frac{y_k y_k^{\mathrm{T}}}{s_k^{\mathrm{T}} y_k} \right\|_{Q,F} \leqslant b_3 \|A_k(2)\|.
$$

因此, (3.1.52) 式成立. 下证 (3.1.53) 式. 已知 B_k 的校正公式 (3.1.2) 有如下逆校正形式:

$$
H_{k+1} = H_k + \frac{(s_k - H_k y_k^*) s_k^{\mathrm{T}} + s_k (s_k - H_k y_k^*)^{\mathrm{T}}}{y_k^{\mathrm{T}} s_k} - \frac{(y_k^*)^{\mathrm{T}}(s_k - H_k y_k^*) s_k s_k^{\mathrm{T}}}{[(y_k^*)^{\mathrm{T}} s_k]^2}
$$

$$
= \left(I - \frac{s_k (y_k^*)^{\mathrm{T}}}{(y_k^*)^{\mathrm{T}} s_k} \right) H_k \left(I - \frac{(y_k^* s_k)^{\mathrm{T}}}{(y_k^*)^{\mathrm{T}} s_k} \right) + \frac{s_k s_k^{\mathrm{T}}}{(y_k^*)^{\mathrm{T}} s_k}.
$$

在 $H_k \to B_k$, $H_{k+1} \to B_{k+1}$ 和 $s_k \to y_k$ 的意义下, 它可视作 DFP 型公式的对偶形

式. 于是有

$$\|Qy_k^* - Q^{-1}s_k\|$$
$$\leqslant \|Q\|\|y_k^* - Q^{-2}s_k\|$$
$$\leqslant \|Q\|\|y_k^* - G(x^*)s_k\|$$
$$\leqslant \|Q\|[\|y_k^* - G(x^*)s_k + A_k(2)s_k\|]$$
$$\leqslant \|Q\|\left[\left\|\int_0^1 G(x_k + \eta s_k)s_k \mathrm{d}\eta - G(x^*)s_k\right\| + \|A_k(2)s_k\|\right]$$
$$\leqslant \|Q\|\|s_k\|\left[\int_0^1 \|G(x_k + \eta s_k) - G(x^*)\|\mathrm{d}\eta + \|A_k(2)\|\right]$$
$$\leqslant \|Q\|\|s_k\|\left[M_2 \int_0^1 (\eta\|x_{k+1} - x^*\| + (1-\eta)\|x_k - x^*\|)^\nu \mathrm{d}\eta + \|A_k(2)\|\right]$$
$$\leqslant \|Q\|\|s_k\|[M_2\tau_k + \|A_k(2)\|].$$

又因为 $\tau_k \to 0$, $\|A_k(2)\| \to 0$, 则当 k 充分大时, 对于常数 $\beta \in \left(0, \dfrac{1}{3}\right)$, 有

$$\|Qy_k^* - Q^{-1}s_k\| \leqslant \beta\|Q^{-1}s_k\|.$$

因此, 根据文献 [59] 的引理 3.1, 有常数 $p \in (0,1)$ 和 $b_8, b_9 > 0$, 使得

$$\|H_{k+1} - G(x^*)^{-1}\|_{Q^{-1},F} \leqslant \left(\sqrt{1 - p\varpi_k^2} + b_8\frac{\|Q^{-1}s_k - Qy_k^*\|}{\|Qy_k^*\|}\right)$$
$$\times \|H_k - G(x^*)^{-1}\|_{Q^{-1},F} + b_9\frac{\|s_k - G(x^*)^{-1}y_k\|}{\|Qy_k^*\|},$$

其中, ϖ_k 由 (3.1.54) 式所定义. 因此, 存在一个常数使得对于一切充分大的 k, 都有

$$\|Qy_k^*\| = \|Q(g(x_{k+1}) - g(x_k) + A_k(2)s_k)\|$$
$$\geqslant \|Q(g(x_{k+1}) - g(x_k)\| - \|A_k(2)\|\|Qs_k\|$$
$$\geqslant b_{10}\|x_{k+1} - x_k\| - \|A_k(2)\|\|Q\|\|s_k\|$$
$$= (b_{10} - \|A_k(2)\|\|Q\|)\|s_k\|.$$

利用 $\|A_k(2)\| \to 0$, 当 k 充分大时, 存在一个常数 c 使得

$$\|Qy_k^*\| \geqslant c\|s_k\|.$$

故有

$$\frac{\|Qy_k^* - Q^{-1}s_k\|}{\|Qy_k^*\|} \leqslant c^{-1}\|Q\|(M_2\tau_k + \|A_k(2)\|), \tag{3.1.55}$$

$$\frac{\|s_k - G(x^*)^{-1}y_k^*\|}{\|Qy_k^*\|} = \frac{\|s_k - Q^2 y_k^*\|}{\|Qy_k^*\|}$$

$$= \frac{\|Q(Qy_k^* - Q^{-1}s_k)\|}{\|Qy_k^*\|}$$

$$\leqslant \frac{\|Q\|\|Qy_k^* - Q^{-1}s_k)\|}{c\|s_k\|}$$

$$\leqslant c^{-1}\|Q\|^2(M_2\tau_k + \|A_k(2)\|),$$

结合 (3.1.55) 式, 可得 (3.1.53).

最后, 由 $\sum_{k=1}^{\infty}\tau_k < +\infty$, $\sum_{k=1}^{\infty}\|A_k(2)\| < +\infty$ 以及 (3.1.52) 和 (3.1.53) 式, 可以推出 $\|B_k - G(x^*)\|_{Q,F}$ 和 $\|H_k - G(x^*)^{-1}\|_{Q^{-1},F}$ 收敛. 特别地, $\{\|B_k\|\}_F$ 和 $\{\|H_k\|\}_F$ 有界. □

引理 3.1.24 若目标函数 f 满足假设 A-F, 且 $\{x_k\}$ 由算法 3.1.8 (或算法 3.1.10) 产生. 则有 Dennis-More 条件

$$\lim_{k\to\infty}\frac{\|(B_k - G(x^*))s_k\|}{\|s_k\|} = 0 \tag{3.1.56}$$

成立.

证明 利用 $\tau_k \to 0$, $\|A_k(2)\| \to 0$, $\|H_k\|$ 有界, 及不等式

$$\sqrt{1-t} \leqslant 1 - \frac{1}{2}t, \quad \forall t \in (0,1),$$

可推出存在正常数 M_2 和 M_3, 使得对于一切充分大的 k, 有

$$\|H_{k+1} - G(x^*)^{-1}\|_{Q^{-1},F} \leqslant (1 - \frac{1}{2}p\varpi_k^2)\|H_k - G(x^*)^{-1}\|_{Q^{-1},F} + M_2\tau_k + M_3\|A_k(2)\|,$$

即

$$\frac{1}{2}p\varpi_k^2\|H_{k+1} - G(x^*)^{-1}\|_{Q^{-1},F}$$

$$= \|H_{k+1} - G(x^*)^{-1}\|_{Q^{-1},F} - \|H_k - G(x^*)^{-1}\|_{Q^{-1},F} + M_2\tau_k + M_3\|A_k(2)\|.$$

对上述不等式求和, 可得

$$\frac{1}{2}p\sum_{k=k_0}^{\infty}\varpi_k^2\|H_{k+1} - G(x^*)^{-1}\|_{Q^{-1},F} < +\infty,$$

其中 k_0 是一个充分大的下标, 使得对于一切的 $k \geqslant k_0$ 有 (3.1.53) 式成立. 特别地, 有

$$\lim_{k\to\infty}\varpi_k^2\|H_{k+1} - G(x^*)^{-1}\|_{Q^{-1},F} = 0,$$

即

$$\lim_{k \to \infty} \frac{\|Q^{-1}(H_k - G(x^*)^{-1})y_k^*\|}{\|Qy_k^*\|} = 0. \tag{3.1.57}$$

因此, 可得

$$\|Q^{-1}(H_k - G(x^*)^{-1})y_k^*\|$$
$$= \|Q^{-1}H_k(G(x^*) - B_k)G(x^*)^{-1}y_k^*\|$$
$$\geqslant \|Q^{-1}H_k(G(x^*) - B_k)s_k\| - \|Q^{-1}H_k(G(x^*) - B_k)(s_k - G(x^*)^{-1}y_k^*)\|$$
$$\geqslant \|Q^{-1}H_k(G(x^*) - B_k)s_k\| - \|Q^{-1}H_k(G(x^*) - B_k)(s_k - G(x^*)^{-1}y_k^*)\|$$
$$\quad - \|A_k(2)\|\|Q^{-1}H_k(G(x^*) - B_k)G(x^*)^{-1}s_k)\|.$$

由于 $\{B_k\}$ 和 $\{H_k\}$ 是有界的且 $G(x)$ 连续, 故有

$$\|Q^{-1}H_k(G(x^*) - B_k)(s_k - G(x^*)^{-1}y_k)\|$$
$$= \|Q^{-1}H_k(G(x^*) - B_k)G(x^*)^{-1}(G(x^*)s_k - y_k)\|$$
$$= \|Q^{-1}H_k(G(x^*) - B_k)G(x^*)^{-1}[(G(x^*) - G(x_k))s_k + (G(x_k)s_k - y_k)]\|$$
$$\leqslant \|Q^{-1}H_k(G(x^*) - B_k)G(x^*)^{-1}\|\|G(x^*) - G(x_k)\|\|s_k\| + \|G(x_k)s_k - y_k\|$$
$$= o(\|s_k\|)$$

以及

$$\|A_k(2)\|\|Q^{-1}H_k(G(x^*) - B_k)G(x^*)^{-1}s_k\|$$
$$\leqslant \|A_k(2)\|\|Q^{-1}H_k(G(x^*) - B_k)G(x^*)^{-1}\|\|s_k\| = o(\|s_k\|).$$

于是存在一个正常数 $\kappa > 0$ 使得

$$\|Q^{-1}(H_k - G(x^*)^{-1})y_k^*\| \geqslant \kappa\|G(x^* - B_k)s_k\| - o(\|s_k\|). \tag{3.1.58}$$

另外, 由引理 3.1.17 可知

$$\|Qy_k^*\| \leqslant \|Q\|\|y_k^*\| \leqslant m_2\|Q\|\|s_k\|.$$

由上述不等式、(3.1.58) 和 (3.1.57) 即可得 Dennis-More 条件 (3.1.56) 成立.   □

定理 3.1.25 若目标函数 f 满足假设 A-F, 且 $\{x_k\}$ 由算法 3.1.8 (或算法 3.1.10) 产生. 则 x_k 超线性收敛于 x^*.

证明 我们将证明对于一切充分大的 k, 都有 $\alpha_k \equiv 1$ 成立. 因为序列 $\|B_k\|$ 和 $\|B_k^{-1}\|$ 是有界的, 所以

$$\|d_k\| = \|B_k^{-1}g_k\| \leqslant \|B_k^{-1}\|\|g_k\| \to 0.$$

由 Taylor 展开, 有

$$
\begin{aligned}
f(x_k + d_k) - f_k - \delta g_k^{\mathrm{T}} d_k &= (1 - \sigma) g_k^{\mathrm{T}} d_k + \frac{1}{2} d_k^{\mathrm{T}} G(x_k + \theta_{1k} d_k) d_k \\
&= -(1 - \sigma) d_k^{\mathrm{T}} B_k d_k + \frac{1}{2} d_k^{\mathrm{T}} G(x_k + \theta_{1k} d_k) d_k \\
&= -\left(\frac{1}{2} - \sigma \right) d_k^{\mathrm{T}} B_k d_k - \frac{1}{2} d_k^{\mathrm{T}} (B_k - G(x_k + \theta_{1k} d_k)) d_k \\
&= -\left(\frac{1}{2} - \sigma \right) d_k^{\mathrm{T}} G(x^*) d_k + o(\|d_k\|^2),
\end{aligned}
$$

其中 $\theta_{1k} \in (0, 1)$, 且最后一个等式由 Dennis-More 条件 (3.1.56) 得到. 故对于一切充分大的 k, 有

$$
f(x_k + d_k) - f_k - \delta g_k^{\mathrm{T}} d_k \leqslant 0
$$

即对于一切充分大的 k, $\alpha_k = 1$ 满足 WWP 线搜索准则的第一个不等式 (3.1.20). 此外,

$$
\begin{aligned}
&g(x_k + d_k)^{\mathrm{T}} d_k - \sigma g_k^{\mathrm{T}} d_k \\
&= (g(x_k + d_k) - g_k)^{\mathrm{T}} d_k + (1 - \sigma) g_k^{\mathrm{T}} d_k \\
&= d_k^{\mathrm{T}} G(x_k + \theta_{2k} d_k) d_k - (1 - \sigma) d_k^{\mathrm{T}} B_k d_k \\
&= d_k^{\mathrm{T}} G(x_k + \theta_{2k} d_k) d_k - (1 - \sigma) d_k^{\mathrm{T}} G(x_k) d_k + o(\|d_k\|^2) \\
&= \sigma d_k^{\mathrm{T}} G(x_k) d_k + o(\|d_k\|^2),
\end{aligned}
$$

其中, $\theta_{2k} \in (0, 1)$. 于是有

$$
g(x_k + d_k)^{\mathrm{T}} d_k \geqslant \sigma g_k^{\mathrm{T}} d_k,
$$

这意味着对于一切充分大的 k, $\alpha_k = 1$ 满足 WWP 线搜索准则的第二个不等式 (3.1.21). 所以, 对于一切充分大的 k 都有 $\alpha_k = 1$ 成立. 据此可以推断 x_k 超线性收敛. □

在修正的拟牛顿方程的基础上, 给出了对应的迭代矩阵构造方法, 并证明该方法的一些良好性质. 随之得到三个 BFGS 型算法, 算法不仅具有全局收敛性质和超线性收敛性质, 也有良好的数值试验表现. 限于篇幅不再一一列出, 相关数值结果可参见作者文章.

3.2　一类非单调 BFGS 算法的超线性收敛分析

3.2.1　非单调 BFGS 算法

BFGS 方法经常依赖于 Wolf 型线搜索以及回溯型线搜索. 这两种类型的线搜索分别应用在凸函数和一致凸函数的优化问题上. 许多研究者对拟牛顿方法中的

线性搜索进行研究与推广, 也引入了非单调算法. 一些修正的 BFGS 方法对于一般无约束优化问题也能具有全局收敛性以及超线性收敛性, 其中 Han 和 Liu 在文献 [86] 采用以下非单调线搜索 (GLL 线搜索) 求步长 α_k.

GLL 线搜索: 选择步长 α_k 满足

$$f(x_{k+1}) \leqslant \max_{0 \leqslant j \leqslant M_0} f(x_{k-j}) + \varepsilon_1 \alpha_k g_k^{\mathrm{T}} d_k, \tag{3.2.1}$$

$$g(x_{k+1})^{\mathrm{T}} d_k \geqslant \max\{\varepsilon_2, 1 - (\alpha_k \|d_k\|^P)\} g_k^{\mathrm{T}} d_k, \quad p \in (-\infty, 1), \tag{3.2.2}$$

其中 $\varepsilon_1 \in (0, 1)$, $\varepsilon_2 \in \left(0, \dfrac{1}{2}\right)$, M_0 是一个非负整数. (3.2.2) 式保证了只要 B_k 正定就有 $s_k^{\mathrm{T}} y_k > 0$, 这也意味着 B_{k+1} 继承了 B_k 的正定性.

下面基于 BFGS 校正公式 (3.0.5), (3.2.1) 和 (3.2.2) 介绍非单调 BFGS 算法.

算法 3.2.1 (非单调 BFGS 算法)

步 1. 给定初始点 $x_0 \in R^n$, 及对称正定矩阵 B_0, 并令 $k := 1$.

步 2. 若在 x_k 的梯度 g_k 满足 $\|g_k\| = 0$, 则停止.

步 3. 解等式 (3.0.2) 得到搜索方向 d_k.

步 4. 由 (3.2.1) 和 (3.2.2) 式求步长 α_k.

步 5. 令 $x_{k+1} = x_k + \alpha_k d_k$, 由 (3.0.5) 式得到校正矩阵 B_{k+1}.

步 6. 令 $k := k + 1$, 转步 2.

Han 和 Liu[86] 对凸目标函数情形证明了非单调 BFGS 的算法 3.2.1 的全局收敛性, 且其具有比文献 [111] 更好的数值结果, 但其超线性收敛性仍待证. 本节的目的即是为了研究该非单调 BFGS 算法的超线性收敛性, 其中 $\varepsilon_1 \in \left(0, \dfrac{1}{2}\right)$.

3.2.2 算法的超线性收敛性

算法 3.2.1 的超线性收敛性需要用到以下假设:

假设 A

(i) 水平集 $L_0 = \{x | f(x) \leqslant f(x_0)\}$ 是有界的;

(ii) 目标函数 f 在 L_0 上是凸的;

(iii) $f \in C^2$.

假设 B   对 $x \in L_0$, 记 $G(x) = \nabla^2 f(x)$, 假设 $x_k \to x^*$, 其中 $g(x^*) = 0$, $G(x^*)$ 是正定矩阵, 且 $G(x)$ 在 x^* 上 Hölder 连续, 即存在一个常数 $v \in (0, 1)$ 和 $M_3 > 0$ 使得对于所有属于 x^* 邻域的 x, 有

$$\|G(x) - G(x^*)\| \leqslant M_3 \|x - x^*\|^v. \tag{3.2.3}$$

在假设 A 的基础上, 首先介绍以下引理:

引理 3.2.2(文献 [86] 中引理 2.5)　　假设

$$f(x_k) \leqslant f(x_{h(k)}) - \rho_k, \quad k = 0, 1, \cdots,$$

其中

$$\rho_k \geqslant 0, \quad f(x_{h(k)}) - \max_{0 \leqslant j \leqslant M_0} f(r_{k-j}), \quad k - M_0 \leqslant h(k) \leqslant k. \tag{3.2.4}$$

则有

$$\sum_{k=0}^{\infty} \min_{0 \leqslant j \leqslant M_0} \rho_k + M_{0-j} < +\infty.$$

引理 3.2.3　若假设 A 和 B 成立, 则存在正常数 M_1 及 m_1. 使得对于充分大的 k, 有以下不等式成立:

$$\frac{s_k^{\mathrm{T}} y_k}{\|s_k\|^2} \geqslant m_1, \quad \frac{\|y_k\|^2}{s_k^{\mathrm{T}} y_k} \leqslant M_1. \tag{3.2.5}$$

证明　假设 A 意味着存在一个正常数 M_1 满足

$$\frac{\|y_k\|^2}{s_k^{\mathrm{T}} y_k} \leqslant M_1, \quad k = 1, 2, \cdots. \tag{3.2.6}$$

现在只需证 (3.2.5) 的第一个不等式. 利用假设 A 和假设 B, 则有 x^* 的邻域 $U(x^*)$, 使得对于一切的 $x \in U(x^*)$, $G(x)$ 是一致正定的. 因此, 存在常数 $\lambda_3 \geqslant 0$, 使得对于一切的 $x \in U(x^*)$, 有

$$\|g(x)\| = \|g(x) - g(x^*)\| \geqslant \lambda_3 \|x - x^*\| \tag{3.2.7}$$

且

$$d^{\mathrm{T}} G(x) d \geqslant \lambda_3 \|d\|^2, \quad \forall d \in R^n. \tag{3.2.8}$$

根据文献 [86] 的定理 3.1, 可知对于一切充分大的 k, 有 $x_k, x_{k+1} \in U(x^*)$. 再根据中值定理和 (3.2.8) 式, 可得

$$s_k^{\mathrm{T}} y_k = s_k^{\mathrm{T}} G(\xi_0) s_k \geqslant \lambda_3 \|s_k\|^2, \tag{3.2.9}$$

其中 $\xi_0 = x_k + \varrho_0(x_{k+1} - x_k)$, $\varrho_0 \in (0, 1)$. 故有

$$\frac{s_k^{\mathrm{T}} y_k}{\|s_k\|^2} \geqslant \lambda_3.$$

令 $m_1 = \lambda_3$, 则可得到 (3.2.5) 的第一个不等式. 这样就完成了引理证明.　　□

令 ξ_k 表示 s_k 和 $B_k s_k$ 之间的夹角, 即

$$\cos \xi_k = \frac{s_k^{\mathrm{T}} B_k s_k}{\|s_k\| \|B_k s_k\|} = -\frac{g_k^{\mathrm{T}} s_k}{\|g_k\| \|s_k\|}. \tag{3.2.10}$$

下面的引理引用自文献 [28], 对证明算法超线性收敛有着重要的意义.

引理 3.2.4 若假设 A 和 B 成立, 设 B_k 由 BFGS 公式 (3.0.5) 校正, 且 B_0 是对称正定矩阵. 则有正整数 k_0 及正常数 β_1, β_2 和 β_3, 使得对任意的 $\varrho_1 \in (0,1)$ 和 $k \geqslant k_0$, 以下不等式对 $i \in [1, k]$ 至少有 $\lceil \varrho_1 k \rceil$ 个值成立:

$$\beta_1 \|d_i\|^2 \leqslant d_i^{\mathrm{T}} B_i d_i \leqslant \beta_2 \|d_i\|^2, \quad \beta_1 \|d_i\| \leqslant \|B_i d_i\| \leqslant \frac{\beta_2}{\beta_3} \|d_i\|, \tag{3.2.11}$$

$$\cos \xi_i \geqslant \beta_3. \tag{3.2.12}$$

证明 由引理 3.2.3 可知, 对于一切充分大的 $k \geqslant k_0$ 有 (3.2.5) 式成立. 根据文献 [28] 的定理 2.1, 条件 (3.2.5) 可推出在 $k_0 \leqslant i \leqslant k$ 的下标 i 中至少 $\lceil (k - k_0) \rceil$ 有 (3.2.11) 和 (3.2.12) 成立. 因为 k_0 为固定整数, B_i 正定, 若必要我们可用更小的 β_1, β_3 以及更大的 β_2, 以使 (3.2.11) 和 (3.2.12) 式对于一切的 $i < k_0$ 成立. 故有在 $i \in [1, k]$ 至少有 $\lceil \varrho_1 k \rceil$ 个值使得 (3.2.11) 和 (3.2.12) 式成立. □

根据以上引理及 (3.2.12) 式, 对于 $i = k$, 显然有

$$\cos \xi_k \geqslant \beta_3. \tag{3.2.13}$$

□

引理 3.2.5 若假设 A 成立, 且 $\{x_k\}$ 由算法 3.2.1 产生. 则存在一个常数 $a_1 > 0$, 使得

$$a_1 \|g_k\| \cos \xi_k \leqslant \|s_k\|. \tag{3.2.14}$$

证明 利用假设 A 和 (3.2.2) 式, 可得

$$y_k^{\mathrm{T}} s_k \geqslant c_0 (-g_k^{\mathrm{T}} s_k), \quad c_o \in (0,1). \tag{3.2.15}$$

由假设 A 可知存在一个正常数 M, 使得

$$\|G(x)\| \leqslant M, \quad x \in L_0. \tag{3.2.16}$$

由于 $\{x_k\}$ 是有界的, 根据假设 A 中的 (i), (3.2.6) 和 (3.2.16) 式, 可知存在 $M_2 > 0$, 使得对于一切的 k,

$$\|g(x_k)\| \leqslant M_2. \tag{3.2.17}$$

基于 (3.2.9), (3.2.15) 和 (3.2.16) 式, 有

$$M \|s_k\|^2 \geqslant \|G(\xi') s_k\| \|s_k\| = \|g_{k+1} - g_k\| \|s_k\| \geqslant y_k^{\mathrm{T}} s_k \geqslant c_0 \|g_k\| \|s_k\| \cos \xi_k,$$

其中 $\xi' = x_k + \theta_1 (x_{k+1} - x_k)$, $\theta_1 \in (0,1)$. 于是可得 (3.2.14). 证毕. □

引理 3.2.6　若假设 A 和 B 成立, 且 $\{x_k\}$ 由算法 3.2.1 产生. 则对于任意固定的 $v > 0$, 有

$$\sum_{k=0}^{\infty} \|x_k - x^*\|^v < \infty. \tag{3.2.18}$$

此外, 若记 $\tau_k = \max\{\|x_k - x^*\|^v, \|x_{k+1} - x^*\|^v\}$, 则

$$\sum_{k=1}^{\infty} \tau_k < \infty. \tag{3.2.19}$$

证明　由假设 A 和 B, 可知对于一切充分大的 k, 有

$$-g_k^{\mathrm{T}} s_k = \|g_k\| \|s_k\| \cos \xi_k \geqslant a_1 \|g_k\|^2 \cos^2 \xi_k$$
$$\geqslant a_1 \lambda_3^2 \|x_k - x^*\|^2 \cos^2 \xi_k \geqslant a_1 \beta_3^2 \lambda_3^2 \|x_k - x^*\|^2. \tag{3.2.20}$$

再根据 GLL 线性搜索 (3.2.1) 和引理 3.2.2, 可得

$$\sum_{k=0}^{\infty} \min_{0 \leqslant j \leqslant M_0} (-\varepsilon_1 g_{k+M_0-j}^{\mathrm{T}} s_{k+M_0-j}) < +\infty,$$

结合 (3.2.20), 可得 (3.2.18) 式成立. 注意到 $\tau_k \leqslant \|x_k - x^*\|^v + \|x_{k+1} - x^*\|^v$, 则 (3.2.19) 式也成立. 证毕.　　　　　　　　　　　　　　　　　□

引理 3.2.7　若假设 A 和 B 成立, 且 $\{x_k\}$ 由算法 3.2.1 产生. 令 $Q = G(X^*)^{-1/2}$, $H_K = B_K^{-1}$. 则有正常数 $b_i, i = 1, \cdots, 4$, $\eta \in (0, 1)$ 使得对于一切充分大的 k, 有

$$\|B_{k+1} - G(x^*)\|_{Q,F} \leqslant (1 + b_1 \tau_k) \|B_k - G(x^*)\|_{Q,F} + b_2 \tau_k, \tag{3.2.21}$$

$$\|H_{k+1} - G(x^*)^{-1}\|_{Q^{-1},F} \leqslant \left(\sqrt{1 - p\varpi_k^2} + b_3 \tau_k \right) \|H_k - G(x^*)^{-1}\|_{Q^{-1},F} + b_4 \tau_k, \tag{3.2.22}$$

其中 $\|A\|_{Q,F} = \|Q^{\mathrm{T}} A Q\|_F$, $\|\cdot\|_F$ 是 Frobenius 矩阵范数, ϖ_k 的定义如下:

$$\varpi_k = \frac{\|Q^{-1}(H_k - G(X^*)^{-1}) y_k\|}{\|H_k - G(x^*)^{-1}\|_{Q^{-1},F} \|Q y_k\|}. \tag{3.2.23}$$

并且 $\{\|B_k\|\}_F$ 和 $\{\|H_k\|\}_F$ 有界.

证明　由 (3.0.2), 有

$$\|B_{k+1} - G(x^*)\|_{Q,F} = \left\| B_k - G(x^*) + \frac{B_k s_k s_k^{\mathrm{T}} B_k}{s_k^{\mathrm{T}} B_k s_k} + \frac{y_k^*(y_k^*)^{\mathrm{T}}}{s_k^{\mathrm{T}} y_k^*} \right\|_{Q,F}$$

$$\leqslant (1 + b_1 \tau_k) \|B_k - G(x^*)\|_{Q,F} + b_2 \tau_k,$$

其中最后一个不等式根据文献 [79] 的 (49) 式得. 因此, (3.2.21) 式成立.

现证 (3.2.22) 式. 易知, (3.0.2) 式的逆校正公式如下:

$$
\begin{aligned}
H_{k+1} &= H_k + \frac{(s_k - H_k y_k)s_k^{\mathrm{T}} + s_k(s_k - H_k y_k)^{\mathrm{T}}}{y_k^{\mathrm{T}} s_k} - \frac{y_k^{\mathrm{T}}(s_k - H_k y_k)s_k s_k^{\mathrm{T}}}{(y_k^{\mathrm{T}} s_k)^2} \\
&= \left(I - \frac{s_k y_k^{\mathrm{T}}}{y_k^{\mathrm{T}} s_k} \right) H_k \left(I - \frac{y_k s_k^{\mathrm{T}}}{y_k^{\mathrm{T}} s_k} \right) + \frac{s_k s_k^{\mathrm{T}}}{y_k^{\mathrm{T}} s_k}.
\end{aligned}
$$

其中 $H_k \to B_k$, $H_{k+1} \to B_{k+1}$ 和 $s_k \to y_k$ 可视为 DFP 方法的对偶形式. 则有

$$
\begin{aligned}
\|Qy_k - Q^{-1}s_k\| &\leqslant \|Q\| \|y_k - Q^{-2}s_k\| \\
&= \|Q\| \|y_k - G(x^*)s_k\| \\
&= \|Q\| \left[\left\| \int_0^1 G(x_k + \varphi s_k)s_k \mathrm{d}\varphi - G(x^*)s_k \right\| \right] \\
&\leqslant \|Q\| \cdot \|s_k\| \left[\int_0^1 \|G(x_k + \varphi s_k) - G(x^*)\| \mathrm{d}\varphi \right] \\
&\leqslant \|Q\| \cdot \|s_k\| \left[M_3 \int_0^1 (\|x_k + \varphi s_k\|^v) \mathrm{d}\varphi \right] \\
&\leqslant \|Q\| \cdot \|s_k\| \left[M_3 \int_0^1 (\varphi \|x_{k+1} - x^*\| + (1 - \varphi)\|x_k - x^*\|)^v \mathrm{d}\varphi \right] \\
&\leqslant \|Q\| \cdot \|s_k\| M_3 \tau_k.
\end{aligned}
\tag{3.2.24}
$$

又因为 $\tau_k \to 0$, 则显然当 k 充分大时, 对于常数 $\beta \in \left(0, \dfrac{1}{3}\right)$, 有

$$
\|Qy_k - Q^{-1}s_k\| \leqslant \beta \|Qs_k\|.
$$

因此, 根据文献 [24] 的引理 3.1, 存在常数 $\eta \in (0, 1)$ 和 $b_5, b_6 > 0$, 使得

$$
\begin{aligned}
\|H_{k+1} - G(x^*)^{-1}\|_{Q^{-1}, F} &\leqslant \left(\sqrt{1 - \eta \varpi_k^2} + b_5 \frac{\|Q^{-1}s_k - Qy_k\|}{\|Qy_k\|} \right) \|H_k - G(x^*)^{-1}\|_{Q^{-1}, F} \\
&\quad + b_6 \frac{\|s_k - G(x^*)^{-1}y_k\|}{\|Qy_k\|},
\end{aligned}
$$

其中 ϖ_k 由 (3.2.23) 式所定义. 因此, 存在一个常数 b_7 使得对于一切充分大的 k, 都有

$$
\begin{aligned}
\|Qy_k\| &= \|Q(g(x_{k+1}) - g(x_k))\| \\
&\geqslant \|Q(g(x_{k+1}) - g(x_k))\| \| \\
&\geqslant b_7 \|x_{k+1} - x_k\| \\
&= b_7 \|s_k\|.
\end{aligned}
$$

由上述不等式可知, 当 k 充分大时, 有一个常数 c 使得

$$\|Qy_k\| \geqslant c\|s_k\|.$$

故有

$$\frac{\|Qy_k - Q^{-1}s_k\|}{\|Qy_k\|} \leqslant c^{-1}\|Q\|M_2\tau_k \tag{3.2.25}$$

和

$$
\begin{aligned}
\frac{\|s_k - G(x^*)^{-1}y_k\|}{\|Qy_k\|} &= \frac{\|s_k - Q^2 y_k\|}{\|Qy_k\|} \\
&= \frac{\|Q(Qy_k - Q^{-1}s_k)\|}{\|Qy_k\|} \\
&\leqslant \frac{\|Q\|\|Qy_k - Q^{-1}s_k\|}{c\|s_k\|} \\
&\leqslant c^{-1}\|Q\|^2 M_3\tau_k.
\end{aligned}
$$

再结合 (3.2.24) 和 (3.2.25) 式, 可得 (3.2.22).

最后, 由 $\sum\limits_{k=1}^{\infty} \tau_k < +\infty$, (3.2.21) 和 (3.2.22) 式, 可以推导出 $\|B_k - G(x^*)\|_{Q,F}$ 和 $\|H_k - G(x^*)^{-1}\|_{Q^{-1},F}$ 是收敛的. 特别地, $\{\|B_k\|\}_F$ 和 $\{\|H_k\|\}_F$ 是有界的. □

引理 3.2.8 设算法 3.2.1 产生 $\{x_k\}$. 则有以下 Dennis-More 条件

$$\lim_{k \to \infty} \frac{\|(B_k - G(x^*))s_k\|}{\|s_k\|} = 0 \tag{3.2.26}$$

成立.

证明 利用 $\tau_k \to 0$, $\|H_k\|$ 有界, 及下列不等式:

$$\sqrt{1-t} \leqslant 1 - \frac{1}{2}t, \quad \forall t \in (0,1),$$

可以推断存在正常数 M_5 使得对于一切充分大的 k, 有

$$
\begin{aligned}
&\|H_{k+1} - G(x^*)^{-1}\|_{Q^{-1},F} \\
&\leqslant \left(1 - \frac{1}{2}\eta\varpi_k^2\right)\|H_k - G(x^*)^{-1}\|_{Q^{-1},F} + M_5\tau_k,
\end{aligned}
$$

即

$$
\begin{aligned}
&\frac{1}{2}\eta\varpi_k^2\|H_k - G(x^*)^{-1}\|_{Q^{-1},F} \\
&\leqslant \|H_k - G(x^*)^{-1}\|_{Q^{-1},F} - \|H_{k+1} - G(x^*)^{-1}\|_{Q^{-1},F} + M_5\tau_k.
\end{aligned}
$$

对以上不等式对 k 求和, 可得

$$\frac{1}{2}\eta \sum_{k=k_0}^{\infty} \varpi_k^2 \|H_{k+1} - G(x^*)^{-1}\|_{Q^{-1},F} < +\infty,$$

其中, k_0 是一个充分大的指标, 使得 (3.2.22) 式对于一切的 $k \geqslant k_0$ 成立. 特别地,
有

$$\lim_{k \to \infty} \varpi_k^2 \|H_{k+1} - G(x^*)^{-1}\|_{Q^{-1},F} = 0,$$

即

$$\lim_{k \to \infty} \frac{\|Q^{-1}(H_k - G(x^*)^{-1})y_k\|}{\|Qy_k\|} = 0. \tag{3.2.27}$$

因此, 可得

$$\|Q^{-1}(H_k - G(x^*)^{-1})y_k\|$$
$$= \|Q^{-1}H_k(G(x^*) - B_k)G(x^*)^{-1}y_k\|$$
$$\geqslant \|Q^{-1}H_k(G(x^*) - B_k)s_k\| - \|Q^{-1}H_k(G(x^*) - B_k)(s_k - G(x^*)^{-1}y_k)\|$$
$$\geqslant \|Q^{-1}H_k(G(x^*) - B_k)s_k\| - \|Q^{-1}H_k(G(x^*) - B_k)(s_k - G(x^*)^{-1}y_k)\|$$
$$\quad - \|A_k(2)\|\|Q^{-1}H_k(G(x^*) - B_k)G(x^*)^{-1}s_k\|.$$

由于 $\{\|B_k\|\}$ 和 $\{\|H_k\|\}$ 是有界的, 且 $G(x)$ 连续, 则有

$$\|Q^{-1}H_k(G(x^*) - B_k)(s_k - G(x^*)^{-1}y_k)\|$$
$$= \|Q^{-1}H_k(G(x^*) - B_k)G(x^*)^{-1}(G(x^*)s_k - y_k)\|$$
$$= \|Q^{-1}H_k(G(x^*) - B_k)G(x^*)^{-1}[(G(x^*) - G(x_k))s_k + (G(x_k)s_k - y_k)]\|$$
$$\leqslant \|Q^{-1}H_k(G(x^*) - B_k)G(x^*)^{-1}\|\|G(x^*) - G(x_k)\|\|s_k\| + \|G(x_k)s_k - y_k\|$$
$$= o(\|s_k\|).$$

所以存在一个正常数 $\kappa > 0$, 使得

$$\|Q^{-1}(H_k - G(x^*)^{-1})y_k\| \geqslant \kappa\|G(x^* - B_k)s_k\| - o(\|s_k\|). \tag{3.2.28}$$

另外, 由 (3.2.9) 式可知

$$\|Qy_k\| \leqslant \|Q\|\|y_k\| \leqslant M\|Q\|\|s_k\|.$$

由上述不等式 (3.2.28) 和 (3.2.27) 可得 Dennis-More 条件 (3.2.26) 成立. 证毕. □

定理 3.2.9 若假设 A 和 B 成立, 且 $\{x_k\}$ 由算法 3.2.1 产生. 则 x_k 超线性收
敛于 x^*.

证明　容易验证, 对于一切充分大的 k, 都有 $\alpha_k \equiv 1$ 成立. 因为序列 B_k 和 B_k^{-1} 是有界的, 所以

$$\|d_k\| = \|B_k^{-1} g_k\| \leqslant \|B_k^{-1}\| \|g_k\| \to 0.$$

根据 Taylor 展式和 (3.2.4) 式, 可得

$$
\begin{aligned}
& f(x_k + d_k) - f(x_k) - \varepsilon_1 g_k^{\mathrm{T}} d_k + f(x_k) - f(x_{h(k)}) \\
\leqslant\ & f(x_k + d_k) - f(x_k) - \varepsilon_1 g_k^{\mathrm{T}} d_k \\
=\ & (1 - \varepsilon_1) g_k^{\mathrm{T}} d_k + \frac{1}{2} d_k^{\mathrm{T}} G(\xi_5) d_k + o(\|d_k\|^2) \\
=\ & -(1 - \varepsilon_1) d_k^{\mathrm{T}} B_k d_k + \frac{1}{2} d_k^{\mathrm{T}} G(\xi_5) d_k + o(\|d_k\|^2) \\
=\ & -(\frac{1}{2} - \varepsilon_1) d_k^{\mathrm{T}} G(x^*) d_k + o(\|d_k\|^2),
\end{aligned}
$$

其中 $\xi_5 = x_k + \epsilon_3 (x_{k+1} - x_k)$, $\epsilon_3 \in (0,1)$, $\varepsilon_1 \in \left(0, \dfrac{1}{2}\right)$, 且最后一个等式是由 Dennis-More 条件 (3.2.26) 所得. 故对于一切充分大的 k, 有

$$f(x_k + d_k) - \max_{0 \leqslant j \leqslant M_0} f(x_{k-j}) - \varepsilon_1 g_k^{\mathrm{T}} d_k \leqslant 0$$

成立. 换句话说, 对于一切充分大的 k, $\alpha_k \equiv 1$ 满足 GLL 的第一个不等式 (3.2.1). 对于 (3.2.2) 式, 令 $\delta_3 = \max\{\varepsilon_2, 1 - \|d_k\|^p\}$, 则 $\delta_3 \in (0,1)$. 此外,

$$
\begin{aligned}
g(x_k + d_k)^{\mathrm{T}} d_k - \delta_3 g_k^{\mathrm{T}} d_k &= (g(x_k + d_k) - g_k)^{\mathrm{T}} d_k + (1 - \delta_3) g_k^{\mathrm{T}} d_k \\
&= d_k^{\mathrm{T}} G(x_k + \theta_k d_k) d_k - (1 - \delta_3) d_k^{\mathrm{T}} B_k d_k \\
&= d_k^{\mathrm{T}} G(x^*) d_k - (1 - \delta_3) d_k^{\mathrm{T}} G(x_k) d_k + o(\|d_k\|^2) \\
&= \delta_3 d_k^{\mathrm{T}} G(x^*) d_k + o(\|d_k\|^2),
\end{aligned}
$$

其中, $\theta_k \in (0,1)$. 于是有

$$g(x_k + d_k)^{\mathrm{T}} d_k \geqslant \delta_3 g_k^{\mathrm{T}} d_k, \tag{3.2.29}$$

这意味着对于一切充分大的 k, $\alpha_k \equiv 1$ 满足 GLL 的第二个不等式 (3.2.2). 实际上, 若 $\varepsilon_2 \in (0,1)$, 我们也可得到 (3.2.29) 式. 所以, 对于一切充分大的 k 都有 $\alpha_k \equiv 1$ 成立. 因此, 可以推断由算法 3.2.1 产生的序列 $\{x_k\}$ 超线性收敛.　□

3.3　一个新的非单调 MBFGS 算法

现在基于 (3.1.2)、(3.2.1) 和 (3.2.2) 介绍以下非单调 MBFGS 算法.

算法 3.3.1(非单调 MBFGS 算法)

步 1. 给定初始点 $x_0 \in R^n$, 及对称正定矩阵 B_0, 并令 $k := 0$.

步 2. 若在 x_k 上的梯度 $g_k = g(x_k)$ 满足 $\|g_k\| = 0$, 则停止.

步 3. 解等式 (3.0.2) 得到搜索方向 d_k.

步 4. 由 (3.2.1) 和 (3.2.2) 式求步长 α_k.

步 5. 并令 $x_{k+1} = x_k + \alpha_k d_k$, 由 (3.1.2) 式得到校正矩阵 B_{k+1}.

步 6. 令 $k := k + 1$, 转步 2.

3.3.1 全局收敛性

同样在下面假设下讨论算法的收敛性质:

假设 A   (i) 水平集 $\Omega = \{x | f(x) \leqslant f(x_0)\}$ 包含在有界凸集 D 里.

(ii) 函数 f 是定义在 D 上的连续可微函数, 并存在一个常数 $L > 0$ 使得

$$\|g(x) - g(y)\| \leqslant L\|x - y\|, \quad x, y \in D.$$

(iii) 假设函数 f 是一致凸的, 即存在正常数 λ_1 和 λ_2 使得

$$\lambda_1\|z\|^2 \leqslant z^{\mathrm{T}}G(x)z \leqslant \lambda_2\|z\|^2, \quad \forall x, z \in R^n,$$

其中 G 表示 f 的 Hesse 阵.

显然由上述假设, 存在 $M > 0$, 使得

$$\|G(x)\| \leqslant M. \tag{3.3.1}$$

引理 3.3.2   若假设 A 成立, 则存在常数 $M_1 > 0$, 使得

$$\frac{\|y_k^*\|^2}{s_k^{\mathrm{T}}y_k^*} \leqslant M_1. \tag{3.3.2}$$

因此, 对任意的 $p \in (0, 1)$ 存在正常数 β_1, β_2 和 β_3 使得对任意的 $k \geqslant 1$, 不等式

$$\beta_2 \leqslant \frac{\|B_j s_j\|}{\|s_j\|} \leqslant \frac{\beta_3}{\beta_1} \equiv \beta, \tag{3.3.3}$$

对 $j \in [1, k]$ 中的至少 $[pk]$ 个值成立.

证明   由 y_k^* 的定义以及 Taylor 公式有

$$\begin{aligned}
s_k^{\mathrm{T}}y_k^* &= s_k^{\mathrm{T}}\left(y_k + \frac{2[f(x_k - f(x_{k+1}))] + (g_{k+1} + g_k)^{\mathrm{T}}s_k}{\|s_k\|^2}s_k\right) \\
&= s_k^{\mathrm{T}}y_k + 2[f(x_k - f(x_{k+1}))] + (g_{k+1} + g_k)^{\mathrm{T}}s_k \\
&= 2[f(x_k - f(x_{k+1}))] + 2g_{k+1}^{\mathrm{T}}s_k \\
&= 2\left[-g_{k+1}^{\mathrm{T}}s_k + \frac{1}{2}s_k^{\mathrm{T}}G(x_{k+1}) + \theta(x_{k+1} - x_k)s_k\right] + 2g_{k+1}^{\mathrm{T}}s_k \\
&= s_k^{\mathrm{T}}G(x_{k+1} + \theta(x_{k+1} - x_k))s_k,
\end{aligned}$$

其中 $\theta \in (0,1)$. 由假设 A(iii), 有

$$\lambda_1\|s_k\|^2 \leqslant s_k^{\mathrm{T}} G(x_{k+1} + \theta(x_{k+1} - x_k))s_k \leqslant \lambda_2\|s_k\|^2.$$

因此,

$$\lambda_1\|s_k\|^2 \leqslant s_k^{\mathrm{T}} y_k^* \leqslant \lambda_2\|s_k\|^2, \tag{3.3.4}$$

故有

$$\frac{s_k^{\mathrm{T}} y_k^*}{\|s_k\|^2} \geqslant \lambda_1, \quad \frac{s_k^{\mathrm{T}} y_k^*}{\|s_k\|^2} \leqslant \lambda_2. \tag{3.3.5}$$

由 y_k^* 的定义, 有

$$y_k^* = \left\| y_k + \frac{2[f(x_k - f(x_{k+1}))] + (g_{k+1} + g_k)^{\mathrm{T}} s_k}{\|s_k\|^2} s_k \right\|$$

$$\leqslant \|y_k\| + \frac{|2[f(x_k - f(x_{k+1}))] + (g_{k+1} + g_k)^{\mathrm{T}} s_k|}{\|s_k\|}$$

$$= \|y_k\| + \frac{|-2g_k^{\mathrm{T}} s_k - s_k^{\mathrm{T}} G(x_k + \theta(x_{k+1} - x_k))s_k + (g_{k+1} + g_k)^{\mathrm{T}} s_k|}{\|s_k\|}$$

$$\leqslant 2\|y_k\| + \frac{|s_k^{\mathrm{T}} G(x_k + \theta(x_{k+1} - x_k))s_k|}{\|s_k\|}.$$

利用假设 A(ii) 和假设 A(iii) 右边的式子, 可得

$$2\|y_k\| + \frac{|s_k^{\mathrm{T}} G(x_k + \theta(x_{k+1} - x_k))s_k|}{\|s_k\|} \leqslant 2L\|s_k\| + \lambda_2\|s_k\| = (2L + \lambda_2)\|s_k\|.$$

因此,

$$\|y_k^*\| \leqslant (2L + \lambda_2)\|s_k\|, \tag{3.3.6}$$

故有

$$\frac{(2L + \lambda_2)^2 s_k^{\mathrm{T}} y_k^*}{\|y_k^*\|^2} \geqslant \frac{s_k^{\mathrm{T}} y_k^*}{\|s_k\|^2}. \tag{3.3.7}$$

再根据 (3.3.5) 和 (3.3.7) 式得

$$\frac{\|y_k^*\|^2}{s_k^{\mathrm{T}} y_k^*} \leqslant M_1,$$

其中 $M_1 = (2L + \lambda_2)^2/\lambda_1$. 由 [137] 的定理 2.1, 便得到 (3.3.3) 式. □

记 $K = \{k | k$ 为满足 (3.3.3) 式的下标$\}$.

引理 3.3.3 若 B_k 根据 (3.1.2) 式进行更新, 则

$$\mathrm{Det}(B_{k+1}) = \mathrm{Det}(B_k) \frac{(y_k^*)^{\mathrm{T}} s_k}{s_k^{\mathrm{T}} B_k s_k},$$

其中 $\mathrm{Det}(B_k)$ 表示 B_k 的行列式.

证明   对 (3.1.2) 式两边取行列式, 可得

$$
\operatorname{Det}(B_{k+1}) = \operatorname{Det}\left(B_k\left(I - \frac{s_k s_k^{\mathrm{T}} B_k}{s_k^{\mathrm{T}} B_k s_k} + \frac{B_k^{-1} y_k^*(y_k^*)^{\mathrm{T}}}{s_k^{\mathrm{T}} y_k^*} \right) \right)
$$

$$
= \operatorname{Det}(B_k)\operatorname{Det}\left(I - \frac{s_k s_k^{\mathrm{T}} B_k}{s_k^{\mathrm{T}} B_k s_k} + \frac{B_k^{-1} y_k^*(y_k^*)^{\mathrm{T}}}{s_k^{\mathrm{T}} y_k^*} \right))
$$

$$
= \operatorname{Det}(B_k)\left(\left(1 - s_k^{\mathrm{T}}\frac{B_k s_k}{s_k^{\mathrm{T}} B_k s_k} \right) + \left(1 + (B_k^{-1} y_k^*)^{\mathrm{T}} \right)\frac{y_k^*}{(y_k^*)^{\mathrm{T}} s_k} \right)
$$

$$
- \left(-s_k^{\mathrm{T}}\frac{B_k^{-1} y_k^*}{(y_k^*)^{\mathrm{T}} s_k} \right)\left(\frac{(B_k s_k)^{\mathrm{T}}}{s_k^{\mathrm{T}} B_k s_k} B_k^{-1} y_k^* \right)
$$

$$
= \operatorname{Det}(B_k)\frac{(y_k^*)^{\mathrm{T}} s_k}{s_k^{\mathrm{T}} B_k s_k},
$$

其中第三个等式由 [181] 的引理 7.6 得到. 这样结论得证.   □

由文献 [86], 可以得到如下引理 3.3.4-3.3.7:

引理 3.3.4   若假设 A 成立, 则存在正常数 ε_0 使得

$$
\|\alpha_k\| \geqslant \varepsilon_0 \min\{\gamma_k, (\gamma_k)^{1/(1-p)}\},
$$

其中 $\gamma_k = -g_k^{\mathrm{T}} d_k/\|d_k\|$.

引理 3.3.5   对于

$$
f(x_{h(k)}) = \max_{0 \leqslant j \leqslant M} f(x_{k-j}), \quad k - M_0 \leqslant h(k) \leqslant k,
$$

如果 $f(x_{k+1}) \leqslant f(x_{h(k)}), k = 0, 1, \cdots$, 则序列 $\{f(x_{h(x)})\}$ 是单调下降的, 且对所有的 $k \geqslant 0$ 有 $x_k \in \Omega = \{x | f(x) \leqslant f(x_0)\}$.

引理 3.3.6   假设

$$
f(x_{k+1}) \leqslant f(x_{h(k)}) - \rho_k, \quad k = 0, 1, \cdots,
$$

其中 $\rho_k \geqslant 0$. 则有

$$
\sum_{k=0}^{\infty} \min_{0 \leqslant j \leqslant M_0} \rho_{k+M_0-j} < +\infty.
$$

引理 3.3.7   若非负序列 $\{m_k(k = 0, 1, \cdots)\}$ 满足

$$
\prod_{j=0}^{k} m_j \geqslant c_1^k, \quad c_1 > 0, \quad k = 1, 2, \cdots.
$$

则

$$
\limsup_{k \to \infty} m_k > 0.
$$

引理 3.3.8　若假设 A 成立. 设 x_0 是任一初始点, B_0 是任意对称正定矩阵, 且序列 $\{x_k\}$ 由 MBFGS 算法生成, 步长 α_k 是由 GLL 线搜索 (3.2.1) 和 (3.2.2) 式决定. 那么若

$$\liminf_{k\to\infty} \|g_k\| > 0,$$

则存在一个常数 $\varepsilon' > 0$ 使得

$$\prod_{j=1}^{k} \gamma_j \geqslant (\varepsilon')^k, \quad \forall k \geqslant 1.$$

证明　假设 $\lim_{k\to\infty} \inf \|g_k\| > 0$, 即存在 $c_2 > 0$ 使得

$$\|g_k\| \geqslant c_2, \quad k = 0, 1, \cdots. \tag{3.3.8}$$

再由 B_k 更新公式 (3.1.2) 进行更新和引理 3.3.2, 有

$$\begin{aligned}
\operatorname{Tr}(B_{k+1}) &= \operatorname{Tr}(B_k) - \frac{\|B_k s_k\|^2}{s_k^{\mathrm{T}} B_k s_k} + \frac{\|y_k^*\|^2}{(y_k^*)^{\mathrm{T}} s_k} \\
&\leqslant \operatorname{Tr}(B_k) - \frac{\|g_k\|^2}{g_k^{\mathrm{T}} H_k g_k} + M_1 \\
&\leqslant \cdots \leqslant \operatorname{Tr}(B_1) - \sum_{j=1}^{k} \frac{c_2^2}{g_j^{\mathrm{T}} H_j g_j} + k M_1,
\end{aligned}$$

其中 $\operatorname{Tr}(B_k)$ 表示矩阵 B_k 的迹. 故有

$$\operatorname{Tr}(B_{k+1}) \leqslant \operatorname{Tr}(B_1) + k M_1 \tag{3.3.9}$$

和

$$\sum_{j=1}^{k} \frac{c_2^2}{g_j^{\mathrm{T}} H_j g_j} \leqslant \frac{\operatorname{Tr}(B_1) + k M_1}{c_2^2}. \tag{3.3.10}$$

由几何平均不等式有

$$\prod_{j=1}^{k} g_j^{\mathrm{T}} H_j g_j \geqslant \left[\frac{k c_2^2}{\operatorname{Tr}(B_1) + k M_1} \right]^k. \tag{3.3.11}$$

GLL 线搜索准则 (3.2.2) 式和引理 3.3.3 也意味着

$$\begin{aligned}
\operatorname{Det}(B_{k+1}) &\geqslant \operatorname{Det}(B_k) \frac{\min\{1 - \varepsilon_2, \|s_k\|^p\}}{\alpha_k} \\
&\geqslant \cdots \geqslant \operatorname{Det}(B_1) \prod_{j=1}^{k} \frac{\min\{1 - \varepsilon_2, \|s_j\|^p\}}{\alpha_j},
\end{aligned}$$

$$\prod_{j=1}^{k} \max\left\{\frac{\alpha_j}{1-\varepsilon_2}, \frac{\alpha_j}{\|s_j\|^p}\right\} \geqslant \frac{\mathrm{Det}(B_1)}{\mathrm{Det}(B_{k+1})}. \tag{3.3.12}$$

再次利用几何平均不等式有

$$\mathrm{Det}(B_{k+1}) \leqslant \left[\frac{\mathrm{Tr}(B_{k+1})}{n}\right]^n. \tag{3.3.13}$$

由 (3.3.9) 和 (3.3.12) 可知

$$\prod_{j=1}^{k} \max\left\{\frac{\alpha_j}{1-\varepsilon_2}, \frac{\alpha_j}{\|s_j\|^p}\right\} \geqslant \frac{\mathrm{Det}(B_1)n^n}{[\mathrm{Tr}(B_1)+kM_1]^n}$$

$$\geqslant \frac{\mathrm{Det}(B_1)n^n}{k^n[\mathrm{Tr}(B_1)+M_1]^n}$$

$$\geqslant \left(\frac{1}{\exp(n)}\right)^k \min\left\{\frac{\mathrm{Det}(B_1)n^n}{[\mathrm{Tr}(B_1)+M_1]^n}, 1\right\}$$

$$\geqslant c_3^k,$$

其中 $c_3 \leqslant (1/\exp(n))\min\left\{\dfrac{\mathrm{Det}(B_1)n^n}{[\mathrm{Tr}(B_1)+M_1]^n}, 1\right\}$. 记 $\cos\theta_j = \dfrac{-g_j^{\mathrm{T}} d_j}{\|g_j\|\|d_j\|}$. 将 (3.3.11) 与上述不等式相乘, 则对于所有 $k \geqslant 1$, 有

$$\prod_{j=1}^{k} \max\left\{\frac{\|s_j\|\|g_j\|\cos\theta_j}{1-\varepsilon_2}, \frac{\|g_j\|\cos\theta_j}{\|s_j\|^{p-1}}\right\} \geqslant c_3^k\left[\frac{kc_2^2}{\mathrm{Tr}(B_1)+kM_1}\right]^k \geqslant \left[\frac{c_3 c_2^2}{\mathrm{Tr}(B_1)+M_1}\right]^k.$$

因为

$$\prod_{j=1}^{k} \max\left\{\frac{\|s_j\|\|g_j\|\cos\theta_j}{1-\varepsilon_2}, \frac{\|g_j\|\cos\theta_j}{\|s_j\|^{p-1}}\right\}$$

$$\leqslant \left(\frac{1}{1-\varepsilon_2}\right)^k \prod_{j=1}^{k} \max\{\|s_j\|, \|s_j\|^{1-p}\}\|g_j\|\cos\theta_j,$$

故

$$\prod_{j=1}^{k} \max\{\|s_j\|, \|s_j\|^{1-p}\}\|g_j\|\cos\theta_j \geqslant \left[\frac{(1-\varepsilon_2)c_3 c_2^2}{\mathrm{Tr}(B_1)+kM_1}\right]^k. \tag{3.3.14}$$

由引理 3.3.5 和假设 A, 可知存在 $L' > 0$ 使得

$$\|s_k\| = \|x_{k+1} - x_k\| \leqslant \|x_{k+1}\| + \|x_k\| \leqslant 2L',$$

将其代入 (3.3.14) 式, 且记 $\|g_j\|\cos\theta_j = \gamma_j$, 则对于任意的 $k \geqslant 1$ 有

$$\prod_{j=1}^{k} \geqslant \left[\frac{(1-\varepsilon_2)c_3 c_2^2}{(\mathrm{Tr}(B_1)+M_1)\max\{2L', 1, (2L')^{1-p}\}}\right]^k = (\varepsilon')^k.$$

结论得证. □

引理 3.3.9 若假设 A 成立. 设 x_0 是任一初始点, B_0 是任意对称正定矩阵, 且序列 $\{x_k\}$ 由 MBFGS 算法生成, 步长 α_k 是由 GLL 线搜索 (3.2.1) 和 (3.2.2) 式决定, 则

$$\liminf_{k\to\infty} \|g_k\| = 0.$$

证明 根据 (3.2.1) 式和引理 3.3.4, 有

$$f(x_{k+1}) \leqslant f(x_{h(k)}) - \varepsilon_1 \|s_k\| \gamma_k$$
$$\leqslant f(x_{h(k)}) - \varepsilon_1 \varepsilon_0 \min\{(\gamma_k)^2, (\gamma_k)^{(2-p)/(1-p)}\}.$$

令 $\rho_k = \varepsilon_1 \varepsilon_0 \min\{(\gamma_k)^2, (\gamma_k)^{(2-p)/(1-p)}\}$. 由引理 3.3.6 有

$$\sum_{k=1}^{\infty} \min_{0\leqslant j\leqslant M_0} \min\{(\gamma_{k+M_0-j})^2, (\gamma_{k+M_0-j})^{(2-p)/(1-p)}\} < +\infty,$$

$$\sum_{q=1}^{\infty} \min_{0\leqslant j\leqslant M_0} \min\{(\gamma_{(M_0+1)q+M_0-j})^2, (\gamma_{(M_0+1)+M_0-j})^{(2-p)/(1-p)}\} < +\infty.$$

将序列表示为

$$\min\{(\gamma_{p(q)})^2, (\gamma_{p(q)})^{(2-p)/(1-p)}\} = \min_{0\leqslant j\leqslant M-0} \min\{T_{1j(q)}, T_{2j(q)}\},$$
$$T_{1j(q)} = (\gamma_{(M_0+1)+M_0-j})^2,$$
$$T_{2j(q)} = (\gamma_{(M_0+1)+M_0-j})^{(2-p)/(1-p)},$$
$$q(M_0+1) \leqslant p(q) \leqslant (q+1)M_0 + q.$$

则

$$p(1) \leqslant p(2) \leqslant \cdots \leqslant p(q-1) \leqslant p(q) \leqslant \cdots,$$
$$\lim_{q\to\infty} \min\{(\gamma_{p(q)})^2, (\gamma_{p(q)})^{(2-p)/(1-p)}\} = 0,$$
$$\lim_{q\to\infty} \gamma_{p(q)} = 0, \tag{3.3.15}$$

即 $\lim_{k\in K} \gamma_k = 0, K \subset N$. 因为 $x_k \in L_0, L_0$ 是有界集, 假设存在 $c_4 > 0$ 使得 $\|g_k\| \leqslant c_4$, 那么

$$\gamma_k = \frac{-g_k^{\mathrm{T}} d_k}{d_k} \leqslant \|g_k\| \leqslant c_4. \tag{3.3.16}$$

下面用反证法证明结论. 假设 $\liminf_k \|g_k\| > 0$, 即存在一个正常数 c_2 使得

$$\|g_k\| \geqslant c_2, \quad k = 0, 1, \cdots.$$

由引理 3.3.9 可知存在 $\varepsilon' > 0$ 使得

$$\prod_{j=1}^{k} \gamma_j \geqslant (\varepsilon')^k.$$

从上式和 (3.3.16) 可知, 对于任意的 $k \geqslant 1$,

$$(\varepsilon')^{(k+1)M_0+k} \leqslant \prod_{j=1}^{(k+1)M_0+k} \gamma_j$$

$$= \frac{1}{\gamma_0} \prod_{q=0}^{k} \prod_{j=q(M_0+1)}^{(q+1)M_0+q} \gamma_j$$

$$= \frac{1}{\gamma_0} \prod_{q=0}^{k} \prod_{0 \leqslant j \leqslant M_0} \gamma_{q(M_0+1)+M_0-j}$$

$$\leqslant \frac{1}{\gamma_0} \prod_{q=0}^{k} [\gamma_{p(q)}(c_4)^{M_0}]$$

$$= \frac{1}{\gamma_0} (c_4)^{kM_0} \prod_{q=0}^{k} \gamma_{p(q)},$$

$$\prod_{q=0}^{k} \gamma_{p(q)} \geqslant \gamma_0(\varepsilon')^{M_0} \left[\frac{(\varepsilon')^{M_0+1}}{(c_4)^{M_0}} \right]^k \geqslant \left[\frac{(\varepsilon')^{M_0+1}}{(c_4)^{M_0}} \min\{1, \gamma_0(\varepsilon')^{M_0}\} \right]^k.$$

由引理 3.3.7 可得

$$\lim_{q \to \infty} \sup \gamma_{p(q)} > 0,$$

这与 (3.3.15) 式矛盾, 因此, $\lim_{k \to \infty} \inf \|g_k\| = 0$. $\qquad\square$

以上定理证明了算法 3.3.1 的全局收敛性. 下面将给出算法 3.3.1 的超线性收敛性证明.

3.3.2 超线性收敛

为了给出算法 3.3.1 的超线性收敛性证明, 除了假设 A 外, 与前面类似, 还需要如下假设 B.

假设 B 记 $G(x) = \nabla^2 f(x)$, 假设 $x_k \to x^*$, 其中 $g(x^*) = 0$, $G(x^*)$ 是正定矩阵, 且 $G(x)$ 在 x^* 上 Hölder 连续, 即存在一个常数 $v \in (0, 1)$ 和 $M_2 > 0$ 使得对于所有属于 x^* 邻域的 x, 有

$$\|G(x) - G(x^*)\| \leqslant M_2 \|x - x^*\|^v. \tag{3.3.17}$$

引理 3.3.10　若假设 A 成立, 且序列 $\{x_k\}$ 由算法 3.3.1 生成, 用 ξ_k 表示 s_k 和 $B_k s_k$ 间的夹角, 即

$$\cos\xi_k = \frac{s_k^{\mathrm{T}} B_k s_k}{\|s_k\|\|B_k s_k\|} = -\frac{g_k^{\mathrm{T}} s_k}{\|g_k\|\|s_k\|}, \tag{3.3.18}$$

则存在常数 $a_1 > 0$ 使得

$$a_1\|g_k\|\cos\xi_k \leqslant \|s_k\|, \tag{3.3.19}$$

且有常数 $a_2 > 0$ 满足

$$\cos\xi_k \geqslant a_2, \quad \forall k \in K. \tag{3.3.20}$$

证明　利用假设 A 和 GLL 线搜索的 (3.2.2) 式, 有

$$y_k^{\mathrm{T}} s_k \geqslant c_0(-g_k^{\mathrm{T}} s_k), \quad c_0 \in (0,1). \tag{3.3.21}$$

因为 $\{x_k\}$ 是有界的, 利用假设 A(i), (3.3.1) 和 (3.3.2) 式, 可知存在一个 $M_2 > 0$, 使得对于任意的 k 有

$$\|g(x_k)\| \leqslant M_2. \tag{3.3.22}$$

再由 (3.3.1)、(3.3.6) 和 (3.3.18) 式, 有

$$M\|s_k\|^2 \geqslant \|G(\xi')s_k\|\|s_k\| = \|g_{k+1} - g_k\|\|s_k\|$$
$$\geqslant y_k^{\mathrm{T}} s_k \geqslant c_0(-g_k^{\mathrm{T}} s_k) = c_0\|g_k\|\|s_k\|\cos\xi_k,$$

其中 $\xi' = x_k + \theta'(x_{k+1} - x_k), \theta' \in (0,1)$, 即可得到 (3.3.19). 根据下标集合 K 的定义, 易知

$$\|B_k s_k\| \leqslant \beta\|s_k\|,$$

显然当 $k \in K$ 时, 有

$$\cos\xi_k = \frac{s_k^{\mathrm{T}} B_k s_k}{\|s_k\|\|B_k s_k\|} \geqslant \frac{1}{\beta}.$$

证毕.　　　　　　　　　　　　　　　　　　　　　　　　　　　　　　$\square$

引理 3.3.11　若假设 A 和假设 B 成立, 序列 $\{x_k\}$ 由算法 3.3.1 生成. 则

$$\sum_{k=0}^{\infty} \|x_k - x^*\| < \infty. \tag{3.3.23}$$

并且, 若记 $\tau_k = \max\{\|x_k - x^*\|^v, \|x_{k+1} - x^*\|^v\}$, 则有

$$\sum_{k=0}^{\infty} \tau_k < +\infty, \tag{3.3.24}$$

$$\sum_{k=0}^{\infty} \|A_k^*\| < +\infty. \tag{3.3.25}$$

证明　由假设 A 和假设 B 可知, 存在常数 λ_3, 使得对任意属于 x^* 邻域的 x, 有

$$\|g(x)\| = \|g(x) - g(x^*)\| \geqslant \lambda_3 \|x - x^*\|. \tag{3.3.26}$$

利用 (3.3.19), (3.3.20) 式, 对于任意充分大的 k, 有

$$\begin{aligned}
-g_k^{\mathrm{T}} s_k &= \|g_k\| \|s_k\| \cos \xi_k \geqslant a_1 \|g_k\|^2 \cos^2 \xi_k \\
&\geqslant a_1 \lambda_3^2 \|x_k - x^*\|^2 \cos^2 \xi_k \geqslant a_1 a_2^2 \lambda_3^2 \|x_k - x^*\|^2.
\end{aligned} \tag{3.3.27}$$

由 GLL 线性搜索 (3.2.1) 和引理 3.3.6, 有

$$\sum_{k=0}^{\infty} \min_{0 \leqslant j \leqslant M_0} (-\varepsilon_1 g_{k+M_0-j}^{\mathrm{T}} s_{k+M_0-j}) < +\infty.$$

再利用 (3.3.27), 可得 (3.3.23) 式. 令 $\tau_k = \max\{\|x_k - x^*\|^v, \|x_{k+1} - x^*\|^v\}$, 则有 (3.3.24) 成立.

利用 [30] 中的引理 3.2, 可得

$$\|A_k^*\| \leqslant \|G(\xi_{k2}) - G(\xi_{k1})\|,$$

其中 $\xi_{k1} = x_k + \theta_{k1}(x_{k+1} - x_k)$, $\xi_{k2} = x_k + \theta_{k2}(x_{k+1} - x_k)$, 且 $\theta_{k1}, \theta_{k2} \in (0,1)$, 由假设 A(ii), 有

$$\begin{aligned}
\sum_{k=0}^{\infty} \|A_k^*\| &\leqslant \sum_{k=0}^{\infty} \|G(\xi_{k2}) - G(\xi_{k1})\| \\
&\leqslant \sum_{k=0}^{\infty} (\|G(\xi_{k1}) - G(x^*)\| + \|G(\xi_{k2}) - G(x^*)\|) \\
&\leqslant \sum_{k=0}^{\infty} M \|\xi_{k1} - x^*\|^v + \sum_{k=0}^{\infty} M \|\xi_{k2} - x^*\|^v \\
&\leqslant 2M \sum_{k=0}^{\infty} \tau_k.
\end{aligned}$$

因此 (3.3.25) 式成立. 证毕.　　　　　　　　　　　　　　　　　　　　　　　□

引理 3.3.12　若假设 A 和假设 B 成立, 且序列 $\{x_k\}$ 由算法 3.3.1 产生. 令

$$Q = G(X^*)^{-1/2}, \quad H_k = B_k^{-1}.$$

则有非负常数 α_1, α_2, b_i, $i = 1, 2, \cdots, 7$ 和 $\eta \in (0, 1)$, 使得对于一切充分大的 k, 有

$$\|B_{k+1} - G(x^*)\|_{Q,F} \leqslant (1 + \alpha_1 \tau_k) \|B_k - G(x^*)\|_{Q,F} + \alpha_2 \tau_k, \tag{3.3.28}$$

$$\|H_{k+1} - G(x^*)\|_{Q^{-1},F}$$
$$\leqslant \left(\sqrt{1 - p\varpi_k^2} + b_4\tau_k + b_5\|A_k^*\|\right)\|H_k - G(x^*)^{-1}\|_{Q^{-1},F} + b_6\tau_k + b_7\|A_k^*\|, \quad (3.3.29)$$

其中 $\|A\|_{Q,F} = \|Q^{\mathrm{T}}AQ\|_F$, $\|\cdot\|_F$ 是 Frobenius 矩阵范数, ϖ_k 如下定义:

$$\varpi_k = \frac{\|Q^{-1}(H_k - G(x^*)^{-1})y_k^*\|}{\|H_k^* - G(x^*)^{-1}\|_{Q^{-1},F}\|Qy_k^*\|}. \quad (3.3.30)$$

特别地, $\{\|B_k\|\}_F$ 和 $\{\|H_k\|\}_F$ 是有界的.

证明 由 B_{k+1} 的定义, 有

$$\|B_{k+1} - G(x^*)\|_{Q,F} = \left\| B_k - G(x^*) + \frac{B_k s_k s_k^{\mathrm{T}} B_k}{s_k^{\mathrm{T}} B_k s_k} + \frac{y_k^*(y_k^*)^{\mathrm{T}}}{y_k^{*\mathrm{T}} s_k} \right\|_{Q,F}$$

$$\leqslant \left\| B_k - G(x^*) + \frac{B_k s_k s_k^{\mathrm{T}} B_k}{s_k^{\mathrm{T}} B_k s_k} + \frac{y_k y_k^{\mathrm{T}}}{y_k^{\mathrm{T}} s_k} \right\|_{Q,F}$$

$$+ \left\| \frac{y_k^*(y_k^*)^{\mathrm{T}}}{y_k^{*\mathrm{T}} s_k} - \frac{y_k y_k^{\mathrm{T}}}{y_k^{\mathrm{T}} s_k} \right\|_{Q,F}$$

$$\leqslant (1 + \alpha_1\tau_k)\|B_k - G(x^*)\|_{Q,F} + b_1\tau_k$$

$$+ \left\| \frac{y_k^*(y_k^*)^{\mathrm{T}}}{y_k^{*\mathrm{T}} s_k} - \frac{y_k y_k^{\mathrm{T}}}{y_k^{\mathrm{T}} s_k} \right\|_{Q,F},$$

其中, 最后一个不等式根据文献[79]的(49)式得. 因此, 利用假设A(iii)和(3.3.4)有

$$\left\| \frac{y_k^*(y_k^*)^{\mathrm{T}}}{y_k^{*\mathrm{T}} s_k} - \frac{y_k y_k^{\mathrm{T}}}{y_k^{\mathrm{T}} s_k} \right\|_{Q,F}$$

$$\leqslant \left\| \frac{(y_k + A_k^* s_k)(y_k + A_k^* s_k)^{\mathrm{T}}}{(y_k + A_k^* s_k)^{\mathrm{T}} s_k} - \frac{y_k y_k^{\mathrm{T}}}{y_k^{\mathrm{T}} s_k} \right\|_{Q,F}$$

$$\leqslant \left\| \frac{y_k^{\mathrm{T}} s_k (y_k + A_k^* s_k)(y_k + A_k^* s_k)^{\mathrm{T}} - (y_k + A_k^* s_k)^{\mathrm{T}} s_k y_k y_k^{\mathrm{T}})}{(y_k + A_k^* s_k)^{\mathrm{T}} s_k (y_k^{\mathrm{T}} s_k)} \right\|_{Q,F}$$

$$\leqslant \|A_k^*\| \frac{\|y_k^{\mathrm{T}} s_k s_k y_k^{\mathrm{T}}\|_{Q,F} + \|y_k^{\mathrm{T}} s_k y_k s_k^{\mathrm{T}}\|_{Q,F}}{(y_k + A_k^* s_k)^{\mathrm{T}} s_k (y_k^{\mathrm{T}} s_k)} + \frac{\|y_k^{\mathrm{T}} s_k s_k s_k^{\mathrm{T}} A_k^*\|_{Q,F} + \|s_k^{\mathrm{T}} s_k y_k^{\mathrm{T}} y_k\|_{Q,F}}{(y_k + A_k^* s_k)^{\mathrm{T}} s_k (y_k^{\mathrm{T}} s_k)}$$

$$\leqslant \|A_k^*\| \frac{(3\|s_k\|^2\|y_k\|^2 + \|A_k^*\|\|s_k\|^3\|y_k\|)\|Q\|_F^2}{(y_k + A_k^* s_k)^{\mathrm{T}} s_k (y_k^{\mathrm{T}} s_k)}$$

$$= \|A_k^*\| \frac{(3\|s_k\|^2\|y_k\|^2 + \|A_k^*\|\|s_k\|^3\|y_k\|)\|Q\|_F^2}{(y_k + A_k^* s_k)^{\mathrm{T}} s_k (g_{k+1} - g_k)^{\mathrm{T}} s_k}$$

$$= \|A_k^*\| \frac{(3\|s_k\|^2\|y_k\|^2 + \|A_k^*\|\|s_k\|^3\|y_k\|)\|Q\|_F^2}{(y_k + A_k^* s_k)^{\mathrm{T}} s_k (s_k^{\mathrm{T}} G(\xi_k) s_k)}$$

$$\leqslant \|A_k^*\| \frac{(3\|s_k\|^2\|y_k\|^2 + \|A_k^*\|\|s_k\|^3\|y_k\|)\|Q\|_F^2}{h^2\|s_k\|^4}$$

$$= \|A_k^*\| \frac{(3\|y_k\|^2 + \|A_k^*\|\|s_k\|\|y_k\|)\|Q\|_F^2}{h^2\|s_k\|^2}.$$

利用引理 3.3.11 可知, $\lim_{k\to\infty}\|A_k^*\| = 0$, 再由 y_k 的定义以及 $\|y_k\| \leqslant L\|s_k\|$, 可知存在一个正常数 b_2 使得

$$\left\|\frac{y_k^*y_k^{*\mathrm{T}}}{y_k^{*\mathrm{T}}s_k} - \frac{y_ky_k^{\mathrm{T}}}{y_k^{\mathrm{T}}s_k}\right\|_{Q,F} \leqslant b_2\|A_k^*\|.$$

根据 A_k^* 的定义和假设 B, 可得

$$
\begin{aligned}
\|A_k^*\| &= \left\|\frac{2[f(x_k) - f(x_{k+1})] + (g_{k+1} + g_k)^{\mathrm{T}}s_k}{\|s_k\|^2}I\right\| \\
&= \frac{\|2g_ks_k - \frac{1}{2}s_k^{\mathrm{T}}G(\xi_{k_3})s_k + (g_{k+1} + g_k)^{\mathrm{T}}s_k\|}{\|s_k\|^2}\|s_k\|^2 \\
&= \frac{\|-s_k^{\mathrm{T}}G(\xi_{k_3})s_k + (g_{k+1} + g_k)^{\mathrm{T}}s_k\|}{\|s_k\|^2} \\
&= \frac{\|-s_k^{\mathrm{T}}G(\xi_{k_3})s_k + s_k^{\mathrm{T}}G(\xi_{k_4})s_k\|}{\|s_k\|^2} \\
&\leqslant \|G(\xi_{k_3}) - G(\xi_{k_4})\| \\
&\leqslant \|G(\xi_{k_3}) - G(x^*)\| + \|G(\xi_{k_4}) - G(x^*)\| \\
&\leqslant M_2\|\xi_{k_3} - x^*\| + M_2\|\xi_{k_4} - x^*\| \\
&\leqslant 2M_2\tau_k,
\end{aligned}
$$

其中 $\xi_{k_3} = x_k + \theta_{k_3}(x_{k+1} - x_k)$, $\xi_{k_4} = x_k + \theta_{k_4}(x_{k+1} - x_k)$ 以及 $\theta_{k_3}, \theta_{k_4} \in (0,1)$. 设 $\alpha_2 = b_2 + 2M_2b_3$, 则有

$$\|B_{k+1} - G(x^*)\|_{Q,F} \leqslant (1 + \alpha_1\tau_k)\|B_k^* - G(x^*)\|_{Q,F} + \alpha_2\tau_k.$$

现证 (3.3.29). 由 B_k 公式 (3.1.2) 的逆校正公式如下:

$$
\begin{aligned}
H_{k+1} &= H_k + \frac{(s_k - H_ky_k^*)s_k^{\mathrm{T}} + s_k(s_k - H_ky_k^*)^{\mathrm{T}}}{y_k^{\mathrm{T}}s_k} - \frac{(y_k^*)^{\mathrm{T}}(s_k - H_ky_k^*)s_ks_k^{\mathrm{T}}}{[(y_k^*)^{\mathrm{T}}s_k]^2} \\
&= \left(I - \frac{s_k(y_k^*)^{\mathrm{T}}}{(y_k^*)^{\mathrm{T}}s_k}\right)H_k\left(I - \frac{y_k^*s_k^{\mathrm{T}}}{(y_k^*)^{\mathrm{T}}s_k}\right) + \frac{s_ks_k^{\mathrm{T}}}{(y_k^*)^{\mathrm{T}}s_k}.
\end{aligned}
$$

类似地可以利用文献 [30] 的引理 3.8 得到 (3.3.29) 式.

最后, 由 $\sum_{k=1}^{\infty}\tau_k < +\infty$, $\sum_{k=0}^{+\infty}\|A_k^*\| < +\infty$ 以及 (3.3.28) 和 (3.3.29) 式, 可推出 $\|B_k - G(x^*)\|_{Q,F}$ 和 $\|H_k - G(x^*)^{-1}\|_{Q^{-1},F}$ 收敛. 特别地, $\{\|B_k\|\}_F$ 和 $\{\|H_k\|\}_F$ 是有界的. $\qquad\square$

引理 3.3.13　假设序列 $\{x_k\}$ 由算法 3.3.1 产生. 则有以下 Dennis-Moré条件

$$\lim_{k\to\infty}\frac{\|(B_k-G(x^*))s_k\|}{\|s_k\|}=0 \tag{3.3.31}$$

成立.

证明　利用 $\tau_k\to 0$, $\|A_k^*\|\to 0$, $\|H_k\|$ 是有界的, 且有下列不等式:

$$\sqrt{1-t}\leqslant 1-\frac{1}{2}t,\quad \forall t\in(0,1),$$

可以推断有正常数 M_3 和 M_4 使得对于一切充分大的 k, 有

$$\|H_{k+1}-G(x^*)^{-1}\|_{Q^{-1},F}$$
$$\leqslant (1-\frac{1}{2}\eta\varpi_k^2)\|H_k-G(x^*)^{-1}\|_{Q^{-1},F}+M_3\tau_k+M_4\|A_k^*\|,$$

由引理 3.3.12, 有 $\|A_k^*\|\leqslant 2M_2\tau_k$, 于是有

$$\|H_{k+1}-G(x^*)^{-1}\|_{Q^{-1},F}\leqslant \left(1-\frac{1}{2}\eta\varpi_k^2\right)\|H_k-G(x^*)^{-1}\|_{Q^{-1},F}+M_5\tau_k,$$

其中 $M_5=M_3+2M_2M_4$. 即

$$\frac{1}{2}\eta\varpi_k^2\|H_{k+1}-G(x^*)^{-1}\|_{Q^{-1},F}$$
$$\leqslant \|H_k-G(x^*)^{-1}\|_{Q^{-1},F}-\|H_{k+1}-G(x^*)^{-1}\|_{Q^{-1},F}+M_5\tau_k.$$

将上面不等式对 k 求和, 可得

$$\frac{1}{2}\eta\sum_{k=k_0}^{\infty}\varpi_k^2\|H_k-G(x^*)^{-1}\|_{Q^{-1},F}<+\infty,$$

其中, k_0 是一个充分大的下标, 使得 (3.3.29) 式对于一切 $k\geqslant k_0$ 成立. 特别地, 有

$$\lim_{k\to\infty}\varpi_k^2\|H_k-G(x^*)^{-1}\|_{Q^{-1},F}=0,$$

即

$$\lim_{k\to\infty}\frac{\|Q^{-1}(H_k-G(x^*)^{-1})y_k\|}{\|Qy_k\|}=0. \tag{3.3.32}$$

因此, 可得

$$\|Q^{-1}(H_k-G(x^*)^{-1})y_k\|$$
$$=\|Q^{-1}H_k(G(x^*)-B_k)G(x^*)^{-1}y_k\|$$
$$\geqslant \|Q^{-1}H_k(G(x^*)-B_k)s_k\|-\|Q^{-1}H_k(G(x^*)-B_k)(s_k-G(x^*)^{-1}y_k)\|.$$

由于 $\{\|B_k^*\|_F\}$ 和 $\{\|H_k\|_F\}$ 是有界的, 且 $G(x)$ 连续, 则有

$$
\begin{aligned}
&\|Q^{-1}H_k(G(x^*) - B_k)(s_k - G(x^*)^{-1}y_k)\| \\
&= \|Q^{-1}H_k(G(x^*) - B_k)G(x^*)^{-1}(G(x^*)s_k - y_k)\| \\
&= \|Q^{-1}H_k(G(x^*) - B_k)G(x^*)^{-1}[(G(x^*) - G(x_k))s_k + (G(x_k)s_k - y_k)]\| \\
&\leqslant \|Q^{-1}H_k(G(x^*) - B_k)G(x^*)^{-1}\|\|G(x^*) - G(x_k)\|\|s_k\| + \|G(x_k)s_k - y_k\| \\
&= o(\|s_k\|).
\end{aligned}
$$

因此, 存在一个正常数 $\kappa > 0$ 使得

$$
\|Q^{-1}(H_k - G(x^*)^{-1})y_k\| \geqslant \kappa\|(G(x^*) - B_k)s_k\| - o(\|s_k\|). \tag{3.3.33}
$$

另外, 由 (3.3.6) 可知

$$
\|Qy_k\| \leqslant \|Q\|\|y_k\| \leqslant (2L + H)\|Q\|\|s_k\|.
$$

再由 (3.3.32) 有

$$
\lim_{k \to \infty} \frac{\|(B_k - G(x^*))s_k\|}{\|s_k\|} = 0.
$$

结论得证.   □

定理 3.3.14　若假设 A 和 B 成立, 且 $\{x_k\}$ 由算法 3.3.1 产生. 则 x_k 超线性收敛于 x^*.

证明类似定理 3.2.9.

第 4 章 邻近点方法

考虑优化问题:

$$\min\{f(x) : x \in R^n\}, \tag{4.0.1}$$

其中 $f : R^n \to R \cup \{\infty\}$ 是正常下半连续广义值凸函数. f 的 Moreau-Yosida 正则函数 F_λ 为

$$F_\lambda(x) = \min\{f(y) + (1/2\lambda)\|y - x\|^2 : y \in R^n\},$$

其中 λ 是一个正实数. 已知 F_λ 是一个定义在整个 R^n 空间上的可微凸函数并与关于 f 的优化问题 (4.0.1) 具有相同的解集. 利用这些性质,Martinet 提出了邻近点算法来求解 (4.0.1) 式:

选择初始点 $x_0 \in R^n$, 并由下式生成 $\{x_k\}_{k=0}^\infty$,

$$x_{k+1} = \arg\min\{f(x) + (1/2\lambda_k)\|x - x_k\|^2 : x \in R^n\}, \tag{4.0.2}$$

其中 $\{\lambda_k\}_{k=0}^\infty$ 是一个正数列.

在一些合理的假设条件下, Rockafellar 证明了对求解任意一个极大单调算子零解时, 即使每一迭代点并非精确得到而仅是足够的近似值, 邻近点算法也具有局部超线性收敛性质. 随后这些结果被应用到下半连续正常凸函数 f 的优化问题中, 并给出了产生 x_{k+1} 的两个一般准则如下:

$$\mathrm{dist}(0, S_k(x_{k+1})) \leqslant \sigma_{1k}/\lambda_k, \qquad \sum_{k=0}^\infty \sigma_{1k} < \infty; \tag{4.0.3}$$

和

$$\mathrm{dist}(0, S_k(x_{k+1})) \leqslant (\sigma_{2k}/\lambda_k)\|x_{k+1} - x_k\|, \qquad \sum_{k=0}^\infty \sigma_{2k} < \infty, \tag{4.0.4}$$

其中,

$$S_k(x) = \partial f(x) + (1/\lambda_k)(x - x_k). \tag{4.0.5}$$

Güler 利用 Nesterov 极小化光滑凸函数的思想提出了两个不同的邻近点算法, 他的方法是在 R^n 的点上产生一个额外的序列 $\{y_k\}_{k=0}^\infty$, 并根据下述式子计算 x_{k+1}:

$$x_{k+1} = \arg\min\{f(x) + (1/2\lambda_k)\|x - y_k\|^2 : x \in R^n\}. \tag{4.0.6}$$

他还证明了 (4.0.6) 的极小值点可以用修正的 (4.0.3) 式非精确地产生, 即

$$\text{dist}(0, \partial f(x_{k+1}) + (1/\lambda_k)(x_{k+1} - y_k)) \leqslant \sigma_{3k}/\lambda_k, \tag{4.0.7}$$

其中 $\sigma_{3k} = O(1/k^\sigma)(\sigma > 1/2)$.

Lemaréchal 进一步将束方法与邻近点方法结合起来. 在他的算法中, 序列 $\{x_k\}_{k=0}^\infty$ 由凸函数序列 $\{f_k\}_{k=0}^\infty$ 产生. 更确切地,

$$x_{k+1} = \arg\min\{f_k(x) + (1/2\lambda_k)\|x - x_k\|^2 : x \in R^n\}, \tag{4.0.8}$$

其中 f_k 是 f 的束线性函数.

4.1   非光滑凸优化的模式算法与收敛性分析

基于 ε-次梯度, 本节给出一个统一的技术, 用以证明几种非光滑凸极小化方法的收敛性质. 利用该技术, 可以得到以下方法的全局收敛性质:

(1) Bonnans, Gilbert, Lemaréchal 和 Sagastizábal 提出的可变度量近似法;

(2) Correa 和 Lemaréchal 提出的一些算法;

(3) Rockafellar 提出的临近点算法.

进一步将证明上述方法不会产生 Rockafellar-Todd 现象 (简称 RT 现象). 此外, 针对上述非光滑极小化方法 (1)-(3), 研究当 $\{x_k\}$ 无界而 $\{f(x_k)\}$ 有界时, $\{\|x_k\|\}$ 和 $\{f(x_k)\}$ 的收敛速度.

在分析凸极小化问题的算法收敛性时, 通常假设问题存在极小值, 该假设在一些文献研究如 [83],[98],[104] 等中已被移除, 但 Rockafellar[154] 和 Todd[170] 给出的一些例子表明, 一个平稳序列不一定是一个极小化的序列.

Todd 给出的例子有以下性质:

• $f : R^n \to R$ 是凸的且连续可微.

• 函数值序列 $\{f(x_k)\}$ 单调递减且 $\lim\limits_{k\to\infty} \nabla f(x_k) = 0$.

• $\lim\limits_{k\to\infty} \nabla f(x_k) > \inf\limits_{x \in R^n} f(x)$.

我们把上述性质称为 Rockafellar-Todd (记为 RT) 现象. 由于大多数优化算法以产生平稳序列 $\{x_k\}$ 即 $\lim\limits_{k\to\infty} \nabla f(x_k) = 0$ 为目的, 故一个重要的问题是: 什么样的算法生成的序列才是极小化序列, 即 $\lim\limits_{k\to\infty} h(x_k) = \inf h$? Auslender, Crouzeix 及其同事[5,6,8]首先对极小化序列进行了研究, 无约束优化和约束优化问题的极小化序列与平稳序列之间的关系也受到关注. 在互补问题以及变分不等式中一些相似的结果也被提出.

4.1.1　模式算法

下面对极小化问题

$$\min_{x \in R^n} f(x)$$

给出一个通用模式的最优化算法, 其中 $f : R^n \to R \cup \{\infty\}$ 是一个正常下半连续广义值凸函数. 在不需对 f 做其他额外假设下, 将得到该模式算法的收敛性质. 其中我们关注两个问题: 当 $\{x_k\}$ 无界而 $\{f(x_k)\}$ 有界的时候, 是否有 RT 现象以及 $\{\|x_k\|\}$ 和 $\{f(x_k)\}$ 的收敛速度如何?

在本节中设 $\|x\|$ 为向量 $x \in R^n$ 的欧几里得范数. f 在 x 上的次微分是一个非空凸紧集

$$\partial f(x) = \{g : g \in R^n, f(y) \geqslant f(x) + < g, y - x >, \forall y \in R^n\}. \tag{4.1.1}$$

对任意的 $\varepsilon \geqslant 0$, 设

$$\partial_\varepsilon f(x) = \{g : g \in R^n, f(y) \geqslant f(x) + < g, y - x > -\varepsilon, \forall y \in R^n\}. \tag{4.1.2}$$

若有一实数使得 f_ε^* 满足

$$f(x) \geqslant f_\varepsilon^* - \varepsilon, \quad \forall x \in R^n, \tag{4.1.3}$$

则称它为 f 的一个 ε-极小值. 如果 $x^* \in R^n$ 满足

$$f(x) \geqslant f(x^*) - \varepsilon, \quad \forall x \in R^n, \tag{4.1.4}$$

则称 x^* 是 f 的一个 ε-极小值点. 设 $f^* = f_0^* = \inf_{x \in R^n} f(x)$, 且 $R_0^+ = R^+ \cup \{0\}$. 利用上述符号, 介绍如下模式算法.

算法 4.1.1　设 $x_1 \in R^n$. 在第 k 次迭代中, 由已知的 $x_k \in R^n$, 计算生成 $(\varepsilon_{1,k}, \varepsilon_{2,k}, t_k, x_{k+1}, g_{k+1}) \in R_0^+ \times R_0^+ \times R^+ \times R^n \times R^n$, 以及 $g_{k+1} \in \partial_{\varepsilon_{2,k}} f(x_{k+1})$, 并且满足不等式:

$$f(x_{k+1}) \leqslant f(x_k) - t_k g_{k+1}^{\mathrm{T}} g_{k+1} + \varepsilon_{1,k}. \tag{4.1.5}$$

下面讨论在不需关于 f 的额外假设下, 算法 4.1.1 的全局收敛性、避免 RT 现象产生的充分条件以及算法 4.1.1 的收敛速度, 同时证明一些求解凸优化问题的方法是算法 4.1.1 的特殊情形.

4.1.2　算法的全局收敛性

下一引理可用于算法 4.1.1 的全局收敛性分析.

引理 4.1.2 ([185] 中引理 3.1)   若 $\tau_k > 0 (k = 0, 1, 2, \cdots)$ 且 $\sum\limits_{k=0}^{\infty} \tau_k = +\infty$, 则

有 $\sum\limits_{k=0}^{\infty} (\tau_k / S_k) = +\infty$, 其中 $S_k = \sum\limits_{k=0}^{k} \tau_i$.

定理 4.1.3   假设 $\{(\varepsilon_{1,k}, \varepsilon_{2,k}, t_k, x_{k+1}, g_{k+1})\}$ 是由算法 4.1.1 产生的任一序列,

且满足 $\sum\limits_{k=1}^{\infty} \varepsilon_{1,k} < +\infty$ 和 $\sum\limits_{k=1}^{\infty} t_k = +\infty$,

(i) 要么 $\liminf\limits_{k \to \infty} f(x_k) = -\infty$, 要么 $\{f(x_k)\}$ 是一个收敛序列.

(ii) 如果 $\{f(x_k)\}$ 收敛, 则有 $\lim \inf\limits_{k \to \infty} \|g_k\| = 0$. 特别地, 如果 $\{x_k\}$ 有界, 则其

任一聚点 $x^* \in R^n$ 都是 f 的一个 ε^*-极小值点, 记 $f_{\varepsilon^*}^* = f(x^*)$, $\lim\limits_{k \to \infty} f(x_k) = f_{\varepsilon^*}^*$,

其中

$$\varepsilon^* = \sup \left\{ \limsup\limits_{k \in K_1, k \to \infty} \varepsilon_{2,k-1} : K_1 \text{是一个满足} \right.$$

$$\left. \lim\limits_{k \in K_1, k \to \infty} \|g_k\| = 0 \text{的指标集} \right\}. \tag{4.1.6}$$

(iii) 若 $\{f(x_k)\}$ 收敛且 $\inf\{t_k\} > 0$, 则 $\lim\limits_{k \to \infty} \|g_k\| = 0$. 此时每一个 $\{x_k\}$ 的聚点

(如果存在) 都是 f 的一个 $\bar{\varepsilon}^*$-极小值点, 其中

$$\bar{\varepsilon}^* = \sup \left\{ \limsup\limits_{k \in K_2, k \to \infty} \varepsilon_{2,k-1} : \{x_k : k \in K_2\} \text{是一个收敛序列} \right\}.$$

(iv) 如果 $\varepsilon_{2,k} \to 0$, $\sum\limits_{k=1}^{\infty} t_k \varepsilon_{2,k} < +\infty$, 且存在一个正数 $m > 0$, 使得对于一切充

分大的 k, 有

$$m\|x_{k+1} - x_k\| \leqslant t_k \|g_{k+1}\|, \tag{4.1.7}$$

则有 $f(x_k) \to f_0^*$. 并且, 若对于一切充分大的 k, 有

$$x_{k+1} - x_k = -t_k g_{k+1}, \tag{4.1.8}$$

且 f 有极小值点, 则 $\{x_k\}$ 即收敛到 f 的极小值点.

证明   (i) 用反证法. 假设这两种情况均不成立, 则根据 (4.1.5), 序列 $\{f_{x_k}\}$ 有

上界, 可知 $\{f(x_k)\}$ 有一个聚点 $\bar{f}_*$ 且 $\lim \inf\limits_{k \to \infty} f(x_k) \leqslant \bar{\bar{f}}_* < \bar{f}_*$. 这意味着存在两个

正整数 $k_2 > k_1$, 使得

$$f(x_{k_2}) > \bar{f}_* - \frac{1}{3}(\bar{f}_* - \bar{\bar{f}}_*),$$

$$f(x_{k_1}) < \bar{\bar{f}}_* + \frac{1}{3}(\bar{f}_* - \bar{\bar{f}}_*),$$

以及

$$\sum_{k=k_1}^{\infty} \varepsilon_{1,k} < \frac{1}{3}(\bar{f}_* - \bar{\bar{f}}_*).$$

所以有

$$\bar{f}_* - \frac{1}{3}(\bar{f}_* - \bar{\bar{f}}_*) < f(x_{k_2})$$

$$< f(x_{k_1}) + \sum_{k=k_1}^{k_2} \varepsilon_{1,k}$$

$$< \bar{\bar{f}}_* + \frac{1}{3}(\bar{f}_* - \bar{\bar{f}}_*) + \frac{1}{3}(\bar{f}_* - \bar{\bar{f}}_*).$$

于是

$$\frac{2}{3}\bar{f}_* + \frac{1}{3}\bar{\bar{f}}_* < \frac{2}{3}\bar{f}_* + \frac{1}{3}\bar{\bar{f}}_*,$$

推出矛盾. 因此, 要么 $\lim\inf\limits_{k\to\infty} f(x_k) = -\infty$, 要么 $\{f(x_k)\}$ 是收敛序列.

(ii) 若 $f(x_k)$ 收敛, 则有

$$\sum_{k=1}^{\infty} [f(x_{k+1}) - f(x_k)] > -\infty, \tag{4.1.9}$$

结合 (4.1.5) 式, 有

$$\lim\inf_{k\to\infty} \|g_k\| = 0. \tag{4.1.10}$$

这样, 存在一个无限指标集 K_1, 使得 $\lim\limits_{k\in K_1, k\to\infty} \|g_k\| = 0$. 如果 $\{x_k\}$ 是一个有界集, 则 $\{x_k : k \in K_1\}$ 也是有界集. 不失一般性, 假设 $\lim\limits_{k\in K_1, k\to\infty} \|x_k - x^*\| = 0$, 由 ε-次梯度不等式, 可得

$$f(x) \geqslant f(x_k) + \langle g_k, x - x_k \rangle - \varepsilon_{2,k-1}, \tag{4.1.11}$$

再利用 (4.1.10) 式, 对于所有的 $x \in R^n$, 有

$$f(x) \geqslant f(x^*) - \varepsilon^*.$$

这意味着 $f(x^*) = f^*_{\varepsilon^*}$. 现假设 x^{**} 是 $\{x_k\}$ 的任一聚点. 因为 $\{f(x_k)\}$ 是收敛的, 有 $f(x^*) = \lim\limits_{k\to\infty} f(x_k) = f(x^{**})$. 这样, 若将 x^{**} 换成 x^* 以上结论也同样成立. 这就证明了 (ii).

(iii) 若 $f(x_k)$ 收敛且 $\inf\{t_k\} > 0$, 则结合 (4.1.9) 和 (4.1.5) 式, 有

$$\lim_{k\to\infty} \|g_k\| = 0. \tag{4.1.12}$$

设 $\{x_k : k \in K\}$ 是 $\{x_k\}$ 的任一收敛子列, 即 $\lim\limits_{k \in K, k \to \infty} \|x_k - x^*\| = 0.$ 再由 (4.1.11)
和 (4.1.12), 则 x^* 是 f 的一个 ε^*-极小点.

 (iv) 根据 (ii) 和 (iii), 只需讨论 $\{f(x_k)\}$ 有界而 $\{x_k\}$ 无界的情形. 假设存在
$\bar{x} \in R^n, \tau > 0$ 以及 k_0, 使得对于一切 $k \geqslant k_0$,

$$\langle g_k, \bar{x} - x_k \rangle < -\tau.$$

则由不等式 (4.1.5) 可知

$$f(x_{k+1}) - f(x_k) \leqslant -t_k \|g_{k+1}\|^2 + \varepsilon_{1,k}$$
$$\leqslant t_k \|g_{k+1}\| \frac{\langle g_{k+1}, \bar{x} - x_{k+1} \rangle}{\|\bar{x} - x_{k+1}\|} + \varepsilon_{1,k}.$$

因此, 对于一切 k, 有

$$f(x_{k+1}) - f(x_k) \leqslant -\tau t_k \frac{\|g_{k+1}\|}{\|\bar{x} - x_{k+1}\|} + \varepsilon_{1,k}. \tag{4.1.13}$$

通过 (4.1.7) 式

$$\|x_{k+1} - x_1\| \leqslant \sum_{i=1}^{k} \|x_{i+1} - x_i\| \leqslant m^{-1} \sum_{i=1}^{k} t_i \|g_{i+1}\|,$$

由 $\{\|x_k\|\}$ 的无界性可以推得

$$\sum_{k=1}^{\infty} t_k \|g_{k+1}\| = +\infty. \tag{4.1.14}$$

故存在 k_1 使得对于一切 $k > k_1$ 有

$$\|x_1 - \bar{x}\| \leqslant m^{-1} \sum_{i=1}^{k} t_i \|g_{i+1}\|.$$

因此, 对任意的 $k > k_1$,

$$\|x_{k+1} - \bar{x}\| \leqslant \|x_1 - \bar{x}\| + \sum_{i=1}^{k} \|x_{i+1} - x_i\| \leqslant 2m^{-1} \sum_{i=1}^{k} t_i \|g_{i+1}\|. \tag{4.1.15}$$

由 (4.1.13) 和 (4.1.15), 有

$$f(x_{k+1}) - f(x_k) \leqslant -\frac{m\tau}{2} \frac{t_k \|g_{k+1}\|}{\sum\limits_{i=1}^{k} t_i \|g_{i+1}\|} + \varepsilon_{1,k}. \tag{4.1.16}$$

由不等式 (4.1.14) 及引理 4.1.2, 推出

$$\sum_{k=1}^{\infty}[f(x_{k+1}) - f(x_k)] = -\infty,$$

这与 $\{f(x_k)\}$ 有下界相矛盾. 因此, 对任意 $x \in R^n$, 有

$$\limsup_{k\to\infty}\langle g_k, x - x_k\rangle \geqslant 0. \tag{4.1.17}$$

再由 ε-次梯度不等式

$$f(x) - f(x_k) \geqslant \langle g_k, x - x_k\rangle - \varepsilon_{2,k-1}$$

和 (4.1.17) 可以推得, 对任意 $x \in R^n$, 有

$$f(x) \geqslant \limsup_{k\to\infty} f(x_k) \geqslant f_0^*.$$

即得 $f(x_k) \to f_0^*$, 这就证明了 (iv) 的第一个结论.

下面证明 (iv) 的第二个结论. 易知, 对于一切 $x \in R^n$ 和 k, 有

$$\|x_k - x\|^2 = \|x_{k+1} - x\|^2 + \|x_k - x_{k+1}\|^2 + 2\langle x_k - x_{k+1}, x_{k+1} - x\rangle. \tag{4.1.18}$$

根据 (4.1.7) 和 g_{k+1} 的定义, 对于一切充分大的 k, 有

$$\langle x_k - x_{k+1}, x_{k+1} - x\rangle \geqslant t_k[f(x_{k+1}) - f(x) - \varepsilon_{2,k}].$$

将上式与 (4.1.18) 结合, 有

$$\|x_k - x\|^2 \geqslant \|x_{k+1} - x\|^2 + t_k^2\|g_{k+1}\|^2 + 2t_k[f(x_{k+1}) - f(x) - \varepsilon_{2,k}]. \tag{4.1.19}$$

利用任一 (4.1.19) 中给出的极小点 x^*, 有

$$\|x_k - x^*\|^2 \geqslant \|x_{k+1} - x^*\|^2 - 2t_k\varepsilon_{2,k},$$

可以推得

$$\|x_{k+1} - x^*\|^2 \leqslant \|x_1 - x^*\|^2 + \sum_{i=1}^{k} 2t_i\varepsilon_{2,i} < +\infty.$$

于是, $\{\|x_k - x^*\|\}$ 有界, 进一步推得 $\{\|x_k\|\}$ 有界. 利用与证明 (i) 类似的论证过程, 可以证明

$$\lim_{k\to\infty} \|x_k - x^*\|^2 = l < +\infty.$$

最后, 假设 $\{x_k\}$ 有两个聚点 x_1^* 和 x_2^*. 根据 (ii),x_1^* 和 x_2^* 是 f 的两个 $\bar{\varepsilon}^*$-极小值点. 由 $\bar{\varepsilon}^*$ 的定义, $\bar{\varepsilon}^* = 0$, 于是 $\varepsilon_{2,k} \to 0$, 则 x_1^* 和 x_2^* 都是 f 的极小值点. 由上述论证过程, 有

$$\lim_{k \to \infty} \|x_k - x_i^*\|^2 = l_i < +\infty, \quad i = 1, 2.$$

因为 x_1^* 和 x_2^* 是 $\{x_k\}$ 的聚点, 故 $l_i = 0, i = 1, 2$. 因此, $x_1^* = x_2^*$ 且 $\{x_k\}$ 收敛到该聚点. □

4.1.3 算法的局部收敛性

分两种情况讨论算法 4.1.1 的收敛速度.

情形 1 x^* 是 f 的极小点且 $\lim\limits_{k \to \infty} x_k = x^*$.

情形 2 f 全局极小值点不存在, 但有 $\inf\limits_{x \in R^n} f(x) > -\infty$. 在这种情况下, $\{\|x_k\|\}$ 是无界的且 $f_0^* > -\infty$.

设

$$a_k = \frac{\varepsilon_{1,k}}{\|g_{k+1}\|^2}, \quad b_k = \frac{\varepsilon_{2,k}}{\|g_{k+1}\|},$$

$$c_k = (t_k - a_k)\frac{f(x_k) - f(x^*)}{(b_k + \|x_{k+1} - x^*\|)^2}.$$

定理 4.1.4 假设 x^* 是 f 的极小值点且 $\lim\limits_{k \to \infty} x_k = x^*$. 若对于一切 $k, t_k > a_k$, 则

$$\frac{f(x_{k+1}) - f(x^*)}{f(x_k) - f(x^*)} \leqslant \frac{\sqrt{1 + 4c_k} - 1}{2c_k}. \tag{4.1.20}$$

因此,

(i) 若对于一切 k, $c_k \geqslant c^* \in (0, +\infty)$, 则有

$$\overline{\lim_{k \to \infty}} \frac{f(x_{k+1} - f(x^*)}{f(x_k) - f(x^*)} \leqslant \frac{\sqrt{1 + 4c^*} - 1}{2c^*} < 1;$$

(ii) 若 $\lim\limits_{k \in K, k \to \infty} c_k = +\infty$, 则

$$\lim_{k \in K, k \to \infty} \frac{f(x_{k+1} - f(x^*))}{f(x_k) - f(x^*)} = 0.$$

证明 利用 $g_{k+1} \in \partial_{\varepsilon_{2,k}} f(x_{k+1})$, 有

$$f(x^*) \geqslant f(x_{k+1}) + g_{k+1}^{\mathrm{T}}(x^* - x_{k+1}) - \varepsilon_{2,k}$$

$$\geqslant f(x_{k+1}) - \|g_{k+1}\|\|x^* - x_{k+1}\| - b_k\|g_{k+1}\|.$$

可以推得

$$\|g_{k+1}\| \geqslant \frac{f(x_{k+1}) - f(x^*)}{b_k + \|x_{k+1} - x^*\|},$$

结合 (4.1.5) 得

$$
\begin{aligned}
f(x^*) &\geqslant f(x_{k+1}) + t_k\|g_{k+1}\|^2 - \varepsilon_{1,k} \\
&= f(x_{k+1}) + t_k\|g_{k+1}\|^2 - a_k\|g_{k+1}\|^2 \\
&\geqslant f(x_{k+1}) + \frac{t_k - a_k}{(b_k + \|x_{k+1} - x^*\|)^2}[f(x_{k+1} - f(x^*))]^2.
\end{aligned}
$$

因此

$$
f(x_k) - f(x^*) \geqslant [f(x_{k+1}) - f(x^*)]\left[1 + \frac{(t_k - a_k)(f(x_{k+1}) - f(x^*))}{(b_k + \|x_{k+1} - x^*\|)^2}\right].
$$

故

$$
\frac{f(x_{k+1}) - f(x^*)}{f(x_k) - f(x^*)} \leqslant \frac{1}{\left(1 + \left(\frac{f(x_{k+1}) - f(x^*)}{f(x_k) - f(x^*)}\right)\frac{(t_k - a_k)(f(x_k) - f(x^*))}{(b_k + \|x_{k+1} - x^*\|)^2}\right)}.
$$

这样, 就可以得到 (4.1.20) 式. 因为 $\sqrt{1 + 4t}/2t(t > 0)$ 是减函数, 利用 (4.1.20) 式, 可以得到结论 (i) 和 (ii). □

下一定理是将光滑优化问题的相关结果推广到 f 仅是一个正常的下半连续广义值函数的情形.

定理 4.1.5　假设 $\{x_k\}$ 是由算法 4.1.1 产生的, 其中 $\varepsilon_{2,k} \to 0$, $\sum\limits_{k=1}^{\infty}\sqrt{\varepsilon_{1,k}} < +\infty$. 假设 (4.1.7) 成立以及 $\{t_k\}$ 是有界集. 若 $\{x_k\}$ 是无界的而 $\{f(x_k)\}$ 有界, 则 $\sqrt{f(x_k) - f_0^*}$ 以小于几何收敛的速度收敛到零, 并且 $\{\|x_k\|^2/k\}$ 是有界的.

证明　根据 (4.1.7), 对于所有的 k, 有

$$
\begin{aligned}
\|x_{k+1} - x_1\| &\leqslant \sum_{i=1}^{k}\|x_{i+1} - x_i\| \\
&\leqslant m^{-1}\sum_{i=1}^{k}\|t_i g_{i+1}\|.
\end{aligned}
$$

利用 $\{x_k\}$ 的无界性, 可以推得

$$
\sum_{k=1}^{\infty}\|t_k g_{k+1}\| = +\infty, \tag{4.1.21}
$$

因为对于所有的 k, $f(x_k) \geqslant f_0^*$ 且 $\{t_k\}$ 是有界的, 根据 (4.1.5) 式可得

$$
\begin{aligned}
f_0^* - f(x_k) &\leqslant f(x_{k+1}) - f(x_k) \\
&\leqslant -t_k\|g_{k+1}\|^2 + \varepsilon_{1,k} \\
&\leqslant -\frac{1}{t_k}(t_k\|g_{k+1}\|)^2 + \varepsilon_{1,k}.
\end{aligned}
$$

因此

$$\sqrt{f(x_k) - f_0^*} \geqslant \max\left\{0, \sqrt{\frac{1}{t_k}(t_k\|g_{k+1}\|)} - \sqrt{\varepsilon_{1,k}}\right\}.$$

由这个不等式以及关于 t_k 和 $\varepsilon_{1,k}$ 的假设可知

$$\sum_{k=1}^{\infty} \sqrt{f(x_k) - f_0^*} = +\infty,$$

推出 $\sqrt{f(x_k - f_0^*)}$ 不能以几何收敛速度收敛到零.

下证定理的第二部分. 根据 (4.1.5) 和 (4.1.7), 有

$$\begin{aligned} f(x_{k+1}) - f(x_k) &\leqslant -t_k\|g_{k+1}\|^2 + \varepsilon_{1,k} \\ &\quad - \frac{m^2}{t_k}\|x_{k+1} - x_k\|^2 + \varepsilon_{1,k}, \end{aligned}$$

可以推得

$$f(x_{k+1}) - f(x_1) \leqslant -\inf\left\{\frac{m^2}{t_i} : i = 1, \cdots, k\right\}\sum_{i=1}^{k}\|x_{i+1} - x_i\|^2 + \sum_{i=1}^{k}\varepsilon_{1,i}.$$

另一方面,

$$\begin{aligned} \|x_{k+1} - x_1\|^2 &\leqslant \left(\sum_{i=1}^{k}\|x_{i+1} - x_i\|\right)^2 \\ &\leqslant k\sum_{i=1}^{k}\|x_{i+1} - x_i\|^2. \end{aligned}$$

结合上述两个不等式可得

$$f(x_{k+1}) - f(x_1) \leqslant -\inf\left\{\frac{m^2}{t_i} : i = 1, \cdots, k\right\}\frac{\|x_{k+1} - x_1\|^2}{k} + \sum_{i=1}^{k}\varepsilon_{1,i}.$$

又因为 $\{f(x_k)\}$ 有下界, 即可推出 $\{\|x_{k+1} - x_1\|^2/k\}$ 有界, 故 $\{\|x_k\|^2/k\}$ 是有界的.

$\square$

4.1.4　算法的特殊情形

一些凸优化问题方法可以看作是算法 4.1.1 的特殊情形, 包括

- [23] 中提出的一系列变尺度近似算法;
- [104] 中给出的凸极小化方法;
- [155] 中介绍的邻近点方法.

(一) 一类变尺度近似方法

在 [23] 中, 作者基于 Moreau-Yosida 正规化和拟牛顿近似提出了一类变尺度近似算法. 给定 $x \in R^n$ 和一个对称正定 $n \times n$ 阶矩阵 B, 设

$$\varphi_B(z) := f(z) + \frac{1}{2}\langle B(z-x), z-x \rangle, \tag{4.1.22}$$

$$x^p = p_B(x) := \operatorname{argmin}\{\varphi_B(z) : z \in R^N\}, \tag{4.1.23}$$

$$\delta_k := f(x_k) - f(x_k^p) - \frac{1}{2}\langle g_k^p, W_k g_k^p \rangle, \tag{4.1.24}$$

其中, $W_k = B_k^{-1}$, g_k^p 是 $\partial f(x_k^p)$ 中的一个次梯度, 满足

$$x_k^p = x_k - W_k g_k^p. \tag{4.1.25}$$

利用 (4.1.22)- (4.1.24), 可以把 [23] 中的算法表示为:

算法 4.1.6

步 1　给定初始点 x_1 和矩阵 B_1; 选取参数 m_0, $m_0 \in (0,1)$; 令 $k := 1$.

步 2　由 (4.1.24) 给出的 δ_k, 计算 x_{k+1} 使其满足

$$f(x_{k+1}) \leqslant f(x_k) - m_0 \delta_k. \tag{4.1.26}$$

步 3　更新矩阵 B_k, $k := k+1$, 返回步 1.

引理 4.1.7　假设 $\{x_{k+1}, g_k^p\}$ 由算法 4.1.6 生成. 设

$$\varepsilon_{2,k} = f(x_{k+1}) - f(x_k^p) - \langle g_k^p, x_{k+1} - x_k^p \rangle, \tag{4.1.27}$$

则有 $\varepsilon_{2,k} \geqslant 0$, 并且

$$g_k^p \in \partial_{\varepsilon_{2,k}} f(x_{k+1}), \tag{4.1.28}$$

$$f(x_{k+1}) \leqslant f(x_k) - \frac{m_0}{2}\langle g_k^p, W_k g_k^p \rangle. \tag{4.1.29}$$

于是令 $t_k = (m_0/2)\lambda_{\min}(W_k)$, 其中 $\lambda_{\min}(W)$ 表示对称矩阵 W 的最小特征值, 那么 (4.1.5) 成立.

证明　利用 $g_k^p \in \partial f(x_k^p)$, 对所有的 $x \in R^N$, 有

$$
\begin{aligned}
f(x) &\geqslant f(x_k^p) + \langle g_k^p, x - x_k^p \rangle \\
&= f(x_{k+1}) + \langle g_k^p, x - x_{k+1} \rangle - [f(x_{k+1}) - f(x_k^p) - \langle g_k^p, x_{k+1} - x_k^p \rangle].
\end{aligned} \tag{4.1.30}
$$

由 f 的凸性, 可知 $\varepsilon_{2,k} \geqslant 0$, 由 (4.1.30) 便可得到 (4.1.28).

因为对所有 $x \in R^N$,

$$f(x_k^p) + \frac{1}{2}\langle B_k(x_k^p - x_k), x_k^p - x_k\rangle \leqslant f(x) + \frac{1}{2}\langle B_k(x - x_k), x - x_k\rangle.$$

令 $x = x_k$, 根据 (4.1.25) 有

$$f(x_k^p) \leqslant f(x_k) - \langle g_k^p, W_k g_k^p\rangle. \tag{4.1.31}$$

由 (4.1.25)、(4.1.24) 和 (4.1.26) 可以推得 (4.1.29). $\Box$

下面的定理结论 (a) 即为 [23] 中的全局收敛性结果, 但在这给出不同于 [23] 的简单证明; 结论 (b) 则是关于该算法的新结论.

定理 4.1.8   (a) 假设 f 存在一个有界非空极小点集, $\{x_k\}$ 由算法 4.1.6 产生. 则 $\{x_k\}$ 有界, 且若

$$\sum_{k=1}^{\infty} \lambda_{\min}(W_k) = +\infty, \tag{4.1.32}$$

则 $\{x_k\}$ 的任一聚点都是 f 的极小值点. 对邻近点序列 $\{x_k^p\}$, 这些性质同样成立, 并且有

$$\inf_{k \to \infty} \|g_k^p\| = 0.$$

(b) 假设存在 $\bar{t}_k$, $\bar{t}_k \leqslant \bar{t} < +\infty$, 满足对一切充分大的 k, 有

$$x_{k+1} = x_k + \bar{t}_k(x_k^p - x_k). \tag{4.1.33}$$

如果 $\{\|W_k\|\}$ 有界并且 (4.1.32) 成立, 则

$$f(x_k) \to f_0^*.$$

证明   (a) 因为 f 有非空有界极小点集, f 的水平集有界, 故由 (4.1.29) 和 (4.1.25) 式可知 $\{x_k\}$ 和 $\{x_k^p\}$ 是有界的 (该结论可见文献 [23] 的定理 2.3). 利用 (4.1.26) 式, 可得

$$\delta_k \to 0. \tag{4.1.34}$$

通过 (4.1.29) 有

$$\langle g_k^p, W_k g_k^p\rangle \to 0. \tag{4.1.35}$$

因此

$$f(x_k) - f(x_k^p) - \langle g_k^p, W_k g_k^p\rangle = \delta_k - \frac{1}{2}\langle g_k^p, W_k g_k^p\rangle \to 0. \tag{4.1.36}$$

由 (4.1.34)、(4.1.35) 和 (4.1.36) 可推出, 如果 $\lim_{k \in K} \|g_k^p\| = 0$, 则有 $\lim_{k \in K} \varepsilon_{2,k} = 0$. 由 ε^* 的定义, 有 $\varepsilon^* = 0$. 设 $t_k = (m_0/2)\lambda_{\min}(W_k)$, 则由 (4.1.32) 和定理 4.1.3(ii) 可证明第一个结论.

由 (4.1.34) 和 (4.1.35), 有

$$\lim_{k \to \infty} f(x_k) = \lim_{k \to \infty} f(x_k^p).$$

于是由第一个结论知, $\{x_k^p\}$ 的每一个聚点都是 f 的极小值点. 利用 (4.1.29) 和 (4.1.32), 即可得到 $\liminf\limits_{k \to} \|g_k^n\| = 0.$

(b) 根据 (4.1.33) 和 (4.1.25), 对于一切充分大的 k, 有

$$\frac{1}{\bar{t}_k \|W_k\|} \|x_{k+1} - x_k\| \leqslant \|g_k^p\|.$$

利用 (4.1.25)、(4.1.36) 及 $f(x_{k+1}) < f(x_k)$, 对于一切 k, 有

$$\varepsilon_{2,k} < f(x_k) - f(x_k^p) - \langle g_k^p, W_k g_k^p \rangle < \delta_k.$$

另一方面, 由 (4.1.26) 可得

$$\sum_{k=1}^{\infty} \delta_k \leqslant m_0^{-1}(f(x_1) - f_0^*).$$

因此

$$\sum_{k=1}^{\infty} \varepsilon_{2,k} \leqslant m_0^{-1}(f(x_1) - f_0^*) < +\infty. \tag{4.1.37}$$

令 $m = 1/(\bar{t} \sup\{\|W_k\|\})$, 设对于一切充分大的 k, $t_k = 1$, 则由 (4.1.37)、(b) 中的假设以及定理 4.1.3 (iv) 的结论, 可以推出 $f(x_k) \to f_0^*$. □

定理 4.1.9 假设定理 4.1.8 (b) 的假设成立, 若 $\{x_k\}$ 不是有界的且 $f_0^* > -\infty$, 则 $\sqrt{f(x_k) - f_0^*}$ 的收敛到零的速率小于几何收敛速率且 $\{\|x_k\|^2/k\}$ 有界.

证明 可由引理 4.1.7、定理 4.1.5 及定理 4.1.8 中的 (b) 得到结论. □

(二) 文献 [41] 中的算法例子

在文献 [41] 中, Correa 和 Lemaréchal 提出了如下一种简单统一的方法来证明一些优化算法的收敛性质, 包括: (i) 精确邻近点迭代法; (ii) 束方法; (iii) 次梯度法.

算法 4.1.10 对任意的 $x_1 \in R^n$, 序列 $\{x_k\}$ 由以下公式构造:

$$x_{k+1} = x_k - \tau_k \gamma_k, \tag{4.1.38}$$

$$\gamma_k \in \partial_{\varepsilon_{3,k}} f(x_k), \tag{4.1.39}$$

$$f(x_{k+1}) \leqslant f(x_k) - m_1 \tau_k \|\gamma_k\|^2, \tag{4.1.40}$$

其中 $\varepsilon_{3,k}$ 非负, $\tau_k > 0$ 为步长, m_1 是一个正常数.

以下引理表明算法 4.1.10 是算法 4.1.1 的一个特例.

引理 4.1.11   假设 $\{(\varepsilon_{3,k}, \tau_k, x_{k+1}, \gamma_k)\}$ 由算法 4.1.10 生成. 设

$$t_k = m_1 \tau_k, \tag{4.1.41}$$

$$\varepsilon_{2,k} = \max\{0, \varepsilon_{3,k} + (1 - m_1)\tau_k \|\gamma_k\|^2\}, \tag{4.1.42}$$

那么

$$\gamma_k \in \partial_{\varepsilon_{2,k}} f(x_{k+1}) \tag{4.1.43}$$

且 (4.1.5) 对于任意的 $\varepsilon_{3,k} \geqslant 0$ 成立.

证明   只需证明 (4.1.43) 成立. 由 (4.1.39), 对于所有的 $x \in R^n$, 有

$$f(x) \geqslant f(x_k) + \langle \gamma_k, x - x_k \rangle - \varepsilon_{3,k}$$
$$= f(x_{k+1}) + \langle \gamma_k, x - x_{k+1} \rangle + f(x_k) - f(x_{k+1}) + \langle \gamma_k, x_{k+1} - x_k \rangle - \varepsilon_{3,k}.$$

再由 (4.1.38) 和 (4.1.40), 可知

$$f(x) \geqslant f(x_{k+1}) + \langle \gamma_k, x - x_{k+1} \rangle - [\varepsilon_{3,k} + (1 - m_1)\tau_k \|\gamma_k\|^2].$$

故 (4.1.43) 得证.   □

对算法 4.1.10, 有如下主要结论.

定理 4.1.12   假设 $\{(\varepsilon_{3,k}, \tau_k, x_{k+1}, \gamma_k)\}$ 由算法 4.1.10 生成.

(i) 假设

$$\sum_{k=1}^{\infty} \tau_k = +\infty, \tag{4.1.44}$$

$$\varepsilon_{3,k} \to 0, \tag{4.1.45}$$

则有 $f(x_k) \to f_0^*$.

(ii)   若 $\{\tau_k\}$ 有界且

$$\sum_{k=1}^{\infty} \varepsilon_{3,k} < +\infty, \tag{4.1.46}$$

若 f 极小值点存在, 则 $\{x_k\}$ 收敛到极小值点.

证明   (i) 如果 $\{f(x_k)\}$ 单调下降趋于 $-\infty$, 则结论成立. 另外, 由 (4.1.40) 有

$$\sum_{k=1}^{\infty} \tau_k \|\gamma_k\|^2 < +\infty. \tag{4.1.47}$$

这与 (4.1.42) 意味着 $\{\varepsilon_{3,k}\}$ 趋于 0 当且仅当 $\{\varepsilon_{2,k}\}$ 趋于 0. 故由引理 4.1.11 和定理 4.1.3 中的 (iv) 可得到结论.

(ii) 假设 f 有极小点, 则 $\{f(x_k)\}$ 有下界. 于是 (4.1.47) 成立. 由 $\{\tau_k\}$ 的有界性、(4.1.41)、(4.1.47) 和 (4.1.46) 可推出

$$\sum_{k=1}^{\infty} t_k \varepsilon_{2,k} < +\infty.$$

再由定理 2.1 中 (iv) 的结论可证明 $\{x_k\}$ 收敛到 f 的极小值点. □

由 (4.1.38) 和定理 4.1.5, 还可得到算法 4.1.10 的一个新的收敛性结果.

定理 4.1.13 假设 $\{(\varepsilon_{3,k}, \tau_k, x_{k+1}, \gamma_k)\}$ 由算法 4.1.10 生成, 且满足 (4.1.44) 和 (4.1.45). 若 τ_k 有界, x_k 无界且 $f_0^* > -\infty$, 那么 $\sqrt{f(x_k) - f_0^*}$ 的收敛到零的速率小于几何收敛速率且 $\{\|x_k\|^2/k\}$ 有界.

(三) 一种邻近点法

在文献 [155] 中, Rockafellar 对迭代点为近似计算得到的情形, 提出两个求解最大单调算子问题的一般准则, 并且作为应用, 他将相应的结果引入到下半连续正常凸函数的优化问题, 给出下面的邻近点算法.

算法 4.1.14 对迭代点 x_k, 生成 $(\sigma_k, \lambda_k, x_{k+1}, g_{k+1}) \in R_0^+ \times R^+ \times R^n \times R^n (g_{k+1} \in \partial f(x_{k+1}))$ 满足

$$\mathrm{dist}(0, S_k(x_{k+1})) \leqslant \frac{\delta_k}{\lambda_k} \|x_{k+1} - x_k\|, \tag{4.1.48}$$

其中 $\mathrm{dist}(\cdot, A)$ 表示点到集合 A 的距离,

$$\sum_{k=1}^{\infty} \sigma_k < \infty, \tag{4.1.49}$$

$$S_k(x) = \partial f(x) + \frac{1}{\lambda_k}(x - x_k). \tag{4.1.50}$$

而在下面的讨论中, 我们对条件 (4.1.49) 稍作改动, 只需假设对一切 k 有

$$\sigma_k \in \left[0, \frac{1}{2}\right]. \tag{4.1.51}$$

引理 4.1.15 假设 $\{(\sigma_k, \lambda_k, x_{k+1}, g_{k+1})\} \in R_0^+ \times R^+ \times R^n \times R^n$ 由算法 4.1.14 生成. 设

$$t_k = \frac{1 - \sigma_k}{(1 + \sigma_k)^2} \lambda_k, \tag{4.1.52}$$

则对 $\varepsilon_{1,k} = \varepsilon_{2,k} = 0$, 有 (4.1.5) 成立. 并且有

$$\frac{(1 - \sigma_k)^2}{(1 + \sigma_k)^2} \|x_{k+1} - x_k\| \leqslant t_k \|g_{k+1}\|. \tag{4.1.53}$$

证明 由 (4.1.48)、(4.1.50) 和 (4.1.51), 有

$$\left\| g_{k+1} + \frac{1}{\lambda_k}(x_{k+1} - x_k) \right\| \leqslant \frac{\sigma_k}{\lambda_k} \|x_{k+1} - x_k\|. \tag{4.1.54}$$

利用不等式

$$\left\langle g_{k+1} + \frac{1}{\lambda_k}(x_{k+1} - x_k), x_{k+1} - x_k \right\rangle \leqslant \left\| g_{k+1} + \frac{1}{\lambda_k}(x_{k+1} - x_k) \right\| \|x_{k+1} - x_k\|$$

和 (4.1.54) 可以推得

$$\langle g_{k+1}, x_{k+1} - x_k \rangle \leqslant -\frac{1 - \sigma_k}{\lambda_k} \|x_{k+1} - x_k\|^2.$$

因此

$$\langle g_{k+1}, x_{k+1} - x_k \rangle > \frac{1 - \sigma_k}{\lambda_k} \|x_{k+1} - x_k\|^2. \tag{4.1.55}$$

另一方面, 通过 (4.1.54) 有

$$\|g_{k+1}\| \leqslant \frac{1 + \sigma_k}{\lambda_k} \|x_{k+1} - x_k\|. \tag{4.1.56}$$

由不等式 (4.1.55) 和 (4.1.56) 可以推得

$$\langle g_{k+1}, x_{k+1} - x_k \rangle \geqslant t_k \langle g_{k+1}, g_{k+1} \rangle. \tag{4.1.57}$$

利用凸函数的次梯度不等式, 有

$$f(x_k) \geqslant f(x_{k+1}) + t_k \|g_{k+1}\|^2.$$

因此, (4.1.5) 式成立. 由 (4.1.54), 可得

$$\frac{1 - \sigma_k}{\lambda_k} \|x_{k+1} - x_k\| \leqslant \|g_{k+1}\|,$$

这就证明了 (4.1.53) 成立.   □

下面的定理表明, 对于邻近点算法 4.1.14, RT 现象不会发生. 定理的结论可直接由定理 4.1.3 和引理 4.1.15 得到.

定理 4.1.16 假设 $\{(\sigma_k, \lambda_k, x_{k+1}, g_{k+1})\}$ 由算法 4.1.14 生成, 且 $\sum\limits_{k=1}^{\infty} \lambda_k = +\infty$.

(i) 要么 $\lim\limits_{k \to \infty} f(x_k) = -\infty$, 要么 $\liminf\limits_{k \to} \|g_k\| = 0$. 特别地, 若 $\{x_k\}$ 是有界的, 则 $f(x_k) \to f_0^*$ 且每一个 $\{x_k\}$ 的聚点都是 f 的极小值点.

(ii) 若 $\inf\{\lambda_k\} > 0$, 则要么 $\lim\limits_{k \to \infty} \inf f(x_k) = -\infty$, 要么 $\|g_k\| \to 0$, 此时每一个 $\{x_k\}$ 的聚点 (如果存在) 都是 f 的极小值点.

(iii) $f(x_k) \to f_0^*$.

(iv) 若对于一切 k, $\sigma_k = 0$ 且 f 有极小值点, 则 $\{x_k\}$ 收敛到极小值点.

对算法 4.1.14, 可从定理 4.1.4 和定理 4.1.5 直接得到以下两个基本的收敛速度结果.

定理 4.1.17　(a) 假设 x^* 是 f 的极小值点, $x_k \to x^*$, 且存在两个标量 $r > 0$ 和 $M > 0$ 使得对于任意 x 满足 $\|x - x^*\| \leqslant r$,

$$f(x) - f(x^*) \geqslant M\|x - x^*\|^2, \tag{4.1.58}$$

那么有 (a1) 若

$$\lim_{k \to \infty} \lambda_k = \lambda^* \in (0, +\infty),$$

则 $f(x_k)$ 线性收敛于 $f(x^*)$.

(a2) 若

$$\lim_{k \to \infty} \lambda_k = +\infty,$$

则 $f(x_k)$ 超线性收敛于 $f(x^*)$.

(b) 假设 $\displaystyle\sum_{k=1}^{\infty} \lambda_k = +\infty$, $\{\lambda_k\}$ 有界, $\{x_k\}$ 无界, 且 $f_0^* > -\infty$, 则 $\sqrt{f(x_k) - f_0^*}$ 收敛到零的速率小于几何速率且 $\{\|x_k\|^2/k\}$ 有界.

证明　先证 (a). 因为对于一切 k, 有

$$c_k = \frac{1 - \sigma_k}{(1 + \sigma_k)^2} \lambda_k \frac{f(x_k) - f(x^*)}{\|x_{k+1} - x^*\|^2}$$

和

$$\frac{f(x_{k+1}) - f(x^*)}{f(x_k) - f(x^*)} \leqslant 1.$$

因此, 由 (4.1.51) 有

$$c_k = \frac{1 - \sigma_k}{(1 + \sigma_k)^2} \lambda_k \frac{f(x_k) - f(x^*)}{f(x_{k+1}) - f(x^*)} \frac{f(x_{k+1}) - f(x^*)}{\|x_{k+1} - x^*\|^2} \geqslant \frac{2}{9} M \lambda_k,$$

由定理 4.1.4 即可证明 (a1) 和 (a2) 成立.

(b) 由 m 在 (4.1.7) 的定义可知, 对于算法 4.1.14, 可选取 $m = \frac{1}{9}$, 于是由 (4.1.51) 可知

$$\frac{(1 - \sigma_k)^2}{(1 + \sigma_k)^2} \geqslant m.$$

最后, 由定理 4.1.5 即可证明 (b) 成立. 　　　　　　　　　　　　　　　□

值得注意的是定理 4.1.16 的结论 (iii) 和定理 4.1.17 的结论 (b) 并没有包含在文献 [155] 得到的收敛结果中. 尽管算法 4.1.14 不同于那些使用线搜索产生下一次迭代 $x_{k+1} = x_k + t_k d_k$(其中 d_k 是第 k 次迭代生成的一个线搜索方向), 但令人惊讶的是, 对这两类方法我们仍可以很容易地获得相同的收敛性质. 我们相信本节的工具对在一个统一框架下分析优化问题的收敛性质是十分有用的.

4.2   近 似 方 法

本节介绍适用于正常下半连续广义值凸函数 $f: R^n \to R \cup \{\infty\}$ 的一类极小化方法. 在第 k 次迭代中, 采用近似凸函数 f_{k+1} 代替原来的目标函数 f, 并估计算法的全局收敛速度. 主要包括: (i) 一类新的邻近点算法, 在即使采用在每一步迭代中近似计算得到邻近点情形下, 得到算法的全局收敛速度为 $f(x_k) - \min\limits_{x \in R^n} f(x) = O\left(1 / \left(\sum\limits_{j=0}^{k=1} \sqrt{\lambda_j}\right)^2\right)$, 其中 $\{\lambda_k\}_{k=0}^{\infty}$ 是一个邻近点参数. (ii) 一种变形的邻近束方法及其在随机规划中的应用.

4.2.1   近似方法

下面将利用函数序列 $\{f_k\}_{k=0}^{\infty}$ 来近似目标函数 f. 类似的近似替代对于解决某些优化问题是必要的. 例如, 在随机规划中, 精确计算目标函数值非常复杂. 因为目标函数要涉及到期望值的计算

$$f(x) = E[F(x, \omega)] = \int_{\Omega} F(x, \omega)\wp(d\omega), \tag{4.2.1}$$

其中 ω 是一个定义在概率空间 $(\Omega, A, \wp)$ 下的随机向量, 因此 f 值及其次梯度的精确计算将涉及多重积分. 为了降低计算的复杂性, 一般可将目标函数替换成一个近似函数序列 $\{f_k\}_{k=0}^{\infty}$.

在以 $\{f_k\}_{k=0}^{\infty}$ 近似 f 的基础上, 首先将给出一个模式算法及其全局收敛速度的估计. 随后是一类邻近点算法, 利用 $u_{k+1} \in \partial f(x_{k+1})$ 根据下式来计算 x_{k+1}:

$$\|u_{k+1} + (1/\lambda_k)(x_{k+1} - y_k)\|$$
$$\leqslant \sigma_{4k}\|u_{k+1}\| + (\sigma_{5k}/\lambda_k)\|x_{k+1} - y_k\|, \tag{4.2.2}$$

其中 σ_{4k} 和 σ_{5k} 是 $(0,1)$ 区间上的数. 在同等条件下, 我们获得与文献 [84] 一样的全局收敛速度估计:

$$f(x_k) - \min_{x \in R^n} f(x) = O\left(1 / \sum_{j=0}^{k-1} \sqrt{\lambda_j}\right)^2. \tag{4.2.3}$$

需要说明的是, (i) [84] 中的收敛速度在精确极小化 (4.0.6) 下得到, 而这里利用非精确的 (4.2.2) 式得到相同的收敛结果, 例如可对于一切 k, 取 $\sigma_{4k} = \sigma_{5k} = 1/5$, 或者取 $\sigma_{4k} = 0$ 和 $\sigma_{5k} \in [0, 1/3]$, 或者取 $\sigma_{4k} \in [0, 1/2]$ 和 $\sigma_{5k} = 0$ 等. 这与 [84] 中邻近

点算法的本质不同在于 σ_{4k} 和 σ_{5k} 可与零有界间隔; (ii) 算法通过计算 (4.2.2) 式要快于计算 (4.0.7) 式.

最后是算法的应用, 即应用于随机规划和通过计算

$$x_{k+1} = \arg\min\{f_{k+1}(x) + (1/2\lambda_k)\|x - y_k\|^2 : x \in R^n\} \tag{4.2.4}$$

得到近似束方法的一个变形.

4.2.2 模型方法与算法

近似替代目标函数的思想是利用递推生成的简单凸二次函数序列 $\{\varphi_k\}_{k=0}^{\infty}$ 来近似 f, 使得在第 k 步迭代中, 对所有 $x \in R^n$, 有

$$\varphi_{k+1}(x) - f(x) \leqslant (1 - \alpha_k)[\varphi_k - f(x)], \tag{4.2.5}$$

其中 $\alpha_k \in [0,1)$. 如果对于每一个 $k \geqslant 0$, (4.2.5) 都得到满足, 则有

$$\varphi_k - f(x) \leqslant \left(\prod_{i=0}^{k-1}(1 - \alpha_i)\right)[\varphi_0(x) - f(x)]. \tag{4.2.6}$$

若在第 k 步中,

$$f(x_k) \leqslant \varphi_k^* := \min\{\varphi_k(z) : z \in R^n\}, \tag{4.2.7}$$

则由 (4.2.6),

$$f(x_k) - f(x) \leqslant \left(\prod_{i=0}^{k-1}(1 - \alpha_i)\right)[\varphi_0(x) - f(x)], \tag{4.2.8}$$

可以证明当 $\Pi_{i=0}^{k-1}(1 - \alpha_i) \to 0$ 时, $\{x_k\}_{k=0}^{\infty}$ 是 f 的极小化序列.

下面将上述思想推广为在第 k 步中以下半连续广义值凸函数 $\{f_k\}_{k=0}^{\infty}$ 序列近似 f.

首先假设

(A1) 对所有 $x \in \mathrm{dom} f$, $\forall k \geqslant 0$, $f_k(x) < +\infty$.

设 $x_0 \in R^n$, $\{x_k\}_{k=0}^{\infty} \subset R^n$, $u_{k+1} \in \partial f_{k+1} x_{k+1}$, 给定常数 $a > 0$. 对 $\alpha_k \in [0,1)$, 定义

$$\varphi_0(x) = f_0(x_0) + (a/2)\|x - x_0\|^2, \tag{4.2.9}$$

$$\varphi_{k+1} = (1 - \alpha_k)\varphi_k(x) + \alpha[f_{k+1}(x_{k+1}) + u_{k+1}^{\mathrm{T}}(x - x_{k+1})]$$
$$- (1 - \alpha_k)[f_k(x_k) - f_{k+1}(x_k)]. \tag{4.2.10}$$

以下两个引理是对应结果的推广.

引理 4.2.1 对于一切 k, 有二次函数 $\varphi_k(x)$ 满足下列不等式:

$$\varphi_{k+1}(x) - f_{k+1}(x) \leqslant (1 - \alpha_k)[\varphi_k(x) - f_k(x)] + (1 - \alpha_k)\delta_{k+1}(x), \qquad (4.2.11)$$

其中

$$\delta_{k+1}(x) = f_k(x) - f_{k+1}(x) + f_{k+1}(x_k) - f_k(x_k),$$
$$k = 0, 1, \cdots. \qquad (4.2.12)$$

证明 根据 φ_{k+1} 的定义, 有

$$\varphi_{k+1}(x) - f_{k+1}(x)$$
$$= (1 - \alpha_k)[\varphi_k(x) - f_k(x)] + (1 - \alpha_k)f_k(x) - f_{k+1}(x)$$
$$+ \alpha_k[f_{k+1}(x_{k+1}) + u_{k+1}^{\mathrm{T}}(x - x_{k+1})] - (1 - \alpha_k)[f_k(x_k) - f_{k+1}(x_k)]$$
$$= (1 - \alpha_k)[\varphi_k(x) - f_k(x)]$$
$$+ (1 - \alpha_k)[f_k(x) - f_k(x_k) - f_{k+1}(x) + f_{k+1}(x_k)]$$
$$- \alpha_k[f_{k+1}(x) - f_{k+1}(x_{k+1}) - u_{k+1}^{\mathrm{T}}(x - x_{k+1})].$$

利用 f_{k+1} 的凸性, 即可证得 (4.2.11) 式.   □

记 $\delta_0 = 0, \varepsilon_0 = 0, \alpha_{-1} = 0$,

$$\varepsilon_{k+1}(x) = (1 - \alpha_{k-1})\varepsilon_k(x) - \delta_{k+1}(x), \quad k = 0, 1, 2, \cdots, \qquad (4.2.13)$$

且对于一切 $1 \leqslant j \leqslant k$, 设

$$\Delta_{kj} = \prod_{i=1}^{j}(1 - \alpha_{k-j}).$$

易证

$$\varepsilon_{k+1}(x) = \delta_{k+1}(x) + \sum_{j=1}^{k} \Delta_{kj}\delta_{k+1-j}(x). \qquad (4.2.14)$$

由引理 4.2.1, 有

$$\varphi_{k+1}(x) - f_{k+1}(x)$$
$$= \left(\prod_{i=0}^{k}(1 - \alpha_i)\right)[\varphi_0(x) - f_0(x)] + (1 - \alpha_k)\varepsilon_{k+1}(x). \qquad (4.2.15)$$

因为对于一切 k, 二次函数 φ_k 可以写为正则形式, 因此可设

$$\varphi_k(x) = \varphi_k^* + (a_k/2)\|x - v_k\|^2,$$

结合 (4.2.10) 式可推出

$$a_{k+1} = (1-\alpha_k)a_k, \tag{4.2.16}$$

$$v_{k+1} = v_k - (\alpha_k/a_{k+1})u_{k+1}. \tag{4.2.17}$$

根据 (4.2.9) 式, 有 $a_0 = a$ 和 $v_0 = x_0$. □

引理 4.2.2　若 $\varphi_k^* \geqslant f_k(x_k)$, 则

$$\varphi_{k+1}^* \geqslant f_{k+1}(x_{k+1}) + u_{k+1}^{\mathrm{T}}[(1-\alpha_k)x_k + \alpha_k v_k - x_{k+1} - (\alpha_k^2/2a_{k+1})u_{k+1}]. \tag{4.2.18}$$

证明　根据 φ_{k+1}^* 的定义, 以及 (4.2.16)、(4.2.17) 式和引理中的假设, 有

$$
\begin{aligned}
\varphi_{k+1}^* &= \varphi_{k+1}(v_{k+1}) \\
&= (1-\alpha_k)\varphi_k(v_{k+1}) + \alpha_k[f_{k+1}(x_{k+1}) + u_{k+1}^{\mathrm{T}}(v_{k+1} - x_{k+1})] \\
&\quad - (1-\alpha_k)[f_k(x_k) - f_{k+1}(x_k)] \\
&= (1-\alpha_k)\varphi_k^* + [(1-\alpha_k)\alpha_k/2]\|v_{k+1} - v_k\|^2 \\
&\quad - (1-\alpha_k)[f_k(x_k) - f_{k+1}(x_k)] \\
&\quad + \alpha_k f_{k+1}(x_{k+1}) + \alpha_k u_{k+1}^{\mathrm{T}}(v_{k+1} - x_{k+1}) \\
&\geqslant (1-\alpha_k)[f_{k+1}(x_k) - f_{k+1}(x_{k+1})] \\
&\quad + (\alpha_{k+1}/2)\|(\alpha_k/a_{k+1})u_{k+1}\|^2 \\
&\quad + a_k u_{k+1}^{\mathrm{T}}(v_k - (\alpha_k/a_{k+1})u_{k+1} - x_{k+1}) + f_{k+1}(x_{k+1}).
\end{aligned}
$$

利用 f_{k+1} 的凸性, 有

$$
\begin{aligned}
\varphi_{k+1}^* &\geqslant f_{k+1}(x_{k+1}) + (1-\alpha_k)u_{k+1}^{\mathrm{T}}(x_k - x_{k+1}) \\
&\quad + a_k u_{k+1}^{\mathrm{T}}(v_k - x_{k+1}) - (\alpha_k^2/2a_{k+1})\|u_{k+1}\|^2 \\
&= f_{k+1}(x_{k+1}) + u_{k+1}^{\mathrm{T}}[(1-\alpha_k)x_k + \alpha_k v_k - x_{k+1} - (\alpha_k^2/2a_{k+1})u_{k+1}].
\end{aligned}
$$

故 (4.2.18) 式得证. □

设

$$y_k = (1-\alpha_k)x_k + \alpha_k v_k, \tag{4.2.19}$$

$u_{k+1} \in \partial f_{k+1}(x_{k+1})$, 选择 x_{k+1} 使得

$$q_{k+1} = u_{k+1}^{\mathrm{T}}[y_k - x_{k+1} - (\alpha_k^2/2a_{k+1})u_{k+1}] \geqslant 0, \tag{4.2.20}$$

便可得到下面的引理.

引理 4.2.3 假设 (4.2.19) 和 (4.2.20) 式成立, 则对于 $k = 0, 1, 2, \cdots$, 有

$$\varphi_k^* \geqslant f_k(x_k), \tag{4.2.21}$$

并且对于 $k = 0, 1, 2, \cdots$, 有

$$\varphi_k^* \geqslant f_k(x_k) + q_k. \tag{4.2.22}$$

证明 用归纳法证明 (4.2.21) 式成立. 根据 φ_0 的定义, (4.2.21) 对于 $k = 0$ 成立. 假设 (4.2.21) 式对于 k 成立, 则根据引理 4.2.2 和 (4.2.20) 式, 可知对 $k+1$, (4.2.21) 式也成立. 然后通过引理 4.2.2, (4.2.18) 和 (4.2.21) 式亦可证明 (4.2.22) 式成立.   □

算法 4.2.4 模式算法 (MMA)

步 1. 初始化.

选择初始点 $x_0 \in \mathrm{dom} f$. 令 $v_0 = x_0, a_0 = a > 0, \alpha_0 \in (0, 1)$, 且 $k := 0$.

步 2. 设 $y_k = (1 - \alpha_k)x_k + \alpha_k v_k$.

步 3. 生成满足假设 (A1) 的 f_{k+1}.

由 $u_{k+1} \in \partial f_{k+1}(x_{k+1})$ 计算 x_{k+1}, 使得 (4.2.20) 式成立, 即

$$q_{k+1}^{\mathrm{MMA}} = u_{k+1}^{\mathrm{T}}\{y_k - x_{k+1} - [\alpha_k^2/2(1 - \alpha_k)a_k]u_{k+1}\} \geqslant 0.$$

令

$$a_{k+1} = (1 - \alpha_k)a_k,$$

$$v_{k+1} = v_k - (\alpha_k/a_{k+1})u_{k+1},$$

选取 $\alpha_{k+1} \in (0, 1)$.

步 4. $k := k + 1$, 返回步 1.

值得注意的是, 对任意的 $y_k \in R^n, \alpha_k \in (0, 1)$, 以及 $a_k > 0$, 总可以找到 x_{k+1} 和 $u_{k+1} \in \partial f_{k+1}(x_{k+1})$, 使得 $q_{k+1}^{\mathrm{MMA}} \geqslant 0$. 事实上, 因为

$$\partial f_{k+1}(x) + \{1/[\alpha_k^2/(a_k(1 - a_k))]\}(x - y_k)$$

是一个模为 $1/[\alpha_k^2/(a_k(1 - a_k))]$ 的强单调映射, 存在唯一解 x_{k+1} 使得

$$0 \in \partial f_{k+1}(x_{k+1}) + \{1/[\alpha_k^2/(a_k(1 - a_k))]\}(x_{k+1} - y_k).$$

设 $u_{k+1} \in \partial f_{k+1}(x_{k+1})$ 使得

$$0 = u_{k+1} + \{1/[\alpha_k^2/(a_k(1 - a_k))]\}(x_{k+1} - y_k).$$

则 (x_{k+1}, u_{k+1}) 即为所求.

根据 (4.2.15) 式和引理 4.2.3, 可得到如下收敛速度估计.

定理 4.2.5　设 $\{x_k\}_{k=0}^{\infty}$ 由 MMA 算法生成, 则对于一切 $x \in \mathrm{dom}f$, $k \geqslant 1$, 有

$$f_k(x_k) - f_k(x) + q_k^{\mathrm{MMA}} \leqslant \beta_k[\varphi_0(x) - f_0(x)] + (1 - \alpha_{k-1})\varepsilon_j(x),$$

其中

$$\beta_k = \prod_{i=0}^{k-1}(1 - \alpha_i).$$

该模式算法中在三个方面可以有不同的选择: (a) 近似序列 $\{f_k\}_{k=0}^{\infty}$; (b) 求解 q_k^{MMA} 的方法; (c) 参数 α_k 的选择. 下面将先讨论 (a), 然后再来讨论 (b)、(c).

记 $\delta_0^0 = 0, \varepsilon_0^0 = 0, \alpha_{-1}^0 = 0$,

$$\delta_{k+1}^0 = f_{k+1}(x_k) - f_k(x_k), \quad k = 0, 1, 2, \cdots, \tag{4.2.23}$$

$$\varepsilon_{k+1}^0 = (1 - \alpha_{k-1})\varepsilon_k^0 + \delta_{k+1}^0, \quad k = 0, 1, 2, \cdots, \tag{4.2.24}$$

$$\varepsilon_{k+1}^0 = \delta_{k+1}^0 + \sum_{j=1}^{k} \Delta_{kj}\delta_{k+1-j}^0, \tag{4.2.25}$$

其中 $\Delta_{kj} = \prod_{i=1}^{j}(1 - \alpha_{k-i})$.

推论 4.2.6　假设 $\{x_k\}_{k=0}^{\infty}$ 由算法 MMA 生成, 其中对于 $x \in \mathrm{dom}f$ 和 $k \geqslant 0$, 有 $f_k(x) \leqslant f_{k+1}(x)$. 假设 f_k 满足以下条件:

(A2)　*存在指标集 K 使得对于一切 $x \in \mathrm{dom}f$, 有*

$$\lim_{k \in K} \sup_{k \to \infty} f_{k+1}(x) \geqslant f(x). \tag{4.2.26}$$

再设

$$\lim_{k \in K, k \to \infty} \beta_{k+1} = 0, \tag{4.2.27}$$

$$\lim_{k \in K, k \to \infty} (1 - \alpha_k)\varepsilon_{k+1}^0 = 0, \tag{4.2.28}$$

$$\lim_{k \in K, k \to \infty} \sup f_{k+1}(x_{k+1}) \geqslant \lim_{k \in K, k \to \infty} \sup f(x_k),$$

$$\left[或 \lim_{k \in K, k \to \infty} \sup f_{k+1}(x_{k+1}) \geqslant \lim_{k \in K, k \to \infty} \sup f(y_k)\right]. \tag{4.2.29}$$

则 $\{x_k\}_{k \in K}$ $[或 \{y_k\}_{k \in K}]$ 是 f 的极小化序列.

证明   根据假设 $f_k(x) \leqslant f_{k+1}(x)$, 对于 $x \in \mathrm{dom}f$ 和 $k \geqslant 0$, 有 $\delta_k(x) \leqslant \delta_k^0$, $\varepsilon_k(x) \leqslant \varepsilon_k^0$. 根据定理 4.2.5 和引理的假设, 对于一切 $x \in \mathrm{dom}f$, 有

$$\lim_{k \in K, k \to \infty} \sup f(x_k) \leqslant f(x),$$

这就证明了 $\{x_k\}_{k \in K}$ 是 f 的一个极小化序列. 同理可证, $\{y_k\}_{k \in K}$ 也是 f 的一个极小化序列. $\square$

下面的结论表明, 对于任意有界序列 $\{\delta_k^0\}_{k=0}^\infty$, 可选取 $\alpha_k \in (0,1)$ 使得 (4.2.27) 和 (4.2.28) 式成立.

引理 4.2.7   假设 $\{|\delta_k^0|\}_{k=0}^\infty$ 有界.

(i) 若有 $\bar{\alpha} \geqslant 0$, 使得对一切的 $k \geqslant 0$ 有 $\alpha_k \geqslant \bar{\alpha} > 0$, 则 (4.2.27) 式成立且 $\{|\varepsilon_k^0|\}_{k=0}^\infty$ 有界.

(ii) 若 $\alpha_k \to 1$, 则 (4.2.28) 式成立.

证明   根据 δ_k^0 的有界性知存在 $M > 0$, 使得对于一切 $k \geqslant 0$ 有 $|\delta_k^0| \leqslant M$. 再由 Δ_{kj} 的定义, 对于一切 $1 \leqslant j \leqslant k$ 有

$$\Delta_{kj} = \prod_{i=1}^{j}(1 - \alpha_{k-1}) \leqslant (1 - \bar{\alpha})^j.$$

将上述不等式结合 (4.2.24) 式, 可推得

$$|\varepsilon_{k+1}^0| \leqslant \left(1 + \sum_{j=1}^{k}(1 - \bar{\alpha})^j\right),$$

于是 $\{|\varepsilon_k^0|\}_{k=0}^\infty$ 是有界的. 又因为

$$0 < \beta_k = \prod_{j=0}^{k-1}(1 - \alpha_j) \leqslant (1 - \bar{\alpha})^k,$$

(4.2.27) 式成立. 由于 (ii) 中的条件可以推出 (i) 中的条件成立, 故由 $\alpha_k \to 1$, $\{|\varepsilon_k^0|\}_{k=0}^\infty$ 有界, 即可得到 (ii) 的结论成立. $\square$

记

$$f^* = \inf\{f(x) : x \in R^n\},$$

$$X^* = \{x : x \in R^n, f(x) = f^*\},$$

$$f_0^* = \inf\{f_0(x) : x \in X^*\}.$$

推论 4.2.8　假设 $\{x_k\}_{k=0}^{\infty}$ 由 MMA 算法生成, 其中对于 $x \in \mathrm{dom}f$ 和 $k \geqslant 0$ 满足 $f_k(x) \leqslant f_{k+1}(x)$; 令 $f^* > -\infty$ 和 $f_0^* > -\infty$. 假设 f_k 满足如下条件:

$(A2)^*$ 对一切 $k \geqslant 0$, 存在依赖于 k 和 f 的常数 $b_k \geqslant 0$, 使得对于任意的 $x \in \mathrm{dom}f$,

$$|f(x) - f_k(x)| \leqslant b_k. \tag{4.2.30}$$

则有以下结论成立:

(i) 对于任意 $x \in \mathrm{dom}f$,

$$f(x_k) - f(x) + q_k^{\mathrm{MMA}} \leqslant \beta_k[\varphi_0(x) - f_0(x)] + (1 - \alpha_{k-1})\varepsilon_k^0 + 2b_k. \tag{4.2.31}$$

特别地, 有收敛速度估计

$$\begin{aligned} &f(x_k) - f^* + q_k^{\mathrm{MMA}} \\ &\leqslant \beta_k[f_0(x_0) - f_0^* + (a/2)\rho(x_0, X^*)^2] + (1 - \alpha_{k-1})\varepsilon_k^0 + 2b_k. \end{aligned} \tag{4.2.32}$$

(ii) 若

$$\lim_{k \to \infty} b_k = 0, \tag{4.2.33}$$

以及 (4.2.27)、(4.2.28) 式成立, 则 $\{x_k\}_{k=0}^{\infty}$ 是 f 的一个极小化序列.

特别地, 若存在 $r \in (0,1)$ 使得对于一切 $k \geqslant 0$ 有 $\alpha_k = 1 - r$ 和 $b_k = r^k$ 成立, 则 $\{x_k\}_{k=0}^{\infty}$ 是 f 的一个极小化序列. 并且

$$f(x_k) - f^* = O(kr^k). \tag{4.2.34}$$

(iii) 假设 (4.2.27)、(4.2.28) 和 (4.2.33) 成立. 若 X^* 是 R^n 的非空紧子集, 则 $\{x_k\}_{k=0}^{\infty}$ 有界且每个 $\{x_k\}_{k=0}^{\infty}$ 的聚点都是 f 的极小值点.

证明　由定理 4.2.5 易得结论 (i).

根据 (4.2.31) 式, 如果 (4.2.27)、(4.2.28) 和 (4.2.33) 式成立, 则 $\{x_k\}_{k=0}^{\infty}$ 是 f 的极小化序列. 下证 (4.2.34) 成立.

假设 $k \geqslant 1$. 由 δ_k^0, Δ_{kj} 的定义以及 (4.2.20) 式, 有

$$\delta_k^0 \leqslant r^{k-1} + r^k,$$

$$\Delta_{kj} = r^j.$$

结合 (4.2.25) 和上述关系式可以推得

$$\varepsilon_k^0 \leqslant k(r^{k-1} + r^k).$$

再由与 $\beta_k = r^k$ 以及 (4.2.31) 式, 可以得到

$$f(x_k) - f^* + q_k \leqslant [f_0(x_0) - f_0^* + (a/2)\rho(x_0, X^*)^2 + (1+r)k + 2]r^k,$$

于是 (4.2.34) 成立.

由 $\{x_k\}_{k=0}^{\infty}$ 是 f 的一个极小化序列和 X^* 是紧的, 可以得到结论 (iii). $\square$

如果对一切 $k \geqslant 0$ 有 $f_k = f$, 则有 $\delta_k^0 = 0$. 在这种情况下, 选取 $b_k = 0$, 利用定理 4.2.5, 可得到以下推论.

推论 4.2.9   假设 $\{x_k\}_{k=0}^{\infty}$ 由 MMA 算法生成. 若对任意 $k \geqslant 0$ 有 $f_k = f$, 则

$$f(x_k) - f(x) + q_k^{\mathrm{MMA}} \leqslant \beta_k[f(x_0) - f(x) + (a/2)\|x - x_0\|^2]. \tag{4.2.35}$$

因此,

$$f(x_k) - f^* \leqslant \beta_k[f(x_0) - f^* + (a/2)\rho(x_0, X^*)^2], \tag{4.2.36}$$

以及若 $\beta_k \to 0$ 则 MMA 算法收敛 $(f(x_k) \to f^*)$. 此外, MMA 算法的全局收敛速度估计为

$$f(x_k) - f^* \leqslant O(\beta_k),$$

其中

$$\rho(z, W) = \min\{\|z - w\| : w \in W\}.$$

注 4.2.1   根据 ε_k^0 和 $\varepsilon_k^0(x)$ 的定义, 可以类似地证明即使 $f_k(x) \leqslant f_{k+1}(x)$ 不成立, 仍然有推论 4.2.8 成立.

注 4.2.2   推论 4.2.8 及注解 4.2.7 在求解一些紧致的凸优化问题时是十分有用的. 下面的例子可视为来源于一般随机规划问题.

例 4.2.1   假设 f 有结构

$$f(x) = h_0(x) = \sum_{k=1}^{\infty} p_k h_k(x) + \Theta_\chi(x),$$

其中, $\chi \subset R^n$ 是非空紧凸集, Θ_χ 是 χ 上的指示函数, 即

$$\Theta_\chi(x) = \begin{cases} 0, & \text{若 } x \in \chi, \\ +\infty, & \text{其他}. \end{cases}$$

假设:

(B1) 对于 $j \geqslant 0, h_j : R^n \to R$ 是一个凸函数;

(B2) 对于 $j \geqslant 1, h_j(x) \geqslant 0$ 且有常数 $M_0 > 0$ 使得 $\sup_{k \geqslant 1}\{h_j(x) : x \in \chi\} \leqslant M_0$;

(B3) 对于 $j \geqslant 1$, 有 $p_j \geqslant 0$ 且 $\displaystyle\sum_{j=1}^{\infty} p_j < +\infty$.

令

$$f_k(x) = h_0(x) + \sum_{i=1}^{k} p_i h_i(x) + \Theta_\chi(x).$$

利用 MMA 算法求解 f 的优化问题 $\min\{f(x) : x \in R^n\}$. 即使当 $h_j(x) \geqslant 0$ 或者 $p_j \geqslant 0$ 不成立时, 仍可以利用注 4.2.1 求解该优化问题.

例 4.2.2　考虑问题

$$\min \left\{ f(x) = \int_\Omega F(x,y)dy + \Theta_\chi(x) : x \in R^n \right\}, \tag{4.2.37}$$

其中 Ω 是 R^m 的一个紧子集, $F(\cdot,\cdot) : R^n \times R^m \to R$ 是在 Ω 上的 Hardy-Krause 有界变差; $F(\cdot, y)$ 对于任意 $y \in \Omega$ 是凸的.

根据积分性质, 可选取 $\Omega_j^k \subset \Omega$ 以及 $y_j^k \in \Omega_j^k$, 使得 $0 \leqslant j \leqslant k-1$, 有

$$f_k(x) = \sum_{j=0}^{k-1} F(x,y_j^k)\mu(\Omega_j^k) + \Theta_\chi(x)$$

满足以下条件:

(C1) 对于一切 $k \geqslant 1$, $\cup_{j=0}^{k-1}\Omega_j^k = \Omega$, 且对于一切 $0 \leqslant i < j \leqslant k-1$, $\text{int}\Omega_i^k \cap \text{int}\Omega_j^k = \varnothing$, 其中 int 表示集合的内部;

(C2) $\lim_{k\to\infty} \sup\{|f(x) - f_k(x)| : x \in \chi\} = 0$.

于是根据注 4.2.1, 可以利用 MMA 算法求解 (4.2.37).

4.2.3　新的邻近点算法

通过引入一个新的求解 (4.2.20) 式的方法, 本小节将给出一类带四个参数 $(\lambda_k, \alpha_k, \sigma_{4k}, \sigma_{5k})$ 的新邻近点算法. 实际上, Güler 用 (4.0.6) 式求解了 (4.2.20). 而这里将利用 (4.2.2) 式来求解 (4.2.20). 该方法主要基于引理 4.2.10, 且我们证明了可以选择 $\lambda_k, \sigma_{4k}, \sigma_{5k}$ 使得 (4.2.2) 的解集被包含在 (4.2.20) 的解集之下.

引理 4.2.10　设 u, v 为 R^n 的向量, $\tau \in [0,1], t \in [0,1)$. 假设

$$\|u + v\| \leqslant \tau\|u\| + t\|v\|. \tag{4.2.38}$$

则

$$-u^{\mathrm{T}}v \geqslant [1 - (\tau + t)/(1-t)]\|u\|^2. \tag{4.2.39}$$

证明　由不等式

$$(u + v)^{\mathrm{T}}u \leqslant \|u+v\|\|u\|$$

与 (4.2.38) 式可以推得

$$-u^{\mathrm{T}}v \geqslant (1-\tau)\|u\|^2 - t\|u\|\|v\|. \tag{4.2.40}$$

另一方面, 根据 (4.2.38), 有

$$\|v\| \leqslant [(1+\tau)/(1-t)]\|u\|,$$

再结合 (4.2.40) 即可证得 (4.2.39).   □

推论 4.2.11　设 u, v, w 是 R^n 的向量, 令 $\lambda > 0, \tau \in [0,1], t \in [0,1)$. 假设

$$\|u + (1/\lambda)(v - w)\| \leqslant \tau\|u\| + (t/\lambda)\|v - w\|,$$

则

$$u^{\mathrm{T}}(w - v) \geqslant [1 - (\tau + t)/(1 - t)]\lambda\|u\|^2.$$

设

$$\Psi(\tau; t) = 1 - (\tau + t)/(1 - t)\lambda\|u\|^2.$$

根据推论 4.2.11, 即可以介绍下面的一般邻近点算法.

算法 4.2.12　*一般邻近点算法* (GPPA)

步 1.　*初始化. 选择初始点* $x_0 \in \mathrm{dom} f$. *令* $v_0 = x_0, a_0 = a > 0$, *且* $k := 0$.

步 2.　*选择* $\lambda_k > 0, \alpha_k \in (0,1), \sigma_{4k} \in [0,1], \sigma_{5k} \in [0,1)$ *使得*

$$\alpha_k^2/2a_k(1 - \alpha_k) \leqslant \lambda_k \Psi(\sigma_{4k}, \sigma_{5k}); \tag{4.2.41}$$

令

$$y_k = (1 - \alpha_k)x_k + \alpha_k v_k.$$

步 3.　*生成满足假设* (A1) *的* f_{k+1}. *计算* $u_{k+1} \in \partial f_{k+1}(x_{k+1})$ *及* x_{k+1}, *使得*

$$\|u_{k+1} + (1/\lambda_k)(x_{k+1} - y_k)\| \leqslant \sigma_{4k}\|u_{k+1}\| + (\sigma_{5k}/\lambda_k)\|x_{k+1} - y_k\|. \tag{4.2.42}$$

令

$$a_{k+1} = (1 - \alpha_k)a_k,$$

$$v_{k+1} = v_k - (\alpha_k/a_{k+1})u_{k+1}.$$

步 4.　$k := k + 1$, *返回步* 1.

定理 4.2.13　*假设* $\sigma_{4k} \in [0,1]$, $\sigma_{5k} \in [0,1)$. *若* $u_{k+1} \in \partial f_{k+1}(x_{k+1})$, *且* (x_{k+1}, u_{k+1}) *是* (4.2.42) *的一个解, 则*

$$u_{k+1}^{\mathrm{T}}(y_k - x_{k+1}) \geqslant \Psi(\sigma_{4k}, \sigma_{5k})\lambda_k\|u_{k+1}\|^2. \tag{4.2.43}$$

于是, 若 (4.2.41) 式成立, 则 (x_{k+1}, u_{k+1}) 是 (4.2.20) 的一个解. 并且

$$q_{k+1}^{\mathrm{MMA}} \geqslant q_{k+1}^{\mathrm{GPPA}} = (\lambda_k/2)\{2\Psi(\sigma_{4k}, \sigma_{5k}) - [\alpha_k^2/(1 - \alpha_k)a_k\lambda_k]\}\|u_{k+1}\|^2 \geqslant 0. \tag{4.2.44}$$

证明　对于任意的 k, 设

$$u = u_{k+1}, \quad v = x_{k+1}, \quad w = y_k, \quad \lambda = \lambda_k,$$

$$\tau = \sigma_{4k}, \quad t = \sigma_{5k}.$$

根据引理 4.2.10 可得 (4.2.43). 由 q_k^{MMA} 的定义以及 (4.2.43) 式, 若 (4.2.41) 式成立, 则有 $q_k^{\mathrm{MMA}} \geqslant 0$ 使得 (x_{k+1}, u_{k+1}) 为 (4.2.20) 的一个解; 再由 q_k^{MMA} 和 q_k^{GPPA} 的定义可知 (4.2.44) 成立. □

我们意图找到 σ_{4k}, σ_{5k} 和 α_k 使得对于任意给定的序列 $\{\lambda_k\}_{k=0}^{\infty}$, 能够尽可能快地让 $\beta_k \to 0$. 根据 β_k 的定义, 这一问题等价于找到尽可能大的 α_k. 为了找到这样的 α_k, 对于任意 $c > 0$, 设

$$c - \alpha_k^2/(1 - \alpha_k)a_k\lambda_k = 0, \tag{4.2.45}$$

或者

$$\alpha_k^2 + ca_k\lambda_k\alpha_k - ca_k\lambda_k = 0,$$

即

$$\alpha_k(c) = [\sqrt{(ca_k\lambda_k)^2 + 4ca_k\lambda_k} - ca_k\lambda_k]/2. \tag{4.2.46}$$

类似文献 [43] 中引理 2.2 的证明, 可以得到下面的引理.

引理 4.2.14　对一切 $k > 0$, 有

$$1 \Big/ \left[1 + \sqrt{ca} \sum_{j=0}^{k-1} \sqrt{\lambda_j} \right]^2 \leqslant \beta_k(c) \leqslant 1 \Big/ \left[1 + (\sqrt{ca}/2) \sum_{j=0}^{k-1} \sqrt{\lambda_j} \right]^2. \tag{4.2.47}$$

设 $\sum(c) = \{(\tau, t) : \tau \in [0,1], t \in [0,1), \Psi(\tau, t) \geqslant c/2\}$. 由于对任意的 $c \in (0, 2)$, 有

$$\{(\tau, t) : t = \tau \leqslant (2 - c)/(6 - c)\} \subset \sum(c),$$

$\sum(c) \neq \varnothing$. 根据推论 4.2.9, 可以得到以下收敛速率结果.

定理 4.2.15　假设对一切 $k \geqslant 0, f_k = f, \alpha_k$ 满足 (4.2.45) 式. 若 $(\sigma_{4k}, \sigma_{5k}) \in \sum(c)$, 则对任意的 $x \in \mathrm{dom}f$, GPPA 算法对任意的 c 都有全局收敛速率估计

$$f(x_k) - f(x) + (\lambda_{k-1}/2)[2\Psi(\sigma_{4(k-1)}, \sigma_{5(k-1)}) - c]\|u_k\|^2$$

$$\leqslant [f(x_0) - f(x) + (a/2)\|x - x_0\|^2] \Big/ \left[1 + (\sqrt{ca}/2) \sum_{j=0}^{k-1} \sqrt{\lambda_j} \right]^2$$

$$\leqslant \left(1 \Big/ \left(\sum_{j=0}^{k-1} \sqrt{\kappa_j} \right)^2 \right). \tag{4.2.48}$$

因此,

$$f(x_k) - f^* \leqslant [4(f(x_0) - f^* + (a/2)\rho(x_0, X^*)^2)] \bigg/ \left[ca \left(\sum_{j=0}^{k-1} \sqrt{\lambda_j} \right)^2 \right]. \quad (4.2.49)$$

若

$$\sum_{k=0}^{\infty} \sqrt{\lambda_k} = \infty, \quad (4.2.50)$$

则 GPPA 算法对任意 c 收敛, 即 $f(x_k) \to f^*$. 特别地, 若对所有的 $k \geqslant 0$, $\lambda_k \geqslant \lambda > 0$, 则

$$f(x_k) - f^* \leqslant (4/a\lambda ck^2)[f(x_0) - f^* + (a/2)\rho(x_0, X^*)^2]$$
$$= O(1/k^2). \quad (4.2.51)$$

因为

$$\alpha_k'(c) = 2a_k\lambda_k \bigg/ \left[\left(2 + ca_k\lambda_k + \sqrt{(ca_k\lambda_k)^2 + 4ca_k\lambda_k} \right) \cdot \sqrt{(ca_k\lambda_k)^2 + 4ca_k\lambda_k} \right] > 0,$$

故 $\alpha_k(c)$ 是一个关于 c 的增函数. 另一方面, 因为 $\Psi(0,0) = 1$ 以及 $t \in (0,1)$, 对于一切 $\tau \in (0,1]$,

$$\Psi(\tau, t) = 1 - (t + \tau)/(1 - t) < 1.$$

因此 $c = 2$, 即对于序列 $\{\lambda_k\}_{k=0}^{\infty}$ 来说,

$$\alpha_k(2) = \sqrt{(a_k\lambda_k)^2 + 2a_k\lambda_k} - a_k\lambda_k$$

是尽可能快的让 $\beta_k \to 0$ 的最优选择. 根据引理 4.2.14, 有

$$1 \bigg/ \left[1 + (\sqrt{2a}) \sum_{j=0}^{k-1} \sqrt{\lambda_j} \right]^2 \leqslant \beta_k(2) \leqslant 1 \bigg/ \left[1 + (\sqrt{2a}/2) \sum_{j=0}^{k-1} \sqrt{\lambda_j} \right]^2, \quad (4.2.52)$$

以及下面的结论.

推论 4.2.16 假设对于一切 $k, f_k = f$, $c = 2$, α_k 满足 (4.2.45) 式. 若 $\sigma_{4k} = \sigma_{5k} = 0$, 则对于任意的 $x \in \mathrm{dom} f$, GPPA 算法在 $c = 2$ 时有全局收敛速率估计

$$f(x_k) - f(x) \leqslant [f(x_0) - f(x) + (a/2)\|x - x_0\|^2] \bigg/ \left[1 + (\sqrt{2a}/2) \sum_{j=0}^{k-1} \sqrt{\lambda_j} \right]^2.$$
$$(4.2.53)$$

因此,

$$f(x_k) - f^* \leqslant 2[f(x_0) - f^* + (a/2)\rho(x_0, X^*)^2] \Big/ \left[a \left(\sum_{j=0}^{k-1} \sqrt{\lambda_j} \right)^2 \right]. \tag{4.2.54}$$

在文献 [43] 中,Güler 选择 $c = 1$ 并利用 (4.0.6) 式精确计算 x_{k+1}, 得到相应的收敛速率结果 (4.2.48)-(4.2.51). 设

$$\sum_{E_1} = \{(\tau, t) : \tau = 0, t \in [0, 1/3]; \tau \in [0, 1/2], t = 0\}.$$

因为 $\Psi(0; 1/3) = \Psi(1/3, 0) = 1/2$, 当 $t \in [0, 1), \tau \in [0, 1/3), \sum_{E_1} \subset \sum(1)$ 时,

$$\Psi(0, t) = 1 - t/(1 - t) = 2 - 1/(1 - t)$$

和 $\Psi(\tau; 0) = 1 - \tau$ 都是递减的. 因此, 有下一推论.

推论 4.2.17 假设对于一切 k, $f_k = f$, $c = 1$, 以及 α_k 满足 (4.2.45) 式. 若 $(\sigma_{4k}, \sigma_{5k}) \in \sum_{E_1}$, 则对于任意的 $x \in \mathrm{dom} f$, GPPA 算法对于 $c = 1$ 有全局收敛速率估计 (4.2.48)、(4.2.49) 以及 (4.2.51) 式.

根据 (4.2.54) 和 (4.2.49), 可知 $c = 2$ 时的 GPPA 算法收敛速率是 $c = 1$ 时的两倍.

注 4.2.3 根据定理 4.2.15 与文献 [43] 的定理 2.3, 对于 $c = 1$, GPPA 算法可以得到与文献 [10] 的邻近点 (PPA) 算法一样的收敛速率, 但 GPPA 算法可以非精确地实现且比文献 [43] 里的非精确算法具有更高的收敛速率, 并且并不需要 σ_{4k} 和 σ_{5k} 趋于零. 从实用的观点来看, 允许 σ_{4k} 和 σ_{5k} 有界地远离零来替换 $\sigma_{4k} = 0$ 和 $\sum_{k=0}^{\infty} \sigma_{5k} < \infty$ 也是必要的. 这一更为宽松的关系表明 GPPA 算法并不是标准的邻近点算法, 因为 x_{k+1} 并不是 $f(x) + (1/2\lambda_k)\|x - y_k\|^2$ 的一个近似极小点.

下面给出 α_k 的另外一种的选取方式, 并证明在 X^* 为紧集的条件下 $\{x_k\}_{k=0}^{\infty}$ 是一个渐近正则序列 ($\|x_{k+1} - x_k\| \to 0$). 文献 [43] 没有对此进行讨论, 也没有给出一个具体的对应算法. 我们只证明 α_k 的一种特殊的选取情形.

算法 4.2.18(特殊情况的 GPPA 算法)

步 1. 初始化. 选择初始点 $x_0 \in \mathrm{dom} f$. 令 $v_0 = x_0, a_0 = a > 0, \lambda_0 > 0, k := 0$.

步 2. 对于 x_k, v_k, a_k, λ_k, 令

$$\alpha_k = a_k \lambda_k / (1 + a_k \lambda_k),$$

$$y_k = (1 - \alpha_k) x_k + \alpha_k v_k.$$

步 3. 计算

$$x_{k+1} = \arg\min\{f(z) + (1/2\lambda_k)\|z - y_k\|^2 : z \in R^2\},$$

$$v_{k+1} = v_k + (x_{k+1} - y_k),$$

$$a_{k+1} = (1 - \alpha_k)a_k,$$

且选取 $\lambda_{k+1} > 0$.

步 4. $k := k + 1$, 返回步 1.

不难证明算法 4.2.18 是算法 4.2.12 的一个特殊情形. 实际上, 因为

$$\alpha_k = a_k\lambda_k/(1 + a_k\lambda_k),$$

有

$$\lambda_k = \alpha_k/a_k(1 - \alpha_k) \geqslant \alpha_k^2/2a_k(1 - \alpha_k),$$

可以推得 (4.2.41) 式成立; 另一方面, 利用该算法, 可设

$$u_{k+1} = -(1/\lambda_k)(x_{k+1} - y_k).$$

于是

$$-(\alpha_k/a_{k+1})u_{k+1} = (\alpha_k/a_{k+1})(1/\lambda_k)x_{k+1} - y_k,$$

结合 λ_k 的定义和 α_k 的构造公式可以推得

$$-(\alpha_k/a_{k+1})u_{k+1} = x_{k+1} - y_k,$$

更进一步有

$$v_{k+1} = v_k - \alpha_k(u_{k+1}/a_{k+1}).$$

由上述结论, 即知算法 4.2.18 是算法 4.2.12 的一个特殊情形.

引理 4.2.19 假设 $\{\lambda_k\}_{k=0}^{\infty}, \{\alpha_k\}_{k=0}^{\infty}$ 以及 $\{\beta_k\}_{k=0}^{\infty}$ 由算法 4.2.18 生成, 则有以下结论成立:

(i) 对于 $k = 1, 2, \cdots$,

$$\beta_k = 1/\left(1 + a\sum_{i=0}^{k-1}\lambda_i\right);$$

(ii) 若 $\left\{k\lambda_k/\sum_{j=0}^{k-1}\lambda_j\right\}_{k=1}^{\infty}$ 是有界的, 则

$$\lim_{k\to\infty} k\alpha_k^2\left(\sum_{i=1}^{k}\beta_i\lambda_{i-1}\right) = 0, \tag{4.2.55}$$

$$\lim_{k\to\infty} \beta_{k+1}\lambda_k = 0. \tag{4.2.56}$$

证明　(i) 对任意 $i \geqslant 0$, 根据 $1 - \alpha_i = 1/(1 + a_i\lambda_i)$ 和 $a_{i+1} = (1 - a_i)a_i$, 有

$$1/(1 + a_i\lambda_i) = a_{i+1}/a_i,$$

即

$$\lambda_i = 1/a_{i+1} - 1/a_i.$$

因此,

$$\sum_{i=0}^{k-1} \lambda_i = 1/a_k - 1/a_0.$$

结合 $a_0 = a$ 和 $\beta_k = a_k/a$, 即可证明结论 (i).

(ii) 令

$$c_k = k\alpha_k^2 \left(\sum_{i=1}^{k} \beta_i \lambda_{i-1} \right),$$

则

$$c_k = ka^2 \left[\sum_{i=1}^{k} \lambda_{i-1} \Big/ \left(1 + a\sum_{j=0}^{i-1} \lambda_j \right) \right] \left[\lambda_k \Big/ \left(1 + a\sum_{i=0}^{k} \lambda_i \right) \right]^2.$$

因为 $\left\{ k\lambda_k \Big/ \sum_{j=0}^{k-1} \lambda_j \right\}_{k=1}^{\infty}$ 是有界的, 故存在 $M_1 > 0$, 使得对于一切 $i \geqslant 1$ 有

$$\frac{i\lambda_i}{\sum_{j=0}^{i-1} \lambda_j} \leqslant M_1.$$

注意到对一切 $i \geqslant 0$, $\lambda_i > 0$, 得

$$c_k \leqslant (M_1^3/a)(1/k) \sum_{i=1}^{k} (1/i).$$

利用

$$(1/k) \sum_{i=1}^{k} (1/i) \to 0,$$

即可证得 (4.2.55) 式. 又因为

$$\beta_{k+1}\lambda_k = (1/k)\{k\lambda_k/[1 + a(\lambda_0 + \cdots + \lambda_k)]\}$$

$$\leqslant (1/ak)k\lambda_k/(\lambda_0 + \cdots + \lambda_{k-1}),$$

根据假设便可证 (4.2.56) 式. □

引理 4.2.20   假设 $\{x_k\}_{k=0}^{\infty}$ 和 $\{y_k\}_{k=0}^{\infty}$ 由算法 4.2.18 生成. 若引理 4.2.14 的条件成立, X^* 是非空紧集, 且

$$\sum_{k=0}^{\infty} \lambda_k = +\infty, \tag{4.2.57}$$

则有

$$\lim_{k\to\infty} \|x_{k+1} - y_k\| = 0.$$

证明   根据推论 4.2.9, 有

$$f(x_k) - f(x) + (1/2\lambda_{k-1})\|x_k - y_{k-1}\|^2 \leqslant \beta_k[f(x_0) - f(x) + (a/2)\|x - x_0\|^2]. \tag{4.2.58}$$

再由 (4.2.57) 式与推论 4.2.8 可知, $\{x_k\}_{k=0}^{\infty}$ 是有界序列. 因为 X^* 是非空集, $f^* > -\infty$, 下证 $\{f(x_k)\}_{k=0}^{\infty}$ 也是有界序列. 令 (4.2.58) 式中的 $x = x_k$, 有

$$(1/2\lambda_{k-1})\|x_k - y_{k-1}\|^2 \leqslant \beta_k[f(x_0) - f(x) + (a/2)\|x - x_0\|^2]. \tag{4.2.59}$$

于是证明了 $\{f(x_k)\}_{k=0}^{\infty}$ 有上界. 进一步结合 $\{x_k\}_{k=0}^{\infty}$ 和 $\{f(x_k)\}_{k=0}^{\infty}$ 的有界性以及 (4.2.59) 式便可得结论.   □

定理 4.2.21   假设引理 4.2.20 的条件成立. 则 $\{x_k\}_{k=0}^{\infty}$ 是一个渐近正则序列.

证明   因为

$$\|v_k - v_0\|^2 \leqslant \left(\sum_{i=1}^{k} \|v_i - v_{i-1}\|\right)^2 \leqslant k\sum_{i=1}^{k} \|v_i - v_{i-1}\|^2,$$

有

$$\|\alpha_k v_k - \alpha_k v_0\|^2$$

$$\leqslant k\alpha_k^2 \sum_{i=1}^{k} \|v_i - v_{i-1}\|^2$$

$$= k\alpha_k^2 \sum_{i=1}^{k} \|x_i - y_{i-1}\|^2$$

$$\leqslant 2\sup\{f(x_0) - f(x_i) + (a/2)\|x_i - x_0\|^2, i = 0, 1, \cdots, k\}k\alpha_k^2 \sum_{i=1}^{k} \beta_i\lambda_{i-1}.$$

利用 (4.2.56) 式, 可得

$$\alpha_k = a_k\lambda_k/(1 + a_k\lambda_k) = a\beta_{k+1}\lambda_k \to 0.$$

利用上述结果以及引理 4.2.14 可证 $\alpha_k \|v_k\| \to 0$. 因此,

$$\|y_k - x_k\| = \| - \alpha_k x_k + \alpha_k v_k\| \to 0.$$

更进一步, 利用

$$\|x_{k+1} - x_k\| \leqslant \|x_{k+1} - y_k\| + \|y_k - x_k\|,$$

以及引理 4.2.20 得到 $x_{k+1} - x_k \to 0$. □

根据定理 4.2.21 以及 $\{x_k\}_{k=0}^{\infty}$ 的有界性, 可以得到下面的推论.

推论 4.2.22 假设引理 4.2.20 的条件成立. 则 $\{x_k\}_{k=0}^{\infty}$ 的聚点集要么是一个单点集要么是一个连通集.

注 4.2.4 根据 (4.2.58) 式, 可知在 $c \in (0, 2]$ 时, 算法 4.2.18 的收敛速率比算法 4.2.12 的收敛速率低, 我们希望对于任意的 $c \in (0, 2]$, 当 X^* 是非空紧集时, 算法 4.2.12 也能有 $\|x_{k+1} - y_k\| \to 0$ 和 $\|x_{k+1} - x_k\| \to 0$ 的性质.

注 4.2.5 根据 (4.2.58) 式和引理 4.2.19 中的结论 (i), 算法 4.2.18 可得到与文献 [83] 一样的全局收敛速率估计

$$f(x_k) - \min_{x \in R^n} f(x) = O\left(1 \Big/ \sum_{j=0}^{k-1} \lambda_j\right).$$

文献 [83] 中, 证明了条件 (4.2.57) 式是经典邻近点算法 (2) 收敛的充分必要条件, 但并不知道 (4.2.57) 式是否也依然是 GPPA 算法 4.2.12 收敛的必要条件.

4.2.4 邻近束方法

本小节结合 GPPA 算法以及束方法给出一种变形的邻近束方法算法. 在第 $k + 1$ 次迭代中, x_{k+1} 根据下式算出

$$x_{k+1} = \arg\min\{f_{k+1} + (1/2\lambda_k)\|x - y_k\|^2 : x \in R^n\},$$

其中 f_{k+1} 是 f 的束线性函数. 更确切地说, 对 $k \geqslant 0$,

$$f_{k+1} = \max\{f_k(x), f(x_k) + g_k^{\mathrm{T}}(x - x_k)\}, \tag{4.2.60}$$

其中

$$f_0(x) = f(x_0) + g_0^{\mathrm{T}}(x - x_0), \quad g_k \in \partial f(x_k). \tag{4.2.61}$$

算法 4.2.23 邻近束方法算法 (PBMA)

步 1. 初始化. 选择初始点 $x_0 \in \mathrm{dom} f$. 令 $v_0 = x_0, a_0 = a > 0$, $f_0(x) = f(x_0) + g_0^{\mathrm{T}}(x - x_0)$, 且 $k := 0$.

步 2. 对 x_k, v_k, α_k, 选取 $\lambda_k > 0$ 和 $\alpha_k \in (0,1)$, 使得

$$\lambda_k = \alpha_k / a_k(1 - \alpha_k). \tag{4.2.62}$$

令

$$y_k = (1 - \alpha_k)x_k + \alpha_k v_k.$$

步 3. 计算 $g_k \in \partial f(x_k)$. 由 (4.2.60) 式生成 f_{k+1}. 计算

$$x_{k+1} = \arg\min\{f_{k+1}(z) + (1/2\lambda_k \|z - y_k\|^2 : z \in R^n\},$$

$$v_{k+1} = v_k + (x_{k+1} - y_k),$$

$$a_{k+1} = (1 - \alpha_k)a_k.$$

步 4. $k := k + 1$, 返回步 1.

不难证明 PBMA 算法是 GPPA 算法的一个特例. 根据推论 4.2.6 和引理 4.2.7, 可以得到以下 PBMA 算法的一些性质.

性质 A 假设 $\{x_k\}_{k=0}^{\infty}$ 由 PBMA 算法生成. 假设对一切 $k \geqslant 0$, 选取 $\alpha_k = 1 - r^k$, 其中 $r \in (0,1)$ 是一个常数. 假设:

(i) $\{f(x_k) - f_k(x_k)\}_{k=0}^{\infty}$ 有上界.

(ii) 存在指标集 K, 使得

$$\lim_{k \in K, k \to \infty} g_k^{\mathrm{T}}(x_{k+1} - x_k) = 0.$$

则 $\{x_k\}_{k \in K}$ 是 f 的极小化序列.

证明 根据 f 的凸性与 f_k 的构造公式, 对一切 $k \geqslant 0, x \in R^n$, 有

$$f_k(x) \leqslant f(x),$$

可推得

$$f_{k+1}(x_k) = \max\{f_k(x_k), f(x_k)\} = f(x_k).$$

于是

$$|\delta_{k+1}^0| = |f_{k+1}(x_k) - f_k(x_k)| = f(x_k) - f_k(x_k).$$

由假设 (i), $\{|\delta_k^0|\}_{k=0}^{\infty}$ 有界, 再根据 α_k 和 λ_k 的定义, 利用引理 4.2.7 可得 (4.2.27) 和 (4.2.28) 式成立. 再一次利用 f_k 的构造公式, 有

$$f_{k+1}(x_{k+1}) \geqslant f(x_k) + g_k^{\mathrm{T}}(x_{k+1} - x_k),$$

结合假设 (ii) 可得

$$\lim_{k\in K, k\to\infty} \sup f_{k+1}(x_{k+1}) \geqslant \lim_{k\in K, k\to\infty} \sup f(x_k).$$

因此, 由推论 4.2.6 可证得结论. □

注 4.2.6 值得注意的是, 在性质 A 中, 必须假设 α 要充分接近于 1, 而 λ_l 要充分大, 并且要有假设条件 (i) 和 (ii), 这对算法是不利的. 但该方法有一点不同于普通的束方法: 该方法 $\{x_k\}_{k=0}^{\infty}$ 的计算是基于 (4.2.4) 式, 而不是 (4.0.8) 式. 由于由 (2) 式生成 $\{x_k\}_{k=0}^{\infty}$ 的普通邻近点算法所得到的收敛速率要低于 GPPA 算法的收敛速率, 我们也希望 PBMA 算法有一个能比普通束方法有更高的收敛速率. 因此, 可以通过使用 null-step 技术修改收敛性假设并进行数值计算做进一步的研究.

注 4.2.7 对于 f_k 可以给出另外一种选择. 实际上, 可取

$$f_0(x) = f(y_0) + \bar{g}_0^{\mathrm{T}}(x - y_0),$$

$$f_{k+1} = \max\{f_k(x), f(y_k) + \bar{g}_k^{\mathrm{T}}(x - y_k)\},$$

其中 $\bar{g}_k \in \partial f(y_k)$. 根据推论 4.2.6 和引理 4.2.7, 可得到该算法与性质 A 一样的性质.

4.3　求解非光滑凸优化的非单调线搜索 Barzilai-Borwein 梯度法

近几十年中 Barzilai-Borwein 梯度算法由于其简单而又能有效地求解光滑优化问题而受到广泛的关注. 该算法能否用来解决非光滑优化问题呢? 我们将 Barzilai-Borwein 梯度算法与非单调线搜索技术相结合对非光滑凸优化问题进行求解, 并在合适的条件下, 证明了该算法的全局收敛性. 初步数值结果表明, 该方法是有效的.

4.3.1　非光滑优化问题

考虑优化问题

$$\min_{x\in R^n} f(x), \tag{4.3.1}$$

其中 $f: R^n \to R$ 是非光滑凸函数. 引入 f 的 Moreau-Yosida 正则函数

$$\min_{x\in R^n} F(x), \tag{4.3.2}$$

其中, $F(x) = \min_{z\in R^n}\left\{f(z) + \dfrac{1}{2\lambda}\|z - x\|^2\right\}$, λ 是一个正参数, $\|\cdot\|$ 为欧几里得范数. 则这两个问题有相同的解集. 在求解非光滑优化问题的方法中, 经典的邻近点

算法可视为一种用于求解 (4.3.2) 的梯度法. 由于 F 的梯度函数在一些合理的条件下是半光滑的, 已有的研究表明邻近点算法能够有效地处理在点 x 上函数值 $F(x)$ 以及梯度值 $\nabla F(x)$ 计算上的困难. 此外, 还有 Lemaréchal 和 Wolfe 利用束的概念提出的解决凸与非凸函数优化的束方法、Kiwiel 提出的一类束方法, 其类似于束信赖迭代法、Schramm 和 Zowe 的其他束方法以及一些信赖域算法等.

谱梯度法 (也称为两点步长法) 起源于无约束优化问题. 该方法结构本质上为最速下降法, 其中负梯度方向上的步长由割线方程在拟牛顿法下的两点近似导出. 如果目标函数是严格凸的二次型, Raydan 证明谱梯度法是全局收敛的. 对于非二次的情形, Raydan 利用非单调线搜索技术证明了谱梯度方法是全局收敛的. Dai 等分别将这种方法扩展到 box 约束二次规划和非对称线性方程组. 一些学者也将该方法用于求解约束优化问题和非线性方程组. 一些结合非单调线搜索技术的谱梯度法有效性更得以提高. 谱梯度法并不能保证目标函数在每一个迭代中都是下降的, 但在试验中它所得到的结果比经典的最速下降法要好. 有趣的是交替使用最速下降步和谱梯度步往往可以加快谱梯度方法的收敛速度. 其中利用了循环 Barzilai-Borwein 梯度法并结合非单调线搜索的 CBB 方法, 要优于现有的谱梯度法, 甚至比其他一些算法都更有竞争力. 但上面这些研究都只应用于解决光滑优化问题.

Grippo, Lampariello 和 Lucidi 首先在文献 [81] 中提出了非单调线搜索框架, 之后许多论文利用了非单调线搜索技术, 包括一些结合了非单调线搜索技术的谱梯度方法. 尽管在许多情况下非单调技术十分有效, 但它也存在一些不足. 首先, 非单调线搜索技术有可能丢弃掉经几次迭代生成的好的迭代值; 第二, 算法的数值表现非常依赖于非单调参数 M 的选择, 其中 $M > 0$ 是整数. 为了克服这两个缺点, Dai 和 Zhang 提出了一种与两点梯度法相结合的自适应非单调线搜索方法. Zhang 和 Hager 也提出了一种新的非单调线搜索技术. 数值结果表明, 新的非单调线搜索技术比普通的非单调和单调线搜索都好.

在已有的研究中, 最初用于求解光滑优化问题的信赖域方法, 牛顿和拟牛顿方法, 邻近点梯度法等都被应用于求解非光滑优化问题. 基于上述讨论, 我们给出下面一种结合非单调线搜索技术的谱梯度法来解决非光滑优化问题. 该方法能够具有一些特性: 所有的搜索方向都是充分下降方向, 因此函数值是递减的, 同时所有搜索方向都在某一个信赖域内, 保证了该方法能够获得好的收敛结果; 该方法具有全局收敛性; 数值结果表明, 该方法能有效求解非光滑凸优化问题.

4.3.2　凸分析与非光滑分析

下面给出关于非光滑凸优化的一些基本结论. 由于后面将会经常用到, 故本小节先介绍相关概念. 记 $p(x) = \arg\min \theta(z)$ 且定义

$$\theta(z) = f(z) + \frac{1}{2\lambda}\|z - x\|^2.$$

由于 $\theta(z)$ 是一个强凸函数, 极小值点 $p(x)$ 存在且唯一. 根据 $F(x)$ 的定义, 非光滑凸函数 $f(x)$ 的 Moreau-Yosida 正则函数 $F(x)$ 可以表示为

$$F(x) = f(p(x)) + \frac{1}{2\lambda}\|p(x) - x\|^2.$$

并且正则函数连续可微的, 但同时注意到 $F(x)$ 未必二次可微. 下面介绍 Moreau-Yosida 正则函数的一些性质.

(I) Moreau-Yosida 正则函数 $F(x)$ 是处处可微的有限值 (finite-valued) 凸函数.

$$g(x) = \nabla F(x) = \frac{x - p(x)}{\lambda}.$$

另外, 梯度映射 $g: R^n \to R^n$ 关于系数 $\frac{1}{\lambda}$ 是全局 Lipschitz 连续的, 即

$$\|g(x) - g(y)\| \leqslant \|x - y\|/\lambda, \quad \forall x, y \in R^n.$$

(II) x^* 是非光滑凸优化问题 (4.3.1) 的最优解当且仅当 $\nabla F(x^*) = 0$, 即有, $p(x^*) = x^*$, 并且此时有 $f(x^*) = F(x^*)$.

(III) 由 Rademacher 定理和 $g(x)$ 的 Lipschitz 连续性知, 对任意 $x \in R^n$, 如下定义的 g 的广义雅可比矩阵集合是一个非空紧集:

$$\partial_B g(x) = \left\{ V \in R^{n \times n} : V = \lim_{x_k \to x} \nabla g(x_k), x_k \in D_G \right\},$$

其中 $D_G = \{x \in R^{n \times n} : g 在 x 上可微\}$. 由于 g 是凸函数 F 的梯度映射, 故对任意 $x \in R^n$, 广义雅可比矩阵 $V \in \partial_B(x)$ 对称半正定.

(IV) 若 g 在 x 上是 BD- 正则的, 则存在常数 $\mu_1 > 0, \mu_2 > 0$ 以及 x 的一个邻域 Ω, 使得对所有的 $y \in \Omega$, 有

$$d^{\mathrm{T}} V d \geqslant \mu_1 \|d\|^2, \quad \|V^{-1}\| \leqslant \mu_2, \quad \forall d \in R^n, V \in \partial_B g(x).$$

由定义知, 正则化函数值 $F(x)$ 及其梯度值 $g(x)$ 可通过计算最优解 $\arg\min_{z \in R^n} \theta(z)$ 得到. 然而 $p(x)$, 即 $\theta(z)$ 的极小值点, 一般很难甚至不可能得到精确求解, 这使得我们不能直接利用 $p(x)$ 的精确值来确定函数值 $F(x)$ 和梯度值 $g(x)$. 但幸运的是, 对任一 $x \in R^n$ 和任意 $\varepsilon > 0$, 存在 $p^\alpha(x, \varepsilon) \in R^n$ 满足

$$f(p^\alpha(x, \varepsilon)) + \frac{1}{2\lambda}\|p^\alpha(x, \varepsilon) - x\|^2 \leqslant F(x) + \varepsilon. \tag{4.3.3}$$

4.3.3 非单调线搜索谱梯度算法

以 $p^\alpha(x, \varepsilon)$ 来确定 $F(x)$ 和 $g(x)$ 的近似值,

$$F^\alpha(x, \varepsilon) = f(p^\alpha(x, \varepsilon)) + \frac{1}{2\lambda}\|p^\alpha(x, \varepsilon) - x\|^2, \tag{4.3.4}$$

$$g^\alpha(x,\varepsilon) = (x - p^\alpha(x,\varepsilon))/\lambda, \tag{4.3.5}$$

其中

$$p^\alpha(x,\varepsilon) = \arg\min_{z\in R^n}\left\{f(z) + \frac{1}{2\lambda}\|z + \varepsilon - x\|^2\right\},$$

$p^\alpha(x,\varepsilon)$ 具有的性质使得我们可以通过选择足够小的参数 ε 来计算近似值 $F^\alpha(x,\varepsilon)$ 和 $g^\alpha(x,\varepsilon)$, 使得它们尽可能地接近 $F(x)$ 和 $g(x)$:

$$F(x) \leqslant F^\alpha(x,\varepsilon) \leqslant F(x) + \varepsilon, \tag{4.3.6}$$

$$\|p^\alpha(x,\varepsilon) - p(x)\| \leqslant \sqrt{2\lambda\varepsilon}, \tag{4.3.7}$$

和

$$\|g^\alpha(x,\varepsilon) - g(x)\| \leqslant \sqrt{2\varepsilon/\lambda}. \tag{4.3.8}$$

利用谱梯度理论, 得到以下迭代公式

$$x_{k+1} = x_k + \alpha_k d_k, \quad k = 1, 2\cdots,$$

其中 x_k 是当前迭代点, $d_k = -g^\alpha(x_k,\varepsilon_k)$ 是搜索方向, 标量 α_k 有两种选择

$$\alpha_k^1 = s_k^T s_k / s_k^T y_k \text{ 和 } \alpha_k^2 = s_k^T y_k / y_k^T y_k,$$

其中 $s_k = x_k - x_{k-1}$ 和 $y_k = g^\alpha(x_k,\varepsilon_k) - g^\alpha(x_{k-1},\varepsilon_{k-1})$.

算法 4.3.1(非单调谱梯度算法)

步 1. 初始化. 选择初始点 $x_0 \in R^n$, 令 $\sigma \in (0,1), s > 0, \lambda > 0, \rho \in [0,1], E_0 = 1,$ $\varepsilon_0 = 1, J_0 = F^\alpha(x_0,\varepsilon_0), d_0 = -g^\alpha(x_0,\varepsilon_0)$, 且 $\epsilon \in (0,1)$. 设 $k := 0$.

步 2. 终止准则. 若 x_k 满足终止条件 $\|g^\alpha(x_k,\varepsilon_k)\| < \epsilon$. 则停止. 否则, 转到下一步.

步 3. 选择 ε_{k+1} 使得 $0 < \varepsilon_{k+1} < \varepsilon_k$, 并利用以下非单调线搜索规则计算步长 α_k

$$F^\alpha(x_k + \alpha_k d_k, \varepsilon_{k+1}) - J_k \leqslant \sigma\alpha_k g^\alpha(x_k,\varepsilon_k)^T d_k, \tag{4.3.9}$$

其中 $\alpha_k = \max\{s,\alpha_k^1\} \times 2^{-i_k}$(或者 $\alpha_k = \max\{s,\alpha_k^2\} \times 2^{-i_k}$), $i_k \in \{0,1,2,\cdots\}$.

步 4. 令 $x_{k+1} = x_k + \alpha_k d_k$. 若 $\|g^\alpha(x_{k+1},\varepsilon_{k+1})\| < \epsilon$, 则停止.

步 5. 利用下式更新 J_k,

$$E_{k+1} = \rho E_k + 1, \quad J_{k+1} = (\rho E_{k+1} J_k + F^\alpha(x_k + \alpha_k d_k, \varepsilon_{k+1}))/E_{k+1}.$$

步 6. 由 $d_{k+1} = -g^\alpha(x_{k+1},\varepsilon_{k+1})$ 得到搜索方向.

步 7. 令 $k := k + 1$, 返回步 3.

不难看出 J_{k+1} 是 J_k 和 $F^\alpha(x_{k+1}, \varepsilon_{k+1})$ 的一个凸组合. 因为 $J_0 = F^\alpha(x_0, \varepsilon_0)$, 则 J_k 是函数值 $F^\alpha(x_0, \varepsilon_0), F^\alpha(x_1, \varepsilon_1), \cdots, F^\alpha(x_k, \varepsilon_k)$ 的一个凸组合. 参数 ρ 控制着非单调的程度. 若 $\rho = 0$, 则这个线性搜索是我们常用的单调 Armijo 线性搜索. 若 $\rho = 1, J_k = A_k$, 其中 $A_k = \frac{1}{k+1} \sum_{i=0}^{k} F^\alpha(x_i, \varepsilon_i)$ 为函数值平均时的情形,Dai 及 Zhang 等在相关文献 [55] 中已做过分析.

4.3.4　全局收敛性质

下面给出非单调线搜索谱梯度算法 4.3.1 应用于非光滑凸优化问题 (4.3.1) 时的一些特性. 为建立该算法的全局收敛性, 需要如下假设.

假设 A　(i) 序列 $\{V_k\}$ 有界的, 即存在正常数 M 使得

$$\|V_k\| \leqslant M, \quad \forall k, \tag{4.3.10}$$

其中矩阵 $V_k \in \partial_B g(x_k)$.

(ii) F 有下界.

(iii) 对于充分大的 k, ε_k 收敛到零.

根据 $d_k = -g^\alpha(x_k, \varepsilon_k)$, 可得

$$g^\alpha(x_k, \varepsilon_k)^{\mathrm{T}} d_k = -\|g^\alpha(x_k, \varepsilon_k)\|^2, \tag{4.3.11}$$

$$\|d_k\| = \|g^\alpha(x_k, \varepsilon_k)\|. \tag{4.3.12}$$

(4.3.11) 和 (4.3.12) 式表明了搜索方向 d_k 具有充分下降的性质且可视为属于某一个信赖域内. 基于 (4.3.11) 和 (4.3.12) 式, 类似文献 [196] 的引理 1.1, 不难得到下述引理.

引理 4.3.2　若假设 A 成立且序列 $\{x_k\}$ 由算法 4.3.1 生成. 则对于每一个 k, 有 $F^\alpha(x_k, \varepsilon_k) \leqslant J_k \leqslant A_k$. 并且存在 α_k 满足 Armijo 线搜索条件.

这一引理表明算法 4.3.1 是适定的.

引理 4.3.3　若假设 A 成立且序列 $\{x_k\}$ 由算法 4.3.1 生成, 并假设 $\varepsilon_k = o(\alpha_k^2 \|d_k\|^2)$ 成立. 则对于充分大的 k, 存在一个常数 $m > 0$ 使得

$$\alpha_k \geqslant m. \tag{4.3.13}$$

证明　根据引理 4.3.2, 可知存在 α_k 满足 (4.3.9) 式. 若 $\alpha_k \geqslant 1$, 则该引理得证. 否则设 $\alpha_k' = \alpha_k/2$, 可以推得以下不等式成立

$$F^\alpha(x_k + \alpha_k' d_k, \varepsilon_{k+1}) - J_k > \sigma \alpha_k' g^\alpha(x_k, \varepsilon_k)^{\mathrm{T}} d_k.$$

再由引理 4.3.2 中的 $F^\alpha(x_k + \varepsilon_k) \leqslant J_k \leqslant A_k$, 可得

$$
\begin{aligned}
F^\alpha(x_k + \alpha_k{}'d_k, \varepsilon_{k+1}) - F^\alpha(x_k, \varepsilon_k) &\geqslant F^\alpha(x_k + \alpha_k{}'d_k, \varepsilon_{k+1}) - J_k \\
&> \sigma\alpha_k{}'g^\alpha(x_k, \varepsilon_k)^{\mathrm{T}}d_k.
\end{aligned} \tag{4.3.14}
$$

结合 (4.3.6)、(4.3.14) 以及 Taylor 公式, 有

$$
\begin{aligned}
\sigma\alpha_k{}'g^\alpha(x_k, \varepsilon_k)^{\mathrm{T}}d_k &< F^\alpha(x_k + \alpha_k{}'d_k, \varepsilon_{k+1}) - F^\alpha(x_k, \varepsilon_k) \\
&\leqslant F(x_k + \alpha_k{}'d_k) - F(x_k) + \varepsilon_{k+1} \\
&= \alpha_k{}'d_k^{\mathrm{T}}g(x_k) + \frac{1}{2}(\alpha_k{}')^2 d_k^{\mathrm{T}}V(\xi_k)d_k + \varepsilon_{k+1} \\
&\leqslant \alpha_k{}'d_k^{\mathrm{T}}g(x_k) + \frac{M}{2}(\alpha_k{}')^2\|d_k\|^2 + \varepsilon_{k+1},
\end{aligned} \tag{4.3.15}
$$

其中 $\xi_k = x_k + \theta\alpha_k{}'d_k$, $\theta \in (0, 1)$, 最后一个不等式由 (4.3.10) 得出. 再由 (4.3.15) 可得

$$
\begin{aligned}
\alpha_k{}' &> \left[\frac{(g^\alpha(x_k, \varepsilon_k) - g(x_k))^{\mathrm{T}}d_k - (1-\sigma)g^\alpha(x_k, \varepsilon_k)^{\mathrm{T}}d_k - \varepsilon_{k+1}/(\alpha_k{}')^2}{\|d_k\|^2}\right]\frac{2}{M} \\
&\geqslant \left[\frac{(1-\sigma)\|g^\alpha(x_k, \varepsilon_k)\|^2 - \sqrt{2\varepsilon_k/\lambda}\|d_k\| - \varepsilon_k}{\|d_k\|^2}\right]\frac{2}{M} \\
&= [(1-\sigma) - o(\alpha_k)/\sqrt{\lambda} - o(1)]\frac{2}{M} \geqslant \frac{1-\sigma}{2M},
\end{aligned} \tag{4.3.16}
$$

其中第二个不等式由 (4.3.8), (4.3.11) 以及 $\varepsilon_{k+1} \leqslant \varepsilon_k$ 得到, 而最后一个等式则由 $\varepsilon_k = o(\alpha_k^2\|d_k\|^2)$ 和 (4.3.12) 式得到. 于是有 $\alpha_k \geqslant (1-\sigma)/M$. 设 $m \in (0, (1-\sigma)/M]$, 即可完成证明. $\qquad\square$

定理 4.3.4 假设引理 4.3.3 中的条件成立, 则有 $\lim_{k\to\infty}\|g(x_k)\| = 0$ 成立, 并且 $\{x_k\}$ 的任意聚点都是问题 (4.3.1) 的一个最优解.

证明 为了得到结论, 先证

$$
\lim_{k\to\infty}\|g^\alpha(x_k, \varepsilon_k)\| = 0. \tag{4.3.17}
$$

假设 (4.3.17) 不成立, 则存在 $\epsilon_1 > 0$ 和 $k_1 > 0$ 满足

$$
\|g^\alpha(x_k, \varepsilon_k)\| \geqslant \varepsilon_1, \quad \forall k > k_1. \tag{4.3.18}
$$

利用 (4.3.9), (4.3.11), (4.3.13) 以及 (4.3.18) 式, 有

$$
\begin{aligned}
F^\alpha(x_{k+1}, \varepsilon_{k+1}) - J_k &\leqslant \sigma\alpha_k g^\alpha(x_k, \varepsilon_k)^{\mathrm{T}}d_k = -\sigma\alpha_k\|g^\alpha(x_k, \varepsilon_k)\|^2 \\
&\leqslant -\sigma m\epsilon_1, \quad \forall k > k_1.
\end{aligned}
$$

根据 J_{k+1} 的定义, 可得

$$
\begin{aligned}
J_{k+1} &= \frac{\rho E_k J_k + F^\alpha(x_k + \alpha_k d_k, \varepsilon_{k+1})}{E_{k+1}} \\
&\leqslant \frac{\rho E_k J_k + J_k - \sigma m \varepsilon_1}{E_{k+1}} = J_k - \frac{\sigma m \varepsilon_1}{E_{k+1}}.
\end{aligned}
\tag{4.3.19}
$$

因为 $F^\alpha(x, \varepsilon)$ 有下界, 且对于一切 k 有 $F^\alpha(x_k, \varepsilon_k) \leqslant J_k$, 可知 J_k 是有下界的. 由 (4.3.19) 式, 有

$$
\sum_{k=k_0}^{\infty} \frac{\sigma m \varepsilon_1}{E_{k+1}} < \infty.
\tag{4.3.20}
$$

又由 E_{k+1} 的定义, 有 $E_{k+1} \leqslant k + 2$, 而这与 (4.3.20) 式矛盾, 故 (4.3.17) 成立.

利用 (4.3.8) 式, 有

$$
\|g^\alpha(x_k, \varepsilon_k) - g(x_k)\| \leqslant \sqrt{\frac{2\varepsilon_k}{\lambda}}.
$$

考虑到假设 A 的 (iii), 可以推得

$$
\lim_{k\to\infty} \|g(x_k)\| = 0.
\tag{4.3.21}
$$

设 x^* 是 $\{x_k\}$ 的一个聚点, 不失一般性, 存在一个子序列 $\{x_k\}_K$ 使得

$$
\lim_{k\in K, k\to\infty} x_k = x^*.
\tag{4.3.22}
$$

根据 $F(x)$ 的性质, 可得 $g(x_k) = (x_k - p(x_k))/\lambda$. 再由 (4.3.21) 和 (4.3.22) 式, 有 $x^* = p(x^*)$. 因此 x^* 是问题 (4.3.1) 的最优解. □

初步数值结果表明, 非单调谱梯度算法 4.3.1 是有效的. 算法 4.3.1 在构造和执行上并不复杂, 考虑到谱梯度方法的简便和计算效率, 能够成为解决非光滑问题的一种简单而有效的方法. 同时注意到参数 $\lambda(>0)$ 和 $s(>0)$ 可能会影响到算法的效率, 所以研究 λ 与 s 应如何选取将是进一步的工作.

第 5 章 信赖域方法

5.1 信赖域方法

本章介绍求解无约束优化问题

$$\min_{x \in R^n} f(x) \tag{5.1.1}$$

的信赖域方法.

信赖域方法在非线性优化领域是非常重要且有效的方法, 这个方法可以追溯到 Levenberg 和 Marquardt 在最小二乘问题及 Goldfeld 在无约束优化问题中的研究. 对于无约束优化问题, Powell 最先开始建立信赖域方法的收敛性理论, 而 Fletcher 最早提出求解线性约束优化问题和非光滑优化问题的信赖域算法.

在信赖域法中, 一般通过求解信赖域子问题来获得下一迭代点 x_{k+1}. 信赖域子问题的目标函数为 $f(x)$ 的二次近似模型

$$\min f(x_k) + \nabla f(x_k)^{\mathrm{T}}(x - x_k) + \frac{1}{2}(x - x_k)^{\mathrm{T}} B_k(x - x_k), \tag{5.1.2}$$

其中 $B_k \in R^{n \times n}$ 是 f 在 x_k 处的 Hesse 矩阵或者其近似对称矩阵. 令 $d = x - x_k$, 则信赖域子问题为

$$\min q_k(d) = f_k + g_k^{\mathrm{T}} d + \frac{1}{2} d^{\mathrm{T}} B_k d,$$

$$\text{s.t.} \quad \|d\| \leqslant \Delta_k, \tag{5.1.3}$$

其中 $\Delta_k > 0$ 称为信赖域半径. 定义 f 在第 k 步的预测下降量为

$$Pred_k = f_k - q_k(d_k), \tag{5.1.4}$$

实际下降量为

$$Ared_k = f_k - f(x_k + d_k). \tag{5.1.5}$$

定义比值

$$r_k = \frac{Ared_k}{Pred_k}, \tag{5.1.6}$$

r_k 用来衡量 $q_k(d_k)$ 对目标函数 $f(x_k + d_k)$ 的程度, 如果 $r_k \geqslant \rho(\rho \in (0,1))$, 则接受下一步迭代点为 $x_{k+1} = x_k + d_k$, 且 r_k 越接近 1, 表明近似程度越好, 在下一步迭代中可以扩大信赖域半径. 反之, 如果 $r_k < \rho$, 则需要缩小信赖域半径 Δ_k 并重新计算 d_k.

算法 5.1.1(信赖域算法)

步 1. 选初始点 $x_0 \in R^n$,$0 \leqslant \eta_1 < \eta_2 < 1$, $0 < \tau_1 < 1 < \tau_2$, 最大信赖域半径 $\overline{\Delta} > 0$,$\Delta_0 \in (0, \overline{\Delta}]$,$\varepsilon \geqslant 0$ 令 $k := 0$.

步 2. 若 $\|g_k\| \leqslant \varepsilon$, 算法停止, 得到解 x_k. 否则, 进入下一步.

步 3. 求解 (5.1.3) 得到 d_k.

步 4. 计算 r_k, 校正信赖域半径.

若 $r_k \leqslant \eta_1$, 则令 $\Delta_{k+1} = \tau_1 \Delta_k$;

若 $r_k \geqslant \eta_2$ 且 $\|d_k\| = \Delta_k$, 则令 $\Delta_{k+1} = \min\{\tau_2 \Delta_k, \overline{\Delta}\}$;

否则令 $\Delta_{k+1} = \Delta_k$

步 5. 若 $r_k > \eta_1$, 则令 $x_{k+1} = x_k + d_k$, 更新 B_k; 否则, $x_{k+1} = x_k$. 令 $k := k+1$, 转步 2.

在算法的步 4 中, 参数可根据经验选取 $\eta_1 = \dfrac{1}{4}$,$\eta_2 = \dfrac{3}{4}$,$\tau_1 = \dfrac{1}{2}$,$\tau_2 = 2$, 实际计算可以根据具体问题进行调整, 一般情况下算法对这些参数变化不太敏感.

最重要的一类信赖域模型是在 (5.1.3) 中取 l_2 范数, 得到目标函数为二次函数的约束优化问题

$$\min q_k(d) = f_k + g_k^{\mathrm{T}} d + \frac{1}{2} d^{\mathrm{T}} B_k d, \tag{5.1.7}$$
$$\text{s.t.} \quad \|d\|_2 \leqslant \Delta_k,$$

于是可以由解

$$(B_k + \mu I) d = -g_k \tag{5.1.8}$$

来确定 d_k. 由约束最优化的 KKT 条件得到若 d_k 是子问题 (5.1.7) 的解, 则应有

$$(B_k + \mu I) d + g_k = 0,$$
$$\mu \geqslant 0, \ \Delta_k^2 - \|d\|_2^2 \geqslant 0, \tag{5.1.9}$$
$$\mu(\Delta_k^2 - \|d\|_2^2) = 0.$$

因此易知如果 B_k 正定, 且牛顿修正 $s_k = -G_k^{-1} g_k$ 满足 $\|d_k\| \leqslant \Delta_k$, 则 d_k 即为 (5.1.7) 的解, 此时 (5.1.8) 中对应的 $\mu = 0$; 若对某个 $\mu = \mu_k$, (5.1.8) 在 $d = d_k$ 成立, 且 $B_k + \mu_k I$ 正定, 则 d_k 是信赖域子问题的解且 $\|d\|_2 = \delta_k$.

结合上述子问题的求解, 有如下信赖域算法:

算法 5.1.2(Levenberg-Marquardt 方法)

步 1. 选初始点 $x_0 \in R^n$,$\mu_0 > 0$, 令 $k := 0$.

步 2. 若 $\|g_k\| \leqslant \varepsilon$, 算法停止, 得到解 x_k. 否则, 进入下一步.

步 3. 计算 B_k, 分解 $B_k + \mu_k I$, 如果不正定, 置 $\mu_k = 4\mu_k$, 重复直到 $B_k + \mu_k I$ 正定.

步 4. 求解 (5.1.8) 得到 d_k.

步 5. 计算 r_k.

若 $r_k < \dfrac{1}{4}$, 则令 $\mu_{k+1} = 4\mu_k$;

若 $r_k > \dfrac{3}{4}$, 则令 $\mu_{k+1} = \dfrac{\mu_k}{2}$;

否则令 $\mu_{k+1} = \mu_k$.

步 6. 若 $r_k \leqslant 0$, 令 $x_{k+1} = x_k$; 否则 $x_{k+1} = x_k + d_k$. 令 $k := k+1$, 转步 2.

信赖域方法的突出特点是它具有总体收敛性质. 基本结论可见如下定理 (可参见 [209]).

定理 5.1.3 设 $f(x)$ 有下界, $\forall x_0 \in R^n$, f 在水平集 $\Omega = \{x \in R^n : f(x) \leqslant f(x_0)\}$ 上连续可微. d_k 是信赖域子问题 (5.1.3) 的解, 并且矩阵序列 $\{B_k\}$ 一致有界, 即存在常数 $M > 0$, 使得对任意的 k 满足 $\|B_k\| \leqslant M$. 则必有 $\lim\limits_{k \to \infty} \inf \|g_k\| = 0$.

信赖域方法中子问题的求解是算法实现的关键, 除了上面的 (Levenberg-Marquardt) 方法, 还可采用折线法、截断共轭梯度法、光滑牛顿法等. 另外, 子问题也可采用别的模型. 5.2 节将给出信赖域方法在非光滑凸优化中的推广应用.

5.2 修改的非光滑优化信赖域方法

5.2.1 自适应三次正则化信赖域算法

考虑无约束最小化问题

$$\min_{x \in R^n} f(x), \tag{5.2.1}$$

其中 $f : R^n \to R$ 是一个非光滑的凸函数.

f 的 Moreau-Yosida 正则化函数定义为

$$F(x) = \min_{z \in R^n} \left\{ f(z) + \frac{1}{2\lambda} \|z - x\|^2 \right\}, \tag{5.2.2}$$

其中 λ 是一个大于零的参数. $F(x)$ 在整个空间 R^n 上是可微凸函数, 且与 (5.2.1) 有一样的优化解, 因此无约束非光滑凸优化问题 (5.2.1) 可以由求解

$$\min_{x \in R^n} F(x) \tag{5.2.3}$$

得到. 正则化函数 $F(x)$ 有一些很好的性质: F 是可微凸函数, 即使在 f 不可微的情况下 F 也有 Lipschitz 连续梯度; 虽然一般情况下, F 不是二次可微的, 但 F 的梯度函数在合理的假设下可以证明是半光滑的; 在给定的点 x 上, 可以用邻近点法有效地求出点上的函数值 $F(x)$ 和梯度值 $\nabla F(x)$.

　　三次模型正则化方法最早由 Nesterov 和 Polyak 在研究牛顿法时提出, 当目标函数的 Hesse 矩阵全局 Lipschitz 连续时, 他们在每步迭代中建立一个特殊的三次模型, 再对这个模型计算全局极小点. 他们证明了三次模型的引入能够在计算上获得更好的复杂性边界. 在此基础上,Cartis,Gould 和 Toint 提出一个更一般的三次模型

$$m_k(s) = f(x_k) + s^{\mathrm{T}} g_k + \frac{1}{2} s^{\mathrm{T}} B_k s + \frac{1}{3} \sigma_k \|s\|^3, \tag{5.2.4}$$

其中 σ_k 为可调整的正参数. 改进的模型保持了原算法良好的全局和局部收敛性质以及最坏情形下的迭代复杂性边界.

　　受到自适应三次正则化方法优良特性的启发, 我们把该方法应用到非光滑最小化问题. 通过引入 F 的梯度函数和广义 Jacobian 矩阵, 给出一个自适应三次子问题的信赖域方法. 在一些合理的假设下, 得到全局收敛性和超线性收敛性, 以及全局迭代的复杂性边界.

　　在凸分析和非光滑分析中, 有下面一些已知的结论.

　　令

$$\theta_x(z) = f(z) + \frac{1}{2\lambda} \|z - x\|^2,$$

记 $p(x) = \operatorname{argmin} \theta_x(z)$. 由 (5.2.2) 以及 $f(x)$ 的凸性, $p(x)$ 存在且唯一, 于是 $F(x)$ 可以表示为

$$F(x) = f(p(x)) + \frac{1}{2\lambda} \|p(x) - x\|^2.$$

性质 1　　(a) F 是有限值的、处处可微的凸函数, 梯度为

$$\nabla F(x) = g(x) = (x - p(x))/\lambda. \tag{5.2.5}$$

并且梯度 $g : R^n \to R^n$ 关于常数 λ 全局 Lipschitz 连续,

$$\|g(x) - g(y)\| \leqslant \frac{1}{\lambda} \|x - y\|, \quad \forall x, y \in R^n. \tag{5.2.6}$$

　　(b) 当且仅当 $\nabla F(x) = 0$, 即 $p(x) = x$ 时, x 是 (5.2.1) 的一个最优解.

　　(c) 由 Rademacher 定理和 g 的 Lipschitz 连续性, 对任一 $x \in R^n$, 广义 Jacobi 矩阵

$$\partial_B g(x) = \left\{ V \in R^{n \times n} : V = \lim_{x_k \to x} \nabla g(x_k), x_k \in D_g \right\},$$

其中 $D_g = \{x \in R^n : g \text{ 在 } x \text{ 处可微}\}$ 是非空且紧的集合, 且由 g 是凸函数 F 的梯度, 知每一个 $V \in \partial_B g(x)$ 都是对称半正定矩阵.

　　(d) 如果 g 在 x 处是 BD- 正则的, 即所有的矩阵 $V \in \partial_B g(x)$ 都是非奇异的, 那么存在常数 $\mu_1 > 0, \mu_2 > 0$ 和 x 的邻域 Ω 满足 $\forall y \in \Omega$,

$$d^{\mathrm{T}} V d \geqslant \mu_1 \|d\|^2, \quad \|V^{-1}\| \leqslant \mu_2, \quad \forall d \in R^n, \quad \forall V \in \partial_B g(y).$$

很显然 $F(x)$ 和 $g(x)$ 可以通过 $\min\limits_{z \in R^n} \theta_x(z)$ 的最优解得到. 然而, $\theta_x(z)$ 的极小点 $p(x)$ 是很难, 甚至在实际中不可能精确求解, 所以不能运用 $p(x)$ 的精确值来定义 $F(x)$ 和 $g(x)$. 但对于每一个 $x \in R^n$ 和 $\forall \varepsilon > 0$, 存在一个向量 $p^\alpha(x, \varepsilon) \in R^n$, 使得

$$f(p^\alpha(x, \varepsilon)) + \frac{1}{2\lambda}\|p^\alpha(x, \varepsilon) - x\|^2 \leqslant F(x) + \varepsilon, \tag{5.2.7}$$

于是可以用 $p^\alpha(x, \varepsilon)$ 来分别定义 $F(x)$ 和 $g(x)$ 的近似值,

$$F^\alpha(x, \varepsilon) = f(p^\alpha(x, \varepsilon)) + \frac{1}{2\lambda}\|p^\alpha(x, \varepsilon) - x\|^2, \tag{5.2.8}$$

$$g^\alpha(x, \varepsilon) = (x - p^\alpha(x, \varepsilon))/\lambda. \tag{5.2.9}$$

$F^\alpha(x, \varepsilon)$ 和 $g^\alpha(x, \varepsilon)$ 有如下性质:

性质 2　假设 $p^\alpha(x, \varepsilon)$ 是满足 (5.2.7) 的向量,$F^\alpha(x, \varepsilon)$ 和 $g^\alpha(x, \varepsilon)$ 由 (5.2.8) 和 (5.2.9) 定义, 则有

$$F(x) \leqslant F^\alpha(x, \varepsilon) \leqslant F(x) + \varepsilon, \tag{5.2.10}$$

$$\|p^\alpha(x, \varepsilon) - p(x)\| \leqslant \sqrt{2\lambda\varepsilon}, \tag{5.2.11}$$

和

$$\|g^\alpha(x, \varepsilon) - g(x)\| \leqslant \sqrt{2\varepsilon/\lambda}. \tag{5.2.12}$$

下面介绍结合邻近点方法和三次正则化模型的信赖域算法.

通过求解如 (5.2.4) 的自适应三次模型信赖域子问题, 利用在 x_k 点上 $F(x)$ 的梯度函数信息和 $\partial_B g(x_k)$, 在每一步迭代过程中产生一个试探步长 d_k,

$$\min_{d \in R^n} m_k(d) = g^\alpha(x_k, \varepsilon_k)^{\mathrm{T}} d + \frac{1}{2}d^{\mathrm{T}}(V_k + \varepsilon_k I)d + \frac{1}{3}\sigma_k\|d\|^3, \tag{5.2.13}$$

其中 $V_k \in \partial_B g(x_k)$, 变量 $\varepsilon_k > 0$, I 为单位矩阵,σ_k 是一个动态的正参数.

令 $B_k = V_k + \epsilon_k I$,

$$pred_k = -\left\{ g^\alpha(x_k, \varepsilon_k)^{\mathrm{T}} d_k + \frac{1}{2}d_k^{\mathrm{T}}(V_k + \varepsilon_k I)d_k + \frac{1}{3}\sigma_k\|d_k\|^3 \right\}$$

是 $F(x)$ 的近似预测下降, 且令

$$ared_k = F^\alpha(x_k, \varepsilon_k) - F^\alpha(x_k + d_k, \varepsilon_{k+1})$$

为 $F(x)$ 的近似实际下降值. 令

$$\rho_k = \frac{ared_k}{pred_k}, \tag{5.2.14}$$

则当 ρ_k 大于预先设定的正常数 η_1 时, 即可产生新的迭代点 $x_{k+1} = x_k + d_k$, 同时, 既然三次模型与原函数 $F(x)$ 有好的近似而获得了一个成功的迭代步, 因而可调低当前的权重参数 σ_k; 反之, 当 ρ_k 小于预先设定的正常数 η_1 时, 因目标函数没有获得足够的下降量而拒绝试探步使 $x_{k+1} = x_k$, 此时应调高参数 σ_k 以便在下一迭代中缩短步长获得更好的原函数近似. 动态参数 σ_k 可视为信赖域半径的倒数起到调节搜索试探步范围的作用. 完整的算法如下:

算法 5.2.1(自适应三次正则模型的信赖域算法)

步 1. 选初始点 $x_0 \in R^n, \varepsilon > 0, 0 < \eta_1 \leqslant \eta_2 < 1, 1 < \gamma_1 \leqslant \gamma_2, \sigma_0 > 0$, 并给定一个严格下降的正序列 $\{\tau_k\}$ 满足 $\tau_0 \leqslant 1$, 且 $\lim\limits_{k \to 0} \tau_k = 0$, 令 $k := 0$.

步 2. 令 $\varepsilon_0 = \tau_0$, 计算 $p^\alpha(x_0, \varepsilon_0), F^\alpha(x_0, \varepsilon_0)$ 和 $g^\alpha(x_0, \varepsilon_0) = (x_0 - p^\alpha(x_0, \varepsilon_0))/\lambda$.

步 3. 如果 $\|g^\alpha(x_k, \varepsilon_k)\| < \frac{\varepsilon}{2}$, 则停止; 否则, 选一个任意的矩阵 $V_k \in \partial_B g(x_k)$, 令 $B_k = V_k + \varepsilon_k I$.

步 4. 信赖域子问题 $m_k(d)$ 由 (5.2.13) 定义, 求解 (5.2.13), 使得步长 d_k 满足

$$m_k(d_k) \leqslant m_k(d_k^c), \tag{5.2.15}$$

其中 Cauchy 点为

$$d_k^c = -\alpha_k^c g^\alpha(x_k, \varepsilon_k), \ \alpha_k = \arg\min_{\alpha \in R^+} m_k(-\alpha g^\alpha(x_k, \varepsilon_k)). \tag{5.2.16}$$

步 5. 寻找一个变量 ε_{k+1} 满足 $0 < \varepsilon_{k+1} \leqslant \min\{\tau_k, \|\frac{g^\alpha(x_k, \varepsilon_k)\|}{2\sigma_k}, \tau_k\|g^\alpha(x_k, \varepsilon_k)\|^2\}$, 计算 $F^\alpha(x_k + d_k, \varepsilon_{k+1})$, 由 (5.2.14) 计算 ρ_k.

步 6. 若 $\rho_k \geqslant \eta_1$, 那么迭代成功, 令 $x_{k+1} = x_k + d_k$,

$$\sigma_{k+1} \in \begin{cases} (0, \sigma_k], & \rho_k > \eta_2, \\ [\sigma_k, \gamma_1 \sigma_k], & \eta_1 \leqslant \rho_k \leqslant \eta_2, \end{cases} \tag{5.2.17}$$

$k := k + 1$, 转步 3.

否则, 迭代不成功, 令 $\sigma_{k+1} \in [\gamma_1 \sigma_k, \gamma_2 \sigma_k], x_{k+1} := x_k, k := k + 1$, 转步 4.

下面分析算法 5.2.1 在求解非光滑凸优化 (5.2.1) 时的收敛性质. 有如下假设.

假设 A1　　$f(x)$ 有下界.

假设 A2　　存在一个常数 $K_B > 0$ 满足 $\|B_k\| \leqslant K_B$.

与一般信赖域算法类似, 算法 5.2.1 对每一次迭代中的预测下降量及步长有如下估计:

引理 5.2.2　　假设步长 d_k 满足 (5.2.15), 则算法 5.2.1 对任意 $k > 0$ 有

$$pred_k = -m_k(d_k) \geqslant \frac{\|g^\alpha(x_k, \varepsilon_k)\|}{3\sqrt{2}} \min\left(\frac{\|g^\alpha(x_k, \varepsilon_k)\|}{\|B_k\|}, \frac{1}{2}\sqrt{\frac{\|g^\alpha(x_k, \varepsilon_k)\|}{\sigma_k}} \right). \tag{5.2.18}$$

引理 5.2.3 假设步长 d_k 由算法 5.2.1 产生, 则对任意 $k > 0$ 有

$$\|d_k\| \leqslant \frac{3}{\sigma_k} \max\left(\|B_k\|, \sqrt{\sigma_k \|g^\alpha(x_k, \varepsilon_k)\|}\right). \tag{5.2.19}$$

引理 5.2.4 假设存在 $K_r > 0$, 对任意 k 满足 $\dfrac{\|g^\alpha(x_{k-1}, \varepsilon_{k-1})\|}{\|g^\alpha(x_k, \varepsilon_k)\|} \leqslant K_r$, 那么存在一个常数 $K_{\sigma g} > 0$, 只要 $\sqrt{\sigma_k \|g^\alpha(x_{k-1}, \varepsilon_{k-1})\|} > K_{\sigma g}$, 那么第 k 步迭代成功, 且 $\sigma_{k+1} \leqslant \sigma_k$.

证明 定义

$$r_k = F^\alpha(x_k + d_k, \varepsilon_{k+1}) - F^\alpha(x_k, \varepsilon_k) - m_k(d_k) + (1 - \eta_2)m_k(d_k)$$

$$= (\rho_k - \eta_2)m_k(d_k). \tag{5.2.20}$$

由 $\|g^\alpha(x_k, \varepsilon_k)\| \geqslant \delta$ 和引理 5.2.2, 有 $m_k(d_k) < 0$, 于是可推出

$$\rho_k > \eta_2 \Leftrightarrow r_k < 0. \tag{5.2.21}$$

运用 (5.2.10) 和中值定理, 注意到 $B_k > 0$, 得到

$$F^\alpha(x_k + d_k, \varepsilon_{k+1}) - F'^\alpha(x_k, \varepsilon_k) - m_k(d_k)$$

$$\leqslant F(x_k + d_k) + \varepsilon_{k+1} - F(x_k) - g^\alpha(x_k, \varepsilon_k)^{\mathrm{T}} d_k - \frac{1}{2} d_k^{\mathrm{T}} B_k d_k - \frac{1}{3}\sigma_k \|d_k\|^3$$

$$\leqslant (g(\xi) - g^\alpha(x_k, \varepsilon_k))^{\mathrm{T}} d_k + \varepsilon_{k+1},$$

其中 $\xi = ax_k + (1 - a)(x_k + d_k), a \in (0, 1)$.

由 (5.2.6)、(5.2.12) 及算法 5.1.2 中 $\varepsilon_k \leqslant \dfrac{g^\alpha(x_{k-1}, \varepsilon_{k-1})}{2\sigma_k}$, 得到

$$F^\alpha(x_k + d_k, \varepsilon_{k+1}) - F^\alpha(x_k, \varepsilon_k) - m_k(d_k)$$

$$= [\|g(x_k) - g^\alpha(x_k, \varepsilon_k)\| + \|g(x_k) - g(\xi)\|]\|d_k\| + \varepsilon_{k+1}$$

$$= \left[\sqrt{\frac{2\varepsilon_k}{\lambda}} + \frac{1}{\lambda}\|d_k\|\right]\|d_k\| + \varepsilon_{k+1}$$

$$\leqslant \left[\sqrt{\frac{\|g^\alpha(x_{k-1}, \varepsilon_{k-1})\|}{\lambda \sigma_k}} + \frac{1}{\lambda}\|d_k\|\right]\|d_k\| + \frac{\|g^\alpha(x_k, \varepsilon_k)\|}{2\sigma_k}. \tag{5.2.22}$$

把 (5.2.21), (5.2.18), (5.2.19) 代入 (5.2.20), 当 $\sqrt{\sigma_k \|g^\alpha(x_k, \varepsilon_k)\|} \geqslant K_B \geqslant \|B_k\|$ 时, 由假设 A2 得到

$$r_k \leqslant \left[\sqrt{\frac{\|g^\alpha(x_{k-1}, \varepsilon_{k-1})\|}{\lambda \sigma_k}} + \frac{3}{\lambda}\sqrt{\frac{\|g^\alpha(x_k, \varepsilon_k)\|}{\sigma_k}}\right] 3\sqrt{\frac{\|g^\alpha(x_k, \varepsilon_k)\|}{\sigma_k}} + \frac{\|g^\alpha(x_k, \varepsilon_k)\|}{2\sigma_k}$$

$$- (1 - \eta_2)\frac{\|g^\alpha(x_k, \varepsilon_k)\|}{6\sqrt{2}}\sqrt{\frac{\|g^\alpha(x_k, \varepsilon_k)\|}{\sigma_k}}. \tag{5.2.23}$$

因为对任意 $k, \frac{\|g^\alpha(x_{k-1}, \varepsilon_{k-1})\|}{\|g^\alpha(x_k, \varepsilon_k)\|} \leqslant K_r$, 则有

$$
\begin{aligned}
r_k &\leqslant \frac{\|g^\alpha(x_k, \varepsilon_k)\|}{\sigma_k} \left[\sqrt{\frac{9\|g^\alpha(x_{k-1}, \varepsilon_{k-1})\|}{\lambda \|g^\alpha(x_k, \varepsilon_k)\|}} + \frac{9}{\lambda} + \frac{1}{2} - \frac{(1-\eta_2)}{6\sqrt{2}} \sqrt{\sigma_k \|g^\alpha(x_k, \varepsilon_k)\|} \right] \\
&\leqslant \frac{\|g^\alpha(x_k, \varepsilon_k)\|}{\sigma_k} \left[3\sqrt{\frac{K_r}{\lambda}} + \frac{9}{\lambda} + \frac{1}{2} - \frac{(1-\eta_2)}{6\sqrt{2}} \sqrt{\upsilon_k \|g^\alpha(x_k, c_k)\|} \right].
\end{aligned}
\tag{5.2.24}
$$

于是当

$$
\frac{(1-\eta_2)}{6\sqrt{2}} \sqrt{\sigma_k \|g^\alpha(x_k, \varepsilon_k)\|} > 3\sqrt{\frac{K_r}{\lambda}} + \frac{9}{\lambda} + \frac{1}{2} \overset{\text{def}}{=} K_1
\tag{5.2.25}
$$

时, $r_k < 0$.

令

$$
K_{\sigma g} = \max \left(K_B, \frac{6\sqrt{2}}{1-\eta_2} K_1 \right),
\tag{5.2.26}
$$

则由 (5.2.21), 只要 $\sqrt{\sigma_k \|g^\alpha(x_k, \varepsilon_k)\|} > K_{\sigma g}$, 即得到 $\rho_k > \eta_2$, 这意味着第 k 步迭代是成功的, 且 $\sigma_{k+1} \leqslant \sigma_k$. □

实际上, 只要算法 5.1.2 不终止, $\frac{\|g^\alpha(x_{k-1}, \varepsilon_{k-1})\|}{\|g^\alpha(x_k, \varepsilon_k)\|} \leqslant K_r$ 总能得到满足. 即如果存在一个常数 $\delta > 0$ 满足 $\forall k, \|g^\alpha(x_k, \varepsilon_k)\| \geqslant \delta$, 由 $\frac{\|g^\alpha(x_{k-1}, \varepsilon_{k-1})\|}{\|g^\alpha(x_k, \varepsilon_k)\|} \leqslant \frac{\|g^\alpha(x_{k-1}, \varepsilon_{k-1})\|}{\delta}$ 且由于 $g(x)$ 全局 Lipschitz 连续, $\|g^\alpha(x_{k-1}, \varepsilon_{k-1})\|$ 不会趋于 $+\infty$, 故而 K_r 存在.

引理 5.2.5　算法 5.2.1 是适定的, 不会在步 4、步 5、步 6 之间无限循环.

证明　假设算法 5.2.1 在 x_k 处不停止, 那么存在 $\delta > 0$ 满足

$$
\|g^\alpha(x_k, \varepsilon_k)\| \geqslant \delta.
\tag{5.2.27}
$$

假设算法在步 4、步 5、步 6 之间无限循环, 记步 4-步 6 之间的迭代为

$$
d_{k+i}, \quad \sigma_{k+i}, \quad \rho_{k+i}, \quad i = 0, 1, \cdots.
\tag{5.2.28}
$$

那么由算法 5.2.1 的定义, 无限循环意味着 $\rho_{k+i} < \eta_1 \, (i = 0, 1, \cdots)$, 且 $\sigma_{k+i} \in [\gamma_1 \sigma_{k+i-1}, \gamma_2 \sigma_{k+i-1}]$. 这表明 $\sigma_{k+i} \geqslant \gamma_1^i \sigma_k (\gamma_1 > 1)$. 那么可以推断存在 $n_0 > 0$ 满足 $\forall i > n_0, \sqrt{\sigma_k^i \|g^\alpha(x_k, \varepsilon_k)\|} \geqslant K_{\sigma g}$, 由引理 5.2.4 可以得到当 $i > n_0$ 时, $\rho_k > \eta_2 \geqslant \eta_1$, 推出矛盾, 证明结束. □

下一定理表明算法 5.2.1 的全局收敛性.

定理 5.2.6　设假设 A1 和假设 A2 成立, 序列 $\{x_k\}$ 由算法 5.2.1 产生, 那么 $\lim\limits_{k \to \infty} \|g(x_k)\| = 0$, 且 $\{x_k\}$ 的任一聚点都是问题 (5.2.1) 最优解.

证明 首先证明

$$\lim_{k \to \infty} \|g^\alpha(x_k, \varepsilon_k)\| = 0. \tag{5.2.29}$$

假设 (5.2.29) 不成立, 那么存在 $\delta > 0$ 和序列 $\{x_{k_i}\}_K$ 满足 $\forall k_i \in K$,

$$\lim_{k \to \infty} \|g^\alpha(x_k, \varepsilon_k)\| \geqslant \delta, \quad i = 0, 1, 2, \cdots. \tag{5.2.30}$$

由 ρ_k 定义和引理 5.2.2 有

$$\begin{aligned}
& F^\alpha(x_{k_i}, \varepsilon_{k_i}) - F^\alpha(x_{k_{i+1}}, \varepsilon_{k_{i+1}}) \\
&= \rho_k pred_k \\
&\geqslant \frac{\rho_k}{3\sqrt{2}} \min\left(\frac{\|g^\alpha(x_k, \varepsilon_k)\|^2}{\|B_k\|}, \frac{\|g^\alpha(x_k, \varepsilon_k)\|^{3/2}}{2\sqrt{\sigma_k}} \right) \\
&\geqslant \frac{\rho_k}{3\sqrt{2}} \min\left(\frac{\delta^2}{\|B_k\|}, \frac{\delta^{3/2}}{2\sqrt{\sigma_k}} \right).
\end{aligned} \tag{5.2.31}$$

由引理 5.2.4 得

$$\sigma_k > \frac{K_{\sigma g}^2}{\delta} \Rightarrow \sigma_{k+1} \leqslant \sigma_k. \tag{5.2.32}$$

同时注意到算法 5.2.1 的迭代方式, 易知无论第 k 步是否迭代成功, 均有

$$\sigma_{k+1} \leqslant \gamma_2 \sigma_k \quad (\gamma_2 > 1). \tag{5.2.33}$$

基于上述结果, 如果存在一个 k' 满足 $\sigma_{k'} \leqslant \dfrac{K_{\sigma g}^2}{\delta}$, 那么由 (5.2.32) 和 (5.2.33), $\sigma'_{k+i}(i = 1, 2, \cdots)$ 的增加量不会大于 $\gamma_2 \dfrac{K_{\sigma g}^2}{\delta}$, 即

$$\sigma_{k'+i} \leqslant \gamma_2 \frac{K_{\sigma g}^2}{\delta}. \tag{5.2.34}$$

那么当 $\sigma_0 \leqslant \dfrac{K_{\sigma g}^2}{\delta}$ 时, 有 $\sigma_k \leqslant \gamma_2 \dfrac{K_{\sigma g}^2}{\delta}, k = 1, 2, \cdots$, 另外, 当 $\sigma_0 > \dfrac{K_{\sigma g}^2}{\delta}$ 时, σ_k ($k = 1, 2, \cdots$) 继续保持下降, 直到有 k' 满足 $\sigma_{k'} \leqslant \dfrac{K_{\sigma g}^2}{\delta}$, 那么 $\forall k > k'$, 有 $\sigma_k \leqslant \gamma_2 \dfrac{K_{\sigma g}^2}{\delta}$.

令 $L_\sigma = \max\left(\sigma_0, \dfrac{\gamma_2 K_{\sigma g}^2}{\delta} \right)$, 则

$$\sigma_k \leqslant L_\sigma, \quad k = 0, 1, 2, \cdots. \tag{5.2.35}$$

把 (5.2.35) 代入 (5.2.31) 得到

$$F^\alpha(x_{k_i}, \varepsilon_{k_i}) - F^\alpha(x_{k_{i+1}}, \varepsilon_{k_{i+1}}) \leqslant \frac{\rho_k}{3\sqrt{2}} \min\left(\frac{\delta^2}{\|K_B\|}, \frac{\delta^{3/2}}{2\sqrt{L_\sigma}} \right). \tag{5.2.36}$$

记迭代成功的下标集合为 $S = \{k | k$ 步迭代成功 $\}$, 那么 $\forall k_i \in K \cap S, \rho_{k_i} \geqslant \eta_1$,
有

$$F^\alpha(x_{k_i}, \varepsilon_{k_i}) - F^\alpha(x_{k_i+1}, \varepsilon_{k_i+1}) \leqslant \frac{\rho_k}{3\sqrt{2}} \min\left(\frac{\delta^2}{\|K_B\|}, \frac{\delta^{3/2}}{2\sqrt{L_\sigma}}\right) \overset{\text{def}}{=} L_F,$$

得到

$$\sum_{k \geqslant k_0} \left[F^\alpha(x_k, \varepsilon_k) - F^\alpha(x_{k+1}, \varepsilon_{k+1})\right] \geqslant \sum_{k \geqslant k_0, k \in K} \left[F^\alpha(x_k, \varepsilon_k) - F^\alpha(x_{k+1}, \varepsilon_{k+1})\right]$$
$$\geqslant \sum_{k \geqslant k_0, k \in K \cap S} L_F.$$
$$(5.2.37)$$

于是集合 $K \cap S$ 里有无限个元素, 否则记最大的元素为 k_S, 第 $k_{S+1}, k_{S+2}, \cdots$
将会不成功, 这和引理 5.2.5 矛盾. 因此由 (5.2.37) 得到当 $k \to \infty$ 时, $F^\alpha(x_k, \varepsilon_k) \to -\infty$. 但是

$$F^\alpha(x_k, \varepsilon_k) \geqslant F(x_k)$$
$$= f(p(x_k)) + \frac{1}{2\lambda} \|p(x_k - x_k)\|^2$$
$$\geqslant f(p(x_k)),$$

表明 $f(p(x_k)) \to -\infty$, 这和假设 A1 矛盾, 因此 (5.2.29) 成立.

由 (5.2.12), $\|g^\alpha(x_k, \varepsilon_k) - g(x_k)\| \leqslant \sqrt{2\varepsilon_k/\lambda}$. 当 $\varepsilon_k \to 0$ 时, 由算法 5.2.1 中 ε_k
和 $\tau_k \to 0$ 的选取方式可得到

$$\lim_{k \to \infty} \|g(x_k)\| = 0. \tag{5.2.38}$$

令 x^* 为 $\{x_k\}$ 的一个聚点, 不失一般性, 设存在一个序列 $\{x_k\}_{K'}$ 满足

$$\lim_{k \to \infty, k \in K'} x_k = x^*. \tag{5.2.39}$$

由 $F(x)$ 的性质可得 $g(x_k) = (x_k - p(x_k))/\lambda$, 由 (5.2.38) 和 (5.2.39), $x^* = p(x^*)$
成立, 于是 x^* 是 (5.2.1) 的一个最优解. □

进一步还可得到算法 5.2.1 的超线性收敛性质.

在半光滑和 BD- 正则性条件下, 若迭代中三次超估子模型的全局最小值点被
精确求解得到, 即极小值 d_k^* 满足

$$(B_k + \sigma_k \|d_k^*\| I) d_k^* = -g^\alpha(x_k, \varepsilon_k), \tag{5.2.40}$$

那么算法 5.2.1 有 Q- 超线性收敛性.

首先介绍一些半光滑函数的性质.

如果函数 $g(x)$ 在 x 处半光滑, 那么

$$g'(x;h) = \lim_{\tau \downarrow 0}[g(x+\tau h) - g(x)]/\tau \tag{5.2.41}$$

存在且等于如下的极限值

$$\lim_{V \in \partial g(x+\tau h), \tau \downarrow 0} Vh,$$

并且, 下面的极限也成立

$$\lim_{\|h\| \to 0}[g(x+h) - g(x) - g'(x,h)]/\|h\| = 0, \tag{5.2.42}$$

$$\lim_{V \in \partial g(x+h), \|h\| \to 0}[Vh - g'(x+h)]/\|h\| = 0. \tag{5.2.43}$$

定理 5.2.7 设假设 A1 和假设 A2 成立, 子问题 (5.2.13) 被精确求解得到 d_k^* 满足 (5.2.40), 如果序列 $\{x_k\}$ 由算法 5.2.1 产生, 且在极限点 x^* 上使得 g 半光滑且 BD-正则, 那么

(i) x^* 是 (5.2.1) 的唯一解.

(ii) 序列 $\{x_k\}$ 收敛到 x^*, 且至少是 Q-超线性收敛, 即

$$\lim_{k \to \infty} \|x_{k+1} - x^*\|/\|x_k - x^*\| = 0.$$

证明 (i) 因为 $x_k \to x^*$, 定理 5.2.6 表明 x^* 是问题 (5.2.1) 唯一最优解, 由 g 在 x^* 处是 BD-正则函数以及 F 的凸性, 知 x^* 是 (5.2.3) 的唯一最优解. 再由性质 (b), x^* 也是 (5.2.1) 唯一最优解.

(ii) 因为 $\varepsilon_k \to 0, x_k \to x^*$ 且 g 在 x^* 是 BD-正则的, 那么存在一个常数 $\mu_1 > 0$ 满足

$$d^{\mathrm{T}} B_k d = d^{\mathrm{T}}(V_k + \varepsilon_k I)d \geqslant \mu_1 \|d\|^2, \quad \forall d \in R^n.$$

由 (5.2.40),

$$0 \leqslant \mu_1 \|d_k^*\|^2 + \sigma_k \|d_k^*\|^3 \leqslant d_k^{*\mathrm{T}} B_k d_k^* + \sigma_k \|d_k^*\|^3 = -g^\alpha(x_k, \varepsilon_k)^{\mathrm{T}} d_k^*.$$

推出

$$0 \leqslant \|d_k^*\|^2(\mu_1 + \sigma_k \|d_k^*\|) \leqslant \|g^\alpha(x_k, \varepsilon_k)\| \|d_k^*\|.$$

由 (i) 的结论, 当 $k \to \infty$ 时, $\|g^\alpha(x_k, \varepsilon_k)\| \to 0$, 得到

$$\|d_k^*\| \to 0.$$

记 $c_k = \varepsilon_k + \sigma_k \|d_k^*\|$. 当 $\varepsilon_k \to 0, \|d_k^*\| \to 0$ 且 $\sigma_k \leqslant L_\sigma$, 显然有 $c_k \to 0$, 于是

$$d_k^* = -(B_k + \sigma_k \|d_k^*\| I)^{-1} g^\alpha(x_k, \varepsilon_k) = -(V_k + c_k I)^{-1} g^\alpha(x_k, \varepsilon_k). \tag{5.2.44}$$

因为 $V_k + c_k I \to V_k, x_k \to x^*$, g 在 x^* 处是 BD-正则的, 故存在 $\mu_2 > 0$ 满足

$$\|(V_k + c_k I)^{-1}\| \leqslant \mu_2,$$

有

$$\begin{aligned}
\|x_k + d_k^* - x^*\| &= \|x_k - x^* - (V_k + c_k I)^{-1} g^\alpha(x_k, \varepsilon_k)\| \\
&\leqslant \|(V_k + c_k I)^{-1}\| \|V_k(x_k - x^*) + c_k I(x_k - x^*) - g^\alpha(x_k, \varepsilon_k) \\
&\quad + g(x_k) - g(x_k) + g(x^*)\| \\
&\leqslant \mu_2[\|g^\alpha(x_k, \varepsilon_k) - g(x_k)\| + \|g(x_k) - g(x^*) - V_k(x_k - x^*)\| \\
&\quad + c_k \|x_k - x^*\|].
\end{aligned} \tag{5.2.45}$$

注意到 x^* 是 (5.2.3) 的解, 有 $g(x^*) = 0$, 由算法 5.2.1 中 ε_k 的定义 $\varepsilon_k = o(\|g(x_{k-1}\|^2)$, 由 (5.2.5) 和 (5.2.12) 得到

$$\|g(x_k) - g^\alpha(x_k, \varepsilon_k)\| \leqslant \sqrt{2\varepsilon_k/\lambda} = o(\|g(x_{k-1})\|) = o(\|x_k - x^*\|), \tag{5.2.46}$$

则

$$\begin{aligned}
\|g(x_{k-1}) - g(x^*)\| &\leqslant L \|x_{k-1} - x^*\| \\
&\leqslant L(\|x_k - x^*\| + \|x_k - x_{k-1}\|) \\
&= L(\|x_k - x^*\| + \|d_k^*\|)
\end{aligned}$$

且 $\|d_k^*\| \to 0$.

由于 g 在 x^* 处是半光滑的, 由 (5.2.42) 和 (5.2.43) 得到

$$\|g(x_k) - g(x^*) - V_k(x_k - x^*)\| = o(\|x_k - x^*\|). \tag{5.2.47}$$

把 (5.2.46) 和 (5.2.47) 代入 (5.2.45) 得到

$$\|x_k + d_k^* - x^*\| = o(\|x_k - x^*\|).$$

由于 d_k^* 是子问题 (5.2.13) 的全局最小点, d_k^* 满足 (5.2.15), 故由引理 5.2.5 和算法 5.2.1 中 $x_{k+1} = x_k + d_k^*$, 得到

$$\|x_{k+1} - x^*\| = o(\|x_k - x^*\|). \qquad \square$$

自适应三次正则模型的优点在于其对应算法能获得更好的计算复杂性估计, 与此类似, 下面将讨论算法 5.2.1 的迭代复杂性估计.

首先引入迭代下标集合, $\forall j \geqslant 0$, 记

$$S_j = \{k \leqslant j : 第\ k\ 步迭代成功\},$$

$$U_j = \{k \leqslant j : 第\ k\ 步迭代不成功\}.$$

令 $|S_j|$ 和 $|U_j|$ 为各自集合元素的个数, 显然有 $|S_j| + |U_j| = j$.

下面引理给出算法 5.2.1 中不成功迭代次数的估计上界.

引理 5.2.8 假设在每步成功迭代 $k \in S_j$ 中, σ_{k+1} 的选取满足

$$\sigma_{k+1} \in \begin{cases} (\gamma_3\sigma_k, \sigma_k], & \rho_k > \eta_2, \\ [\sigma_k, \gamma_1\sigma_k], & \eta_1 \leqslant \rho_k \leqslant \eta_2, \end{cases} \tag{5.2.48}$$

其中 $\gamma_3 \in (0, 1]$. $\bar{\sigma}$ 为使得 $\forall k \leqslant j$ 有 $\sigma_k \leqslant \bar{\sigma}$ 的正常数, 则有

$$|U_j| \leqslant \left[-\frac{lg\gamma_3}{lg\gamma_1}|S_j| + \frac{1}{lg\gamma_1}lg\left(\frac{\bar{\sigma}}{\sigma_0}\right) \right]. \tag{5.2.49}$$

从算法 5.2.1 的全局收敛性证明过程可看到, 在一些适合的条件下, 当 $k \to \infty$, $\|g^\alpha(x_k, \varepsilon_k)\| \to 0$ 时, 有 $\|g(x_k)\| \to 0$. 在实际计算中, 当 $\|g(x_k)\|$ 充分小时, 算法即可终止. 令 ε 为预先设定的一个充分小的常数, 对 $\|g(x_k)\| > \varepsilon$, 记成功迭代步的下标集为

$$S^\varepsilon = \{k \in S : \|g^\alpha(x_k, \varepsilon_k)\| > \varepsilon\}.$$

如下的引理将给出 $|S^\varepsilon|$ 的上界, 即使得 $\|g^\alpha(x_k, \varepsilon_k)\| \leqslant \varepsilon$ 所需的成功迭代步的次数估计.

为简便下面将把 $\|g^\alpha(x_k, \varepsilon_k)\|$ 简写为 $\|g_k\|$.

引理 5.2.9 设 A1 和A2 成立, F_{low} 是一个 $\forall k \geqslant 0$ 满足 $F_{\text{low}} \leqslant F(x_k)$ 的常数. 假设存在 $K_r > 0$, $\forall k$ 满足 $\frac{\|g^\alpha(x_{k-1}, \varepsilon_{k-1})\|}{\|g^\alpha(x_k, \varepsilon_k)\|} \leqslant K_r$. 令 ε 为给定的常数, 那么 $\forall k \in S^\varepsilon$, 存在一个常数 $a > 0$ 满足

$$-m_k(d_k) \geqslant a\varepsilon^2.$$

进一步有 $|S^\varepsilon| \leqslant \lceil K_p\varepsilon^{-2} \rceil$, 其中 $K_p = \dfrac{F^\alpha(x_0, \varepsilon_0) - F_{\text{low}}}{\eta_1 a}$.

如果算法 (5.2.1) 里选取的 σ_0 满足 $\sigma_0\varepsilon > \gamma_2 K_{\sigma g}^2$, 那么存在一个常数 $b > 0$ 满足

$$-m_k(d_k) \geqslant b\varepsilon^{3/2}.$$

而且可以推得 $|S^\varepsilon| \leqslant \lceil K_p\varepsilon^{-3/2} \rceil$, 其中 $K_p = \dfrac{F^\alpha(x_0, \varepsilon_0) - F_{\text{low}}}{\eta_1 b}$.

证明　由引理 5.2.2 有

$$-m_k(d_k) \geqslant \frac{\|g_k\|}{3\sqrt{2}} \min\left(\frac{\|g_k\|}{\|B_k\|}, \frac{1}{2}\sqrt{\frac{\|g_k\|}{\sigma_k}} \right). \qquad (5.2.50)$$

对 $k \in S^\varepsilon$, 有 $\|g_k\| > \varepsilon$, $\|B_k\| \leqslant K_B$ 得到

$$-m_k(d_k) \geqslant \min\left(\frac{\varepsilon^2}{3\sqrt{2}K_B}, \frac{\varepsilon^{3/2}}{6\sqrt{2\sigma_k}} \right). \qquad (5.2.51)$$

由 (5.2.35) 有

$$\sigma_k \leqslant \max\left(\sigma_0, \frac{\gamma_2 K_{\sigma g}^2}{\varepsilon} \right). \qquad (5.2.52)$$

其中

$$K_{\sigma g} = \max\left(K_B, \frac{6\sqrt{2}}{1-\eta_2}\left(\sqrt{\frac{9K_r}{\lambda}} + \frac{9}{\lambda} + \frac{1}{2} \right) \right). \qquad (5.2.53)$$

把 (5.2.52) 和 (5.2.53) 代入 (5.2.51), 注意到 $K_{\sigma g} \geqslant K_B$, 得到

$$-m_k(d_k) \geqslant \min\left(\frac{\varepsilon^2}{3\sqrt{2}K_B}, \frac{\varepsilon^2}{6\sqrt{2}\max(\sqrt{\sigma_0 \varepsilon}, K_{\sigma g}\sqrt{\gamma_2})} \right)$$

$$= \min\left(\frac{\varepsilon^2}{6\sqrt{2\sigma_0}\varepsilon}, \frac{\varepsilon^2}{6\sqrt{2\gamma_2}K_{\sigma g}} \right). \qquad (5.2.54)$$

　　如果

$$\sqrt{\sigma_0 \varepsilon} \leqslant \sqrt{\gamma_2}K_{\sigma g}, \qquad (5.2.55)$$

那么由 (5.2.54) 得到

$$-m_k(d_k) \geqslant \frac{\varepsilon^2}{6\sqrt{2\gamma_2}K_{\sigma g}}. \qquad (5.2.56)$$

记 $a = \dfrac{1}{6\sqrt{2\gamma_2}K_{\sigma g}}$, 当 (5.2.55) 成立时, $\forall k \in S^\varepsilon$, 可以得到

$$-m_k(d_k) \geqslant a\varepsilon^2. \qquad (5.2.57)$$

下面将证明

$$|S^\varepsilon| \leqslant \lceil K_p \varepsilon^{-2} \rceil. \qquad (5.2.58)$$

　　$\forall k \in S^\varepsilon$, 第 k 步迭代成功, 由算法 5.2.1 的构造和 (5.2.57) 得到

$$F^\alpha(x_k, \varepsilon_k) - F^\alpha(x_{k+1}, \varepsilon_{k+1}) \geqslant -\eta_1 m_k(d_k) \geqslant \eta_1 a\varepsilon^2. \qquad (5.2.59)$$

在定理 5.2.6 中算法 5.2.1 被证明是全局收敛的, 即当假设 A1 和假设 A2 成立时, $\lim\limits_{k\to\infty} \|g_k\| = 0$, 也就是 $\forall \varepsilon > 0$, 存在一个整数 $J > 0$ 满足 $\forall k \geqslant J$, 有 $\|g_k\| < \varepsilon$.

令 j_ε 为第一步满足 $\forall k > j_\varepsilon$, 有 $\|g_k\| < \varepsilon$ 的迭代步骤, 那么从 S^ε 的定义有 $|S^\varepsilon| \leqslant j_\varepsilon$.

由 (5.2.59) 和 $F(x) \leqslant F^\alpha(x, \varepsilon) \leqslant F(x) + \varepsilon$, 可以推断出

$$
\begin{aligned}
|S^\varepsilon|\eta_1 a\varepsilon^2 &\leqslant \sum_{k \in S^\varepsilon} [F^\alpha(x_k, \varepsilon_k) - F^\alpha(x_{k+1}, \varepsilon_{k+1})] \\
&\leqslant \sum_{k=0}^{j_\varepsilon} [F^\alpha(x_k, \varepsilon_k) - F^\alpha(x_{k+1}, \varepsilon_{k+1})] \\
&= F^\alpha(x_0, \varepsilon_0) - F^\alpha(x_{j_\varepsilon+1}, \varepsilon_{j_\varepsilon+1}) \\
&\leqslant F^\alpha(x_0, \varepsilon_0) - F^\alpha(x_{j_\varepsilon+1}) \\
&\leqslant F^\alpha(x_0, \varepsilon_0) - F_{\text{low}} \\
&< +\infty.
\end{aligned}
$$

所以 $|S^\varepsilon| < \dfrac{F^\alpha(x_0, \varepsilon_0) - F_{\text{low}}}{\eta_1 a}\varepsilon^{-2}$.

另一方面, 如果

$$
\sqrt{\sigma_0 \varepsilon} > \sqrt{\gamma_2} K_{\sigma g}, \tag{5.2.60}
$$

由 (5.2.54) 得

$$
-m_k(d_k) \geqslant \frac{\varepsilon^2}{6\sqrt{2\sigma_0 \varepsilon}} = \frac{\varepsilon^{3/2}}{6\sqrt{2\sigma_0}}. \tag{5.2.61}
$$

记 $b = \dfrac{1}{6\sqrt{2\sigma_0}}$. 当 (5.2.60) 成立时, $\forall k \in S^\varepsilon$, 有

$$
-m_k(d_k) \geqslant b\varepsilon^{3/2}. \tag{5.2.62}
$$

和前面类似, 可以证明

$$
|S^\varepsilon| < \frac{F^\alpha(x_0, \varepsilon_0) - F_{\text{low}}}{\eta_1 b}\varepsilon^{-3/2}.
$$

证明结束. □

由引理 5.2.9 可知 S^ε 的迭代边界至少是 $O(\varepsilon^{-2})$, 如果算法 5.2.1 选取的参数满足 (5.2.60), 那么这个边界可以提高到 $O(\varepsilon^{-3/2})$.

最后, 为使非光滑目标函数 $f(x)$ 的 Moreau-Yosida 正则函数 $F(x)$ 的梯度的模达到 $\|g(x_k)\| < \varepsilon$, 由结合引理 5.2.8 和引理 5.2.9 可推出算法 5.2.1 所需的迭代次数估计.

定理 5.2.10 设假设 A1 和假设 A2 成立, ε 是一个给定的充分小的常数且满足 (5.2.55), 假设在每一成功的迭代步 k 中, σ_{k+1} 的选取满足 (5.2.48), 令 j_{tol} 是满足 $\|g(x_{j_{\text{tol}}+1})\| < \varepsilon$ 的第一个迭代步, 则

$$
j_{\text{tol}} \leqslant \lceil K_{\text{tol}}\varepsilon^{-2} \rceil,
$$

其中

$$K_{\text{tol}} = 4\left(1 - \frac{lg\gamma_3}{lg\gamma_1}\right)\frac{F^{\alpha}(x_0, \varepsilon_0) - F_{\text{low}}}{\eta_1 a} + \frac{1}{lg\gamma_1}\max\left(1, \frac{2\gamma_2 K_{\sigma g}^2}{\sigma_0}\right),$$

$$a = \frac{1}{6\sqrt{2\gamma_2}K_{\sigma g}}.$$

并且如果算法 5.2.1 中 σ_0 的选取满足 $\sigma_0\varepsilon > \gamma_2 K_{\sigma g}^{-2}$，那么有

$$j_{\text{tol}} \leqslant \lceil K_{\text{tol}}\varepsilon^{-3/2}\rceil,$$

其中

$$K_{\text{tol}} = 2^{3/2}\left(1 - \frac{lg\gamma_3}{lg\gamma_1}\right)\frac{F^{\alpha}(x_0, \varepsilon_0) - F_{\text{low}}}{\eta_1 b} + \frac{1}{lg\gamma_1}\max\left(1, \frac{2\gamma_2 K_{\sigma g}^2}{\sigma_0}\right),$$

$$b = \frac{1}{6\sqrt{2\sigma_0}}.$$

证明　算法 5.2.1 被证明是全局收敛的, 即当 A1 和 A2 成立时,

$$\lim_{k\to\infty}\|g^{\alpha}(x_k, \varepsilon_k)\| = 0.$$

下面先考虑所有能满足 $\|g_k\| = \|g^{\alpha}(x_k, \varepsilon_k)\| < \varepsilon/2$ 的迭代步数.

令 j' 为第一次满足 $\|g_{j'+1}\| < \varepsilon/2$ 的迭代步骤, 那么由引理 5.2.8, 在第一个 j' 迭代有

$$|U_{j'}| \leqslant -\frac{lg\gamma_3}{lg\gamma_1}|S_{j'}| + \frac{1}{lg\gamma_1}lg\left(\frac{\overline{\sigma}}{\sigma_0}\right). \tag{5.2.63}$$

另外由引理 5.2.9, 满足 $\|g_k\| \geqslant \varepsilon/2$ 的成功迭代步骤的次数满足

$$|S_{j'}^{\varepsilon/2}| \leqslant K_p(\varepsilon/2)^{-2}, \tag{5.2.64}$$

其中

$$K_p = \frac{F^{\alpha}(x_0, \varepsilon_0) - F_{\text{low}}}{\eta_1 a},$$

$$a = \frac{1}{6\sqrt{2\gamma_2}K_{\sigma g}}.$$

则有

$$\begin{aligned}
j' &= |U_{j'}| + |S_{j'}|\\
&\leqslant \frac{lg\gamma_3}{lg\gamma_1}|S_{j'}^{\varepsilon/2}| + \frac{1}{lg\gamma_1}\left(\frac{\overline{\sigma}}{\sigma_0}\right) + |S_{j'}^{\varepsilon/2}|\\
&\leqslant \left(1 - \frac{lg\gamma_3}{lg\gamma_1}\right)|S_{j'}^{\varepsilon/2}| + \frac{1}{lg\gamma_1}\left(\frac{\overline{\sigma}}{\sigma_0}\right).
\end{aligned} \tag{5.2.65}$$

由 (5.2.35),

$$\sigma_k \leqslant \max\left(\sigma_0, \frac{\gamma_2 K_{\sigma g}^2}{\varepsilon/2}\right), \quad k = 0, 1, 2, \cdots. \tag{5.2.66}$$

其中 $K_{\sigma g} = \max\left[K_B, \frac{6\sqrt{2}}{1-\eta_2}\left(\sqrt{\frac{9K_r}{\lambda}} + \frac{9}{\lambda} + \frac{1}{2}\right)\right]$, 其中 $\bar{\sigma}$ 满足引理 5.2.8 的条件

$$\bar{\sigma} = \max\left(\sigma_0, \frac{2\gamma_2 K_{\sigma g}^2}{\varepsilon}\right).$$

注意到 ε 充分小, 可以令 $\varepsilon < 1$, 把 $\bar{\sigma}$ 和 (5.2.64) 代入 (5.2.65), 得到

$$\begin{aligned}
j' &\leqslant \left(1 - \frac{lg\gamma_3}{lg\gamma_1}\right)\frac{F^\alpha(x_0, \varepsilon_0) - F_{\text{low}}}{\eta_1 a}(\varepsilon/2)^{-2} + \frac{1}{lg\gamma_1}\max\left(1, \frac{2\gamma_2 K_{\sigma g}^2}{\varepsilon\sigma_0}\right) \\
&\leqslant \left[4\left(1 - \frac{lg\gamma_3}{lg\gamma_1}\right)\frac{F^\alpha(x_0, \varepsilon_0) - F_{\text{low}}}{\eta_1 a} + \frac{1}{lg\gamma_1}\max\left(1, \frac{2\gamma_2 K_{\sigma g}^2}{\sigma_0}\right)\right]\varepsilon^{-2} \\
&= K_{\text{tol}}\varepsilon^{-2}.
\end{aligned} \tag{5.2.67}$$

下面证明 $j_{\text{tol}} \leqslant j'$.

由算法 5.2.1 的构造, 有 $\varepsilon_k \leqslant \tau_k\|g_k\|^2$, $\{\tau_k\}$ 是一个给定的严格下降正序列, 且 $\tau_k \to 0$, 可以令 $\tau_0 \leqslant \dfrac{\lambda}{2}$.

由 $\|g_{j'+i}\| < \dfrac{\varepsilon}{2}(i = 1, 2, \cdots)$, 运用式 (5.2.12), 得到

$$\begin{aligned}
\|g(x_{j'+i})\| &\leqslant \|g^\alpha(x_{j'+i}, \varepsilon_{j'+i})\| + \sqrt{2\varepsilon_{j'+i}/\lambda} \\
&\leqslant \|g^\alpha(x_{j'+i}, \varepsilon_{j'+i})\| + \sqrt{2\tau_{j'+i}\|g^\alpha(x_{j'+i}, \varepsilon_{j'+i})\|^2/\lambda} \\
&< \left(1 + \sqrt{2\tau_{j'+i}/\lambda}\right)\frac{\varepsilon}{2} \\
&\leqslant \varepsilon \quad (i = 1, 2, \cdots).
\end{aligned}$$

因此由 j_{tol} 的定义有

$$j_{\text{tol}} \leqslant j' \leqslant \lceil K_{\text{tol}}\varepsilon^{-2}\rceil.$$

定理第二部分可由类似证明得出. □

5.2.2 结合有限记忆 BFGS 技术求解带 Box 约束非光滑方程组的有效集投影信赖域法

在实践中, 许多问题如非线性互补问题、变分不等式问题的 KKT 条件、非线性规划问题等都可以表示为半光滑方程组的形式. 若 $F : R^n \to R^n$ 是半光滑的, 那么非线性系统 $F(x) = 0$ 称为半光滑方程组问题.

考虑如下带 box 约束的非光滑方程组问题:

$$F(x) = 0, \quad x \in X, \tag{5.2.68}$$

其中 $X = \{x \in R^n | l \leqslant x \leqslant \mu\}, l \in \{R \bigcup \{-\infty\}\}^n, \mu \in \{R \bigcup \{\infty\}\}^n$, 函数 $F : R^n \supset U \to R^n$ 定义在包含可行域 X 的开集 U 上, 并且局部 Lipschitz 连续. 令 $\theta(x) = \frac{1}{2}\|F(x)\|^2$, 那么问题 (5.2.68) 等价于全局最优化问题

$$\min_{x \in X} \theta(x). \tag{5.2.69}$$

在解 (5.2.68) 的算法中, 除了拟牛顿法, 大部分都要计算 $F(x)$ 的 Jacobi 矩阵. 但一般情况下, 对非光滑问题计算 $\partial F(x)$ 是很困难的. 故为了避免计算 $\partial F(x)$ 矩阵, 采用拟牛顿法是一个很好的选择. 有限记忆的拟牛顿方法是解决大型无约束优化问题较为有效的方法, 该方法对 Hesse 阵采用简单但又能够保证快速收敛率的近似矩阵取代处理, 同时仅需要很少的存储空间. 在执行步骤上这种方法和 BFGS 方法几乎相同, 唯一的不同是 Hesse 逆的近似矩阵不由显性公式生成, 而是由少量次数的对 BFGS 拟牛顿更新得到.

受此启发, 我们将运用有限记忆 BFGS(L-BFGS) 方法的思想, 在每一步迭代过程中产生更新矩阵 B_k 来替换 (5.2.68) 中的 Jacobi 矩阵 T_k, 同时结合一个新的线搜索技术给出一个有效集投影信赖域算法.

这一算法不仅保留了 L-BFGS 方法的优点, 同时还有一些好的性质: i) 保证所有的迭代点是可行的; ii) 算法产生的搜索方向可看作是梯度投影方向和信赖域方向的适当结合, 并能在满足一定条件下渐进于牛顿方向; iii) 算法子问题具有无约束信赖域子问题的形式, 因而便于使用现成的方法求解; iv) 算法子问题的维数低于原问题维数, 从而在大型计算中需要的耗费更少; v) 在适当条件下具有全局收敛性和局部超线性收敛性质.

记矩阵 $M = (m^{ij}) \in R^{t \times t}$, 指标集为 $I, J \subset \{1, 2, \cdots, t\}$, M^{IJ} 代表 M 的子矩阵, 其中元素为 $m^{i,j}, i \in I, j \in J$. 如果 $I = \{1, 2, \cdots, t\}$ 或者 $J = \{1, 2, \cdots, t\}$, 则把 M^{IJ} 简记为 $M^{\cdot J}$ 或 $M^{I \cdot}$. 对于一个正定矩阵 $G, \|\mu\|_G$ 定义为 $(\mu^T G \mu)^{\frac{1}{2}}, \|\cdot\|$ 代表欧几里得范数. $P_X(v)$ 代表向量 v 到 X 上的投影.

L-BFGS 方法是 BFGS 方法适用于大型计算问题的的调整. 在 L-BFGS 方法里, 矩阵 H_k 是对 Jacobi 矩阵 T_k^{-1} 在 x_k 处的近似, 由对初始矩阵 H_0 进行 $\tilde{m}(>0)$ 次的 BFGS 更新得到, 标准的 BFGS 更新方法有如下形式:

$$H_{k+1} = V_k^T H_k V_k + \rho_k s_k s_k^T, \tag{5.2.70}$$

其中 $s_k = x_{k+1} - x_k, y_k = F(x_{k+1}) - F(x_k), \rho_k = \frac{1}{s_k^T y_k}, V_k = I - \rho_k y_k s_k^T, I$ 是单位

矩阵. 对应地, L-BFGS 方法中 H_{k+1} 如下计算

$$
\begin{aligned}
H_{k+1} &= V_k^{\mathrm{T}} H_K V_k + \rho_k s_k s_k^{\mathrm{T}} \\
&= V_k^{\mathrm{T}} [V_{k-1}^{\mathrm{T}} H_{k-1} V_{k-1} + \rho_{k-1} s_{k-1} s_{k-1}^{\mathrm{T}}] V_k + \rho_k s_k s_k^{\mathrm{T}} \\
&= \cdots = [V_k^{\mathrm{T}} \cdots V_{k-\tilde{m}+1}^{\mathrm{T}}] H_{k-\tilde{m}+1} [V_{k-\tilde{m}+1} \cdots V_k] \\
&\quad + \rho_{k-\tilde{m}+1} [V_{k-1}^{\mathrm{T}} \cdots V_{k-\tilde{m}+2}^{\mathrm{T}}] s_{k-\tilde{m}+1} s_{k-\tilde{m}+1}^{\mathrm{T}} [V_{k-\tilde{m}+2} \cdots V_{k-1}] \\
&\quad + \cdots + \rho_k s_k s_k^{\mathrm{T}}.
\end{aligned} \tag{5.2.71}
$$

为了保持 L-BFGS 矩阵的正定性, 一些学者提出当 $s_k^{\mathrm{T}} y_k > 0$ 不成立时, 放弃修正 $\{s_k, y_k\}$. 另一种方法是由 Powell 提出的, 将 y_k 定义为

$$
y_k = \begin{cases} y_k, & s_k^{\mathrm{T}} y_k \geqslant 0.2 s_k^{\mathrm{T}} B_k s_k, \\ \theta_k y_k + (1 - \theta_k) B_k s_k, & \text{其他}, \end{cases}
$$

其中 $\theta_k = \dfrac{0.8 s_k^{\mathrm{T}} B_k s_k}{s_k^{\mathrm{T}} B_k s_k - s_k^{\mathrm{T}} y_k}$, B_k 是 T_k 的近似, 显然 $B_k = H_k^{-1}$ 成立.

首先介绍有效集估计和搜索方向, 其中有效集估计和文献 [95] 类似. 令

$$
\xi_k = \min\{\delta, c\sqrt{\|F(x_k)\|}\}, \tag{5.2.72}
$$

其中 δ 和 c 是正常数, 满足

$$
0 < \delta < \frac{1}{2} \min_{1 \leqslant i \leqslant n} (\mu_i - l_i).
$$

定义如下指标集

$$
\begin{aligned}
A_k &= \{i \in \{1, 2, \cdots, n\} | x_{ki} - l_i \leqslant \xi_k \text{ 或 } \mu_i - x_{ki} \leqslant \xi_k\}, \\
I_k &= \{1, 2, \cdots, n\} \setminus A_k = \{i | l_i + \xi_k < x_{ki} < \mu_i - \xi_k\},
\end{aligned} \tag{5.2.73}
$$

其中 x_{ki} 是 x_k 的第 i 个元素. 如果 ξ_k 很小, 集合 A_k 是有效集的估计. 在合适的情况下, 当 k 充分大时, A_k 和有效集一致.

通过有效集估计, 可以推出搜索方向. 令 $\Delta > 0, \underline{\Delta}_{\max} > 0$ 且 $\gamma_k > 0$, 假设 x_k 是当前迭代点, 线搜索方向 $\bar{d}(\Delta)$ 由如下三步获得.

步 1. 投影梯度方向: 计算

$$
\begin{aligned}
d_k^G(\Delta) &= -\frac{\Delta}{\Delta_{\max}} \gamma_k \nabla \theta(x_k), \\
\bar{d}_k^G(\Delta) &= P_X[x_k + d_k^G(\Delta)] - x_k.
\end{aligned} \tag{5.2.74}
$$

$\vec{d}_k^G(\Delta)$ 被称为 θ 的梯度投影方向, 具有很好的性质. 特别地, 如果 x_k 是可行的, 那么 θ 在 x_k 处的方向是一个可行下降方向. 为了加快收敛速度, 提出如下投影信赖域方向.

步 2.　投影信赖域方向: 首先由有效集确定 $d_k^{tr}(\Delta)$ 中 A_k 部分的 $\widetilde{d_k}^{A_k}(\Delta)$, 定义子向量 $v_k^{A_k}$, 元素为

$$v_{ki} = \begin{cases} x_{ki} - l_i, & x_{ki} - l_i \leqslant \xi_k, \\ \mu_i - x_{ki}, & \mu_i - x_{ki} \leqslant \xi_k. \end{cases}$$

那么子向量

$$\widetilde{d}_k^{A_k}(\Delta) = \min\left\{1, \frac{\Delta}{\|v_k^{A_k}\|}\right\} v_k^{A_k}, \tag{5.2.75}$$

其中如果 $v_k^{A_k} = 0$, 令 $\widetilde{d}_k^{A_k}(\Delta) = 0$.

通过解信赖域子问题可以确定 $d_k^{tr}(\Delta)$ 的子向量 $\widetilde{d}_k^{I_k}(\Delta)$, 令 $T_k \in \partial F(x_k)$ 且分割成

$$T_k = (T_k^{A_k}, T_k^{I_k}),$$

其中, $T_k^{A_k} \in R^{n \times |A_k|}$, 且 $T_k^{I_k} \in R^{n \times |I_k|}$, 令 $\widetilde{d}_k^{I_k}(\Delta)$ 为如下简化信赖域子问题的一个解

$$\begin{aligned} \min \quad & ((T_k^{I_k})^{\mathrm{T}}[F(x_k) + T_k^{A_k}\widetilde{d}_k^{A_k}(\Delta)])^{\mathrm{T}}d + \frac{1}{2}d^{\mathrm{T}}(T_k^{I_k})^{\mathrm{T}}T_k^{I_k}d, \\ \text{s.t.} \quad & \|d\| \leqslant \Delta. \end{aligned} \tag{5.2.76}$$

那么信赖域的方向为

$$d_k^{tr}(\Delta) = \begin{bmatrix} \widetilde{d}_k^{A_k}(\Delta) \\ \widetilde{d}_k^{I_k}(\Delta) \end{bmatrix}, \tag{5.2.77}$$

投影信赖域方向为

$$\vec{d}_k^{tr}(\Delta) = P_X[x_k + d_k^{tr}(\Delta)] - x_k. \tag{5.2.78}$$

尽管可以加快迭代的收敛速度, 但当 x_k 和解相隔很远时, 投影信赖域方向不一定会是 θ 的下降方向. 而梯度投影总是 θ 的下降方向, 在文献 [146] 中, 将这两个方向结合作为搜索方向从而保证下降性, 并且可以保持局部快速收敛性.

步 3.　搜索方向: 令

$$\vec{d}_k(\Delta) = t_k^*(\Delta)\vec{d}_k^G(\Delta) + (1 - t_k^*(\Delta))\vec{d}_k^{tr}(\Delta), \tag{5.2.79}$$

其中 $t_k^*(\Delta) \in (0, 1)$ 是如下一维二次最小值问题的一个解:

$$\min_{t \in [0,1]} \frac{1}{2}\|F(x_k) + T_k[t\vec{d}_k^G(\Delta) + (1 - t)\vec{d}_k^{tr}(\Delta)]\|^2 = q_k^\Delta(t). \tag{5.2.80}$$

令

$$\nabla q_k^\Delta(t) = 0,$$

得到

$$t_k(\Delta) = \begin{cases} \dfrac{[F(x_k) + T_k \overline{d}_k^{tr}(\Delta)]^{\mathrm{T}} T_k [\overline{d}_k^G(\Delta) - \overline{d}_k^{tr}(\Delta)]}{\|T_k [\overline{d}_k^G(\Delta) - \overline{d}_k^{tr}(\Delta)]\|^2}, & T_k \overline{d}_k^G(\Delta) \neq T_k \overline{d}_k^{tr}(\Delta), \\ \text{任意数} \in (-\infty, +\infty), & T_k \overline{d}_k^G(\Delta) = T_k \overline{d}_k^{tr}(\Delta). \end{cases}$$

$$(5.2.81)$$

由 $t_k(\Delta)$ 的定义不难得到下面的引理.

引理 5.2.11 令 $x_k \in X$, 那么式 (5.2.80) 的解为

$$t_k^*(\Delta) = \max\{0, \min\{1, t_k(\Delta)\}\}, \tag{5.2.82}$$

其中 $t_k(\Delta)$ 由 (5.2.81) 定义.

令 B_k 为 H_k 的逆, 下面三步给出新的搜索方向 $\overline{d}_*(\Delta)$.

步 1. 投影方向: 计算

$$\begin{aligned} d_{*k}^G(\Delta) &= -\frac{\Delta}{\Delta_{\max}} \gamma_k B_k^{\mathrm{T}} F(x_k), \\ \overline{d}_{*k}^G(\Delta) &= P_X[x_k + d_{*k}^G(\Delta)] - x_k. \end{aligned} \tag{5.2.83}$$

步 2. 投影信赖域方向: 首先确定 $d_{*k}^{tr}(\Delta)$ 的前 A_k 部分 $\widetilde{d_{*k}}^{A_k}(\Delta)$. 定义子向量 $v_k^{A_k}$, 其中元素为

$$v_{ki} = \begin{cases} x_{ki} - l_i, & x_{ki} - l_i \leqslant \xi_k, \\ \mu_i - x_{ki}, & \mu_i - x_{ki} \leqslant \xi_k, \end{cases}$$

那么子向量为

$$d_{*k}^{A_k}(\Delta) = \min\left\{1, \frac{\Delta}{\|v_k^{A_k}\|}\right\} v_k^{A_k}, \tag{5.2.84}$$

如果 $v_k^{A_k} = 0$, 令 $\widetilde{d_{*k}}^{A_k}(\Delta) = 0$.

通过解简化的信赖域子问题来确定 $d_{*k}^{tr}(\Delta)$ 子向量 $\widetilde{d}_{*k}^{I_k}(\Delta)$, 把 B_k 分解为

$$B_k = (B_k^{A_k}, B_k^{I_k}),$$

其中 $B_k^{A_k} \in R^{n \times |A_k|}, B_k^{I_k} \in R^{n \times |I_k|}$. 令 $\widetilde{d}_{*k}^{I_k}(\Delta)$ 是如下简化信赖域子问题的解,

$$\begin{aligned} \min \quad & ((B_k^{I_k})^{\mathrm{T}}[F(x_k) + B_k^{A_k} \widetilde{d}_{*k}^{A_k}(\Delta)])^{\mathrm{T}} d + \frac{1}{2} d^{\mathrm{T}} (B_k^{I_k})^{\mathrm{T}} B_k^{I_k} d, \\ \text{s.t.} \quad & \|d\| \leqslant \Delta. \end{aligned} \tag{5.2.85}$$

那么信赖域的方向为

$$d_{*k}^{tr}(\Delta) = \left[\begin{array}{c} \widetilde{d}_{*k}^{A_k}(\Delta) \\ \widetilde{d}_{*k}^{I_k}(\Delta) \end{array} \right]. \tag{5.2.86}$$

投影信赖域方向为

$$\bar{d}_{*k}^{tr}(\Lambda) = P_X[x_k + d_{*k}^{tr}(\Delta)] - x_k. \tag{5.2.87}$$

步 3. 搜索方向: 令

$$\bar{d}_{*k}(\Delta) = t_{*k}^*(\Delta)\bar{d}_{*k}^G(\Delta) + (1 - t_{*k}^*(\Delta))\bar{d}_{*k}^{tr}(\Delta), \tag{5.2.88}$$

其中 $t_{*k}^*(\Delta) \in (0,1)$ 是如下一维二次最小值问题的一个解:

$$\min_{t \in [0,1]} \frac{1}{2}\|F(x_k) + B_k[t\bar{d}_{*k}^G(\Delta) + (1-t)\bar{d}_{*k}^{tr}(\Delta)]\|^2 = q_{*k}^\Delta(t). \tag{5.2.89}$$

令

$$\nabla q_{*k}^\Delta(t) = 0,$$

得到

$$t_{*k}(\Delta) = \left\{ \begin{array}{ll} -\dfrac{[F(x_k) + B_k\bar{d}_{*k}^{tr}(\Delta)]^{\mathrm{T}}B_k[\bar{d}_{*k}^G(\Delta) - \bar{d}_{*k}^{tr}(\Delta)]}{\|B_k[\bar{d}_{*k}^G(\Delta) - \bar{d}_{*k}^{tr}(\Delta)]\|^2}, & B_k\bar{d}_{*k}^G(\Delta) \neq B_k\bar{d}_{*k}^{tr}(\Delta), \\[4mm] \text{任意数} \in (-\infty, +\infty), & B_k\bar{d}_{*k}^G(\Delta) = B_k\bar{d}_{*k}^{tr}(\Delta). \end{array} \right. \tag{5.2.90}$$

由 $t_k(\Delta)$ 的定义不难得到下面的引理.

引理 5.2.12　令 $x_k \in X$, 那么式 (5.2.89) 的解为

$$t_{*k}^*(\Delta) = \max\{0, \min\{1, t_{*k}(\Delta)\}\}, \tag{5.2.91}$$

其中 $t_{*k}(\Delta)$ 由 (5.2.90) 定义.

另外定义

$$\theta(x_k) - \frac{1}{2}\|F(x_k) + B_k\bar{d}_{*k}(\widehat{\Delta})\|^2 \geqslant -\sigma F(x_k)^{\mathrm{T}}B_k\bar{d}_{*k}^G(\widehat{\Delta}). \tag{5.2.92}$$

基于以上讨论, 给出算法如下.

算法 5.2.13(基于 L-BFGS 更新的投影信赖域算法)

步 1.　初始化. 给定 $x_0 \in X$, 对称正定矩阵 H_0, 令 $B_0 = H_0^{-1}, \sigma \in (0,1), \eta \in (0,1)$,　$0 < \alpha_1 < 1 < \alpha_2$,　$0 < \rho_1 < \rho_2 < 1$,　$\Delta_{\max} > \Delta_{\min} > 0, c > 0$,　$\Delta_0 > 0$,　$0 < \delta < \dfrac{1}{2} \min_{1 \leqslant i \leqslant n} (\mu_i - l_i)$ 及正整数 m, 令 $k := 0$.

步 2.　终止准则. 如果 x_k 是问题 (5.2.69) 的驻点则停止; 否则, 令

$$\Delta_k = \min\{\Delta_{\max}, \max\{\Delta_{\min}, \Delta_k\}\}, \quad \widehat{\Delta} = \Delta_k.$$

步 3. 有效集估计. 由 (5.2.72) 和 (5.2.73) 确定指标集 A_k 和 I_k.

步 4. 信赖域子问题. 令

$$d_{*k}^{tr}(\widehat{\Delta}) = \left(\begin{array}{c} \widetilde{d}_{*k}^{A_k}(\widehat{\Delta}) \\ \widetilde{d}_{*k}^{I_k}(\widehat{\Delta}) \end{array} \right),$$

其中 $\widetilde{d}_{*k}^{A_k}(\widehat{\Delta})$ 和 $\widetilde{d}_{*k}^{I_k}(\widehat{\Delta})$ 由 (5.2.84) 和 (5.2.85) 给出.

步 5. 搜索方向. 令

$$\gamma_k = \min \left\{ 1, \frac{\Delta_{\max}}{\|B_k F(x_k)\|}, \eta \frac{\|F(x_k)\|}{\|B_k F(x_k)\|}, \frac{\eta \theta(x_k)}{B_k F(x_k)\|^2} \right\}. \tag{5.2.93}$$

由 (5.2.83)、(5.2.87) 和 (5.2.91) 计算 $\overline{d}_{*k}^{G}(\widehat{\Delta}), \overline{d}_{*k}^{tr}(\widehat{\Delta})$ 和 $t_{*k}^{*}(\widehat{\Delta})$. 令

$$\overline{d}_{*k}(\widehat{\Delta}) = t_{*k}^{*}(\widehat{\Delta}) \overline{d}_{*k}^{G}(\widehat{\Delta}) + (1 - t_{*k}^{*}(\widehat{\Delta})) \overline{d}_{*k}^{tr}(\widehat{\Delta}). \tag{5.2.94}$$

步 6. 检验搜索方向.

计算

$$\widehat{r}_{*k} = \frac{\theta(x_k + \overline{d}_{*k}(\widehat{\Delta})) - \theta(x_k)}{\frac{1}{2}\|F(x_k) + B_k \overline{d}_{*k}(\widehat{\Delta})\|^2 - \theta(x_k)}. \tag{5.2.95}$$

如果 (5.2.92) 和

$$\widehat{r}_{*k} \geqslant \rho_1 \tag{5.2.96}$$

成立, 令

$$s_k = \overline{d}_{*k}(\widehat{\Delta}), \quad x_{k+1} = x_k + s_k, \quad \delta_k = \widehat{\Delta},$$

且

$$\Delta_{k+1} = \begin{cases} \widehat{\Delta}, & \rho_1 \leqslant \widehat{r}_{*k} < \rho_2, \\ \alpha_2 \widehat{\Delta}, & \widehat{r}_{*k} \geqslant \rho_2. \end{cases} \tag{5.2.97}$$

令 $\widehat{m} = \min\{k+1, m\}$, 由 (5.2.71) 更新矩阵 $H_0 \widehat{m}$ 次得到 H_{k+1}, $B_{k+1} = H_{k+1}^{-1}$. 令 $k := k + 1$, 转至步 2; 否则, 令 $\widehat{\Delta} = \alpha_1 \widehat{\Delta}$, 转步 4.

下面证明算法是全局收敛的.

如果点 x 满足下列条件, 则称 x 是问题 (5.2.69) 的驻点: 对 $1 \leqslant i \leqslant n$ 有

$$\begin{aligned} x_i = l_i &\Rightarrow (\nabla \theta(x))_i \geqslant 0, \\ x_i = \mu_i &\Rightarrow (\nabla \theta(x))_i \leqslant 0, \\ x_i \in (l_i, \mu_i) &\Rightarrow (\nabla \theta(x))_i = 0. \end{aligned} \tag{5.2.98}$$

在什么情况下可以保证一个驻点是问题 (5.2.68) 的解可以参考文献 [67] 和 [70]. 我们将证明在合适的条件下, 由算法 5.2.13 产生的序列收敛至等价最小问题 (5.2.69) 的一个驻点. 为了得到算法 5.2.13 的全局收敛性, 需要如下假设.

假设 A

(i) 函数 $F : R^n \supset U \to R^n$ 定义在包含可行集 X 的开集 U 上, 且局部 Lipschitz 连续, 其中 $X = \{x \in R^n | l \leqslant x \leqslant \mu\}, l \in \{R \bigcup \{-\infty\}\}^n, \mu \in \{R \bigcup \{\infty\}\}^n$.

(ii) 序列 $\{B_k\}$ 和 $\{T_k\}$ 是有界的, 即存在正常数 M 和 M^* 满足

$$\|B_k\| \leqslant M, \quad \|T_k\| \leqslant M^*, \quad \forall k. \tag{5.2.99}$$

(iii) $F(x_k)$ 和 $\bar{d}_{*k}(\Delta)$ 有相同阶数, 即

$$\|(T_k - B_k)^{\mathrm{T}} F(x_k)\| \leqslant \frac{1}{\gamma_k} \|\bar{d}_{*k}(\Delta)\|, \tag{5.2.100}$$

其中 γ_k 是由 (5.2.93) 定义.

由 $\bar{d}_{*k}(\Delta)$ 和 γ_k 的定义, 可以得到 $\|F(x_k)\| = O(\|\bar{d}_{*k}(\Delta)\|)$, 且 $\frac{1}{\gamma_k} \geqslant 1$, 那么可以推出假设 A(iii) 是合理的.

如下两个引理给出了投影算子 $P_X(\cdot)$ 一些有用的性质.

引理 5.2.14

(i) $\forall x \in X, [P_X(z) - z]^{\mathrm{T}}[P_X(z) - x] \leqslant 0$, 对所有的 $z \in R^n$ 成立,

(ii) $\forall x, y \in R^n, \|P_X(y) - P_X(x)\| \leqslant \|y - x\|$.

引理 5.2.15　给定 $x \in R^n$ 和 $d \in R^n$, 定义函数 ξ 为

$$\xi(\lambda) = \frac{\|P_X(x + \lambda d) - x\|}{\lambda}, \quad \lambda > 0,$$

则 ξ 非增.

引理 5.2.16　设假设 A(iii) 成立, 则对所有的 $\Delta \in (0, \Delta_{\max}]$, 有

$$\nabla \theta(x_k)^{\mathrm{T}} \bar{d}_{*k}^G(\Delta) \leqslant -\frac{(\Delta_{\max} - \Delta)\Delta}{\Delta_{\max}^2 \gamma_k} \|\bar{d}_{*k}^G(\Delta_{\max})\|^2. \tag{5.2.101}$$

证明　由引理 5.2.14 和假设 A(ii), $\forall \Delta \in (0, \Delta_{\max}]$, 有

$$\nabla \theta(x_k)^{\mathrm{T}} \bar{d}_{*k}^G(\Delta) = F(x_k)^{\mathrm{T}} T_k \bar{d}_{*k}^G(\Delta) - F(x_k)^{\mathrm{T}} B_k \bar{d}_{*k}^G(\Delta) + F(x_k)^{\mathrm{T}} B_k \bar{d}_{*k}^G(\Delta)$$

$$\leqslant \frac{1}{\gamma_k} \|\bar{d}_{*k}^G(\Delta)\|^2 + \frac{\Delta_{\max}}{\Delta \gamma_k} \left\{ x_k - \left[x_k - \frac{\Delta \gamma_k}{\Delta_{\max}} B_k^{\mathrm{T}} F(x_k) \right] \right\}^{\mathrm{T}}$$

$$\cdot \left\{ P_X \left[x_k - \frac{\Delta \gamma_k}{\Delta_{\max}} B_k^{\mathrm{T}} F(x_k) \right] - x_k \right\}$$

$$= \frac{1}{\gamma_k} \|\bar{d}_{*k}^G(\Delta)\|^2 + \frac{\Delta_{\max}}{\Delta \gamma_k} \left\{ x_k - P_X \left[x_k - \frac{\Delta \gamma_k}{\Delta_{\max}} B_k^{\mathrm{T}} F(x_k) \right] \right.$$

$$\left. + P_X \left[x_k - \frac{\Delta \gamma_k}{\Delta_{\max}} B_k^{\mathrm{T}} F(x_k) \right] - \left[x_k - \frac{\Delta \gamma_k}{\Delta_{\max}} B_k^{\mathrm{T}} F(x_k) \right] \right\}^{\mathrm{T}}$$

$$\cdot\left\{P_X\left[x_k - \frac{\Delta\gamma_k}{\Delta_{\max}}B_k^{\mathrm{T}}F(x_k)\right] - x_k\right\}$$

$$= \frac{1}{\gamma_k}\|\bar{d}_{*k}^G(\Delta)\|^2 + \frac{\Delta_{\max}}{\Delta\gamma_k}\left\{x_k - P_X\left[x_k - \frac{\Delta\gamma_k}{\Delta_{\max}}B_k^{\mathrm{T}}F(x_k)\right]\right\}^{\mathrm{T}}$$

$$\cdot\left\{P_X\left[x_k - \frac{\Delta\gamma_k}{\Delta_{\max}}B_k^{\mathrm{T}}F(x_k)\right] - x_k\right\} + \frac{\Delta_{\max}\gamma_k}{\Delta}$$

$$\cdot\left\{P_X\left[x_k - \frac{\Delta\gamma_k}{\Delta_{\max}}B_k^{\mathrm{T}}F(x_k)\right] - \left[x_k - \frac{\Delta\gamma_k}{\Delta_{\max}}B_k^{\mathrm{T}}F(x_k)\right]\right\}^{\mathrm{T}}$$

$$\cdot\left\{P_X\left[x_k - \frac{\Delta\gamma_k}{\Delta_{\max}}B_k^{\mathrm{T}}F(x_k)\right] - x_k\right\}$$

$$\leqslant \frac{1}{\gamma_k}\|\bar{d}_{*k}^G(\Delta)\|^2 + \frac{\Delta_{\max}}{\Delta\gamma_k}\left\{x_k - P_X\left[x_k - \frac{\Delta\gamma_k}{\Delta_{\max}}B_k^{\mathrm{T}}F(x_k)\right]\right\}^{\mathrm{T}}$$

$$\cdot\left\{P_X\left[x_k - \frac{\Delta\gamma_k}{\Delta_{\max}}B_k^{\mathrm{T}}F(x_k)\right] - x_k\right\}$$

$$= \frac{1}{\gamma_k}\|\bar{d}_{*k}^G(\Delta)\|^2 - \frac{\Delta_{\max}}{\Delta\gamma_k}\|\bar{d}_{*k}^G(\Delta)\|^2$$

$$= -\frac{\Delta_{\max} - \Delta}{\Delta\gamma_k}\|\bar{d}_{*k}^G(\Delta)\|^2. \tag{5.2.102}$$

由引理 5.2.15, 得到

$$\frac{\|\bar{d}_{*k}^G(\Delta)\|}{\Delta} = \frac{\|P_X[x_k - \frac{\Delta\gamma_k}{\Delta_{\max}}B_k^{\mathrm{T}}F(x_k)] - x_k\|}{\Delta}$$

$$\geqslant \frac{\|P_X[x_k - \gamma_k B_k^{\mathrm{T}}F(x_k)] - x_k\|}{\Delta_{\max}}$$

$$= \frac{\|\bar{d}_{*k}^G(\Delta_{\max})\|}{\Delta_{\max}}.$$

结合 (5.2.102) 可以得到 (5.2.101), 证明结束.   □

从上面引理证明的过程中不难得到

$$F(x_k)^{\mathrm{T}}B_k\bar{d}_{*k}^G(\Delta) \leqslant -\frac{\Delta}{\Delta_{\max}\gamma_k}\|\bar{d}_{*k}^G(\Delta_{\max})\|^2. \tag{5.2.103}$$

引理 5.2.17   设假设 A 成立, $\{x_k\}$ 由算法 5.2.13 产生. 如果 x_k 不是问题 (5.2.69) 的驻点, 那么算法在步 4 和步 6 之间将会在有限次循环之后终止.

证明   由文献 [146] 中的引理 4.4, 如果 x_k 不是驻点, 表明 $\gamma_k > 0$, 而且存在一个常数 $b_0 > 0$ 满足

$$\|d_k^G(\Delta)\| \geqslant b_0 > 0. \tag{5.2.104}$$

由引理 5.2.14 和假设 A(ii), 得到

$$
\begin{aligned}
\|\overline{d}^{G}_{*k}(\Delta)\| &= \left\| P_X\left[x_k - \frac{\Delta}{\Delta_{\max}}\gamma_k B_k^{\mathrm{T}} F(x_k)\right] - x_k \right\| \\
&= \left\| P_X\left[x_k - \frac{\Delta}{\Delta_{\max}}\gamma_k \nabla\theta(x_k) + \frac{\Delta}{\Delta_{\max}}\gamma_k \nabla\theta(x_k)\right.\right. \\
&\qquad \left.\left. - \frac{\Delta}{\Delta_{\max}}\gamma_k B_k^{\mathrm{T}} F(x_k)\right] - x_k \right\| \\
&\geqslant \left\| P_X\left[x_k - \frac{\Delta}{\Delta_{\max}}\gamma_k \nabla\theta(x_k)\right] - x_k \right\| \\
&\qquad - \left\| P_X\left[\frac{\Delta}{\Delta_{\max}}\gamma_k \nabla\theta(x_k) - \frac{\Delta}{\Delta_{\max}}\gamma_k B_k^{\mathrm{T}} F(x_k)\right] \right\| \\
&\geqslant \|d^{G}_{k}(\Delta)\| - \frac{\Delta}{\Delta_{\max}}\gamma_k \|(T_k - B_k)^{\mathrm{T}} F(x_k)\| \\
&\geqslant \|d^{G}_{k}(\Delta)\| - \frac{\Delta}{\Delta_{\max}}\|\overline{d}^{G}_{*k}(\Delta)\|,
\end{aligned}
$$

则有

$$
\left(1 + \frac{\Delta}{\Delta_{\max}}\right)\|\overline{d}^{G}_{*k}(\Delta)\| \geqslant \|d^{G}_{k}(\Delta)\| \geqslant b_0 > 0.
$$

和上面讨论的类似, 不难推出存在一个正常数 b 满足

$$
\|\overline{d}^{G}_{*k}(\Delta_{\max})\| \geqslant b > 0.
$$

由假设 A(i), 引理 5.2.14 和 (5.2.69), 可以推断存在一个常数 $b_1 > 0$ 满足

$$
\|B_k \overline{d}^{G}_{*k}(\widehat{\Delta})\|^2 = \frac{1}{2} \leqslant \frac{\widehat{\Delta}}{\Delta_{\max}}\gamma_k\|B_k\|\|B_k^{\mathrm{T}} F(x_k)\| \leqslant b_1\widehat{\Delta}. \tag{5.2.105}
$$

记 $\widehat{\Delta} = \min\left\{\Delta_{\max}, \dfrac{(1-\sigma)b^2}{b_1^2\Delta_{\max}}\right\}$. 由 $\overline{d}_{*k}(\widehat{\Delta})$ 的定义, $\forall\widehat{\Delta} \in (0, \widetilde{\Delta}]$, 有

$$
\begin{aligned}
\theta(x_k) - \frac{1}{2}\|F(x_k) + B_k\overline{d}_{*k}(\widehat{\Delta})\|^2 &\geqslant \theta(x_k) - \frac{1}{2}\|F(x_k) + B_k\overline{d}^{G}_{*k}(\widehat{\Delta})\|^2 \\
&= -F(x_k)^{\mathrm{T}} B_k\overline{d}^{G}_{*k}(\widehat{\Delta}) - \frac{1}{2}\|B_k\overline{d}^{G}_{*k}(\widehat{\Delta})\|^2 \\
&= -\sigma F(x_k)^{\mathrm{T}} B_k\overline{d}^{G}_{*k}(\widehat{\Delta}) - (1-\sigma)F(x_k)^{\mathrm{T}} B_k\overline{d}^{G}_{*k}(\widehat{\Delta}) - \frac{1}{2}\|B_k\overline{d}^{G}_{*k}(\widehat{\Delta})\|^2 \\
&\geqslant -\sigma F(x_k)^{\mathrm{T}} B_k\overline{d}^{G}_{*k}(\widehat{\Delta}) + (1-\sigma)\frac{\|\overline{d}^{G}_{*k}(\Delta_{\max})\|^2\widehat{\Delta}}{\gamma_k\Delta_{\max}} - \frac{1}{2}b_1^2\widehat{\Delta}^2 \\
&\geqslant -\sigma F(x_k)^{\mathrm{T}} B_k\overline{d}^{G}_{*k}(\widehat{\Delta}), \tag{5.2.106}
\end{aligned}
$$

其中第二个不等式由 (5.2.103) 和 (5.2.105) 得到, 且 $\widehat{\Delta} \leqslant \widetilde{\Delta}$ 和 $0 < \gamma \leqslant 1$ 得到最后一个不等式. 这表明对所有充分小的 $\widetilde{\Delta}$, (5.2.92) 成立. 为了完成证明, 需要证明对所有充分小的 $\widetilde{\Delta}$ 有 (5.2.96) 成立.

由引理 5.2.16 和 (5.2.103), 对任意 $\widehat{\Delta} \in (0, \widetilde{\Delta}]$ 得到

$$
\begin{aligned}
\frac{1}{2}\|F(x_k) + B_k \overline{d}_{*k}^G(\widehat{\Delta})\|^2 &= \frac{1}{2}\|F(x_k)\|^2 + F(x_k)^{\mathrm{T}} B_k \overline{d}_{*k}^G(\widehat{\Delta}) + \frac{1}{2}\|B_k \overline{d}_{*k}^G(\widehat{\Delta})\|^2 \\
&\leqslant \theta(x_k) - \frac{\widehat{\Delta}}{\gamma_k \Delta_{\max}}\|\overline{d}_{*k}^G(\Delta_{\max})\|^2 + \frac{1}{2}b_1^2 \widehat{\Delta}^2 \\
&\leqslant \theta(x_k) - \frac{\widehat{\Delta}}{2\gamma_k \Delta_{\max}}\|\overline{d}_{*k}^G(\Delta_{\max})\|^2, \quad\quad (5.2.107)
\end{aligned}
$$

则可以得到

$$
\begin{aligned}
\frac{1}{2}\|F(x_k) + B_k \overline{d}_{*k}(\widehat{\Delta})\|^2 - \theta(x_k) &\leqslant \frac{1}{2}\|F(x_k) + B_k \overline{d}_{*k}^G(\widehat{\Delta})\|^2 - \theta(x_k) \\
&\leqslant -\frac{\widehat{\Delta}}{2\gamma_k \Delta_{\max}}\|\overline{d}_{*k}^G(\Delta_{\max})\|^2 \\
&< 0. \quad\quad (5.2.108)
\end{aligned}
$$

第一个不等式由 (5.2.88) 和 (5.2.89) 得到. 结合 $\|\overline{d}_{*k}^G(\Delta_{\max})\| \geqslant b$, 不等式 (5.2.101) 意味着存在一个常数 $\beta > 0$ 满足

$$
\theta(x_k) - \frac{1}{2}\|F(x_k) + B_k \overline{d}_{*k}(\widehat{\Delta})\|^2 \geqslant \beta \widehat{\Delta}. \quad\quad (5.2.109)
$$

假设在步 4 和步 6 之间是无限循环, 这意味着 $\widehat{\Delta} \to 0$ 成立.

注意到

$$
\begin{aligned}
\|\overline{d}_{*k}^G(\widehat{\Delta})\| &\leqslant \widehat{\Delta}, \\
\|\overline{d}_{*k}^{tr}(\widehat{\Delta})\| &\leqslant \|d_{*k}^{tr}(\widehat{\Delta})\| \leqslant \|\widetilde{d}_{*k}^{A_k}(\widehat{\Delta})\| + \|\widetilde{d}_{*k}^{I_k}(\widehat{\Delta})\| \leqslant 2\widehat{\Delta}, \quad\quad (5.2.110)
\end{aligned}
$$

其中第一个不等式由 (5.2.83) 和 (5.2.93) 得到, 第二个不等式由 (5.2.87) 得到, 最后一个不等式由 (5.2.84) 和 (5.2.85) 得到. 那么由 (5.2.94) 有

$$
\|\widetilde{d}_{*k}(\widehat{\Delta})\| \leqslant 2\widehat{\Delta}, \quad\quad (5.2.111)
$$

由 $\widehat{r}_{*k}$ 的定义有

$$
\begin{aligned}
\widehat{r}_{*k} &= \frac{\theta(x_k + \overline{d}_{*k}(\widehat{\Delta})) - \theta(x_k)}{\frac{1}{2}\|F(x_k) + B_k \overline{d}_{*k}(\widehat{\Delta})\|^2 - \theta(x_k)} \\
&= 1 + \frac{\theta(x_k + \overline{d}_{*k}(\widehat{\Delta})) - \frac{1}{2}\|F(x_k) + B_k \overline{d}_{*k}(\widehat{\Delta})\|^2}{\frac{1}{2}\|F(x_k) + B_k \overline{d}_{*k}(\widehat{\Delta})\|^2 - \theta(x_k)} \\
&= 1 + \frac{\theta(x_k + \overline{d}_{*k}(\widehat{\Delta})) - \theta(x_k) - F(x_k)^{\mathrm{T}} B_k \overline{d}_{*k}(\widehat{\Delta}) - \frac{1}{2}\overline{d}_{*k}(\widehat{\Delta})^{\mathrm{T}} B_k^{\mathrm{T}} B_k \overline{d}_{*k}(\widehat{\Delta})}{\frac{1}{2}\|F(x_k) + B_k \overline{d}_{*k}(\widehat{\Delta})\|^2 - \theta(x_k)}
\end{aligned}
$$

$$
\begin{aligned}
&= 1 + \frac{F(x_k)^{\mathrm{T}} T_k \overline{d}_{*k}(\widehat{\Delta}) - F(x_k)^{\mathrm{T}} B_k \overline{d}_{*k}(\widehat{\Delta}) - \frac{1}{2} \overline{d}_{*k}(\widehat{\Delta})^{\mathrm{T}} B_k^{\mathrm{T}} B_k \overline{d}_{*k}(\widehat{\Delta})}{\frac{1}{2} \| F(x_k) + B_k \overline{d}_{*k}(\widehat{\Delta}) \|^2 - \theta(x_k)} \\
&\quad + \frac{o(\| \overline{d}_{*k}(\widehat{\Delta}) \|)}{\frac{1}{2} \| F(x_k) + B_k \overline{d}_{*k}(\widehat{\Delta}) \|^2 - \theta(x_k)} \\
&\leqslant 1 + \frac{\|(T_k - B_k)^{\mathrm{T}} F(x_k)\| \| \overline{d}_{*k}(\widehat{\Delta}) \| - \frac{1}{2} \overline{d}_{*k}(\widehat{\Delta})^{\mathrm{T}} B_k^{\mathrm{T}} B_k \overline{d}_{*k}(\widehat{\Delta}) + o(\| \overline{d}_{*k}(\widehat{\Delta}) \|)}{\frac{1}{2} \| F(x_k) + B_k \overline{d}_{*k}(\widehat{\Delta}) \|^2 - \theta(x_k)} \\
&= 1 + \frac{o(\| \overline{d}_{*k}(\widehat{\Delta}) \|)}{O(\| \overline{d}_{*k}(\widehat{\Delta}) \|)},
\end{aligned}
$$

其中最后一个不等式由假设 A 得到, 最后一个等式由 (5.2.99) 得到, 这表明当 $\widehat{\Delta}$ 充分小时, $\widehat{r}_{*k} \geqslant \rho_2$ 必定成立. 由更新的规则, 算法 5.2.13 中步 6 里 $\widehat{\Delta}$ 和假设 $\widehat{\Delta} \to 0$ 矛盾. 这表明在步 4 和步 6 之间的循环是有限步的, 证明结束. □

引理 5.2.17 表明算法 5.2.13 是恰当定义的, 基于以上引理, 类似文献 [146] 的性质 4.1 和性质 4.2, 不难得到如下两个性质.

性质 1　假设 $x*$ 是子序列 $\{\underline{x}_k\}_{k \in K}$ 的一个极限点. 如果 $x*$ 不是驻点, 那么存在一个下标 $\widehat{k} > 0$ 和一个常数 $\overline{\Delta}$ 满足, $\forall k \geqslant \widehat{k}$ 且 $k \in K$, $\forall \widehat{\Delta} \in (0, \overline{\Delta})$ 满足

$$
\theta(x_k) - \frac{1}{2} \| F(x_k) + B_k \overline{d}_{*k}(\widehat{\Delta}) \|^2 \geqslant -\sigma F(x_k)^{\mathrm{T}} B_k \overline{d}_{*k}^{G}(\widehat{\Delta}), \tag{5.2.112}
$$

且

$$
\widehat{r}_{*k} = \frac{\theta(x_k + \overline{d}_{*k}(\widehat{\Delta})) - \theta(x_k)}{\frac{1}{2} \| F(x_k) + B_k \overline{d}_{*k}(\widehat{\Delta}) \|^2 - \theta(x_k)} \geqslant \rho_1. \tag{5.2.113}
$$

性质 2　假设 $x*$ 是子序列 $\{\underline{x}_k\}_{k \in K}$ 的一个极限点. 如果 $x*$ 不是驻点, 那么

$$
\overline{\delta} = \lim_{k \in K, k \to \infty} \inf \delta_k > 0, \tag{5.2.114}
$$

其中 δ_k 由算法 5.2.13 中步 6 定义.

下面证明算法 (5.2.13) 的全局收敛性.

定理 5.2.18　假设序列 $\{x_k\}$ 由算法 5.2.13 产生且假设 A 成立, 那么 $\{x_k\}$ 的每个聚点都是问题 (5.2.69) 的驻点.

证明　假设 x_* 是 $\{x_k\}$ 的一个聚点, 令

$$
\lim_{k \in K, k \to \infty} x_k = x_*.
$$

假设 x_* 不是问题 (5.2.69) 的驻点, 我们将推导出矛盾.

记

$$\gamma_* = \min\left\{1, \frac{\Delta_{\max}}{\|B_* F(x_*)\|}, \eta \frac{\|F(x_*)\|}{\|B_* F(x_*)\|}, \frac{\eta\theta(x_*)}{\|B_* F(x_*)\|^2}\right\}. \tag{5.2.115}$$

由于 γ_* 不是问题 (5.2.69) 的驻点, 可以得到 $\gamma_* > 0$ 且

$$-\frac{\|\overline{d}_{*k}^G(\Delta_{\max})\|}{\gamma_k} \to \frac{\|P_X[x_* - \gamma_* B_* F(x_*)] - x_*\|}{\gamma_*} = -b_3 < 0, \quad k \in K, k \to \infty. \tag{5.2.116}$$

那么存在一个整数 $\overline{k} > 0$ 满足, 对 $k \in K$ 且 $\forall k \geqslant \overline{k}$,

$$-\frac{\|\overline{d}_{*k}^G(\Delta_{\max})\|}{\gamma_k} \geqslant b_4,$$

其中 $b_4 > 0$, 由算法 5.2.13 中步 6 和 (5.2.103) 及性质 2, 得到

$$\begin{aligned}
\theta(x_k) - \frac{1}{2}\|F(x_k) + B_k\overline{d}_{*k}(\delta_k)\|^2 &\geqslant -\sigma F(x_k)^{\mathrm{T}} B_k \overline{d}_{*k}^G(\delta_k) \\
&\geqslant \frac{\sigma\delta_k}{\gamma_k\Delta_{\max}}\|\overline{d}_{*k}^G(\Delta_{\max})\| \\
&\geqslant \frac{\sigma\delta_k b_4}{\Delta_{\max}} \\
&\geqslant \frac{\sigma\overline{\delta} b_4}{\Delta_{\max}} \\
&> 0.
\end{aligned}$$

结合 (5.2.96), 得到

$$\theta(x_k) - \theta(x_{k+1}) \geqslant \frac{\rho_1\sigma\overline{\delta} b_4}{\Delta_{\max}} > 0, \quad \forall k \geqslant \overline{k}, k \in K. \tag{5.2.117}$$

因而, 可以推断出

$$\begin{aligned}
\theta(x_0) &\geqslant \sum_{k=0}^{\infty}[\theta(x_k) - \theta(x_{k+1})] \\
&\geqslant \sum_{k=0}^{\infty} \rho_1\left[\theta(x_k) - \frac{1}{2}\|F(x_k) + B_k\overline{d}_{*k}(\delta_k)\|^2\right] \\
&\geqslant \sum_{k>\overline{k}, k\in K} \rho_1\left[\theta(x_k) - \frac{1}{2}\|F(x_k) + B_k\overline{d}_{*k}(\delta_k)\|^2\right] \\
&\geqslant \sum_{k>\overline{k}, k\in K} \rho_1\frac{\sigma\overline{\delta} b_4}{\Delta_{\max}} \\
&= \infty.
\end{aligned}$$

因为 $\{\theta(x_k)\}$ 非增, 上述不等式产生矛盾, 证明结束. □

下面讨论超线性收敛性.

假设存在一个 $\{x_k\}$ 的聚点 x_*, $F(x_*) = 0$, x_* 是问题 (5.2.68) 的 BD-正则化解, 即 $\forall V \in \partial F(x_*)$ 是非奇异的. 令 $\{x_k\}_{k \in K}$ 为 $\{x_k\}$ 的一个子序列, 且收敛到 x_*. 记

$$A_* = \{i \in \{1, 2, \cdots, n\} | x_{*i} = l_i \text{ 或 } x_{*i} = \mu_i\}, \quad I_* = \{1, 2, \cdots, n\} \backslash A_*.$$

基于问题 (5.2.68)BD 正则解 x_* 的定义, 不难得到如下引理.

引理 5.2.19　令 x_* 为问题 (5.2.68) 的 BD 正则解, 则有如下成立:

(i) 当存在一个正常数 a_1 满足 $\|x - x_*\| \leqslant a_1$, 那么对每一个 $T \in \partial F(x)$ 是非奇异的, 且存在一个正常数 ε_1 满足

$$\|T^{-1}\| \leqslant \varepsilon_1;$$

(ii) 存在正常数 a_2 和 ε_2, 使得

$$\varepsilon_2 \|x - x_*\| \leqslant \|F(x)\|$$

对所有满足 $\|x - x_*\| \leqslant a_2$ 的 x 成立.

由问题 (5.2.68) 的 BD 正则解 x_* 的定义, 有效集估计的定义和 A_* 及 I_* 的定义, 和文献 [140] 引理 7.1(或文献 [146] 引理 5.2) 证明类似, 不难得到如下引理.

引理 5.2.20

(i) 对充分大的 $x_k \in K$, 有 $A_k = A_*$ 和 $I_k = I_*$.

(ii) 存在 $a_3 > 0$, 对所有充分大的 $x_k \in K$, 满足矩阵 $(T_k^{I_k})^{\mathrm{T}} T_k^{I_k}$ 非奇异, 且

$$\|[(T_k^{I_k})^{\mathrm{T}} T_k^{I_k}]^{-1}\| \leqslant a_3. \tag{5.2.118}$$

为了得到算法 5.2.13 的超线性收敛性, 需要如下假设 (参考文献 [191, 192, 202]).

假设 B　B_k 是 T_k 的很好近似, 即

$$\|(B_k - T_k) \bar{d}_{*k}(\Delta_k)\| = o(\|\bar{d}_{*k}(\Delta_k)\|). \tag{5.2.119}$$

注 5.2.1　由于 B_k 是 T_k 的一个很好近似, 则有当 T_k 非奇异时, 由 von Neumann 引理, B_k 是非奇异且有界的 (参考文献 [202]). 类似可推断 $(B_k^{I_k})^{\mathrm{T}} B_k^{I_k}$ 是非奇异的, 且它们的逆矩阵有界.

引理 5.2.21　对充分大的 $k \in K$, 有

$$\widetilde{d}_{*k}^{A_k}(\Delta_k) = x_*^{A_k} - x_k^{A_k}. \tag{5.2.120}$$

而且存在正常数 ε_3 和 ε_3' 满足

$$\|\widetilde{d}_{*k}^{A_k}(\Delta_k)\| \leqslant \varepsilon_3 \|\nabla\theta(x_k)\| \tag{5.2.121}$$

和

$$\|\widetilde{d}_{*k}^{A_k}(\Delta_k)\| \leqslant \varepsilon_3' \|B_k F(x_k)\|. \tag{5.2.122}$$

证明 注意到在每一步迭代有 $\Delta_k \geqslant \Delta_{\min} > 0$, 对充分大的 $k \in K$, 取任意下标 $i \in A_k$, 由引理 5.2.20 有 $i \in A_*$, 则 $x_{*i} = l_i$ 或 $x_{*i} = \mu_i$. 事实上, 如果 $k \in K$ 且充分大, 由选取 δ 的方式, 当 $x_{ki} - l_i \leqslant \xi_k$ 时, 有 $x_{*i} = l_i$, 当 $\mu_i - x_{ki} \leqslant \xi_k$ 时, 有 $x_{*i} = \mu_i$, 则有

$$\widetilde{d}_{*k}^{A_k}(\Delta_k) = \begin{cases} l_i - x_{ki} = x_{*i} - x_{ki}, & \text{当} x_{ki} - l_i \leqslant \xi_k \text{时}, \\ \mu_i - x_{ki} = x_{*i} - x_{ki}, & \text{当} \mu_i - x_{ki} \leqslant \xi_k \text{时}, \end{cases}$$

这表明 (5.2.120) 成立. 下面证明 (5.2.121) 和 (5.2.122), 由 θ 的连续可微性, 有

$$\nabla\theta(x_k) = T_k F(x_k).$$

则由引理 5.2.19 和注 5.2.1 有, 当 $k \in K$ 足够大时,

$$\|F(x)\| \leqslant \varepsilon_1 \|\nabla\theta(x_k)\|, \quad \|F(x)\| \leqslant \varepsilon_1' \|B_k F(x_k)\|,$$

其中 $\varepsilon_1' > 0$ 满足 $\|B_k^{-1}\| \leqslant \varepsilon_1'$. 所以由 (5.2.120) 和引理 5.2.19 推断, 当 $k \in K$ 足够大时,

$$\begin{aligned} \|\widetilde{d}_{*k}^{A_k}(\Delta_k)\| &= \|x_*^{A_k} - x_k^{A_k}\| \leqslant \|x_k - x_*\| \\ &\leqslant \frac{1}{\varepsilon_2}\|F(x_k)\| \leqslant \frac{\varepsilon_1}{\varepsilon_2}\|\nabla\theta(x_k)\|, \end{aligned} \tag{5.2.123}$$

$$\begin{aligned} \|\widetilde{d}_{*k}^{A_k}(\Delta_k)\| &= \|x_*^{A_k} - x_k^{A_k}\| \leqslant \|x_k - x_*\| \\ &\leqslant \frac{1}{\varepsilon_2}\|F(x_k)\| \leqslant \frac{\varepsilon_1'}{\varepsilon_2}\|B_k F(x_k)\|. \end{aligned} \tag{5.2.124}$$

当 $\varepsilon_3 = \dfrac{\varepsilon_1}{\varepsilon_2}$ 时可得 (5.2.121), 当 $\varepsilon_3' = \dfrac{\varepsilon_1'}{\varepsilon_2}$ 时可得 (5.2.122), 证明结束. □

引理 5.2.22 当 $\widehat{\Delta} = \Delta_k$ 时, 令 $\widetilde{d}_{*k}^{I_k}(\Delta_k)$ 为信赖域子问题 (5.2.85) 的解, 那么当 $k \in K$ 且充分大时, 有下式成立

$$\widetilde{d}_{*k}^{I_k}(\Delta_k) = -[(B_k^{I_k})^{\mathrm{T}} B_k^{I_k}]^{-1} (B_k^{I_k})^{\mathrm{T}} (F(x_k) + B_k^{A_k} \widetilde{d}_{*k}^{A_k}(\Delta_k)). \tag{5.2.125}$$

证明　记

$$s_k = -[(B_k^{I_k})^{\mathrm{T}} B_k^{I_k}]^{-1} (B_k^{I_k})^{\mathrm{T}} (F(x_k) + B_k^{A_k} \widetilde{d}_{*k}^{A_k}(\Delta_k)).$$

为了得到 (5.2.125), 需要证明 s_k 满足 (5.2.85) 的约束, 因为 s_k 是 (5.2.85) 的 Newton 方向, 即要证 $\|s_k\| \leqslant \Delta$. 由引理 5.2.20, 引理 5.2.21 和注 5.2.1, 存在一个常数 $a_4 > 0$, 使得对 $k \in K$ 且充分大时, 有

$$\|s_k\| \leqslant a_4 \|F(x_k)\| \leqslant \Delta_{\min} \leqslant \Delta_k.$$

这就证明了引理, 证明结束.　　　　　　　　　　　　　　　　　　　　　　□

　　引理 5.2.23　设假设 A 和假设 B 成立, 对充分大的任意的 $k \in K$, 有

$$x_k + d_{*k}^{tr}(\Delta_k) = x_* + o(\theta(x_k)^{\frac{1}{2}}). \tag{5.2.126}$$

　　证明　由假设 B、引理 5.2.20-引理 5.2.22 以及 F 在 x_* 处的半光滑性, 有

$$
\begin{aligned}
& x_k^{I_k} + \widetilde{d}_{*k}^{A_k}(\Delta_k) \\
&= x_k^{I_k} - [(B_k^{I_k})^{\mathrm{T}} B_k^{I_k}]^{-1} (B_k^{I_k})^{\mathrm{T}} (F(x_k) + B_k^{A_k}(x_*^{A_k} - x_k^{A_k})) \\
&= x_k^{I_k} - [(B_k^{I_k})^{\mathrm{T}} B_k^{I_k}]^{-1} \{ (B_k^{I_k})^{\mathrm{T}} [F(x_k) + B_k^{A_k}(x_*^{A_k} - x_k^{A_k})] - (B_k^{I_k})^{\mathrm{T}} B_k^{I_k}(x_k^{I_k} - x_*^{I_k}) \} \\
&= x_k^{I_k} - [(B_k^{I_k})^{\mathrm{T}} B_k^{I_k}]^{-1} (B_k^{I_k})^{\mathrm{T}} [F(x_k) - F(x_*) - B_k(x_k - x_*)] \\
&= x_k^{I_k} - [(B_k^{I_k})^{\mathrm{T}} B_k^{I_k}]^{-1} (B_k^{I_k})^{\mathrm{T}} [F(x_k) - F(x_*) - T_k(x_k - x_*) + (T_k - B_k)(x_k - x_*)] \\
&= x_k^{I_k} + o(\|x_k - x_*\|) \\
&= x_k^{I_k} + o(\theta(x_k)^{\frac{1}{2}}).
\end{aligned}
\tag{5.2.127}
$$

这就证明了 $\forall i \in I_k$, (5.2.126) 成立, 证明结束.　　　　　　　　　　　　□

　　引理 5.2.24　设假设 B 成立, 对任意充分大的 $k \in K$, 有

$$\overline{d}_{*k}^{tr}(\Delta_k) = -(x_k - x_*) + o(\theta(x_k)^{\frac{1}{2}}). \tag{5.2.128}$$

　　证明　由假设 B, 引理 5.2.23 以及投影的性质, 有

$$
\begin{aligned}
\overline{d}_{*k}^{tr}(\Delta_k) &= P_X(x_k + d_{*k}^{tr}(\Delta_k)) - x_k \\
&= P_X(x_* + o(\theta(x_k)^{\frac{1}{2}})) - x_k \\
&= \{ P_X(x_* + o(\theta(x_k)^{\frac{1}{2}})) - P_X(x_*) \} + P_X(x_*) - x_k \\
&= -(x_k - x_*) + o(\theta(x_k)^{\frac{1}{2}}).
\end{aligned}
\tag{5.2.129}
$$

这就证明了 (5.2.128).　　　　　　　　　　　　　　　　　　　　　　　　□

引理 5.2.25 设假设 B 成立, 对任意充分大的 $k \in K$, 有

$$\overline{d}_{*k}(\Delta_k) = -(x_k - x_*) + o(\theta(x_k)^{\frac{1}{2}}), \tag{5.2.130}$$

且

$$\frac{\|\overline{d}_{*k}(\Delta_k) - \overline{d}_{*k}^{tr}(\Delta_k)\|}{\|\overline{d}_{*k}^{tr}(\Delta_k)\|} = o(1). \tag{5.2.131}$$

证明 由 (5.2.90) 和 B_k 的非奇异性, $t_{*k}(\Delta_k)$ 可以表示为

$$t_{*k}(\Delta_k) = \begin{cases} \dfrac{[F(x_k) + B_k \overline{d}_{*k}^{tr}(\Delta_k)]^{\mathrm{T}} B_k [\overline{d}_{*k}^{G}(\Delta_k) - \overline{d}_{*k}^{tr}(\Delta_k)]}{\|B_k[\overline{d}_{*k}^{G}(\Delta_k) - \overline{d}_{*k}^{tr}(\Delta_k)]\|^2}, & \text{当} \overline{d}_{*k}^{G}(\Delta_k) \neq \overline{d}_{*k}^{tr}(\Delta_k) \text{时}, \\ \text{任意在}(-\infty, +\infty)\text{上的数}, & \text{当} \overline{d}_{*k}^{G}(\Delta_k) = \overline{d}_{*k}^{tr}(\Delta_k) \text{时}, \end{cases}$$

分两种情况证明 (5.2.130).

(i) 情形 1: $\overline{d}_{*k}^{G}(\Delta_k) \neq \overline{d}_{*k}^{G}(\Delta_k)$, 由引理 5.2.24 和假设 B, 有

$$\begin{aligned} F(x_k) + B_k \overline{d}_{*k}^{tr}(\Delta_k) &= F(x_k) - B_k(x_k - x_*) + o(\theta(x_k)^{\frac{1}{2}}) \\ &= F(x_k) - T_k(x_k - x_*) + (T_k - B_k)(x_k - x_*) + o(\theta(x_k)^{\frac{1}{2}}) \\ &= o(\theta(x_k)^{\frac{1}{2}}), \end{aligned} \tag{5.2.132}$$

同时有

$$\begin{aligned} B_k \overline{d}_{*k}^{tr}(\Delta_k) &= -B_k(x_k - x_*) + o(\theta(x_k)^{\frac{1}{2}}) \\ &= -T_k(x_k - x_*) + (T_k - B_k)(x_k - x_*) + o(\theta(x_k)^{\frac{1}{2}}) \\ &= -F(x_k) + o(\theta(x_k)^{\frac{1}{2}}) \\ &= O(\theta(x_k)^{\frac{1}{2}}). \end{aligned}$$

结合 (5.2.132) 式中有

$$[F(x_k) + B_k \overline{d}_{*k}^{tr}(\Delta_k)]^{\mathrm{T}} B_k \overline{d}_{*k}^{tr}(\Delta_k) = o(\|\theta(x_k)\|). \tag{5.2.133}$$

另外, 由 (5.2.132) 式 γ_k 的选择, 得到

$$\begin{aligned} \|\overline{d}_{*k}^{G}(\Delta_k)\| &= \left\| P_X \left(x_k - \frac{\Delta_k}{\Delta_{\max}} \gamma_k B_k^{\mathrm{T}} F(x_k) \right) - x_k \right\| \\ &\leqslant \frac{\Delta_k}{\Delta_{\max}} \gamma_k \| B_k^{\mathrm{T}} F(x_k) \| \\ &\leqslant \gamma_k \| B_k^{\mathrm{T}} F(x_k) \| \\ &\leqslant \eta \| F(x_k) \| \\ &= O(\theta(x_k)^{\frac{1}{2}}). \end{aligned} \tag{5.2.134}$$

结合 (5.2.132) 式可得到

$$[F(x_k) + B_k \overline{d}_{*k}^{tr}(\Delta_k)]^{\mathrm{T}} B_k \overline{d}_{*k}^{G}(\Delta_k) = o(\|\theta(x_k)\|). \tag{5.2.135}$$

(5.2.132) 和 (5.2.135) 表明 $t_{*k}(\Delta_k)$ 的分子是 $o(\|\theta(x_k)\|)$.

由假设 B, 估算 $t_{*k}(\Delta_k)$ 的分母得到

$$
\begin{aligned}
& \|B_k[\overline{d}_{*k}^{G}(\Delta_k) - \overline{d}_{*k}^{tr}(\Delta_k)]\| \\
&= \|B_k \overline{d}_{*k}^{tr}(\Delta_k)\|^2 - 2[B_k \overline{d}_{*k}^{tr}(\Delta_k)]^{\mathrm{T}}[B_k \overline{d}_{*k}^{G}(\Delta_k)] + \|B_k \overline{d}_{*k}^{G}(\Delta_k)\|^2 \\
&\geqslant \|B_k \overline{d}_{*k}^{tr}(\Delta_k)\|^2 - 2[B_k \overline{d}_{*k}^{tr}(\Delta_k)]^{\mathrm{T}}[B_k \overline{d}_{*k}^{G}(\Delta_k)] \\
&= \|T_k \overline{d}_{*k}^{tr}(\Delta_k) + (B_k - T_k)\overline{d}_{*k}^{tr}(\Delta_k)\|^2 - 2[T_k \overline{d}_{*k}^{tr}(\Delta_k) \\
&\quad + (B_k - T_k)\overline{d}_{*k}^{tr}(\Delta_k)]^{\mathrm{T}}[B_k \overline{d}_{*k}^{G}(\Delta_k)] \\
&= \| -T_k(x_k - x_*) + o(\theta(x_k)^{\frac{1}{2}})\|^2 - 2[-T_k(x_k - x_*) + o(\theta(x_k)^{\frac{1}{2}})]^{\mathrm{T}}[B_k \overline{d}_{*k}^{G}(\Delta_k)] \\
&= \| -F(x_k) + o(\theta(x_k)^{\frac{1}{2}})\|^2 - 2[-F(x_k) + o(\theta(x_k)^{\frac{1}{2}})]^{\mathrm{T}}[B_k \overline{d}_{*k}^{G}(\Delta_k)] \\
&= 2\theta(x_k) + o(\theta(x_k)) - 2[-B_k F(x_k) + o(\theta(x_k)^{\frac{1}{2}})]^{\mathrm{T}}\overline{d}_{*k}^{G}(\Delta_k) \\
&\geqslant 2\theta(x_k) + o(\theta(x_k)) - 2[\|-B_k F(x_k)\|\|\overline{d}_{*k}^{G}(\Delta_k)\| + o(\theta(x_k)^{\frac{1}{2}})\|\overline{d}_{*k}^{G}(\Delta_k)\|] \\
&\geqslant 2\theta(x_k) + o(\theta(x_k)) - 2\frac{\Delta_k}{\Delta_{\max}}\gamma_k\|B_k F(x_k)\|^2 + o(\theta(x_k)^{\frac{1}{2}})\Delta_k \gamma_k \|B_k F(x_k)\| \\
&\geqslant 2(1 - \eta)\theta(x_k) + o(\theta(x_k)), \tag{5.2.136}
\end{aligned}
$$

其中第三个等式由 (5.2.128) 得到, 第三个不等式由 (5.2.134) 得到, 由 (5.2.93) 得到最后一个不等式. 上述讨论表明如果 $\overline{d}_{*k}^{G}(\Delta_k) \neq \overline{d}_{*k}^{tr}(\Delta_k)$, 则

$$t_{*k}(\Delta_k) \leqslant \frac{o(\theta(x_k))}{2(1 - \eta)\theta(x_k) + o(\theta(x_k))} = o(1).$$

再由引理 5.2.12, 有

$$t_{*k}^{*}(\Delta_k) \leqslant o(1)$$

且

$$
\begin{aligned}
\overline{d}_{*k}(\Delta_k) &= t_{*k}^{*}(\Delta_k)\overline{d}_{*k}^{G}(\Delta_k) + (1 - t_{*k}^{*}(\Delta_k))\overline{d}_{*k}^{tr}(\Delta_k) \\
&= \overline{d}_{*k}^{tr}(\Delta_k) + o(\theta(x_k^{\frac{1}{2}})) \\
&= -(x_k - x_*) + o(\theta(x_k^{\frac{1}{2}})).
\end{aligned}
$$

(ii) 情形 2: $\overline{d}_{*k}^{G}(\Delta_k) = \overline{d}_{*k}^{tr}(\Delta_k)$. 显然

$$\overline{d}_{*k}^{G}(\Delta_k) = \overline{d}_{*k}^{tr}(\Delta_k) = -(x_k - x_*) + o(\theta(x_k)^{\frac{1}{2}}), \tag{5.2.137}$$

那么 (5.2.130) 成立. 下面证明 (5.2.131). 由 (5.2.130) 和引理 5.2.23 有

$$\|\overline{d}_{*k}(\Delta_k) - d_k^{tr}(\Delta_k)\| = o(\theta(x_k)^{\frac{1}{2}}) = o(\|x_k - x_*\|),$$

且

$$\|d_k^{tr}(\Delta_k)\| = \|x_k - x_*\| + o(\theta(x_k)^{\frac{1}{2}}) = \|x_k - x_*\| + o(\|x_k - x_*\|).$$

因此得到 (5.2.131), 证明结束.   □

引理 5.2.26   设假设 B 成立, 则对充分大时 $k \in K$, 试探步 $\overline{d}_{*k}(\Delta_k)$ 能被接受.

证明   由假设 B、引理 5.2.19 和引理 5.2.25, 有

$$\theta(x) - \frac{1}{2}\|F(x_k) + B_k\overline{d}_{*k}(\Delta_k)\|^2$$
$$= \theta(x) - \frac{1}{2}\|F(x_k) - B_k(x_k - x_*) + o(\theta(x_k)^{\frac{1}{2}})\|^2$$
$$= \theta(x) - \frac{1}{2}\|F(x_k) - T_k(x_k - x_*) + (T_k - B_k)(x_k - x_*) + o(\theta(x_k)^{\frac{1}{2}})\|^2$$
$$= \theta(x) - o(\theta(x_k)). \tag{5.2.138}$$

另外有

$$-\nabla\theta(x_k)^{\mathrm{T}}\overline{d}_{*k}^{G}(\Delta_k) \leqslant \|\nabla\theta(x_k)\|\|\overline{d}_{*k}^{G}(\Delta_k)\|$$
$$\leqslant \|\nabla\theta(x_k)\|^2\gamma_k$$
$$\leqslant \eta\theta(x_k) < \theta(x_k), \tag{5.2.139}$$

其中第三个不等式由算法 (5.2.13) 中 γ_k 的选取方式得到. 等式 (5.2.138) 和等式 (5.2.139) 表明条件 (5.2.92) 对充分大的 $k \in K$ 成立. 下面证明 $\widehat{r}_{*k} \geqslant \rho_1$, 重写 $\widehat{r}_{*k}$ 为

$$\widehat{r}_{*k} = 1 + \frac{\theta(x_k + \overline{d}_{*k}(\widehat{\Delta}_k)) - \frac{1}{2}\|F(x_k) + B_k\overline{d}_{*k}(\widehat{\Delta}_k)\|^2}{\frac{1}{2}\|F(x_k) + B_k\overline{d}_{*k}(\widehat{\Delta}_k)\|^2 - \theta(x_k)}.$$

由假设 B 和引理 5.2.25 有

$$\theta(x_k + \overline{d}_{*k}(\widehat{\Delta}_k)) - \frac{1}{2}\|F(x_k) + B_k\overline{d}_{*k}(\widehat{\Delta}_k)\|^2$$
$$= \frac{1}{2}\|F(x_k) + \overline{d}_{*k}(\widehat{\Delta}_k)\|^2 - \frac{1}{2}\|F(x_k) - B_k(x_k - x_*) + o(\theta(x_k)^{\frac{1}{2}})\|$$
$$= \frac{1}{2}\|F(x_k) + \overline{d}_{*k}(\widehat{\Delta}_k)\|^2 + o(\theta(x_k))$$
$$\leqslant \frac{1}{2}o(\theta(x_k)) + o(\theta(x_k))$$
$$= o(\theta(x_k)). \tag{5.2.140}$$

由 (5.2.138) 得到

$$\frac{1}{2}\|F(x_k) + B_k \bar{d}_{*k}(\widehat{\Delta}_k)\|^2 - \theta(x) = o(\theta(x_k)) - \theta(x).　\quad (5.2.141)$$

因而由 (5.2.140) 和 (5.2.141) 表明, 当 $k \in K$ 且充分大时,

$$\widehat{r}_{*k} \geq 1 + \frac{o(\theta(x_k))}{o(\theta(x_k)) - \theta(x)} \geq \rho_1.$$

这表明, 对充分大的 $k \in K$, 试探步 $\bar{d}_{*k}(\Delta_k)$ 能被接受. 于是结论成立.　□

　　定理 5.2.27　假设序列 $\{x_k\}$ 由算法 5.2.13 产生且假设 B 成立, 设 x_* 是 $\{x_k\}$ 的聚点, 且是 (5.2.68) 的 BD-正则解. 那么, 序列 $\{x_k\}$ 超线性收敛到 x_*.

　　证明　由引理 5.2.25 和引理 5.2.26, 对充分大的 $k \in K$, 有

$$\|x_{k+1} - x_*\| = \|x_k + \bar{d}_{*k}(\Delta_k) - x_*\| = o(\theta(x_k)^{\frac{1}{2}}) = o(\|x_k - x_*\|),$$

这表明 $\{x_k\}_{k \in K}$ 超线性收敛到 x_*, 证明结束.　□

5.2.3　带有限记忆 BFGS 更新的非光滑凸优化梯度信赖域算法

　　对非光滑最优化问题

$$\min_{x \in R^n} f(x),　\quad (5.2.142)$$

其中 $f : R^n \to R$ 为非光滑凸函数. 采用 Moreau-Yosida 正则函数 $F(x)$, 可得到与 (5.2.142) 有相同解的优化问题

$$\min_{x \in R^n} F(x).　\quad (5.2.143)$$

　　下面给出求解 (5.2.143) 的另一种结合了有限记忆 BFGS 更新的梯度信赖域算法.

　　有限记忆 BFGS 方法 (简记为 L-BFGS) 是 BFGS 方法的一个变形以适于求解大型规划问题, 它与一般 BFGS 方法的区别主要在于矩阵的更新, 为了得到 Hesse 逆矩阵的近似阵 H_{k+1}, 在每一步迭代 x_k 中, L-BFGS 不再直接存储矩阵 H_k, 而代之以存储少量 (记为 m 个) 修正数对 $\{s_i, y_i\}, i = k-1, \cdots, k-m$, 其中

$$s_k = x_{k+1} - x_k, \quad y_k = g^{k+1} - g^k.$$

g^k 和 g^{k+1} 分别是目标函数 $f(x)$ 在 x_k 和 x_{k+1} 处的梯度.

　　这些修正的数对包含了函数的曲率信息和 BFGS 公式的梯度信息, 从而可定义有限记忆的迭代矩阵 B_k, 关键是如何不需要通过显性构造而又能最好地表示出这些矩阵. 文献 [29] 中提出可依据下面的 $n \times m$ 阶修正矩阵用一个紧凑结构来定义有限记忆矩阵 B_k:

$$S_k = [s_{k-m}, \cdots, s_{k-1}], \quad Y_k = [y_{k-m}, \cdots, y_{k-1}].　\quad (5.2.144)$$

更特别地, 如果 θ 是一个正度量参数, 且如果 m 个修正数对 $\{s_i, y_i\}_{i=k-1}^{k-m}$ 满足 $(s_i)^{\mathrm{T}} y_i > 0$, 则使用 BFGS 公式和 $\{s_i, y_i\}_{i=k-m}^{k-1}$ 进行 m 次更新 θI, 可得到矩阵

$$B_k = \theta I - W_k M_k (W_k)^{\mathrm{T}}, \tag{5.2.145}$$

其中

$$W_K = [Y_k \theta S_k], \tag{5.2.146}$$

$$M_k = [-D_k (L_k)^{\mathrm{T}}; L_k \theta (S_k)^{\mathrm{T}} S_k]^{-1}, \tag{5.2.147}$$

L_k 和 D_k 为 $m \times m$ 阶矩阵

$$(L_k)_{i,j} = \begin{cases} (s_{k-m-1+i})^{\mathrm{T}} (y_{k-m-1+j}), & \text{当} i > j \text{时}, \\ 0, & \text{其他}, \end{cases} \tag{5.2.148}$$

$$D_k = \mathrm{diag}[(s_{k-m})^{\mathrm{T}} y_{k-m}, \cdots, (s_{k-1})^{\mathrm{T}} y_{k-1}]. \tag{5.2.149}$$

这里的 (5.2.145) 对文献 [29] 中 (3.5) 式作了一个小改动. 注意到因为 M_k 是一个 $2m \times 2m$ 阶矩阵, 由于 m 是一个被选定的很小的整数, 计算 (5.2.149) 的逆所付出的代价是可以忽略不计的, 故在涉及到 B_k 的计算上采用 (5.2.145) 是很方便的. 下面将要给出的算法包含了多次 B_k 和一个向量的乘积的计算, 并因此可以获得很好的数值表现.

对有限记忆 BFGS 方法中的矩阵 H_k, 作为对目标函数的 Hesse 矩阵逆的近似, 也有如下公式:

$$H_k = \frac{1}{\theta} I + \bar{W}_k \bar{M}_k (\bar{W}_k)^{\mathrm{T}}, \tag{5.2.150}$$

其中

$$\bar{W}_k = \begin{bmatrix} \dfrac{1}{\theta} Y_k & S_k \end{bmatrix},$$

$$\bar{M}_k = \begin{bmatrix} 0 & -(R_k)^{-1}; -(R_k)^{-\mathrm{T}} & (R_k)^{-\mathrm{T}} \left(D_k + \frac{1}{\theta} (Y_k)^{\mathrm{T}} Y_k \right) (R_k)^{-1} \end{bmatrix},$$

$$(R_k)_{i,j} = \begin{cases} (s_{k-m-1+i})^{\mathrm{T}} (y_{k-m-1+j}), & \text{当} i \leqslant j \text{时}, \\ 0, & \text{其他情况}. \end{cases} \tag{5.2.151}$$

将上述公式与 BFGS 公式相结合, 即可定义有限记忆 BFGS 方法的迭代矩阵. 对其他拟牛顿更新公式, 如 DFP, 也可采用类似处理.

由于直接计算 $\partial_B g(x_k)$ 在很多情况下困难且不必要, 下面给出的算法将采用 L-BFGS 更新公式生成的矩阵 B_k 取代矩阵 $V_k \in \partial_B g(x_k)$. 令 $\rho_k = \dfrac{1}{y_k^{\mathrm{T}} s_k}$ 且 $U_k =$

$I - \rho_k y_k s_k^{\mathrm{T}}$. 当使用存储的修正对时, 有

$$
\begin{aligned}
H_{k+1} &= U_k^{\mathrm{T}}[(U_{k-1}^{\mathrm{T}} H_{k-1} U_{k-1} + \rho_{k-1} s_{k-1} s_{k-1}^{\mathrm{T}})] U_k + \rho_k s_k s_k^{\mathrm{T}} \\
&= V_k^{\mathrm{T}} U_{k-1}^{\mathrm{T}} H_{k-1} U_{k-1} + U_k^{\mathrm{T}} \rho_{k-1} s_{k-1} s_{k-1}^{\mathrm{T}} U_k + \rho_k s_k s_k^{\mathrm{T}} \\
&= \cdots = [U_k^{\mathrm{T}} \quad \cdots U_{k-m+1}^{\mathrm{T}}] H_{k-m+1}[U_{k-m+1} \quad \cdots \quad U_k] \\
&\quad + \rho_{k+m-1}[U_{k-1}^{\mathrm{T}} \quad \cdots U_{k-m+2}^{\mathrm{T}}] s_{k-m+1} s_{k-m+1}^{\mathrm{T}}[U_{k-m+2} \quad \cdots U_{k-1}] \\
&\quad + \cdots + \rho_k s_k s_k^{\mathrm{T}}.
\end{aligned}
\tag{5.2.152}
$$

其中 $s_k = x_{k+1} - x_k$ 且 $y_k = g^{\alpha}(x_{k+1}, \varepsilon_{k+1}) - g^{\alpha}(x_k, \varepsilon_k)$. 为了保持有限记忆 BFGS 矩阵的正定性, 当曲率 $s_k^{\mathrm{T}} y_k > 0$ 不满足时, 可以舍弃修改正数对 $[s_k, y_k]$. 另一种可行的方法由 Powell 提出[138], 其将 y_k 定义为

$$
y_k = \begin{cases} y_k & s_k^{\mathrm{T}} y_k \geqslant 0.2 s_k^{\mathrm{T}} B_k s_k, \\ \theta_k y_k + (1 - \theta_k) B_k s_k, & \text{其他}, \end{cases}
\tag{5.2.153}
$$

其中 $\theta_k = \dfrac{0.8 s_k^{\mathrm{T}} B_k s_k}{s_k^{\mathrm{T}} B_k s_k - s_k^{\mathrm{T}} y_k}$, $B_k = (H_k)^{-1}$.

首先介绍搜索方向如何产生.

令 $\Delta > 0, \Delta_{\max} > 0, \gamma_k > 0$. 令 x_k 为当前迭代点. 搜索方向 $\bar{d}_*(\Delta)$ 由如下三步得到.

步 1. 梯度方向: 计算

$$
\bar{d}_{*k}^G(\Delta) = -\frac{\Delta}{\Delta_{max}} \gamma_k g^{\alpha}(x_k, \varepsilon_k).
\tag{5.2.154}
$$

$\bar{d}_{*k}^G$ 称为梯度方向. 为了加快收敛速度, 计算如下信赖域方向.

步 2. 信赖域方向: 在每一步迭代中, 试探步长 $d_{*k}^{tr}(\Delta)$ 通过求解自适应信赖域子问题产生, 求解过程中用到 $F(x)$ 在 x_k 的梯度和 $\partial_B g(x_k)$ 的信息:

$$
\begin{aligned}
\min \quad & m_k(d) = g^{\alpha}(x_k, \varepsilon_k)^{\mathrm{T}} d + \frac{1}{2} d^{\mathrm{T}} B_k d, \\
\text{s.t.} \quad & \|d\| \leqslant \Delta,
\end{aligned}
\tag{5.2.155}
$$

其中标量 $\varepsilon_k > 0$, I 是单位矩阵, Δ 为信赖域半径.

那么信赖域方向为

$$
\bar{d}_{*k}^{tr}(\Delta) = d_{*k}^{tr}(\Delta).
\tag{5.2.156}
$$

尽管在迭代过程中能加快局部收敛速度, 但当 x_k 离解还远时, 信赖域方向可能不是下降方向. 而如果 ε_k 足够小时, 梯度方向总是下降方向. 故可考虑将这两个方向相结合来作为搜索方向, 产生一个下降方向且保持最快的局部收敛性.

步 3. 搜索方向: 令

$$\bar{d}_{*k}(\Delta) = t_{*k}^*(\Delta)\bar{d}_{*k}^G(\Delta) + (1 - t_{*k}^*(\Delta))\bar{d}_{*k}^{tr}(\Delta), \tag{5.2.157}$$

其中 $t_{*k}^*(\Delta) \in (0,1)$ 是如下一维二次最小化问题的解:

$$\begin{aligned} \min_{t\in[0,1]} q_{*k}^{\Delta}(t) &= [t\bar{d}_{*k}^G(\Delta) + (1-t)\bar{d}_{*k}^{tr}(\Delta)]^{\mathrm{T}} g^\alpha(x_k, \varepsilon_k) \\ &\quad + \frac{1}{2}[t\bar{d}_{*k}^G(\Delta) + (1-t)\bar{d}_{*k}^{tr}(\Delta)]^{\mathrm{T}}(V_k + \varepsilon_k I) \\ &\quad \times [t\bar{d}_{*k}^G(\Delta) + (1-t)\bar{d}_{*k}^{tr}(\Delta)]. \end{aligned} \tag{5.2.158}$$

由

$$\nabla q_{*k}^{\Delta}(t) = 0,$$

得到

$$t_{*k}(\Delta) = \begin{cases} -\dfrac{[\bar{d}_{*k}^G(\Delta) - \bar{d}_{*k}^{tr}(\Delta)]^{\mathrm{T}} g^\alpha(x_k, \varepsilon_k) + [\bar{d}_{*k}^G(\Delta) - \bar{d}_{*k}^{tr}(\Delta)]^{\mathrm{T}} B_k \bar{d}_{*k}^{tr}(\Delta)}{[\bar{d}_{*k}^G(\Delta) - \bar{d}_{*k}^{tr}(\Delta)]^{\mathrm{T}} B_k [\bar{d}_{*k}^G(\Delta) - \bar{d}_{*k}^{tr}(\Delta)]^{\mathrm{T}}}, \\ \qquad\qquad\qquad\qquad\qquad 当 B_k \bar{d}_{*k}^G(\Delta) \neq B_k \bar{d}_{*k}^{tr}(\Delta) 时, \\ 任意数 \in (-\infty, +\infty), \qquad 当 B_k \bar{d}_{*k}^G(\Delta) = B_k \bar{d}_{*k}^{tr}(\Delta) 时. \end{cases} \tag{5.2.159}$$

基于 $t_{*k}(\Delta)$ 的定义, 类似 Qi、Tong 和 Li[146], 不难得到如下引理.

引理 5.2.28 最小化问题 (5.2.158) 的解为

$$t_{*k}^*(\Delta) = \max\{0, \min\{1, t_{*k}(\Delta)\}\}, \tag{5.2.160}$$

其中 $t_{*k}(\Delta)$ 的由 (5.2.159) 定义.

下面将给出算法, 算法用到如下线搜索准则

$$F^\alpha(x_k, \varepsilon_k) - F^\alpha(x_k + \bar{d}_{*k}, \varepsilon_{k+1}) \geqslant -\sigma g^\alpha(x_k, \varepsilon_k)^{\mathrm{T}} \bar{d}_{*k}^G, \tag{5.2.161}$$

其中 $\sigma \in (0,1)$ 是一个常数.

算法 5.2.29 (梯度信赖域算法)

步 1. 初始化. 给定 $x_0 \in R^n$, $0 < \alpha_1 < 1 < \alpha_2, 0 < \rho_1 < rho_2 < 1, m > 0, \lambda > 0, \sigma \in (0,1), \eta \in (0,1), \Delta_0 > 0, \Delta_{\max} > \Delta_{\min} > 0, B_k = H_k^{-1} = I, I$ 是单位矩阵, 令 $k := 0$.

步 2. 终止准则. 若 x_k 满足 (5.2.3) 的终止条件 $\|g^\alpha(x_k, \varepsilon_k)\| = 0$ 则停止; 否则令

$$\Delta_k = \min\{\Delta_{\max}, \max\{\Delta_{\min}, \Delta_k\}\}, \quad \hat{\Delta} = \Delta_k.$$

选取 ε_k, 计算 $p^\alpha(x_k, \varepsilon_k)$ 和

$$g^\alpha(x_k, \varepsilon_k) = (x_k - p^\alpha(x_k, \varepsilon_k))/\lambda.$$

步 3. 求解信赖域子问题. 令 $\bar{d}_{*k}^{tr}(\hat{\Delta})$ 为 (5.2.155) 的解.

步 4. 搜索方向. 令

$$\gamma_k = \min\left\{1, \frac{\Delta_{\max}}{\|g^\alpha(x_k, \varepsilon_k)\|}, \eta\frac{|F^\alpha(x_k, \varepsilon_k)|}{\|B_k g^\alpha(x_k, \varepsilon_k)\|}, \frac{(1-\sigma)\|d_{*k}^{tr}(\hat{\Delta})\|^2}{\Delta_{\max}}\right\}, \tag{5.2.162}$$

通过 (5.2.154), (5.2.156), (5.2.160) 计算 $\bar{d}_{*k}(\hat{\Delta}), \bar{d}_{*k}^{tr}(\hat{\Delta}), t_{*k}^*(\hat{\Delta})$, 令

$$\bar{d}_{*k}^G(\hat{\Delta}) = t_{*k}^*(\hat{\Delta})\bar{d}_{*k}^G(\hat{\Delta}) + (1 - t_{*k}^*(\hat{\Delta}))\bar{d}_{*k}^{tr}(\hat{\Delta}). \tag{5.2.163}$$

步 5. 检验搜索方向. 选择一个标量 ε_{k+1} 满足 $0 < \varepsilon_{k+1} < \varepsilon_k$, 令

$$pred_k = -g^\alpha(x_k, \varepsilon_k)^{\mathrm{T}}\bar{d}_{*k}(\hat{\Delta}) - \frac{1}{2}\bar{d}_{*k}(\hat{\Delta})B_k\bar{d}_{*k}(\hat{\Delta}),$$

$$ared_k = F^\alpha(x_k, \varepsilon_k) - F^\alpha(x_k + \bar{d}_{*k}(\hat{\Delta}), \varepsilon_{k+1}),$$

并计算

$$\hat{r}_{*k} = \frac{ared_k}{pred_k}. \tag{5.2.164}$$

如果条件 (5.2.161) 和

$$\hat{r}_{*k} \geqslant \rho_1 \tag{5.2.165}$$

成立, 令

$$s_k = \bar{d}_{*k}(\hat{\Delta}), \quad x_{k+1} = x_k + s_k, \quad \delta_k := \hat{\Delta},$$

且

$$\Delta_{k+1} = \begin{cases} \hat{\Delta}, & \text{如果} \rho_1 \leqslant \hat{r}_{*k} < \rho_2, \\ \alpha_2\hat{\Delta}, & \text{如果} \hat{r}_{*k} \geqslant \rho_2. \end{cases} \tag{5.2.166}$$

由 (5.2.152) 更新 $H_k = B_k^{-1}$, 令 $k := k+1$; 返回步 2. 否则, 令 $\hat{\Delta} = \alpha_1\hat{\Delta}$, 返回步 3.

下面将讨论算法 5.2.29 的全局收敛性, 首先给出下面的假设.

假设 A

(i) 序列 $\{B_k\}$ 有界, 即存在一个正常数 M 和 M^* 满足

$$\|V_k\| \leqslant M^*, \quad \|B_k\| \leqslant M, \quad \forall k. \tag{5.2.167}$$

其中 $V_k \in \partial_B g(x_k)$.

(ii) $F^\alpha(x, \varepsilon)$ 有界且 g 是 BD-正则的.

(iii) 参数序列 $\{\varepsilon_k\}$ 收敛到 0.

不难给出梯度方向具有如下下降性质.

引理 5.2.30   对所有的 $\Delta \in (0, \Delta_{\max}]$, 有

$$g^{\alpha}(x_k, \varepsilon_k)^{\mathrm{T}} \bar{d}^G_{*k}(\Delta) = -\frac{\Delta \gamma_k}{\Delta_{\max}} \|g^{\alpha}(x_k, \varepsilon_k)\|^2 = -\frac{\Delta}{\Delta_{\max} \gamma_k} \|\bar{d}^G_{*k}(\Delta_{\max})\|^2. \quad (5.2.168)$$

假设对所有的 $k, g^{\alpha}(x_k, \varepsilon_k) \neq 0$, 否则一个近似驻点即被找到. 我们将通过反证法得到算法 5.2.29 的全局收敛性. 假设存在常数 $\epsilon > 0$ 且 $k_0 > 0$, 对所有的 $k > k_0$, 满足

$$\|g^{\alpha}(x_k, \varepsilon_k)\| \geqslant \epsilon. \quad (5.2.169)$$

通过 (5.2.169), 可推出一个矛盾来证明结论. 下面的引理表明算法是恰当定义的.

引理 5.2.31   设假设 A 成立, 那么在步 3 和步 5 之间的循环有限终止.

证明   不等式 (5.2.169) 表明 $\gamma_k > 0$ 且存在一个常数 $b > 0$ 满足

$$\|\bar{d}^G_{*k}(\Delta_{\max})\| \geqslant b > 0.$$

由 $O(\|\bar{d}^G_{*k}(\hat{\Delta})\|^2)$ 的定义, 存在一个常数 $M_1 > 0$ 满足

$$O(\|\bar{d}^G_{*k}(\hat{\Delta})\|^2) \leqslant M_1 \|\bar{d}^G_{*k}(\hat{\Delta})\|^2, \quad (5.2.170)$$

由 (5.2.154) 和 (5.2.162) 有

$$\|\bar{d}^G_{*k}(\hat{\Delta})\|^2 \leqslant \frac{\hat{\Delta}}{\Delta_{\max}} \gamma_k \|g^{\alpha}(x_k, \varepsilon_k)\| \leqslant \hat{\Delta}. \quad (5.2.171)$$

令

$$\tilde{\Delta} = \min\left\{ \Delta_{\max}, \frac{(1-\sigma)b^2}{M_1 \Delta_{\max}} \right\},$$

由 $\bar{d}_{*k}(\hat{\Delta})$ 的定义, 对任意的 $\hat{\Delta} \in (0, \tilde{\Delta}]$, 下式成立

$$\begin{aligned}
&F^{\alpha}(x_k, \varepsilon_k) - F^{\alpha}(x_k + \bar{d}_{*k}(\hat{\Delta}), \varepsilon_{k+1}) \\
&\geqslant F^{\alpha}(x_k, \varepsilon_k) - F^{\alpha}(x_k + \bar{d}^G_{*k}(\hat{\Delta}), \varepsilon_{k+1}) \\
&= -g^{\alpha}(x_k, \varepsilon_k)^{\mathrm{T}} \bar{d}^G_{*k}(\hat{\Delta}) - O(\|\bar{d}^G_{*k}(\hat{\Delta})\|^2) \\
&= -\sigma g^{\alpha}(x_k, \varepsilon_k)^{\mathrm{T}} \bar{d}^G_{*k}(\hat{\Delta}) - (1-\sigma) g^{\alpha}(x_k, \varepsilon_k)^{\mathrm{T}} \bar{d}^G_{*k}(\hat{\Delta}) - O(\|\bar{d}^G_{*k}(\hat{\Delta})\|^2) \\
&\geqslant -\sigma g^{\alpha}(x_k, \varepsilon_k)^{\mathrm{T}} \bar{d}^G_{*k}(\hat{\Delta}) + \frac{\|\bar{d}^G_{*k}(\hat{\Delta})\|^2}{\gamma_k \Delta_{\max}} (1-\sigma) \hat{\Delta} - M_1 \hat{\Delta}^2 \\
&\geqslant -\sigma g^{\alpha}(x_k, \varepsilon_k)^{\mathrm{T}} \bar{d}^G_{*k}(\hat{\Delta}), \quad\quad\quad (5.2.172)
\end{aligned}$$

其中第一个等式由 Taylor 展式得到, 第二个不等式由 (5.2.168), (5.2.170), (5.2.171) 得到, 因为 $0 \leqslant \gamma_k \leqslant 1$ 且 $\hat{\Delta} \leqslant \tilde{\Delta}$, 所以最后一个不等式成立. 这意味着当所有的 $\tilde{\Delta}$

充分小时, 条件 (5.2.161) 满足. 为完成证明, 还需要证明当所有的 $\hat{\Delta}$ 充分小时, 条件 (5.2.165) 满足. 为了得到矛盾, 假设在步 3 和步 5 之间的循环是无限的, 这意味着 $\hat{\Delta} \to 0$.

由 (5.2.155), 由文献 [133] 定理 4 得到

$$-[\bar{d}_{*k}^{tr}]^{\mathrm{T}} g^\alpha(x_k, \varepsilon_k) - \frac{1}{2}[\bar{d}_{*k}^{tr}]^{\mathrm{T}} B_k \bar{d}_{*k}^{tr} \geqslant \frac{1}{2}\|g^\alpha(x_k, \varepsilon_k)\| \min\left\{\hat{\Delta}, \frac{\|g^\alpha(x_k, \varepsilon_k)\|}{\|B_k\|}\right\}. \tag{5.2.173}$$

由 (5.2.158), (5.2.160), (5.2.163) 和 (5.2.173) 得到

$$\begin{aligned} pred_k &\geqslant -[\bar{d}_{*k}^{tr}]^{\mathrm{T}} g^\alpha(x_k, \varepsilon_k) - \frac{1}{2}[\bar{d}_{*k}^{tr}]^{\mathrm{T}} B_k \bar{d}_{*k}^{tr} \\ &\geqslant \frac{1}{2}\|g^\alpha(x_k, \varepsilon_k)\| \min\left\{\hat{\Delta}, \frac{\|g^\alpha(x_k, \varepsilon_k)\|}{\|B_k\|}\right\}. \end{aligned} \tag{5.2.174}$$

并注意到

$$\|\bar{d}_{*k}^G(\hat{\Delta})\| \leqslant \hat{\Delta}, \quad \|\bar{d}_{*k}^{tr}(\hat{\Delta})\| \leqslant \hat{\Delta}, \tag{5.2.175}$$

其中第一个不等式由 (5.2.154) 和 (5.2.162) 得到, 第二个不等式由 (5.2.156) 得到, 最后一个不等式由 (5.2.155) 得到, 那么由 (5.2.163) 有

$$\|\bar{d}_{*k}(\hat{\Delta})\| \leqslant 2\hat{\Delta}. \tag{5.2.176}$$

由 $\hat{r}_{*k}$ 的定义, 有

$$\begin{aligned} \hat{r}_{*k} &= \frac{ared_k}{pred_k} = 1 + \frac{ared_k - pred_k}{pred_k} \\ &= 1 + \frac{F^\alpha(x_k, \varepsilon_k) - F^\alpha(x_k + \bar{d}_{*k}(\hat{\Delta}), \varepsilon_{k+1})}{pred_k} \\ &\quad + \frac{g^\alpha(x_k, \varepsilon_k)^{\mathrm{T}} \bar{d}_{*k}(\hat{\Delta}) + \frac{1}{2}\bar{d}_{*k}(\hat{\Delta})^{\mathrm{T}} B_k \bar{d}_{*k}(\hat{\Delta})}{pred_k} \\ &= 1 + \frac{O(\|\bar{d}_{*k}(\hat{\Delta})\|^2)}{O(\tilde{\Delta})} \leqslant 1 + \frac{O(\hat{\Delta}^2)}{O(\hat{\Delta})} \\ &= 1 + o(1), \end{aligned}$$

其中第四个不等式由 Taylor 展式, (5.2.167) 和 (5.2.174) 得到, 第一个不等式由 (5.2.176) 和 $\hat{\Delta}$ 的定义得到. 这表明当 $\hat{\Delta}$ 充分小的时, $\hat{r}_{*k} \geqslant \rho_2$ 必定成立. 根据更新规则, 由算法 (5.2.29) 步 5 中得到的 $\hat{\Delta}$ 和假设 $\hat{\Delta} \to 0$ 矛盾. 矛盾表明步 3 和步 5 之间的循环是有限的. 证明结束. □

由上面的引理, 不难得到如下的两个性质.

性质 1 若假设 A 成立, 那么, 存在一个指标 $\hat{k} > 0$ 和一个常数 $\bar{\Delta}$, 对所有的 $k \geqslant \hat{k}$ 有

$$\hat{r}_{*k} = \frac{ared_k}{pred_k} \geqslant \rho_1, \tag{5.2.177}$$

且

$$\bar{\delta} = \lim_{k \to \infty} inf \delta_k > 0, \tag{5.2.178}$$

其中 $\hat{\Delta} \in (0, \bar{\Delta}), \delta_k$ 由算法 5.2.29 中步 5 定义.

证明 由引理 5.2.31, 易知存在一个常数 $\bar{\Delta}$ 和指标 $\hat{k} > 0$, 对所有的 $k > \hat{k}$, 只要 $\hat{\Delta} < \bar{\Delta}$, 不等式 $\hat{r}_{*k} \geqslant \rho_1$ 成立. 那么 (5.2.177) 成立. 由信赖域半径更新的规则, 得到 $\delta_k > \alpha_1 \bar{\Delta}$. 这就得到 (5.2.178), 证明结束.   □

下面证明算法 5.2.29 的全局收敛性.

定理 5.2.32 假设序列 $\{x_k\}$ 由算法 5.2.29 产生且假设 A 成立. 那么 $\lim\limits_{k \to \infty} \inf$ $\|g(x_k)\| = 0$, 且任何 $\{x_k\}$ 的聚点都是问题 (5.2.1) 的一个最优解.

证明 首先证明

$$\lim_{k \to \infty} \inf \|g^{\alpha}(x_k, \varepsilon_k)\| = 0. \tag{5.2.179}$$

假设 (5.2.179) 不成立, 那么存在一个 $\epsilon > 0$ 和 $k_0 > 0$ 满足

$$\|g^{\alpha}(x_k, \varepsilon_k)\| > \epsilon, \quad \forall k > k_0. \tag{5.2.180}$$

由 (5.2.174) 和算法 5.2.29 步 5 中 δ_k 的定义, 以及 (5.2.178) 和假设 A(i) 得到

$$\begin{aligned}
pred_k &\geqslant \frac{1}{2} \|g^{\alpha}(x_k, \varepsilon_k)\| \min \left\{ \hat{\Delta}, \frac{\|g^{\alpha}(x_k, \varepsilon_k)\|}{\|B_k\|} \right\} \\
&\geqslant \frac{1}{2} \min \left\{ \delta_k, \frac{\epsilon}{\|B_k\|} \right\} \\
&\geqslant \frac{1}{2} \epsilon \min \left\{ \bar{\delta}_k, \frac{\epsilon}{M} \right\}.
\end{aligned}$$

再由 (5.2.177) 得

$$F^{\alpha}(x_k, \varepsilon_k) - F^{\alpha}(x_{k+1}, \varepsilon_{k+1}) \geqslant \rho_1 pred_k \geqslant \frac{1}{2} \rho_1 \epsilon \min \left\{ \bar{\delta}_k, \frac{\epsilon}{M} \right\}, \quad \forall k > k_0. \tag{5.2.181}$$

因而有

$$\sum_{k > k_0} [F^{\alpha}(x_k, \varepsilon_k) - F^{\alpha}(x_{k+1}, \varepsilon_{k+1})] \geqslant \sum_{k > k_0} \left[\frac{1}{2} \rho_1 \epsilon \min \left\{ \bar{\delta}_k, \frac{\epsilon}{M} \right\} \right].$$

于是当 $k \to \infty$ 时, $F^{\alpha}(x_k, \varepsilon_k) \to \infty$. 这和假设 A(ii) 矛盾, (5.2.179) 成立. 又由 (5.2.12) 得到

$$\|g^{\alpha}(x_k, \varepsilon_k) - g(x_k)\| \leqslant \sqrt{\frac{2\varepsilon_k}{\lambda}},$$

考虑到假设 A(iii), 这意味着

$$\lim_{k \to \infty} \inf \|g(x_k)\| = 0 \tag{5.2.182}$$

成立.

令 x^* 为 $\{x_k\}$ 的聚点, 不失一般性, 假设存在一个子序列 $\{x_k\}_K$ 满足

$$\lim_{k \in K, k \to \infty} x_k = x^*. \tag{5.2.183}$$

由 $F(x)$ 的性质, 有 $g(x_k) = (x_k - p(x_k))/\lambda$. 那么由 (5.2.182) 和 (5.2.183) 有 $x^* = p(x^*)$ 成立, 即 x^* 是问题 (5.2.1) 的最优解. □

下面将检验算法 5.2.29 的数值效果. 被检测的非光滑问题列举如下.

问题 1 (Crescent [117])

$$f(x) = \max\{x_1^2 + (x_2 - 1)^2 + x_2 - 1, -x_1^2 - (x_2 - 1)^2 + x_2 + 1\},$$

$$x_0 = (-1.5, 2.0), \quad f_{\text{ops}}(x) = 0.$$

问题 2 (CB2 [32])

$$f(x) = \max\{x_1^2 + x_2^4, (2 - x_1)^2 + (2 - x_2)^2, 2e^{-x_1 + x_2}\},$$

$$x_0 = (1.0, -1.0), \quad f_{\text{ops}}(x) = 1.9522245.$$

问题 3 (CB3 [32])

$$f(x) = \max\{x_1^4 + x_2^2, (2 - x_1)^2 + (2 - x_2)^2, 2e^{-x_1 + x_2}\},$$

$$x_0 = (2, 2), \quad f_{\text{ops}}(x) = 2.0.$$

问题 4 (DEM [60])

$$f(x) = \max\{5x_1 + x_2, -5x_1 + x_2, x_1^2 + x_2^2 + 4x_2\},$$

$$x_0 = (1, 1), \quad f_{\text{ops}}(x) = -3.$$

问题 5 (QL [184])

$$f(x) = \max_{1 \leqslant i \leqslant 3} f_i(x),$$

$$f_1(x) = x_1^2 + x_2^2,$$

$$f_2(x) = x_1^2 + x_2^2 + 10(-4x_1 - x_2 + 4),$$

$$f_3(x) = x_1^2 + x_2^2 + 10(-x_1 - 2x_2 + 6).$$

$$x_0 = (-1, 5), \quad f_{\text{ops}}(x) = 7.2.$$

问题 6 (LQ [184])

$$f(x) = \max\{-x_1 - x_2, -x_1 - x_2 + x_1^2 + x_2^2 - 1\},$$

$$x_0 = (-0.5, -0.5), \quad f_{\text{ops}}(x) = -1.4142136.$$

问题 7 (Mifflin 1 [85])

$$F(x) = -x_1 + 20 \max\{x_1^2 + x_2^2, 0\},$$

$$x_0 = (0.8, 0.6), \quad f_{\text{ops}}(x) = -1.0.$$

问题 8 (Rosen-Suzuki [117])

$$f(x) = \max\{f_1(x), f_1(x) + 10f_2(x), f_1(x) + 10f_3(x), f_1(x) + 10f_4(x)\},$$

$$f_1(x) = x_1^2 + x_2^2 + 2x_3^2 + x_4^2 - 5x_1 - 5x_2 - 21x_3 + 7x_4,$$

$$f_2(x) = x_1^2 + x_2^2 + x_3^2 + x_4^2 + x_1 - x_2 + x_3 - x_4 - 8,$$

$$f_3(x) = x_1^2 + 2x_2^2 + x_3^2 + 2x_4^2 - x_1 - x_4 - 10,$$

$$f_4(x) = x_1^2 + x_2^2 + x_3^2 + 2x_1 - x_2 - x_4 - 5,$$

$$x_0 = (0, 0, 0, 0), \quad f_{\text{ops}}(x) = -44.$$

问题 9 (Shor [165])

$$f(x) = \max\left\{b_i \sum_{j=1}^{5} (x_i - a_{ij})^2\right\},$$

$$A = \begin{bmatrix} 0 & 0 & 0 & 0 & 0 \\ 2 & 1 & 1 & 1 & 3 \\ 1 & 2 & 1 & 1 & 2 \\ 1 & 4 & 1 & 2 & 2 \\ 3 & 2 & 1 & 0 & 1 \\ 0 & 2 & 1 & 0 & 1 \\ 1 & 1 & 1 & 1 & 1 \\ 1 & 0 & 1 & 2 & 1 \\ 0 & 0 & 2 & 1 & 0 \\ 1 & 1 & 2 & 0 & 0 \end{bmatrix},$$

$$x_0 = (0, 0, 0, 0, 1), \quad f_{\mathrm{ops}}(x) = 22.600162.$$

问题 10 (Colville 1 [14])

$$f(x) = \sum_{j-1}^{5} d_j x_j^3 + \sum_{i-1}^{5} \sum_{j-1}^{5} c_{ij} x_i x_j + \sum_{j=1}^{5} e_j x_j + 50 \max \left\{ 0, \max_{1 \leqslant i \leqslant 10} \left(b_i - \sum_{j=1}^{5} a_{ij} x_j \right) \right\},$$

$$A = \begin{bmatrix} -16 & 2 & 0 & 1 & 0 \\ 0 & -2 & 0 & 4 & 2 \\ -3.5 & 0 & 2 & 0 & 0 \\ 0 & -2 & 0 & -4 & -1 \\ 0 & -9 & -2 & 1 & -2.8 \\ 2 & 0 & -4 & 0 & 0 \\ -1 & -1 & -1 & -1 & -1 \\ -1 & -2 & -3 & -2 & -1 \\ 1 & 2 & 3 & 4 & 5 \\ 1 & 1 & 1 & 1 & 1 \end{bmatrix}, \quad b = \begin{bmatrix} -40 \\ 2 \\ -0.25 \\ -4 \\ -4 \\ -1 \\ -40 \\ -60 \\ 5 \\ 1 \end{bmatrix},$$

$$C = \begin{bmatrix} 30 & -20 & -10 & 2 & -10 \\ -20 & 39 & -6 & -31 & 32 \\ -10 & -6 & 10 & -6 & -10 \\ 32 & -31 & -6 & 39 & -20 \\ -10 & 32 & -10 & -20 & 30 \end{bmatrix}, \quad d = \begin{bmatrix} 4 \\ 8 \\ 10 \\ 6 \\ 2 \end{bmatrix},$$

$$x_0 = (0, 0, 0, 0, 1), \quad f_{\mathrm{ops}}(x) = -32.348679.$$

问题 11 (Mxhilb[99])

$$f(x) = \max_{1 \leqslant i \leqslant 50} \left| \sum_{j=1}^{50} \frac{x_j}{i + j - 1} \right|,$$

$$x_0 = (1, 1, \cdots, 1), \quad f_{\mathrm{ops}}(x) = 0.$$

问题 12 (Llhilb[99])

$$f(x) = \sum_{j=1}^{50} \left| \sum_{j=1}^{50} \frac{x_j}{i + j - 1} \right|,$$

$$x_0 = (1, 1, \cdots, 1), \quad f_{\mathrm{ops}}(x) = 0.$$

其中 x_0 为初始点, $f_{\mathrm{ops}}(x)$ 是方程的最优值. 算法在 Matlab 7.6 上实现, 所有的数值实验都在 CPU 配置为 Intel Pentium Dual E7500, 运行速度为 2.93GHz , 同

步动态随机存储器为 2G bytes 的电脑上进行, 电脑系统为 Windows XP. 参数的选择为 $\alpha_1 = 0.5, \alpha_2 = 4, \lambda = 1, \rho_1 = 0.45, \rho_2 = 0.75, \sigma = 0.9, \eta = 0.6, m = 5, \Delta_0 = 0.5, \Delta_{\min} = 0.01, \Delta_{\max} = 100, \varepsilon_k = 1/(NI + 2)^2$(NI 是迭代次数), $B_0 = I$ 为单位阵. 对于问题 $\min \theta(x)$, 通过 (5.2.5) 式, 使用 Matlab 的 fminsearch 函数来得到解 $p(x)$ 和 $g^\alpha(x, \varepsilon)$, 为了保证式 (5.2.152) 中 H_k 的正定性, 采用 (5.2.153) 式来更新 L-BFGS 公式.

对问题 1-问题 11, 当 $\|g^\alpha(x, \varepsilon)\| \leqslant 10^{-6}$ 时停止迭代. 对问题 12, 使用文献 [209] 中的 Himmeblau 停止规则: 如果 $\|x_k\| > \epsilon_1$ 且 $|F^\alpha(x_k, \varepsilon_k)| > \epsilon_2$, 则令 $\text{stop}_1 = \frac{\|x_{k+1} - x_k\|}{\|x_k\|}, \text{stop}_2 = \frac{|F^\alpha(x_k, \varepsilon_k) - F^\alpha(x_{k+1}, \varepsilon_{k+1})|}{|F^\alpha(x_k, \varepsilon_k)|}$; 否则令 $\text{stop}_1 = \|x_{k+1} - x_k\|, \text{stop}_2 = |F^\alpha(x_k, \varepsilon_k) - F^\alpha(x_{k+1}, \varepsilon_{k+1})|$. 当 $\text{stop}_1 \leqslant \epsilon_1$ 或 $\text{stop}_2 \leqslant \epsilon_1$ 时, 程序终止, 其中 $\epsilon_1 = \epsilon_2 = 10^{-5}$. 信赖域子问题 (5.2.155) 的近似解由 Nocedal 和 Yuan 的文章 [211] 给算法 2.6 计算得到. 为了保证更新矩阵正定, 令 $H_k = H_k + \varepsilon_k \times I$.

为了展示算法 5.2.29 的效果, 我们列出了文献 [116](PBL 方法) 和 [163](BT 方法) 的结果. PBL 方法和 BT 方法的数值结果可以在文献 [116] 中找到, 这两种方法用 Fortran 77 实现. 下列表格各列的含义为:

Nr : 测试问题的序号

$f(x)$: 方程在最终迭代点的值

NI : 迭代的总步数

NF : 计算函数值所需的步数

$f_{\text{ops}}(x)$ 问题的最优值

fails: 表示求解问题失败

测试结果

Nr.	算法 5.2.29 NI/NF/$f(x)$	PBL NI/NF/$f(x)$	BT NI/NF/$f(x)$	$f_{\text{ops}}(x)$
1	$10/10/\ 3.156719 \times 10^{-5}$	$18/20/\ 0.679 \times 10^{-6}$	$24/27/\times 10^{-6}$	0
2	$10/11/1.952225$	$32/34/1.9522245$	$13/16/1.952225$	1.9522245
3	$2/3/2.000217$	$14/16/2.0$	$13/21/2.0$	2.0
4	$3/3/-2.999700$	$17/19/-3.0$	$9/13/-3.0$	-3
5	$19/119/7.200001$	$13/15/7.2000015$	$12/17/-7.20$	7.20
6	$1/1/-1.207068$	$11/12/-1.4142136$	$10/11/-1.414214$	-1.4142136
7	$3/3/-0.9283527$	$66/68/-0.99999941$	$49/74/-1.0$	-1.0
8	$4/4/-43.98705$	$43/45/-43.999999$	$22/32/-43.99998$	-44
9	$42/443/22.62826$	$27/29/22.600162$	$29/30/-22.60016$	22.600162
10	$9/29/-32.32928$	$62/64/-32.348679$	fails	-32.348679
11	$12/12/9.793119 \times 10^{-3}$	$19/20/0.424 \times 10^{-8}$	fails	0
12	$20/63/9.661137 \times 10^{-3}$	$19/20/0.99 \times 10^{-9}$	fails	0

数值结果表明所给算法在求解这些问题时是有效的. 对于大多数测试问题, 算法 5.2.29 都能成功求解. 与最优值相比较, 算法迭代得到的最终函数值可以接受. 初步的数值结果表明求解非光滑凸优化的算法 5.2.29 是有效的.

观察上述表格所列的函数值计算次数和迭代次数, 不难看出算法 5.2.29 在上述三个算法里是表现最好的.PBL 算法比 BT 算法表现要好, 同时 PBL 和 BT 算法得到的最终函数值要比算法 5.2.29 更接近最优值. 出现这个情况的原因可能是因为在软件上 Fortran 比 Matlab 具有更好的精度也更适合做精细计算. 综上可以认为算法 5.2.29 提供了一种解决非光滑问题的有效途径.

第6章 约束优化问题的一些方法

6.1 非线性约束条件下梯度投影法的一个统一途径

考虑不等式约束优化问题

$$\text{(NLP)} \begin{cases} \min & f(x), \\ \text{s.t.} & c_i(x) \leqslant 0, \quad i \in I = \{1, \cdots, m\}, \\ & x \in R^n. \end{cases} \tag{6.1.1}$$

对于问题 (6.1.1), 作如下假设:

(A1): $c_i(x)(i = 1, \cdots, m)$ 为一阶连续可微凸函数, $f(x)$ 为一阶连续可微函数.

(A2): $\forall x \in D = \{x | x \in R^n, c_i(x) \leqslant 0, i = 1, \cdots, m\}$, $\{\nabla c_i(x) | i \in I(x)\}$ 为线性无关向量组, 其中 $I(x) = \{i | c_i(x) = 0\}$.

在 Rosen 梯度投影法产生后, 国内外求解不等式约束 (6.1.1) 的梯度投影法主要是先对切面做投影, 然后拉回可行域, 目的是保证所取得的搜索方向为可行下降方向. 1985 年文献 [206] 打破常规, 首次选用与切面有一定偏差的面做投影面, 使负梯度方向在此面上的投影总是下降可行的, 从而得到一个全新的收敛算法, 开创了求解 (6.1.1) 的又一途径.

在吸取文献 [206] 思想的基础上, 本小节给出处理 (6.1.1) 的一般模型及其全局收敛条件. 我们将会看到, 当在这个模型中选取不同参数时, 就会得到不同算法, 包括文献 [206] 中所给的算法也仅仅是它的一个特例. 因而可以认为这是一个应用面较广的处理不等式约束优化问题 (6.1.1) 的梯度投影法的一个统一途径.

设 J 为指标集 $\{1, \cdots, m\}$ 的某子集, 且 $\{\nabla c_j(x) | j \in J\}$ 线性无关. 记 $n \times |J|$ 阶矩阵 $N_J = N_J(x) = \{\nabla c_j(x) | j \in J\}$, 其中 $|J|$ 为 J 的元素个数,

$$P_J = P_J(x) = I - N_J(N_J^T N_J)^{-1} N_J^T,$$

$$\alpha_j(x), \bar{\alpha}_j(x) : R \to (0, +\infty), \ j \in J,$$

$$\beta(J, x), \bar{\beta}(J, x), \theta(J, x), \bar{\theta}(J, x) : R \to [0, +\infty),$$

并且满足:

(i) 对于固定的 J, $\alpha_j(x)$, $\bar{\alpha}_j(x)$, $\beta(J, x)$, $\bar{\beta}(J, x)$, $\theta(J, x)$, $\bar{\theta}(J, x)$ 是 R 上的连续函数.

(ii)

$$\beta(J, x) + \theta(J, x) > 0, \quad \forall x \in R, J\text{固定}, \tag{6.1.2}$$

$$\bar{\beta}(J, x) + \bar{\theta}(J, x) > 0, \quad \forall x \in R, J\text{固定}. \tag{6.1.3}$$

记

$$a_j(x) = \alpha_j(x)\nabla c_j(x) + \beta(J, x)(-\nabla f(x)) + \theta(J, x)(-P_J\nabla f(x)), \quad j \in J,$$
$$b_j(x) = \bar{\alpha}_j(x)\nabla c_j(x) + \bar{\beta}(J, x)(-\nabla f(x)) + \bar{\theta}(J, x)(-P_{J-\{s\}}\nabla f(x)),$$
$$\quad j \in J - \{s\}, s \in J,$$
$$A_J = A_J(x) = (a_j(x)|j \in J),$$
$$B_J = B_J(x) = (b_j(x)|j \in J - \{s\}),$$
$$P_J^1 = I - A_J(A_J^T A_J)^{-1} A_J^T,$$
$$P_J^2 = I - B_J(B_J^T B_J)^{-1} B_J^T,$$
$$(u_j(x)|j \in J)^T = -(N_J^T N_J)^{-1} N_J^T \nabla f(x),$$
$$(V_j(x)|j \in J)^T = -(A_J^T A_J)^{-1} A_J^T \nabla f(x),$$
$$(W_j(x)|j \in J - \{s\})^T = -(B_J^T B_J)^{-1} B_J^T \nabla f(x).$$

我们先给出投影矩阵的有关性质:

引理 6.1.1　1) 如果 $P_J\nabla f(x) \neq 0$, 则 $\{\nabla c_j(x)|j \in J\}$ 线性无关蕴涵着 $\{a_j(x)|j \in J\}$ 线性无关.

2) 如果 $P_{J-\{s\}}\nabla f(x) \neq 0$, 则 $\{\nabla c_j(x)|j \in J - \{s\}\}$ 线性无关蕴涵着 $\{b_j(x)|j \in J - \{s\}\}$ 线性无关.

证明　1) 采用反证法. 假设 $\{\nabla c_j(x)|j \in J\}$ 线性无关, 而 $\{a_j(x)|j \in J\}$ 线性相关, 则存在一组不全为零的数 $\{t_j|j \in J\}$ 使得 $\sum_{j \in J} t_j a_j(x) = 0$.

把 $a_j(x) = \alpha_j(x)\nabla c_j(x) + \beta(J, x)(-\nabla f(x)) + \theta(J, x)(-P_J\nabla f(x))$ 代入上式得

$$\sum_{j \in J} t_j \alpha_j(x) \nabla c_j(x) = \left(\sum_{j \in J} t_j\right) [\beta(J, x)\nabla f(x) + \theta(J, x)P_J\nabla f(x)]. \tag{6.1.4}$$

此式两边左作用于 $\nabla f(x)^T P_J$, 并注意到 $P_J\nabla c_j(x) = 0(j \in J), P_J P_J = P_J^T P_J$, 得

$$\left(\sum_{j \in J} t_j\right) [\beta(J, x) + \theta(J, x)]\|P_J\nabla f(x)\|^2 = 0.$$

由题设及 (6.1.2) 式知: $\sum_{j \in J} c_j = 0$.

此式和 (6.1.4) 式 $\alpha_j(x) > 0$ 一起表明 $\{\nabla c_j(x)|j \in J\}$ 线性相关. 与题设矛盾.

2) 仿 1) 可证.　　　　　　　　　　　　　　　　　　　　　　　　　　　□

引理 6.1.1 表明, 若 $P_J\nabla f(x) \neq 0(P_{J-\{s\}}\nabla f(x) \neq 0)$, 则上面形式作出的 $(A_J^{\mathrm{T}}A_J)^{-1}$, $\left((B_J^{\mathrm{T}}B_J)^{-1}\right)$ 具有通常意义.

引理 6.1.2 1) 如果选取 $\alpha_j(x)$, $\beta(J,x)$, $\theta(j,x)$ 满足: 当 J 固定时,

$$\forall x \in R: \quad 1 - \sum_{j\in J} V_j(x)[\beta(J,x)+\theta(J,x)] > 0, \tag{6.1.5}$$

则 $P_J\nabla f(x) = 0$ 当且仅当 $\nabla f(x)^{\mathrm{T}}P_J P_J^1 \nabla f(x) = 0$. 且当 $P_J\nabla f(x) \neq 0$ 时,

$$\nabla f(x)^{\mathrm{T}}P_J P_J^1 \nabla f(x) > 0.$$

2) 如果选取 $\bar\alpha_j(x)$, $\bar\beta(j,x)$, $\bar\theta(j,x)$ 满足: 当 J 固定时,

$$\forall x \in R: \quad 1 - \sum_{j\in J-\{s\}} W_j(x)[\bar\beta(J,x)+\bar\theta(J,x)] > 0, \tag{6.1.6}$$

则 $P_{J-\{s\}}\nabla f(x) = 0$ 当且仅当 $\nabla f(x)^{\mathrm{T}}P_{J-\{s\}} P_J^2 \nabla f(x) = 0$. 且当 $P_{J-\{s\}}\nabla f(x) \neq 0$ 时,

$$\nabla f(x)^{\mathrm{T}}P_{J-\{s\}} P_J^2 \nabla f(x) > 0.$$

证明 1) 因为

$$P_J^1\nabla f(x) = \nabla f(x) + \sum_{j\in J} V_j(x)a_j(x).$$

把

$$a_j(x) = \alpha_j(x)\nabla c_j(x) + \beta(J,x)(-\nabla f(x)) + \theta(J,x)(-P_J\nabla f(x))$$

代入上式得

$$\begin{aligned}
P_J^1\nabla f(x) =& \nabla f(x) + \sum_{j\in J} V_j(x)\alpha_j(x)\nabla c_j(x) \\
& - \left(\sum_{j\in J} V_j(x)\right)[\beta(J,x)+\theta(J,x)P_J]\nabla f(x),
\end{aligned}$$

此式两边左作用于 $\nabla f(x)^{\mathrm{T}}P_J$ 得

$$\begin{aligned}
\nabla f(x)^{\mathrm{T}}P_J P_J^1\nabla f(x) =& \nabla f(x)^{\mathrm{T}}P_J\nabla f(x) \\
& - \left(\sum_{j\in J} V_j(x)\right)[\beta(J,x)+\theta(J,x)]\nabla f(x)^{\mathrm{T}}P_J\nabla f(x) \\
=& \left\{1 - \left(\sum_{j\in J} V_j(x)\right)[\beta(J,x)+\theta(J,x)]\right\}\|P_J\nabla f(x)\|^2.
\end{aligned}$$

此式及 (6.1.5) 立即得 1).

2) 仿 1) 可证. □

引理 6.1.3 设 $S \in J$, 则有

$$\nabla c_s(x)^T P_{J-\{s\}} \nabla f(x) = -u_s(x) \|P_{J-\{s\}} \nabla c_s(x)\|^2, \qquad (6.1.7)$$

$$\|P_J \nabla f(x)\|^2 = \|P_{J-\{s\}} \nabla f(x)\|^2 - [u_s(x)\|P_{J-\{s\}} \nabla c_s(x)\|]^2. \qquad (6.1.8)$$

证明 证明方法类似文献 [206] 的引理 2. □

6.1.1 算法的一般模型

引理 6.1.4 对于不等式约束优化问题 (6.1.1), $\exists \delta_0 > 0$ 使得 $\forall x \in R$, 当 $0 \leqslant \delta \leqslant \delta_0$ 时, $\{\nabla c_j(x) | j \in J_\delta(x)\}$ 线性无关, 其中 $J_\delta(x) = \{i | c_i(x) \geqslant -\delta, i = 1, \cdots, m\}$.

证明 参见文献 [210] 的定理 1. □

下面给出优化问题 (6.1.1) 的一般模型算法:

算法 6.1.5 (不等式约束优化一般模型算法)

步 1. 任取 $x_1 \in D$ 及充分小的 δ.

步 2. 令 $J_k = J_\delta(x_k)$, 计算 $N_{J_k} = N_{J_k}(x_k)$.

步 3. 若 $\text{rank}(N_{J_k}) = |J_k|$, 则转下步; 否则令 $\delta := \dfrac{\delta}{2}$, 返回步 2.

步 4. 计算 $P_{J_k} = P_{J_k}(x_k)$, $\bar{b}^k = -P_{J_k} \nabla f(x_k)$,

$$u_j^k = u_j(x_k), \quad u_{\xi_k}^k = \min\{u_j^k | j \in J_k\}, \quad u_{\eta_k}^k c_{\eta_k}^k = \min\{u_j^k c_j^k | j \in J_k\},$$

其中 $u_j^k = u_j(x_k)$, $c_j^k = c_j(x_k)$.

步 5. 若 $\bar{d}_k = 0$, $u_{\xi_k}^k \geqslant 0$, $u_{\eta_k}^k c_{\eta_k}^k \geqslant 0$ 都能满足, 则 x_k 是 KKT 点, 停止迭代; 否则转下步.

步 6. 令

$$S = \begin{cases} \xi_k, & \text{若} u_{\eta_k}^k c_{\eta_k}^k \geqslant u_{\xi_k}^k, \ \|P_{J_k} \nabla f(x_k)\| \leqslant -u_{\xi_k}^k; \\ \eta_k, & \text{若} u_{\eta_k}^k c_{\eta_k}^k < u_{\xi_k}^k, \ \text{且} \|P_{J_k} \nabla f(x_k)\| \leqslant -u_{\eta_k}^k c_{\eta_k}^k, \end{cases} \qquad (6.1.9)$$

选取 $\alpha_j^k = \alpha_j(x_k)$, $\bar{\alpha}_j^k = \bar{\alpha}_j(x_k)$, $\beta_{J_x}^k = \beta(J_k, x_k)$, $\bar{\beta}_{J_x}^k = \bar{\beta}(J_k, x_k)$,

$$\theta_{J_x}^k = \theta_{J_x}(x_k), \quad \bar{\theta}_{J_x}^k = \bar{\theta}_{J_x}(x_k)$$

满足 (6.1.2), (6.1.3), (6.1.5), (6.1.6).

计算 $a_j^k = a_j(x_k)$, $b_j^k = b_j(x_k)$, $A_{j_k} = A_{j_k}(x_k)$, $B_{j_k} = B_{j_k}(x_k)$, 以及

$$d_k = \begin{cases} -P_{J_k}^1 \nabla f(x_k), & \text{若} \|P_{J_k} \nabla f(x_k)\| \geqslant -u_{\eta_k}^k c_{\eta_k}^k \geqslant -u_{\xi_k}^k, \\ & \text{或} \|P_{J_k} \nabla f(x_k)\| \geqslant -u_{\xi_k}^k \text{且} u_{\eta_k}^k c_{\eta_k}^k \geqslant u_{\xi_k}^k; \\ P_{J_k}^2 \nabla f(x_k), & \text{其他}. \end{cases} \qquad (6.1.10)$$

步 7. 求 $\lambda_k = \min_{\lambda>0}\{f(x_k + \lambda d_k)|x_k + \lambda d_k \in D\}$, $x_{k+1} = x_k + \lambda_k + d_k$. 令 $k := k+1$, 转步 2.

引理 6.1.6   算法 6.1.5 中步 2 与步 3 间的循环次数有限.

证明   由引理 6.1.4 即得.   □

引理 6.1.7   如果 $\bar{d}_k = 0$, 且 $u_{\varepsilon_k}^k \geqslant 0$, $u_{\eta_k}^{k\,\mathrm{T}} c_{\eta_k}^k \geqslant 0$, 则 x_k 是问题 (6.1.1) 的 KKT 点.

证明   由题设条件及 $J_k \supseteq J_0(x_k)$, $c_i(x_k) \leqslant 0 (i = 1, 2, \cdots, m)$ 得

$$\forall j \in J_k - J_0 \text{有} u_j^k = 0.$$

于是 $\bar{d}_k = 0$ 变为

$$-\nabla f(x^k) = \sum_{i \in J_0(x_k)} u_j^k(x_k) \nabla c_i(x_k), \quad \text{且} u_j^k(x_k) \geqslant 0,$$

此式表明 x_k 是 (6.1.1) 的 KKT 点.   □

定理 6.1.8   若 x_k 不是 (6.1.1) 的 KKT 点, 则下述结论成立:

(i) $\|P_{J_k}\nabla f(x_k)\| \geqslant -u_{\eta_k}^k c_{\eta_k}^k \geqslant -u_{\xi_k}^k$, 或 $\|P_{J_k}\nabla f(x_k)\| \geqslant -u_{\xi_k}^k$ 且 $u_{\eta_k}^k c_{\eta_k}^k \geqslant u_{\xi_k}^k$ 时,

$$d_k = -P_{J_k}^1 \nabla f(x_k) \neq 0$$

且为一下降可行方向.

(ii) $\|P_{J_k}\nabla f(x_k)\| \leqslant -u_{\xi_k}^k$, 且 $u_{\eta_k}^k c_{\eta_k}^k \geqslant u_{\xi_k}^k$ 时, 取 $s = \xi_k$, 则

$$d_k = -P_{J_k}^2 \nabla f(x_k) \neq 0$$

且为一下降可行方向.

(iii) $\|P_{J_k}\nabla f(x_k)\| \leqslant -u_{\eta_k}^k c_{\eta_k}^k$ 且 $u_{\eta_k}^k c_{\eta_k}^k \leqslant u_{\xi_k}^k$ 时, 取 $s = \eta_k$, 则

$$d_k = -P_{J_k}^2 \nabla f(x_k) \neq 0$$

且为一下降可行方向.

证明   (i) 如果 $P_{J_k}^1 \nabla f(x_k) = 0$, 则有 $\nabla f(x_k)^{\mathrm{T}} P_{J_k} P_{J_k}^1 \nabla f(x_k) = 0$. 由引理 6.1.2 的 1) 可知

$$P_{J_k}\nabla f(x_k) = 0. \tag{6.1.11}$$

从而又有

$$u_{\xi_k}^k \geqslant u_{\eta_k}^k g_{\eta_k}^k \geqslant 0. \tag{6.1.12}$$

由 (6.1.11)、(6.1.12) 及引理 6.1.7 知, x_k 是 (6.1.1) 的 KKT 点, 与题设矛盾, 于是

$$d_k = -P_{J_k}^1 \nabla f(x_k) \neq 0.$$

1) 下降性: $\nabla f(x_k)^{\mathrm{T}} d_k = -\|P_{J_k}^1 \nabla f(x_k)\|^2 < 0$.

2) 可行性: 因为 $\forall j \in J_k, (a_j^k)^{\mathrm{T}} d_k = 0$, 所以有

$$
\begin{aligned}
\alpha_j^k \nabla c_j(x_k)^{\mathrm{T}} d_k &= -\beta_{J_k}^k \nabla f(x_k)^{\mathrm{T}} P_{J_k}^1 \nabla f(x_k) - \theta_{J_k}^k \nabla f(x_k)^{\mathrm{T}} P_{J_k} P_{J_k}^1 \nabla f(x_k) \\
&= -\beta_{J_k}^k \|P_{J_k}^1 \nabla f(x_k)\|^2 - \theta_{J_k}^k \nabla f(x_k)^{\mathrm{T}} P_{J_k} P_{J_k}^1 \nabla f(x_k).
\end{aligned}
$$

因 $\beta_{J_k}^k \geqslant 0$, $\theta_{J_k}^k \geqslant 0$ 且 $\beta_{J_k}^k + \theta_{J_k}^k > 0$, $\alpha_j^k > 0$, $\|P_{J_k}^1 \nabla f(x^k)\|^2 > 0$, 从而由引理 6.1.2 的 1), $\nabla f(x_k)^{\mathrm{T}} P_{J_k} P_{J_k}^1 \nabla f(x_k) > 0$, 故立即有 $\nabla c_j(x_k)^{\mathrm{T}} d_k < 0 \, (j \in J_k)$. 注意到 $J_k \supseteq J_0$, 有 $\nabla c_j(x_k)^{\mathrm{T}} d_k < 0 \, (j \in J_0)$.

从而 (i) 获证.

(ii) 首先证明

$$
P_{J_k \setminus \{\xi_k\}} \nabla c_{\xi_k}(x_k) \neq 0, \tag{6.1.13}
$$

否则

$$
\begin{aligned}
0 &= \nabla c_{\xi_k}(x_k) - N_{J_k \setminus \{\xi_k\}} (N_{J_k - \{\xi_k\}}^{\mathrm{T}} N_{J_k - \{\xi_k\}})^{-1} N_{J_k - \{\xi_k\}}^{\mathrm{T}} c_{\xi_k}(x^k) \\
&= c_{\xi_k}(x_k) + \sum_{j \in J_k - \{\xi_k\}} \hat{u}_j^k(x_k) \nabla c_j(x_k),
\end{aligned} \tag{6.1.14}
$$

其中

$$
(\hat{u}_j(x_k) | j \in J_k - \{\xi_k\})^{\mathrm{T}} = -(N_{J_k - \{\xi_k\}}^{\mathrm{T}} N_{J_k - \{\xi_k\}})^{-1} N_{J_k - \{\xi_k\}} c_{\xi_k}(x_k).
$$

(6.1.14) 式表明 $\{\nabla c_j(x_k) | j \in J_k\}$ 线性无关, 这是不可能的, 故 (6.1.13) 成立.

若 $d_k = -P_{J_k}^2 \nabla f(x_k) = 0$, 则由引理 (6.1.2) 中的结论 2) 知 $P_{J_k - \{\xi_k\}} \nabla f(x_k) = 0$. 从 (6.1.8) 式得

$$
\|P_{J_k} \nabla f(x_k)\|^2 = -[u_{\xi_k}^k \|P_{J_k - \{\xi_k\}} \nabla c_{\xi_k}(x_k)\|]^2,
$$

此式只能 $P_{J_k} \nabla f(x_k) = 0$ 且 $u_{\xi_k^k} = 0$. 再由 ii) 的假设及引理 6.1.7 知 x_k 为 (6.1.1) 的 KKT 点, 与题设不合. 于是 $d_k = -P_{J_k}^2 \nabla f(x_k) \neq 0$.

1) 下降性: $\nabla f(x_k)^{\mathrm{T}} d_k = -\|P_{J_k}^2 \nabla f(x_k)\|^2 < 0$.

2) 可行性: 完全类似 i) 可证得: $\forall j \in J_k - \{\xi_k\}$, 有 $\nabla c_j(x_k)^{\mathrm{T}} d_k < 0$. 故只需证

$$
\nabla c_{\xi_k}^{\mathrm{T}}(x_k) d_k < 0. \tag{6.1.15}
$$

因为 $P_{J_k} \nabla f(x_k) = \nabla f(x_k) + \sum_{j \in J_k} u_j^k \nabla c_j(x_k)$, 所以 $u_{\xi_k}^k \nabla c_{\xi_k}^{\mathrm{T}}(x_k) = \nabla f(x_k)^{\mathrm{T}} P_{J_k} -$

$\nabla f(x_k)^{\mathrm{T}} - \sum\limits_{j \in J_k - \{\xi_k\}} u_j^k \nabla c_j(x_k)^{\mathrm{T}}$. 此式两边右作用于 $P_{J_k}^2 \nabla f(x_k)$ 得

$$
\begin{aligned}
u_{\xi_k}^k \nabla c_{\xi_k}(x_k)^{\mathrm{T}} P_{J_k}^2 \nabla f(x_k) =& \nabla f(x_k)^{\mathrm{T}} P_{J_k} P_{J_k}^2 \nabla f(x_k) - \|P_{J_k}^2 \nabla f(x_k)\|^2 \\
& - \sum_{j \in J_k - \{\xi_k\}} u_j^k \nabla c_j(x_k)^{\mathrm{T}} P_{J_k}^2 \nabla f(x_k) \\
=& \nabla f(x_k)^{\mathrm{T}} P_{J_k} P_{J_k}^2 \nabla f(x_k) - \|P_{J_k}^2 \nabla f(x_k)\|^2 \\
& - \sum_{j \in J_k - \{\xi_k\}} \frac{u_j^k \bar{\beta}_{J_k}^k}{\bar{\alpha}_j^k} \|P_{J_k}^2 \nabla f(x_k)\|^2 \\
& - \sum_{j \in J_k - \{\xi_k\}} \frac{u_j^k \bar{\theta}_{J_k}^k}{\alpha_j^k} \nabla f^{\mathrm{T}}(x_k) P_{J_k - \{\xi_k\}} P_{J_k}^2 \nabla f(x_k).
\end{aligned}
$$
$$(6.1.16)$$

另一方面,

$$
\begin{aligned}
P_{J_k - \{\xi_k\}} \nabla f(x_k) =& \nabla f(x_k) + \sum_{j \in J_k - \{\xi_k\}} u_j^k \nabla c_j(x_k) \\
=& \nabla f(x_k) + \sum_{j \in J_k - \{\xi_k\}} u_j^k \left[\frac{b_j^k}{\bar{\alpha}_j^k} + \frac{\bar{\beta}_{J_k}^k}{\bar{\alpha}_j^k} \nabla f(x_k) + \frac{\bar{\theta}_{J_k}^k}{\bar{\alpha}_j^k} P_{J_k - \{\xi_k\}} \nabla f(x_k) \right],
\end{aligned}
$$

故有

$$
\begin{aligned}
& \nabla f(x_k)^{\mathrm{T}} P_{J_k - \{\xi_k\}} P_{J_k}^2 \nabla f(x_k) \\
=& \nabla f(x_k)^{\mathrm{T}} P_{J_k}^2 \nabla f(x_k) + \sum_{j \in J_k - \{\xi_k\}} \frac{\bar{\beta}_{J_k}^k u_j^k}{\bar{\alpha}_j^k} \|P_{J_k}^2 \nabla f(x_k)\|^2 \\
& + \sum_{j \in J_k - \{\xi_k\}} \frac{u_j^k \bar{\theta}_{J_k}^k}{\bar{\alpha}_j^k} \nabla f(x_k)^{\mathrm{T}} P_{J_k - \{\xi_k\}} P_{J_k}^2 \nabla f(x_k).
\end{aligned}
$$
$$(6.1.17)$$

(6.1.16) 式加上 (6.1.17) 式, 得

$$
u_{\xi_k}^k \nabla c_{\xi_k}(x_k)^{\mathrm{T}} P_{J_k}^2 \nabla f(x_k) = -\nabla f(x_k)^{\mathrm{T}} [P_{J_k - \{\xi_k\}} - P_{J_k}] P_{J_k}^2 \nabla f(x_k). \tag{6.1.18}
$$

因为

$$
\begin{aligned}
P_{J_k}^2 \nabla f(x_k) =& \nabla f(x_k) + \sum_{j \in J_k - \{\xi_k\}} w_j^k b_j^k \\
=& \nabla f(x_k) + \sum_{j \in J_k - \{\xi_k\}} w_j^k [\alpha_j^k \nabla c_j(x_k) - \bar{\beta}_{J_k}^k \nabla f(x_k) \\
& - \bar{\theta}_{J_k}^k P_{J_k - \{\xi_k\}} \nabla f(x_k)],
\end{aligned}
$$

所以

$$
\begin{aligned}
\nabla f(x_k)^{\mathrm{T}} P_{J_k} P_{J_k}^2 \nabla f(x_k) =& \nabla f(x_k)^{\mathrm{T}} P_{J_k} \nabla f(x_k) \\
& - \sum_{j \in J_k - \{\xi_k\}} w_j^k \bar{\beta}_{J_k}^k \nabla f(x_k)^{\mathrm{T}} P_{J_k} \nabla f(x_k) \\
& - \sum_{j \in J_k - \{\xi_k\}} w_j^k \bar{\theta}_{J_k}^k \nabla f(x_k)^{\mathrm{T}} P_{J_k} P_{J_k - \{\xi_k\}} \nabla f(x_k).
\end{aligned}
$$

由于

$$
\begin{aligned}
\nabla f(x^k)^{\mathrm{T}} P_{J_k} P_{J_k - \{\xi_k\}} \nabla f(x^k) &= [\nabla f(x^k)^{\mathrm{T}} P_{J_k} P_{J_k - \{\xi_k\}} \nabla f(x^k)]^{\mathrm{T}} \\
&= \nabla f(x^k)^{\mathrm{T}} P_{J_k - \{\xi_k\}}^{\mathrm{T}} P_{J_k}^{\mathrm{T}} \nabla f(x^k) \\
&= \nabla f(x^k)^{\mathrm{T}} P_{J_k - \{\xi_k\}} P_{J_k} \nabla f(x^k) \\
&= \nabla f(x^k)^{\mathrm{T}} P_{J_k} \nabla f(x^k),
\end{aligned}
$$

故上式变成

$$
\nabla f(x - k)^{\mathrm{T}} P_{J_k} P_{J_k}^2 \nabla f(x_k) = \left[1 - \sum_{j \in J_k - \{\xi_k\}} w_j^k (\bar{\beta}_{J_k}^k + \theta_{J_k}^k) \right] \nabla f(x_k)^{\mathrm{T}} P_{J_k} \nabla f(x_k).
\tag{6.1.19}
$$

同理可得

$$
\begin{aligned}
\nabla f(x_k)^{\mathrm{T}} P_{J_k - \{\xi_k\}} P_{J_k}^2 \nabla f(x_k) =& \left[1 - \sum_{j \in J_k - \{\xi_k\}} w_j^k (\bar{\beta}_{J_k}^k + \bar{\theta}_{J_k}^k) \right] \\
& \times \nabla f(x_k)^{\mathrm{T}} P_{J_k - \{\xi_k\}} \nabla f(x_k).
\end{aligned}
\tag{6.1.20}
$$

由 (6.1.19) 与 (6.1.20), 有

$$
\begin{aligned}
& \nabla f(x_k)^{\mathrm{T}} [P_{J_k - \{\xi_k\}} - P_{J_k}] P_{J_k}^2 \nabla f(x_k) \\
&= \left[1 - \sum_{j \in J_k - \{\xi_k\}} w_j^k (\bar{\beta}_{J_k}^k + \bar{\theta}_{J_k}^k) \right] \nabla f(x_k)^{\mathrm{T}} [P_{J_k - \{\xi_k\}} - P_{J_k}] \nabla f(x_k).
\end{aligned}
\tag{6.1.21}
$$

下面往证 $\nabla f(x_k)^{\mathrm{T}} [P_{J_k - \{\xi_k\}} - P_{J_k}] \nabla f(x_k) > 0$.

因为 $P_{J_k - \{\xi_k\}} P_{J_k} = P_{J_k}$, 由投影矩阵的性质知 $P_{J_k - \{\xi_k\}} - P_{J_k}$ 为投影矩阵, 故

$$
\nabla f(x_k)^{\mathrm{T}} [P_{J_k - \{\xi_k\}} - P_{J_k}] \nabla f(x_k) \geqslant 0.
$$

若等号成立, 则 $\|P_{J_k} \nabla f(x_k)\|^2 = \|P_{J_k - \{\xi_k\}} \nabla f(x_k)\|^2$, 由 (6.1.8) 式知

$$
u_{\xi_k}^k \|P_{J_k - \{\xi_k\}} \nabla c_{\xi_k}(x_k)\| = 0.
$$

由 (6.1.13), $u_{\xi_k}^k = 0$. 这是不可能的 (否则 x_k 为 KKT 点). 所以

$$\nabla f(x_k)^{\mathrm{T}}[P_{J_k - \{\xi_k\}} - P_{J_k}]\nabla f(x_k) > 0.$$

此式和 (6.1.21) 及

$$1 - \sum_{j \in J_k - \{\xi_k\}} w_j^k [\bar{\beta}_{J_k}^k + \bar{\theta}_{J_k}^k] > 0,$$

知

$$\nabla f(x_k)^{\mathrm{T}}[P_{J_k - \{\xi_k\}} - P_{J_k}]P_{J_k}^2 \nabla f(x_k) > 0.$$

再由 (6.1.18), 得

$$u_{\xi_k}^k \nabla c_{\xi_k}(x_k)^{\mathrm{T}} P_{J_k}^2 \nabla f(x_k) < 0. \tag{6.1.22}$$

另一方面, 由 $u_{\eta_k}^k c_{\eta_k}^k \geqslant u_{\xi_k}^k$ 可推出 $u_{\xi_k}^k \leqslant 0$ (否则, $u_{\xi_k}^k > 0$, 注意到 $c_{\eta_k}^k \leqslant 0$ 有 $u_{\eta_k}^k < 0 < u_{\xi_k}^k$, 这与 $u_{\xi_k}^k$ 的定义矛盾). 由 (6.1.22), $u_{\xi_k}^k \neq 0$, 故只能有 $u_{\xi_k}^k < 0$. 由此式及 (6.1.22) 得知 (6.1.15) 成立.

iii) 完全类似于 ii), 可证得 $d_k \neq 0, \nabla f(x_k)^{\mathrm{T}} d_k < 0$. 且 $\forall j \in J_k - \{\eta_k\}$,

$$\nabla c_j(x_k)^{\mathrm{T}} d_k < 0.$$

另一方面, 由题设可知 $u_{\eta_k}^k c_{\eta_k}(x_k) < 0$.

从而 $c_{\eta_k}(x_k) < 0$, 所以 $\eta_k \in J_0(x_k)$.

于是 $J_k - \eta_k \supseteq J_0(x_k)$.

从而有: $\forall j \in J_0(x_k), \nabla c_j(x_k)^{\mathrm{T}} d_k < 0$. 证毕. □

6.1.2　算法的全局收敛性

引理 6.1.9　若算法 6.1.5 产生无穷点列 $\{x_k\}$. 设 $\{x_k\}_\kappa$ 为 $\{x_k\}$ 的子列且 $\{x_k\}_\kappa \to x^*$. 则当 $k \in \kappa$ 充分大时, $J_k \supseteq J_0(x^*)$.

证明　参见 [208] 引理 4.　　　　　　　　　　　　　　　　　　　　　　□

定理 6.1.10 (收敛性定理)　若算法 6.1.5 产生无穷点列 $\{x_k\}$, 则 $\{x_k\}$ 的任一极限点都是不等式约束优化问题 (6.1.1) 的 KKT 点.

证明　用反证法.

设 $\{x_k\}_\kappa$ 为 $\{x_k\}$ 的某子列, $\{x_k\}_\kappa \to x^*$, 而 x^* 不是问题 (6.1.1) 的 KKT 点. 由于 $\{J_k\}_\kappa, \{J_0(x_k)\}_\kappa, \{\xi_k\}_\kappa, \{\theta_k\}_\kappa$ 仅有有限种选择, 故必存在 $\kappa_1 \subset \kappa$ 满足:

(i)

$$\{x^k\}_\kappa \to x^*; \tag{6.1.23}$$

(ii) $\forall k \in \kappa_1, J_k, \xi_k, \eta_k$ 与 k 无关, 记为 J, ξ, η;

(iii) 下列三式之一成立:

(C1) $||P_J(x_k)\nabla f(x_k)|| \geqslant -u_\eta^k c_\eta^k \geqslant -u_\xi^k$; 或 $||P_J(x_k)\nabla f(x_k)|| \geqslant -u_\xi^k$, 且 $u_\eta^k c_\eta^k \geqslant u_\xi^k$ 对所有 $k \in \kappa_1$ 成立.

(C2) $||P_J(x_k)\nabla f(x_k)|| < -u_\xi^k$ 且 $u_\eta^k c_\eta^k > u_\xi^k$, $\forall k \in \kappa_1$.

(C3) $u_\eta^k c_\eta^k \leqslant u_\xi^k$ 且 $||P_J(x_k)\nabla f(x_k)|| < -u_\eta^k c_\eta^k$, $\forall k \in \kappa_1$.

且由引理 6.1.9 易知 $J \supset J_0(x^*)$.

由引理 6.1.4 可得, $\{\nabla c_j(x^*) | j \in J\}$ 线性无关, 而 D 为闭集, 故 $x^* \in D$, 从而 $\alpha_j(x^*)$, $\bar{\alpha}_j(x^*)$, $\beta_J(x^*)$, $\bar{\beta}_J(x^*)$, $\theta_J(x^*)$, $\bar{\theta}_J(x^*)$ 均满足 (6.1.2), (6.1.3), (6.1.5), (6.1.6). 因此可以定义 $A_J(x^*)$, $B_J(x^*)$, $P_J^1(x^*)$, $P_J^2(x^*)$, $u_j(x^*)$, $v_j(x^*)$, $w_j(x^*)$, 以及

$$d^* = \begin{cases} -P_J^1(x^*)\nabla f(x^*), & \text{若 (C1) 成立,} \\ -P_J^2(x^*)\nabla f(x^*), & \text{若 (C2) 成立, 取} S = \xi, \\ -P_J^2(x^*)\nabla f(x^*), & \text{若 (C3) 成立, 取} S = \eta. \end{cases}$$

从定义易知 $\{d_k\}_\kappa \to d^*$, $\{u_j^k\}_\kappa \to u_j^*$. 因而

$$u_\xi^* = \min_{j \in J} u_j^*, \quad u_\eta^* c_\eta^* = \min_{j \in J}\{u_j^* c_j^*\},$$

并且有

(i) 若 (C1) 成立, 有 $||P_J(x^*)\nabla f(x^*)|| \geqslant -u_\eta^* c_\eta^* \geqslant -u_\xi^*$, 或

$$||P_J(x^*)\nabla f(x^*)|| \geqslant -u_\xi^* 且 u_\eta^* c_\eta^* \geqslant u_\xi^*;$$

(ii) 若 (C2) 成立, 有 $||P_J(x^*)\nabla f(x^*)|| \leqslant -u_\xi^*$ 且 $u_\eta^* c_\eta^* \geqslant u_\xi^*$;

(iii) 若 (C3) 成立, 有 $||P_J(x^*)\nabla f(x^*)|| \leqslant -u_\eta^* c_\eta^*$ 且 $u_\eta^* c_\eta^* \leqslant u_\xi^*$.

由 x^* 不是约束优化问题 (6.1.1) 的 KKT 点, 完全按照定理 6.1.8 可有

$$\nabla f(x^*)^{\mathrm{T}} d^* < 0, \tag{6.1.24}$$

$$\nabla c_j(x^*)^{\mathrm{T}} d^* < 0, \quad \forall j \in J_0(x^*). \tag{6.1.25}$$

在完成定理证明之前, 要用到下面结论:

引理 6.1.11 存在 $\delta > 0$, 及指标集 $\tilde{\kappa}$, 及 $K \geqslant 1$, 使得 $\forall k \in \tilde{\kappa}, k \geqslant K$ 均有

$$c_j(x_k + \lambda d_k) \leqslant 0, \quad \lambda \in [0, \delta], \quad j = 1, \cdots, m. \tag{6.1.26}$$

证明 任取 $j \in J_0(x^*)$, 因为

$$c_j(x^* + \lambda d^*) = c_j(x^*) + \lambda \nabla c_j(x^*)^{\mathrm{T}} d^* + \lambda ||d^*|| \alpha(x^*, \lambda d^*)$$

$$= \lambda \nabla c_j(x^*)^{\mathrm{T}} d^* + \lambda ||d^*|| \alpha(x^*, \lambda d^*),$$

其中 $\lim\limits_{k \to 0} \alpha(x^*, \lambda d^*) = 0.$

由 (6.1.25), 存在 $\delta_j > 0$, 使得 $\forall \lambda \in [0, \delta_j]$ 有

$$c_j(x^* + \lambda d^*) < 0. \tag{6.1.27}$$

取 $\bar{\delta}_1 = \min\{\delta_j | j \in J_0(x^*)\} > 0$, 则 $\forall j \in J_0(x^*)$, 均有

$$c_j(x^* + \lambda d^*) < 0, \quad \forall \lambda \in [0, \bar{\delta}_1]. \tag{6.1.28}$$

由于 $c_j(x)$ 连续, $[0, \bar{\delta}_1]$ 闭及闭区间上连续函数的介质定理, 存在 $\varepsilon > 0$, 使得 $\forall j \in J_0(x^*), \forall \lambda \in [0, \bar{\delta}_1]$ 均有

$$c_j(x^* + \lambda d^*) < -\varepsilon. \tag{6.1.29}$$

下面往证: $\exists K_1 \geqslant 1$ 使得 $\forall k \geqslant K_1$ 且 $k \in \kappa_1, \forall \lambda \in [0, \bar{\delta}_1]$, 均有

$$c_j(x_k + \lambda d_k) \leqslant 0, \quad j \in J_0(x^*). \tag{6.1.30}$$

否则由于 $J_0(x^*)$ 为有限指标集, 故必存在一个固定的 $j_0 \in J_0(x^*)$, $\kappa_2 \subset \kappa_1$, $\{(x_k, d_k)\}_{\kappa_2} \subset \{(x_k, d_k)\}_{\kappa_1}$, $\{\lambda_k\}_{\kappa_1} \in [0, \bar{\delta}_1]$, 使得

$$c_{j_0}(x_k + \lambda_k d_k) > 0.$$

由于 $\{\lambda_k\}_{\kappa} \subset [0, \bar{\delta}_1]$, 故存在 $\kappa_3 \subset \kappa_2$, 使 $\{\lambda_k\}_{\kappa_3} \to \lambda^* \in [0, \bar{\delta}_1]$, 再由 $\kappa_3 \subset \kappa_2 \subset \kappa_1$ 及 $\{(x_k, d_k)\}_{\kappa_1} \to (x^*, d^*)$, 得

$$c_{j_0}(x^* + \lambda d^*) = \lim\limits_{k \to \infty, k \in \kappa} c_{j_0}(x_k + \lambda_k d_k) \geqslant 0.$$

此式和 (6.1.29) 矛盾, 故 (6.1.30) 成立.

对于 $j \in \{1, 2, \cdots, m\} - J_0(x^*)$, 由 $|\{1, 2, \cdots, m\} - J_0(x^*)| < m$, $c_j(x^*) < 0$ 及 $c_j(x)$ 的连续性可知:

$\exists \bar{\delta}_2 > 0$, 使得 $\forall j \in J_0(x^*), \forall \lambda \in [0, \bar{\delta}_2]$, 有

$$c_j(x^* + \lambda d^*) < 0. \tag{6.1.31}$$

完全类似 (6.1.28)-(6.1.30) 的论证可得: 存在 $\tilde{\kappa}_1 \subset \kappa_1, k_2 \geqslant 1, \forall k \in \tilde{\kappa}_1, k \geqslant k_2$, 均有

$$c_j(x_k + \lambda d_k) \leqslant 0, \quad j \in J_0(x^*), \quad \lambda \in [0, \bar{\delta}_2]. \tag{6.1.32}$$

取 $\delta = \min\{\bar{\delta}_1, \bar{\delta}_2\}, K = \max\{K_1, K_2\}$. 由 (6.1.30), (6.1.32) 立即得证引理 6.1.11. □

由上述引理结论, 即可完成收敛性的证明如下. 取 $\tilde{K} = \tilde{\kappa}_1 \cap \{k | k \geqslant K\}$, 则由 (6.1.23), $\{d^k\} \to d^*$, (6.1.24), (6.1.26) 可知, $\{(x_k, d_k)\}_{\tilde{\kappa}}$ 满足文献 [10] 中的引理 10.2.6 中的条件 1-4, 这是不可能的. 所以 x^* 为 (6.1.1) 的 KKT 点. 证毕. □

推论 6.1.12 若 $f(x)$ 为 D 上的凸函数, 则算法 6.1.5 或有限步停止于最优解 x_k, 或者产生无穷点列, 其每一极限点均为最优解.

证明 f 凸. 此时 KKT 点即为最优解. □

6.1.3 应用实例

例 6.1.1 若取

$$\alpha_j(x) = \bar{\alpha}_j(x) = \frac{1}{||\nabla c_j(x)||}, \qquad \beta(J,x) = \frac{\mathrm{Det}[N_J(x)^{\mathrm{T}} N_J(x)]}{e|J|||\nabla f(x)|| + 1},$$

$$\bar{\beta}(J,x) = \frac{\mathrm{Det}[N_{J-\{s\}}^{\mathrm{T}}(x) N_{J-\{s\}}(x)]}{e[|J|-1]||\nabla f(x)|| + 1}, \qquad \theta(J,x) = \bar{\theta}(J,x) = 0.$$

其中 e 为自然对数的底. 则由文献 [206] 的引理 1, 有

$$\sum_{j \in J} |V_j(x)| < \frac{1}{\beta(J,x)}, \qquad \sum_{j \in J-\{s\}} |w_j(x)| < \frac{1}{\bar{\beta}(J,x)}.$$

故 $\alpha_j(x)$, $\bar{\alpha}_j(x)$, $\beta(J,x)$, $\bar{\beta}(J,x)$, $\theta(J,x)$, $\bar{\theta}(J,x)$ 满足 (6.1.2), (6.1.3), (6.1.5), (6.1.6). 从而按照上面所论证, 所得算法收敛, 这就是文献 [206] 所给出的算法.

例 6.1.2 若取

$$\alpha_j(x) = \bar{\alpha}_j(x) = 1, \beta(J,x) = \bar{\beta}(J,x) = 0.$$

$$\theta(J,x) = \frac{\mathrm{Det}[N_J^{\mathrm{T}}(x) N_J(x)]}{[1 + \sqrt{|J|}\theta_0(J,x)||\nabla f(x)||][||N_J|| + \sqrt{|J|}||P_J \nabla f(x)||] + \mathrm{Det}[N_J^{\mathrm{T}}(x) N_J(x)]},$$

$$\theta(J,x) = \mathrm{Det}[N_{J-\{s\}}^{\mathrm{T}} N_{J-\{s\}}] / \{[1 + \sqrt{|J|-1}\,\theta_0(J,x)||\nabla f(x)||]$$

$$\times [||N_{J-\{s\}}|| + \sqrt{|J|-1}||P_{J-\{s\}}\nabla f(x)||] + \mathrm{Det}[N_{J-\{s\}}^{\mathrm{T}} N_{J-\{s\}}]\},$$

其中

$$\theta_0(J,x) = e[\max_{j \in J}\{(||\nabla c_j(x)|| + ||P_J \nabla f(x)||)^2\}]^{|J|-1},$$

$$\theta_0(J,x) = e[\max_{j \in J}\{(||\nabla c_j(x)|| + ||P_{J-\{s\}}\nabla f(x)||)^2\}]^{|J|-2}$$

(e 为自然对数的底), 则仿文献 [206] 中引理 1 可证得

$$\sum_{j \in J} |V_j(x)| < \frac{1}{\theta(J,x)}, \qquad \sum_{j \in J-\{s\}} |w_j(x)| < \frac{1}{\bar{\theta}(J,x)}.$$

所以 $\alpha_j(x)$, $\bar{\alpha}_j(x)$, $\beta(J,x)$, $\bar{\beta}(J,x)$, $\theta(J,x)$, $\bar{\theta}(J,x)$ 满足 (6.1.2), (6.1.3), (6.1.5), (6.1.6), 从而所得算法收敛.

我们可以选取不同的参数而产生不同的收敛算法.

6.2 初始点任意且全局收敛的梯度投影法

对不等式约束优化问题:

$$\begin{cases} \min & f(x); \\ \text{s.t.} & c_i(x) \leqslant 0, \ i \in \boldsymbol{I} = \{1, \cdots, m\}, \\ & x \in R^n. \end{cases} \tag{6.2.1}$$

在早期求解该问题的梯度投影法中, 初始点必须是可行点. 本小节将梯度投影与罚函数相结合, 给出了求解该不等式约束优化问题的一个初始点可任意、迭代方向结构简单且具有全局收敛性的算法. 算法中的罚参数只需调整有限次.

在本小节中, 记 $\boldsymbol{I} = \{1, 2, \cdots, m\}$, J 为 $\boldsymbol{I}$ 中子集, $|J|$ 为 J 中元素的个数.

$$\nabla f(x) = \left(\frac{\partial f}{\partial x_1}, \frac{\partial f}{\partial x_2}, \cdots \frac{\partial f}{\partial x_n} \right),$$

$$J_\delta(x) = \{i| - c_i(x) \leqslant \delta, i \in \boldsymbol{I}\}, \quad I_0(x) = \{i|c_i(x) = 0, i \in \boldsymbol{I}\},$$

$$A_J(x) = (\nabla c_j(x)|j \in J), \quad B_J(x)^{\mathrm{T}} = A_J(x)(A_J(x)^{\mathrm{T}} A_J(x))^{-1},$$

$$u_J(x) = -B_J(x)\nabla f(x), \quad P_J(x) = I - B_J(x)^{\mathrm{T}} A_J(x)^{\mathrm{T}}.$$

其中 I 为对应阶数的单位矩阵.

假设条件

(H₃) $f(x), c_i(x)(1 \leqslant i \leqslant m)$ 均为 $R^n \longrightarrow R$ 的一阶连续可微函数.

(H₄) $\mathrm{rank}(A_{J_0}(x)) = |J_0(x)|, \forall x \in R^n \backslash Q$. Q 为 (6.2.1) 的 KKT 点集.

我们称 (H₄) 为强正则条件. 本小节中假定条件 (H₃), (H₄) 恒成立. 类似文献 [205] 中的证明, 有下面两个命题成立.

命题 1 对点集 $S \subseteq R^n$, S 中点满足强正则条件的充要条件是对 S 的有界子集 T, 其闭包 $\overline{T} \subseteq S$ 且存在数 $\varepsilon_T > 0$, 使得下式成立

$$| \det((A_J(x)^{\mathrm{T}} A_J(x)) | \geqslant \varepsilon_T, \quad \forall x \in T, \ J \subseteq J_{\varepsilon_T}(x).$$

命题 2 (H₄) 成立的充要条件是对于 $R^n \backslash Q$ 的任一有界子集 T, 其闭包 $\overline{T} \subseteq R^n \backslash Q$, 并且存在 $\varepsilon_T > 0$, 使得下式成立

$$| \mathrm{Det}((A_J(x)^{\mathrm{T}} A_J(x)) | \geqslant \varepsilon_T, \quad \forall x \in T, \ \forall J \subseteq J_{\varepsilon_T}(x).$$

若 x 为可行点, (H₄) 就是文献 [205] 的正则条件; 若 x 非可行, 则当 $\{\nabla c_j(x)|j \in J\}$ 行满秩时, (H₄) 自然成立.

在本小节的算法中, 迭代方向 $d(x)$ 由下式定义

$$d(x) = -P_J(x)\nabla f(x) - \varphi(x)B_J(x)^{\mathrm{T}}\alpha_J(x), \tag{6.2.2}$$

其中

$$\varphi(x) = \psi(x) + \max\{0, -u_j(x)|j \in J\} + \max\{|u_j(x)_j(x)||j \in J\},$$

$$\psi(x) = \max\{0, c_i(x)|i \in \boldsymbol{I}\}, \quad \alpha_J(x) = (\alpha_j(x)|j \in J),$$

$$\alpha_j(x) = \begin{cases} \dfrac{1}{2}(|u_j(x)| - u_j(x)) + c_j(x), & \text{若} c_j(x) \geqslant 0, \\ \dfrac{1}{2}(|u_j(x)| - u_j(x)) + u_j(x)c_j(x), & \text{若} c_j(x) < 0. \end{cases} \tag{6.2.3}$$

罚函数 $F_c(x)$ 定义为

$$F_\sigma(x) = f(x) + \sigma \sum_{i=1}^{m} c_i(x)_+, \tag{6.2.4}$$

其中 $c_i(x)_+ = \max\{0, c_i(x)\}, \sigma > 0$ 为罚函数.

方向导数

$$DF_\sigma(x, d) = \lim_{t \to 0} \frac{1}{t}(F_\sigma(x + td) - F_\sigma(x)). \tag{6.2.5}$$

任取 $\overline{\sigma}_0 > 0$ 充分小, 令 $\overline{\sigma}(x) = \max\{0, u_j(x)|j \in J, \text{且} c_j(x) > 0\} + \overline{\sigma}_0$.

算法 6.2.1(初始点任意的梯度投影法)

步 1. 任取初始点 $x_0 \in R^n, \sigma_0 > 0, \delta_1 > 0, \varepsilon > 0, k := 0$.

步 2. 对 $x_k, \delta_k, J_k = J_{\delta_k}(x_k)$, 若 $\mathrm{Det}(A_{J_k}^{\mathrm{T}}A_{J_k}) \geqslant \delta_k$ 则转步 4; 否则转下步.

步 3. 令 $\delta_k := \dfrac{1}{2}\delta_k$, 返回步 2.

步 4. 计算 $B_{J_k}^{\mathrm{T}}, u_{J_k}, P_{J_k} = I - B_{J_k}^{\mathrm{T}}A_{J_k}, \psi(x_k), \varphi(x_k), \alpha_{J_k}$,

$$d_k = d(x_k) = -P_{J_k}\nabla f(x_k) - \varphi(x_k)B_{J_k}^{\mathrm{T}}\alpha_{J_k}.$$

步 5. (i) 若 $\psi(x_k) > 0, \overline{\sigma}(x^k) > \sigma_{k-1}$, 令 $\sigma_k = \max\{\sigma(x_k), \sigma_{k-1} + \varepsilon\}$, 转步 6;

(ii) 若 $\psi(x_k) = 0$, 或 $\psi(x_k) > 0$ 且 $\overline{\sigma}(x_k) \leqslant \sigma_{k-1}$, 则令 $\sigma_k = \sigma_{k-1}$, 转步 6.

步 6. 若 $DF_{\sigma_k}(x_k, d_k) = 0$, 则 x_k 为 KKT 点; 否则转步 7.

步 7. 求步长 λ_k 满足

$$F_{\sigma_k}(x_k + \lambda_k d_k) \leqslant F_{\sigma_k}(x^k),$$

$$F_{\sigma_k}(x_k + \lambda_k d_k) \leqslant \min_{0 \leqslant \lambda \leqslant M}\{F_{\sigma_k}(x_k + \lambda d_k)\} + \varepsilon_k,$$

其中 $M > 0$ 为适当常数, $\varepsilon_k \geqslant 0$ 且 $\displaystyle\sum_{i=1}^{\infty}\varepsilon_i < +\infty$.

步 8. 令 $x_{k+1} = x_k + \lambda_k d_k, k := k + 1$, 返回步 2.

由命题 2, 可知算法步 2 及步 3 之间不会有无限循环. 由文献 [131], $\forall x, d \in R^n$, 可证:

引理 6.2.2 $DF_\sigma(x, d) = \nabla f(x)^{\mathrm{T}} d + \sigma \sum\limits_{c_i(x)>0} \nabla c_i(x)^{\mathrm{T}} d + \sigma \sum\limits_{c_i(x)=0} (\nabla c_i(x)^{\mathrm{T}} d)_+.$

定理 6.2.3   设 x_k, d_k 为算法产生的点及搜索方向, 则 $x_k \in Q$ 当且仅当 $DF_{\sigma_k}(x_k, d_k) = 0.$ 当 $x_k \notin Q$ 时, d_k 为 $F_{\sigma_k}(x)$ 在 x_k 处的下降方向.

证明   由 (6.2.3) 式, 当 $j \in I_0(x_k) = \{j | c_j(x_k) = 0\}$ 时, $(-\alpha_j^k)_+ = 0.$

由引理 6.2.2, 可得

$$
\begin{aligned}
DF_\sigma(x, d) = &-\|P_{J_k} \nabla f(x_k)\|^2 \\
&+ \varphi(x_k)\Big\{ \sum_{c_j(x_k)>0} (u_j^k - \sigma_k)[\tfrac{1}{2}(|u_j^k| - u_j^k) + c_j(x_k)] \\
&+ \sum_{c_j(x_k)=0} \tfrac{1}{2} u_j^k(|u_j^k| - u_j) \\
&+ \sum_{-\delta_k \leqslant c_j(x_k)<0} \tfrac{1}{2} u_j^k(|u_j^k| - u_j) \\
&+ \sum_{-\delta_k \leqslant c_j(x_k)<0} (u_j^k)^2 c_j(x_k) \Big\} \\
\triangleq &-\|P_{J_k} \nabla f(x_k)\|^2 + \varphi\{x_k\}(E_k + G_k + Z_k + Y_k).
\end{aligned} \tag{6.2.6}
$$

由算法中 $\sigma_k, \overline{\sigma}(x)$ 的定义可知 $u_j^k - \sigma_k \leqslant u_j^k - (u_j^k + \overline{\sigma}_0) = -\overline{\sigma}_0)$, 由此可推得

$$
DF_{\sigma_k}(x_k, d_k) \leqslant 0.
$$

若 x_k 是 KKT 点, 此时 $c_i(x_k) \leqslant 0, 1 \leqslant i \leqslant m$, $J_k = \{j | -\delta_k \leqslant c_j(x_k) \leqslant 0\}$, 因此 (6.2.6) 式中 $E_k = 0.$

由 $J_k \supseteq I_0(x_k)$, $\nabla c_j(x_k)_{j \in J_k}$ 线性无关及 (6.2.6) 式中 E_k 等的定义, 利用 KKT 条件的表示式, 可推出 $P_{J_k} \nabla f(x_k) = 0$ 及 $G_k = 0$, $Z_k = 0$ 同时成立.

由 $Z_k = 0$ 及 KKT 条件中的互补条件得 $Y_k = 0$, 从而 $DF_{\sigma_k}(x_k, d_k) = 0.$

反之, 若 $DF_{\sigma_k}(x_k, d_k) = 0$, 则必有

$$
P_{J_k} \nabla f(x_k) = 0, \varphi(x_k) E_k + G_k + Z_k + Y_k.
$$

若 $P_{J_k} \nabla f(x^k) = 0$ 及 $\varphi(x^k) = 0$, 则由 $\varphi(x_k)$ 的定义及 $J_k \supseteq I_0(x_k)$, 可推得 KKT 条件各式成立, 即 $x_k \in Q.$

若 $P_{J_k} \nabla f(x_k) = 0$ 及 $E_k + G_k + Z_k + Y_k = 0$, 则由于 $E_k \leqslant 0$, $G_k \leqslant 0$, $Z_k \leqslant 0$, $Y_k \leqslant 0$, 得 $E_k = G_k = Z_k = Y_k = 0.$ 又 $u_j^k - \sigma_k \leqslant -\overline{\sigma}_0$, 因而可知 KKT 条件成立, 即 $x_k \in Q.$

显然 $x_k \notin Q$ 时, $DF_{\sigma_k}(x_k, d_k) < 0$, 即 d_k 为下降方向. □

引理 6.2.4 若算法产生的点列 $\{x^k\}_1^\infty$ 包含于某紧集 X 中, 则当 k_0 充分大时, 均有 $\sigma_k \equiv \sigma_{k_0}, k \geqslant k_0$.

证明 由命题 1 及 $\bar{\sigma}(x)$ 的定义, 知 $\sup\limits_{x \in X}\{\bar{\sigma}(x)\} < +\infty$.

另一方面, 若算法步骤 5(i) 出现无穷多次, 则 $\sigma_k = \max\{\bar{\sigma}(x_k), \sigma_{k-1} + \varepsilon\} \to +\infty(\varepsilon > 0)$. 对于这些 $k, \sigma_{k-1} < \bar{\sigma}(x_k) \leqslant \sup\limits_{x \in X}\{\bar{\sigma}(x)\} < +\infty$. 由 $\{\sigma_k\}$ 的单调性, 得 $\lim\limits_{k \to +\infty} \sigma_k \leqslant \sup\limits_{x \in X}\{\bar{\sigma}(x))\} < +\infty$. 导致矛盾. □

定理 6.2.5 设算法产生的点列 $\{x^k\}_1^\infty \subseteq X$, 则其任意极限点 $x^* \in Q$.

证明 由于集合 J_k 个数有限, 则存在子列 $\{x^k\}$, 满足条件: $x^k \to x^*, J_k \equiv J$, J 为一固定指标集.

由假设 (H_4) 及命题 2, 可得

$$u_J^k = u_J(x_k) \to u_J(x^*), \quad B_J(x_k) \to B_J(x^*), \quad \varphi(x_k) \to \varphi(x^*),$$

$$\alpha_J(x_k) \to \alpha_J(x^*), \quad d_k = d(x_k) \to d(x^*) = -P_J(x^*)\nabla f(x^*) - \varphi(x^*)B_J^{\mathrm{T}}(x^*)\alpha_J(x^*).$$

由引理 6.2.4, $\sigma_k \equiv \sigma_{k_0}, k \geqslant k_0$, 由 J_k 的定义, $J \supseteq I_0(x^*)$.

设 x^* 不是 KKT 点, 类似定理 6.2.3, 可得

$$DF_{\sigma_0}(x^*, d^*) < 0. \tag{6.2.7}$$

记 $\bar{\lambda}$ 满足条件: $F_{\sigma_0}(x^* + \bar{\lambda}d^*) = \min\limits_{0 \leqslant \lambda \leqslant M}\{F_{\sigma_0}(x^* + \lambda d^*)\}$, 由 (6.2.7) 式, 可得 $\bar{\lambda} > 0$ 及 $F_{\sigma_0}(x^* + \bar{\lambda}d^*) < F_{c_0}(x^*)$, 又由 $x^k + \bar{\lambda}d^k \to x^* + \bar{\lambda}d^*$, 若令 $\beta = F_{c_0}(x^*) - F_{c_0}(x^* + \bar{\lambda}d^*)$, 则存在 K_1, 当 $k \geqslant K_1$ 时, 有

$$F_{\sigma_0}(x_k + \lambda d_k) + \frac{1}{2}\beta < F_{\sigma_0}(x^*). \tag{6.2.8}$$

但 k 充分大时, $F_{\sigma_0}(x_{k+1}) < F_{\sigma_0}(x_k) + \varepsilon_k$ 及 $\sum\limits_{i=k}^\infty \varepsilon_i < \frac{1}{2}\beta$, 因而

$$F_{\sigma_0}(x^*) < F_{\sigma_0}(x_{k+1}) + \sum_{i=k+1}^\infty \varepsilon_i$$

$$\leqslant \min_{0 \leqslant \lambda \leqslant M}\{F_{\sigma_0}(x_k + \lambda d_k)\} + \varepsilon_k + \sum_{i=k+1}^\infty (\varepsilon_i)$$

$$< F_{\sigma_0}(x_k + \lambda d_k) + \frac{1}{2}\beta.$$

此与 (6.2.8) 式矛盾. 因而 $DF_{\sigma_k}(x^*, d^*) = 0$ 即 x^* 为 KKT 点. □

注 6.2.1 若算法步 7 中搜索步长 λ_k 满足条件:

$$F_{\sigma_k}(x_k + \lambda_k d_k) \leqslant F_{\sigma_k}(x_k), \quad |\lambda_k - \lambda_k^*| \to 0,$$

$$F_{\sigma_k}(x_k + \lambda_k^* d_k) = \min_{\lambda \geqslant 0} F_{\sigma_k}(x_k + \lambda d_k),$$

而罚函数 $F_\sigma(x)$ 取为

$$F_\sigma(x) = f(x) + \sigma\Big[\sum_{i=1}^{m}(c_i(x)_+)^p\Big]^{\frac{1}{p}}, \quad 0 \leqslant p \leqslant +\infty,$$

亦不难建立类似本书的算法.

6.3 在任意初始点条件下梯度投影法的一个统一途径

考虑如下带线性和非线性约束的优化问题:

$$\min_{x \in D} f(x), \tag{6.3.1}$$

其中

$$D = \{x | c_i(x) = a_i^{\mathrm{T}} x - b_i \leqslant 0, \ i \in L_1; \ c_i(x) \leqslant 0, \ i \in L_2\}$$

是可行域, $x \in R^n$, $a_i \in R^n$ 是一个常数列向量, b_i 是一个标量, $L_1 = 1, \cdots, l$, $L_2 = l+1, \cdots, m$, $L = L_1 \cup L_2$, 并且 $|J|$ 是子集 $J \subseteq L$ 中的元素的个数.

本小节采用与前面相似的记号:

$$\forall x \in R^n, \delta > 0, \quad \diamondsuit J_\delta(x) = \{j | -c_j(x) \leqslant \delta, j \in L\};$$

$$A_J = (\nabla c_j(x) | j \in J), \quad B_J^{\mathrm{T}}(x) = A_J(x)(A_J(x)^{\mathrm{T}} A_J(x))^{-1};$$

$$U_J(x) = (u_j(x) | j \in J) = -B_J(x)\nabla f(x);$$

$$P_J(x) = I - A_J(x)(A_J(x)^{\mathrm{T}} A_J(x))^{-1} A_J(x)^{\mathrm{T}} = I - B_J(x)^{\mathrm{T}} A_J(x)^{\mathrm{T}},$$

其中 I 是一个 $n \times n$ 阶的单位矩阵.

另外, $\forall x \in R^n$, 定义下面三个指标集合:

$$J^-(x) = \{j | g_j(x) < 0, j \in L\},$$

$$J^0(x) = \{j | g_j(x) = 0, j \in L\},$$

$$J^+(x) = \{j | g_j(x) > 0, j \in L\}.$$

并有假设

(H_3') $f(x), g_j(x), j \in L_2$ 是连续可微函数.

(H_4') 强正则性条件成立, 即有: $\forall x \in R^n \setminus \Omega$, $\mathrm{rank}(A_{J^0(x)}(x)) = |J^0(x)|$, 其中 Ω 是问题 (6.3.1) 的 KKT 点的集合.

6.3.1 任意初始点条件下的梯度投影法

对任意的迭代点, 采用如下公式产生线搜索方向:

$$d(x) = -\bar{\varphi}(x)P_J(x)\nabla f(x) - B_J(x)^{\mathrm{T}}\alpha_J(x), \tag{6.3.2}$$

其中 $\bar{\varphi}(x)$ 和 $\alpha_J(x)$ 满足下述条件 (F)(i)-(iii):

条件 (F) (i)

$$\alpha_j(x) = \begin{cases} \geqslant 0, & j \in (J \cap L_1) \setminus J^+(x), \\ > 0, & j \in (J \cap L_2) \setminus J^+(x), \\ > 0, & j \in J^+(x). \end{cases} \tag{6.3.3}$$

(ii) $\varphi(x) > 0$ 是关于 x 的一个函数, 而且

$$\begin{aligned} \nabla f(x)^{\mathrm{T}}d(x) &= -\bar{\varphi}(x)\|P_J(x)\nabla f(x)\|^2 - U_J(x)^{\mathrm{T}}\alpha_J(x) \\ &\leqslant -\varphi(x)\|P_J(x)\nabla f(x)\|^2 + U_J(x)^{\mathrm{T}}V_J(x), \end{aligned} \tag{6.3.4}$$

$$V_J(x) = (v_j(x), j \in J) \text{且} v_j(x) = \alpha_j(x), \forall j \in J^+(x).$$

(iii) $\sum_{j \in J^- \cup J^\circ} u_j(x)v_j(x) \leqslant 0$, 其中当等号成立时, 易推出

$$u_j(x) \geqslant 0, \quad u_j(x)g_j(x) = 0, \quad \forall j \in J \cap (J^- \cup J^\circ). \tag{6.3.5}$$

令 $F_C(x)$ 是罚函数,

$$c_j(x)_+ = \max\{0, c_j(x)\}, \quad F_C(x) = f(x) + C\sum_{j=1}^{m} c_j(x)_+,$$

其中 C 是罚参数.

现在给出如下梯度投影算法:

令 $\bar{C}_0 > 0$ 是一个小标量, $\psi(x) = \max\{0, c_j(x)|j \in L\}$, 且

$$\bar{C}(x) = \max\{0, u_j(x)|j \in J \cap J^+(x)\} + \bar{C}_0. \tag{6.3.6}$$

算法 6.3.1 (任意初始点条件下梯度投影法)

步 1. 令 x_0 是一个任意初始点, $C_0 > 0, \delta_1 > 0, \varepsilon > 0, k := 0$.

步 2. 对任意的 $k \geqslant 0$ 和 x_k, δ_k, 计算 $J_k = J_{\delta_k}(x_k)$.
若 $\mathrm{Det}(A_{J_k}^{\mathrm{T}}A_{J_k}) \geqslant \delta_k$ 成立, 则转步 4; 否则转步 3.

步 3. 令 $\delta_{k:} = \dfrac{1}{2}\delta_k$, 返回步 2.

步 4. 计算 $B_k^T = A_{J_k}(A_{J_k}^T A_{J_k})^{-1}$, $U_{J_k} = -B_{J_k}\nabla f(x_k)$, $P_{J_k} = I - B_{J_k}^T A_{J_k}$, 且选取 $\bar{\varphi}(x_k)$ 和 α_{J_k} 满足条件 (F). 计算 $d(x_k)$:

$$d_k = d(x_k) = -\bar{\varphi}(x_k)P_{J_k}\nabla f(x_k) - B_{J_k}^T \alpha_{J_k}.$$

步 5. 1) 若 $\psi(x_k) > 0, \bar{C}(x_k) > C_{k-1}$, 则令 $C_k = \max\{\bar{C}(x_k), C_{k-1} + \delta\}$, 转步 6.

2) 若 $\psi(x_k) > 0$ 但是 $\bar{C}(x_k) \leqslant C_{k-1}$, 或者 $\psi(x_k) = 0$, 那么 $C_k = C_{k-1}$, 转步 6.

步 6. 定义

$$DF_{C_k}(x_k, d_k) = \lim_{t \to 0^+} \frac{F_{C_k}(x_k + td_k) - F_{C_k}(x_k)}{t}.$$

若 $DF_{C_k}(x_k, d_k) = 0$, 那么 x_k 是优化问题 (6.3.1) 的一个 KKT 点, 停止迭代; 否则, 转步 7.

步 7. 计算步长 λ_k 满足

$$F_{C_k}(x_k + \lambda_k d_k) \leqslant F_{C_k}(x_k),$$

$$
\begin{aligned}
&F_{C_k}(x_k + \lambda_k d_k) \\
&\leqslant \min\{F_{C_k}(x_k + \lambda d_k) | 0 \leqslant \psi(x_k + \lambda d_k) \leqslant \max[\psi(x_k), \psi(x_1)], \lambda \geqslant 0\} + \delta_k,
\end{aligned}
\tag{6.3.7}
$$

其中 $\delta_k \geqslant 0, \sum_{i=1}^{\infty} \delta_i < +\infty$.

步 8. 令 $x_{k+1} = x_k + \lambda_k d_k, k := k+1$, 转步 2.

定理 6.3.2 假设 x_k, d_k 是由算法分别产生的迭代点和方向. 如果 $DF_{C_k}(x_k, d_k) = 0$, 那么 $x_k \in \Omega$, 其中 Ω 是优化问题 (6.3.1) 的 KKT 点集合; 如果 $x_k \notin \Omega$, 那么 $DF_{C_k}(x_k, d_k) < 0$. 并且在这种情况下, 如果 $x^0 \in D$, 那么对任意的 $k \geqslant 0$, x_k 的后一项 x_{k+1} 一定也是一个可行点, 对任意的 $k \geqslant 0$, d_{k+1} 是在 x_{k+1} 点处的一个可行下降方向,

证明 对任意的 x 和 $d \in R^n$, 已知有如下不等式成立 (参见文献 [103] 和文献 [131]):

$$DF_C(x, d) = \nabla f(x)^T d + C\sum_{j \in J^+(x)} \nabla c_j(x)^T d + C\sum_{j \in J^\circ(x)} (\nabla c_j(x)^T d)_+.$$

由条件 (F), 可知

$$DF_{C_k}(x_k, d_k) = \nabla f(x_k)^T d_k + C_k\left(\sum_{j \in J^+(x_k)} \nabla c_j(x_k)^T d_k + \sum_{j \in J^\circ(x_k)} (\nabla c_j(x_k)^T d_k)_+\right)$$

$$\leqslant -\varphi(x_k)\nabla f(x_k)^{\mathrm{T}}P_{J_k}\nabla f(x_k) + \sum_{j\in J_k}u_j^k v_j^k - C_k\sum_{j\in J^+(x_k)}\alpha_j^k$$

$$+ C_k\sum_{j\in J^\circ(x_k)}(-\alpha_j^k)_+.$$

因为 $\forall j\in J_k\cap J^\circ(x_k)$, $(-\alpha_j^k)_+ = 0$, 且 $\forall j\in J^+(x_k), \alpha_j^k = v_j^k$, 有

$$DF_{C_k}(x_k, d_k) \leqslant -\varphi(x_k)\|P_J(x_k)\nabla f(x_k)\|^2$$
$$+ \sum_{j\in J_k\cap(J^-(x_k)\cup J^\circ(x_k))}u_j^k v_j^k + \sum_{j\in J^+(x_k)}(u_j^k - C_k)v_j^k. \quad (6.3.8)$$

令 $Z_k = \sum_{j\in J^+(x_k)}(u_j^k - C_k)v_j^k$. 由算法步 5, 我们知道

$$u_j^k - C_k \leqslant u_j^k - (u_j^k + \bar{C}_\circ) = -\bar{C}_\circ < 0.$$

由条件 (F)(i), $\forall j\in J^+(x_k)$, 有

$$(u_j^k - C_k)v_j^k = (u_j^k - C_k)\alpha_j^k \leqslant -\bar{C}_\circ\alpha_j^k < 0.$$

因此, 若 $J^+(x_k) \neq \varnothing$, 那么 $Z < 0$.

若 $DF_{C_k}(x_k, d_k) = 0$, 那么由 $\varphi(x_k) > 0$ 和条件 (F)(ii) 和 (iii), 可推断

$$J^+(x_k) = \varnothing, \quad P_{J_k}\nabla f(x_k) = 0,$$

且

$$\sum_{j\in J_k\cap(J^-(x_k)\cup J^\circ(x_k))}u_j^k v_j^k = 0.$$

再由条件 (F)(iii), 可知 x^k 满足 KKT 条件:

$$P_{J_k}\nabla f(x_k) = 0, \quad c_j(x_k) \leqslant 0,$$
$$u_j^k \geqslant 0, \quad v_j^k c_j(x_k) = 0,$$

即 $x_k\in\Omega$.

当 $x_k\notin\Omega$ 时, (6.3.8) 的右边项都是非正的, 并且它们中至少有一个为负, 因此 $DF_{C_k}(x_k, d_k) < 0$. 如若不然, 这将与 $x_k\notin\Omega$ 矛盾. 若 $x_0\in D$ 是一个可行点, 由 (6.3.6) 中 $\psi(x)$ 中的定义可知, 对所有的 x_t, $1\leqslant t\leqslant s$, 有 $\psi(x_t) = 0$, 于是 $\psi(x_0) = 0$ 且有关系式

$$0\leqslant\psi(x_t + \lambda d_t)\leqslant\max\{\psi(x_0), \psi(x_t)\},$$

对于算法中的步 7 的 $t\geqslant 0$ 一定成立. 因此对任意的整数 $s\geqslant 0$, 有 $x_{s+1}\in D$. 此时有

$$DF_{C_k}(x_k, d_k) = \nabla f(x_k)^{\mathrm{T}}d_k < 0.$$

因此, 对任意的 $k\geqslant 0$, d_k 是在 x_k 处的可行下降方向. 证毕. □

6.3.2 全局收敛性

引理 6.3.3 假设点列 $\{x_k\}$ 由算法 6.3.1 产生且 $\{x_k\}$ 包含于某紧集 $X \subseteq R^n$, 则存在一个整数 k_0 使得 $C_k \equiv C_{k_0}, \forall k \geqslant k_0$.

该引理的证明类似引理 6.2.4.

接下来将证明由算法 6.3.1 产生的点列 $\{x_k\}$ 中的某些点 x^k, 或者其任一极限点 x^* 都是问题 (6.3.1) 的 KKT 点.

假设 $\{x_k\}$ 的子列 $\{x_{k'}\}$ 有如下性质 (F_1):

1°. $\{x_{k'}\}$ 包含于某些紧集 X, 而且 $x_{k'} \to x^*$.

2°. $\bar{\varphi}(x_k) \to \bar{\varphi}(x^*), \alpha_{J_k}(x_k) \to \alpha_J^*$, 且 $\bar{\varphi}(x^*), \alpha_J^*$ 满足条件 (F), 其中 $J_k \equiv J$, $J \subseteq L$ 是某一固定指标集.

因为 L 中元素的个数是有限的且 $J_k \subseteq L$, 故上述是 J 的子集存在, 并且存在 L 的一个固定子指标集 J° 使得 $J^\circ(x^k) \equiv J^\circ$.

为方便起见, 下面仍然用 $\{x_k\}$ 代表子列 $\{x_{k'}\}$.

根据强正则性条件 (H_4') 和命题 2, 对于这个子列, 有

$$U_J^k = U_J(x_k) \to U_J(x^*), \quad B_J(x_k) \to B_J(x^*),$$

$$d_k = d(x_k) \to d(x^*) = -\bar{\varphi}(x^*)P_J(x^*)\nabla f(x^*) - B_J^{\mathrm{T}}(x^*)\alpha_J(x^*).$$

由引理 6.3.3 和 J_k 的定义, 可知 $\forall k \geqslant k_0$, $C_k = C_\circ$, 且对于子列 $\{x_k\}$, 有 $J_k = J \supseteq J^\circ(x^*) = \{j|c_j(x^*) = 0, j \in L\}$.

由定理 6.3.2, 如果 $x^* \notin \Omega$, 从条件 (F) 和 (F_1) 可以得到

$$DF_{C_*}(x^*, d^*) < 0, \tag{6.3.9}$$

且

$$\nabla c_j(x^*)^{\mathrm{T}}d^* = \begin{cases} \leqslant 0, & j \in L_1 \cap J \setminus J^+(x^*), \\ < 0, & j \in L_2 \cap J \setminus J^+(x^*), \\ < 0, & j \in J^+(x^*). \end{cases} \tag{6.3.10}$$

定理 6.3.4 假设 x^* 是由算法 6.3.1 产生的任意极限点, 而且存在一个子列 $\{x_k\}$ 满足条件 (F_1) 使得 $x^k \to x^*$, 那么 x^* 是问题 (6.3.1) 的 KKT 点.

证明 首先证明存在一个数 $\bar{\lambda} > 0$, 使得对于子列 $\{x^k\}$ 有下式成立:

$$\psi(x_k + \bar{\lambda}d_k) \leqslant \max\{\psi(x_k), \psi(x_0)\}. \tag{6.3.11}$$

分四种情况进行讨论:

i) $j \notin J_k$. 由 J_k 的定义和命题 2, 有 $c_j(x_k) < -\delta_k$, 且 $\min\{\delta_k\} = \delta > 0$, 因此

$$c_j(x_k) < -\delta_k \leqslant \delta < 0.$$

故当 $j \notin J$ 时, 存在一个数 $\bar{\lambda}_1 > 0$, 使得

$$c_j(x_k + \lambda d_k) \leqslant 0 \leqslant \max\{\psi(x_k), \psi(x_0)\},$$

对任意 $\lambda \in [0, \bar{\lambda}_1]$ 成立. 于是对 $j \notin J_k$, (6.3.11) 得证.

ii) $j \in J_k = J$ 且 $j \in J^-(x^*)$. 由于 $j \in J^-(x^*)$, 即 $c_j(x^*) < 0$ 且 $x^k \to x^*, d^k \to d^*$, 其中 d^* 是一个有限向量, 而且 $c_j(x)$ 是一个连续函数, 可知存在一个数 $\bar{\lambda}_2 > 0$, 使得

$$c_j(x_k + \lambda d_k) \leqslant 0 \tag{6.3.12}$$

对任意 $\lambda \in [0, \bar{\lambda}_2]$ 成立. 于是对于这些 j, (6.3.11) 得证.

iii) $j \in J$ 且 $j \in J^+(x^*)$. 由 (6.3.10) 和 $j \in J^+(x^*)$, 可知 $\nabla c_j(x^*)^{\mathrm{T}} d^* < 0$. 根据泰勒展开

$$c_j(x^* + \lambda d^*) = c_j(x^*) + \lambda \nabla c_j(x^*)^{\mathrm{T}} d^* + O(\lambda),$$

有

$$c_j(x^* + \lambda d^*) < c_j(x^*)$$

对于某个充分小的数 $\bar{\lambda}_3' > 0$ 和 $\forall \lambda \in [0, \bar{\lambda}_3']$ 成立. 因此存在 $\bar{\lambda}_3' > 0$ 使得

$$c_j(x_k + \lambda d_k) \leqslant c_j(x_k) \leqslant \max\{\psi(x_k), \psi(x_0)\}, \quad \forall \lambda \in [0, \bar{\lambda}_3']$$

iv) $j \in J$ 且 $j \in J^\circ(x^*)$. 若 $j \in L_1$, 即 $c_j(x)$ 是 x 的线性函数, 由 (6.3.10) 可知 (6.3.11) 成立. 当 $j \in L_2$ 且 (6.3.10) 成立时, 类似情形 iii) 可以推出无论 $x^* \in D$ 或者 $x^* \notin D$ 均有 (6.3.11) 成立. 此时, $x_k \to x^*$, $d_k \to d^*$, $\nabla c_j(x^*)^{\mathrm{T}} d^* < 0$, 而且能够得出

$$c_j(x_k + \lambda d_k) \leqslant \frac{1}{2} c_j(x^* + \lambda d^*) < 0$$

对某一 $\bar{\lambda}_4 > 0$ 且充分小的 $\lambda \in [0, \bar{\lambda}_4]$ 成立.

令 $\bar{\lambda} = \min[\bar{\lambda}_1, \bar{\lambda}_2, \bar{\lambda}_3, \bar{\lambda}_4]$. 我们知道 (6.3.11) 成立. 现在将证明 x^* 是优化问题 (6.3.1) 的一个 KKT 点.

假设 x^* 不是优化问题 (6.3.1) 的一个 KKT 点. 令值 λ^* 满足

$$F_{C_0}(x^* + \lambda^* d^*) = \min\{F_{C_0}(x^* + \lambda d^*) | 0 \leqslant \lambda \leqslant \bar{\lambda}\}, \tag{6.3.13}$$

其中 $\bar{\lambda} > 0$ 是上述提及的一个常数.

由于假设 x^* 不是 (6.3.1) 的一个 KKT 点, 故

$$DF_{C_0}(x^*, d^*) < 0.$$

由 (6.3.9),

$$\lim_{t \to 0^+} \frac{F_{C_0}(x^* + td^*) - F_{C_0}(x^*)}{t} = DF_{C_0}(x^*, d^*) < 0,$$

有 $\lambda^* > 0$ 且 $F_{C_0}(x^* + \lambda^* d^*) < F_{C_0}(x^*)$.

令 $\beta = F_{C_0}(x^*) - F_{C_0}(x^* + \lambda^* d^*)$ 且 $x^* + \lambda^* d_k \to x^* + \lambda^* d^*$. 则对于充分大的 k, 有

$$F_{C_0}(x_k + \lambda^* d_k) + \frac{1}{2}\beta < F_{C_0}(x^*). \tag{6.3.14}$$

对于充分大的 k, 可推出

$$F_{C_0}(x_{k+1}) < F_{C_0}(x_k) + \varepsilon_k, \quad \sum_{i=k}^{\infty} \varepsilon_i < \frac{1}{2}\beta.$$

因此由 (6.3.13) 及 $\bar{\lambda} \geqslant \lambda^*$, 有

$$
\begin{aligned}
F_{C_0}(x_{k+1}) <\ & F_{C_0}(x_{k+1}) + \sum_{i=k+1}^{\infty} \varepsilon_i \\
\leqslant\ & \min\{F_{C_0}(x_k) + \lambda d_k | \lambda \geqslant 0, 0 \leqslant \psi(x_k + \lambda d_k)\} \leqslant \max\{\psi(x_k), \psi(x_0)\} \\
& + \varepsilon_k + \sum_{i=k+1}^{\infty} \varepsilon_i \\
\leqslant\ & F_{C_0}(x_k + \lambda^* d_k) + \frac{1}{2}\beta.
\end{aligned}
$$

这与 (6.3.14) 矛盾, 于是有 $DF_{C_0}(x^*, d^*) = 0$. 由定理 6.3.2 知, x^* 是 (6.3.1) 的一个 KKT 点. 定理得证. □

在对上面情形 iv)$\bar{\lambda} > 0$ 的证明中, 若 $x_0 \notin D$, 即 $\psi(x_0) = M > 0$, 那么条件 (F)(i) 能够用一个相对弱的条件替换

(F)(i)$'$

$$\alpha_j = \begin{cases} \geqslant 0, & j \in L \cap J \setminus J^+, \\ > 0, & j \in J^+, \end{cases} \tag{6.3.15}$$

且 (6.3.11) 仍然成立.

6.3.3　算法的特殊情形

当选择合适的参量 $\bar{\varphi}(x)$ 和 $\alpha_J(x)$ 而且初始点 $x_0 \in D$ 时, 我们将首先证明文献 [34], [63], [103], [166] 中的梯度投影算法是在 6.3.1 小节中给出的算法 6.3.1 的特例. 若 $x_0 \notin R$ 而且改变 $\bar{\varphi}(\alpha)$ 和 $\alpha_J(x)$ 的值, 将得到算法 6.1.5, 最后将给出一个新的算法满足条件 (F) 和 (F$_1$), 并且这个算法具有全局收敛性.

1. 算法 1. 求解一般形式约束优化问题的梯度投影算法[103].

令 $x_0 \in D$ 是一个可行点且

$$\bar{\varphi}(x) = (1 + |U_J(x)W_J(x)|), \quad W_J(x) = (w_j(x), j \in J)^{\mathrm{T}},$$

$$w_j(x) = \begin{cases} \psi_1(x), & j \in L_1 \cap J, \\ \psi_2(x), & j \in L_2 \cap J, \end{cases}$$

其中 $\psi_1(x)$ 是 R 上的一个非负函数, $\psi_2(x)$ 是在 R 上的一个正函数.

取

$$\alpha_J(x) = -[\bar{\varphi}(x)V_J(x) - (\|P_J(x)\nabla f(x)\|^2 + U_J^{\mathrm{T}}(x)V_J(x))W_J(x)],$$

$$V_J(x) = (v_j(x)|j \in J)^{\mathrm{T}},$$

$$v_j(x) = \begin{cases} -\varphi_1(-u_j), & u_j \leqslant 0, \\ -\varphi_2(-u_j)c_j(x), & u_j > 0, \end{cases}$$

其中 $\varphi_i(\cdot) : R_+ \to R_+ (i = 1, 2)$ 是连续函数且满足条件: 若 $\varphi_i(\lambda) = 0$, 则 $\lambda = 0, i = 1, 2$.

由于 $x_0 \in D$ 且 $\psi(x_0) = 0$, 则由算法产生的序列 $\{x_k\}$ 中的点都是可行点, 即 $J^+(x_k) \equiv \varnothing$, $\forall k \geqslant 0$.

现在证明条件 (F) 和 (F$_1$) 成立.

令 $\varphi(x) \equiv 1$, 则由 [34] 中的引理 2, 有

$$\nabla f(x_k)^{\mathrm{T}} d(x_k) \leqslant -\|P_{J_k}\nabla f(x_k)\| + U_{J_k}^{\mathrm{T}} V_{J_k}, \tag{6.3.16}$$

$$U_{J_k}^{\mathrm{T}} V_{J_k} = -\left[\sum_{u_j^k > 0} \phi_2(u_j^k)u_j^k c_j(x^k) + \sum_{u_j^k \leqslant 0} -\phi_1(-u_j^k)u_j^k \right]$$

$$= \sum_{u_j^k > 0} \phi_2(u_j^k)u_j^k c_j(x_k) + \sum_{u_j^k \leqslant 0} \phi_1(-u_j^k)u_j^k \leqslant 0.$$

若 $U_{J_k}^{\mathrm{T}} V_{J_k} = 0$, 由 ϕ_1, ϕ_2 的性质和

$$\phi_2(u_j^k)u_j^k c_j(x_k) = 0, \quad u_j^k > 0,$$

$$\phi_1(-u_j^k)u_j^k = 0, \quad u_j^k \leqslant 0,$$

可推出

$$u_j^k \geqslant 0, \quad u_j^k c_j(x_k) = 0, \quad j \in J_k. \tag{6.3.17}$$

由 [34] 中的引理 3, 有

$$\alpha_j^k = \begin{cases} \geqslant 0, & j \in L_1 \cap J, \\ > 0, & j \in L_2 \cap J. \end{cases} \tag{6.3.18}$$

因此由 (6.3.18), (6.3.16) 和 (6.3.17), 推断出条件 (F)(i)-(iii) 成立.

如果由算法产生的点列 $\{x^k\}$ 满足定理的条件, 由

$$U_J^T V_J = \sum_{j \in J} u_j(x_k)v_j(x_k) = \sum_{u_j^k > 0} \phi_2(u_j^k)u_j^k c_j(x_k) + \sum_{u_j^k < 0} \phi_1(-u_j^k)u_j^k,$$

对于子列 $\{x^k\}$ 当 $k \to \infty$ 时, 有

$$U_{J(x^*)}^T V_{J(x^*)} = \sum_{j \in J, u_j^* > 0} \phi_2(u_j(x^*))u_j(x^*)c_j(x^*) + \sum_{j \in J, u_j^k < 0} \phi_1(-u_j^k(x^*))u_j(x^*).$$

类似以上证明方法, 可得

$$\nabla f(x^*)^T d^* \leqslant -\varphi(x^*)\|P_J \nabla f(x^*)\|^2 + U_{J(x^*)}^T V_{J(x^*)},$$

$$U_{J(x^*)} V_{J(x^*)} \leqslant 0.$$

若 $U_{J(x^*)} V_{J(x^*)} = 0$, 可推出

$$U_{J(x^*)} \geqslant 0, \quad U_{J(x^*)}c_j(x^*) = 0, \quad \forall j \in J.$$

否则, 由 [34] 中的引理 6 有

$$\alpha_j(x^*) = \begin{cases} \geqslant 0, & j \in L_1 \cap J, \\ > 0, & j \in L_2 \cap J, \end{cases}$$

且条件 (F_1) 成立.

因此,[34] 中的算法是 6.3.1 小节中给出的梯度投影方法 6.1.5 的一个特例.

2. 算法 2. 非线性约束梯度投影算法的一族摄动[166].

令 $x_0 \in D$ 且 $\bar{\varphi}(x) \equiv 1, \alpha_J = V_J$, 则当 $\delta_{J_k} = 0$ 时, 即可得到 [166] 中的算法.

3. 算法 3. [63] 的梯度投影算法.

令 $Q = \{j | j \in J \setminus J^\circ(x) \text{且} u_j \neq 0, \text{或者} j \in J^\circ(x) \text{且} u_j(x) < 0\}, \bar\varphi(x) \equiv 1, L_2 = \varnothing,$
$\alpha_J(x) \equiv -V_J(x),$

$$V_J = (v_j(x), j \in J), \quad v_j(x) = \begin{cases} 0, & j \in Q, \\ u_j(x), & j \in Q \text{且} u_j < 0, \\ -c_j(x), & \text{其他}. \end{cases}$$

运用算法 6.3.1 的证明, 可推断出条件 (F) 和 (F$_1$) 成立. 由此, 在 [63] 中给出的算法是算法 6.3.1 的特例.

4. 算法 4. 全局收敛的任意初始点的梯度投影算法[103].

此时, 初始点 $x_0 \in R^n$ 是任意的, 而且 $L_1 = \varnothing$.

令 $\bar\varphi(x) = \varphi(x) = 1, \alpha_J(x) = V_J(x)$ 且

$$\psi(x) = \max\{0, c_j(x) | j \in L_2\},$$

$$\hat\psi(x) = \psi(x) + \max\{0, -u_j(x) | j \in J\} + \max\{|u_j(x)c_j(x)| | j \in J\},$$

$$v_j(x) = \begin{cases} \hat\psi(x)[\dfrac{|u_j(x)| - u_j(x)}{2} + c_j(x)], & \text{若} c_j(x) \geqslant 0, \\ \hat\psi(x)[\dfrac{|u_j(x)| - u_j(x)}{2} + u_j(x)c_j(x)], & \text{若} c_j(x) < 0. \end{cases}$$

易知条件 (F)(iii) 成立, 而且由上一节知, 条件 (F)(ii) 也成立.

对于 $j \in J^\circ \cup J^+$, 由于 $v_j(x) = \hat\psi(x)\left[\dfrac{|u_j(x)| - u_j(x)}{2} + c_j(x)\right]$, 则若 $j \in J^+$, 即 $\hat\psi(x) > 0$, 有 $v_j(x) > 0$ 且当 $j \in J^\circ(x)$ 时, $v_j(x) \geqslant 0$. 由此可知条件 (F)(i)$'$ 即 (6.3.15) 成立, 运用算法 6.3.1 中的证明, 可知条件 (F$_1$) 也成立. 因为 $x_0 \notin D$, 可以用 (F)(i)$'$ 替换 (F)(i). 因此上节中的算法也是算法 6.3.1 一个特例.

5. 算法 5. 一个新的全局收敛的任意初始点梯度投影算法.

令 $x_0 \in R^n$ 是一个任意初始点, 且 $\bar\varphi(x) \equiv 1, \alpha_J(x) \equiv V_J(x)$.

$$v_j(x) = \begin{cases} \phi_1(-u_j(x)), & u_j(x) \leqslant 0 \text{且} j \in J^\circ(x) \cup J(x), \\ \phi_2(-u_j(x))c_j(x), & u_j(x) > 0 \text{且} j \in J^\circ(x) \cup J^-(x), \\ -\phi_3(c_j(x)), & j \in J^+(x), \end{cases}$$

其中 $\phi_1(\cdot)$ 和 $\phi_2(\cdot)$ 是和算法 6.3.1 中的定义一样, 并且 $\phi_3(\cdot): R_+ \to R_+$ 是一个正函数.

对于指标 $j \in J \setminus J^+, v_j(x)$ 的定义和算法 6.3.1 中一样, 因此, 条件 (F) 和 (F$_1$)(ii), (iii) 成立. 由于对 $j \in J^+(x), \phi_3(g_j(x)) > 0$, 容易推出条件 (F)(i) 和 (F)(ii) 成立. 由定理 6.3.4, 这个算法的全局收敛性得证.

6.4　求解不等式约束优化问题的变形 Topkis-Veinott 方法

考虑最优化问题

$$\min\{f_0(x)|x \in D\}, \tag{6.4.1}$$

其中 $D = \{x \in R^n | f_i \leqslant 0, i = 1, \cdots, m\}$ 并且 $f_i : R^n \to R, i = 1, \cdots, m$, 是连续可微的. 假设 $D \neq \varnothing$. 记 $I = \{1, \cdots, m\}$ 并且 $I^0 = I \cup \{0\}$.

令 $x \in D$ 是 (6.4.1) 中给出的可行点. 记

$$I(x) = \{i | i \in I, f_i(x) = 0\}.$$

如果存在一个向量 $(\tau, u) \in R \times R^m$, 满足 $(\tau, u) \geqslant 0, (\tau, u) \neq 0$, 并且

$$\begin{cases} \tau \nabla f_0(x) + \sum_{i=1}^{m} u_i \nabla f_i(x) = 0; \\ u_i f_i(x) = 0, \quad i \in I; \\ f_i \leqslant 0, \qquad i \in I. \end{cases} \tag{6.4.2}$$

则称 x 是约束优化问题 (6.4.1) 的一个 Fritz-John(FJ) 点, 称 (τ, u) 是 x 的一对 FJ 乘子, 并用 $M(x)$ 表示点 x 上所有可能的 FJ 乘子的集合. 如果 $\tau \neq 0$, 那么 FJ 点 x 即是约束优化问题 (6.4.1) 的一个 KKT 点.

对于给定的 $x_1 \in D$, 为求解约束优化问题 (6.4.1), 可行方向法构造数列 $\{x_k\}_{k=1}^{\infty}$, 使得对任意 k, 满足可行性和下降性, 即

$$x_k \in D, \tag{6.4.3}$$

并且

$$f_0(x_{k+1}) \leqslant f_0(x_k). \tag{6.4.4}$$

在许多相关证明中, 这两个条件是否能够满足至关重要, 比如目标函数在可行域 D 外无定义的情形, 或者在实时计算中, 可行解可能在下一个 "终止时间" 才能达到等.

求解约束优化问题 (6.4.1) 的一些方法, 比如二次序列 (SQP) 型算法及其他算法, 终止条件往往是获得 (6.4.1) 的一个 KKT 点. 但下面的例子表明, 即使优化问题存在唯一的优化解、存在 FJ 点、水平集有界, 也未必能保证 KKT 点存在. 因此, 这种只停止在 KKT 点的算法就不适用于类似例子.

例 6.4.1　考虑问题 (P1):

$$\begin{aligned} \min \quad & f_0(x) := (x_1)^2 + x_2 + (x_3)^2, \\ \text{s.t.} \quad & f_1(x) := x_1 + 5(x_3)^2 \leqslant 0, \\ & f_2(x) := -x_1 - (x_2)^5 \leqslant 0. \end{aligned}$$

不难判断 (P1) 有如下性质:

(a1)　(P1) 有唯一解 $x^* = (0,0,0)^T$;

(b1)　(P1) 有唯一 FJ 点 $x^* = (0,0,0)^T$;

(c1)　(P1) 没有 KKT 点;

(d1)　对任意 $C_0 > 0$, 水平集 $L(C_0) = \{x \in R^3 | f_0(x) \leqslant C_0, x \in D\}$ 是有界的;

(e1)　对任意 $x \in D \backslash \{x^*\}$, 线性独立约束规格 (LICQ) 成立.

下一例子说明即使约束优化问题 (6.4.1) 有一个 KKT 点, (6.4.1) 的解也仅是一个 FJ 点.

例 6.4.2　考虑问题 (P2):

$$
\begin{aligned}
\min \quad & f_0(x) := (x)_1^2 + x_2, \\
\text{s.t.} \quad & f_1(x) := -x_1 - (x_2)^5 \leqslant 0, \\
& f_2(x) := x_1 + (x_2)^2 + (x_3)^2 \leqslant 0.
\end{aligned}
$$

不难判断 (P2) 有如下性质:

(a2)　(P2) 有唯一解 $x^* = (0,0,0)^T$;

(b2)　$x^* = (0,0,0)^T$ 是 (P2) 的一个 FJ 点, 但不是 (P2) 的 KKT 点;

(c2)　(P2) 有一个 KKT 点 $\bar{x} = (-1,1,0)^T$;

(d2)　对任意 $C_0 > 0$, 水平集 $L(C_0) = \{x \in R^3 | f_0(x) \leqslant C_0, x \in D\}$ 是有界的;

从上例性质 (a2) 和 (c2) 可以看出, 即使 SQP 型算法对例 (P2) 有效, 也可能找不到问题的最优解.

对问题 (6.4.1) 优化解 x^* 的一个估计 $x \in D$, Topkis 和 Veinott[172] 利用如下线性规划产生一个搜索方向:

$$
\begin{aligned}
\min \quad & v, \\
\text{s.t.} \quad & \nabla f_0(x)^T d \leqslant v, \\
& f_i(x) + \nabla f_i(x)^T d \leqslant v, \quad i \in I, \\
& -1 \leqslant d_j \leqslant 1, \quad j = 1, \cdots, n.
\end{aligned}
\tag{6.4.5}
$$

像其他可行方向法一样, 一旦得到一个可行下降方向, Topkis-Veinott 方法也需要进行线搜索. 对上述例子 (P1) 和 (P2), SQP 算法不起作用时, Topkis-Veinott 方法能够有效地进行求解. 然而, 子问题 (6.4.5) 的引入也导致了 Topkis-Veinott 方法的缺陷. 由于是线性的, (6.4.5) 总是产生极点解, 所产生的搜索方向也更依赖于可行域 D 的形态而不是目标函数 f_0 的性质. 因此, 这个算法通常收敛很慢并且有锯齿现象.

基于上述两个例子和对 Topkis-Veinott 方法的子问题 (6.4.5) 进行修改, 本节将给出一个算法. 为了避免原 Topkis-Veinott 方法中产生方向不唯一、子问题 (6.4.5) 得到极点解、收敛慢等弱点, 我们对 (6.4.5) 的目标函数引进一个惩罚项, 并且对 (6.4.5) 中的约束增加一些权重. 更确切地, 我们用如下正半定二次子问题在约束优化问题 (6.4.5) 解 x^* 的近似点 $x \in D$ 上产生一个搜索方向 d:

$$
\begin{aligned}
\min \quad & v + \frac{1}{2} d^{\mathrm{T}} H(x) d, \\
\text{s.t.} \quad & \nabla f_0(x)^{\mathrm{T}} d \leqslant c_o v, \\
& f_i(x) + \nabla f_i(x)^{\mathrm{T}} d \leqslant c_i v, \quad i \in I,
\end{aligned}
\tag{6.4.6}
$$

其中 $H(x)$ 是 $n \times n$ 阶对称正定阵.

在不需要任何约束规格的条件下, 由 Topkis-Veinott 方法产生的迭代点列的每一个聚点都是原问题的一个 FJ 点, 在此意义下, Topkis-Veinott 方法是全局收敛的. 但我们还要考虑两个问题:

(i) 由该方法得到的整个迭代点列是否收敛到 (6.4.1) 的一个 FJ 点?

(ii) 这一 FJ 点是否是 (6.4.1) 的一个严格局部极小点?

Robinson[151] 在 1972 年证明了若一个 KKT 点满足 LICQ 约束规格、二阶充分条件和严格互补松弛条件, 则它就是一个孤立的 KKT 点. 这一结果被广泛地应用在一般非线性规划算法生成的整个迭代点列收敛性的证明中. Robinson 又在 [152] 中证明了若一个 KKT 点满足 Mangasarian-Fromovitz 约束规格 (MFCQ) 以及强二阶充分条件 (SSOSC), 则它就是一个孤立的 KKT 点. 由于当 MFCQ 约束规格成立时, 每一个 FJ 点同时也是一个 KKT 点, 故易知若 MFCQ 约束规格和强二阶充分条件成立, 则问题 (i) 即可得到 "是" 的答案. 在 [147] 中, 作者将 Robinson 的上述条件弱化为正线性独立正则条件以及强二阶充分条件. 对于问题 (ii), Qi[142] 证明了对 LC^1 优化问题, 若一个 KKT 点满足强二阶充分条件, 则它是一个严格局部极小点.

在这将通过引入一个 FJ 函数, 以及假设条件 (FJ1-SSOSC) 和 (FJ2-SSOSC), 则可以证明无需任何约束规格, 有:

(1) 若一个 FJ 点 z 满足条件 (FJ1-SSOSC), 则存在 z 的一个邻域 $N(z)$, 使得邻域内任意不同于 z 的 FJ 点 $y \in N(z) \backslash \{z\}$, $f_0(y) \neq f_0(z)$.

(2) 若一个 FJ 点 z 满足条件 (FJ2-SSOSC), 则它是约束优化 (6.4.1) 的一个严格局部极小点. 这些结果改善了一般非线性规划算法生成的整个迭代点列的收敛性条件, 以及获得严格局部极小点的条件.

考虑如下的带固定补偿的二阶段随机规划:

$$\min \quad P(x) + \varphi(x),$$
$$\text{s.t} \quad Ax \leqslant b,$$

其中, P 是 $X \to \Re$ 的一个二阶连续可微凸函数

$$\varphi(x) = \int_{\Re^n} \psi(\omega - Tx)\mu(w)d\omega,$$

$$\psi(\omega - Tx) = \max\left\{\frac{1}{2}y^{\mathrm{T}}Hy + y^{\mathrm{T}}(\omega - Tx)|Wy \leqslant q\right\},$$

$H \in R^{n \times n}$ 是一个对称正定矩阵, $c \in R^n$, $A \in R^{r \times n}$, $b \in R^r$, $T \in R^{m \times n}$, $q \in R^{m_1}$ 和 $W \in \Re^{m_1 \times m}$ 是给定的矩阵或者向量, $\omega \in R^m$ 是一个随机向量, 并且 $u: R^m \to R_+$ 是一个连续可微的概率密度函数.

由于一般情况下, 难以得到函数 φ 及其梯度的精确值, 我们通常考虑下面形式的近似问题

$$\min \quad P(x) + \varphi_N(x), \tag{6.4.7}$$
$$\text{s.t} \quad Ax \leqslant b,$$

其中

$$\varphi_N(x) = \sum_{i=1}^{N} \alpha_i \psi(\omega_i - Tx)u(\omega_i), \tag{6.4.8}$$

权重 $\{\alpha_i\}_{i=1}^N$ 和点 $\{\omega_i\}_{i=1}^N$ 由某种多维数值积分规则产生. 对问题 (6.4.7), 计算目标函数 $P(x) + \varphi_N(x)$ 在点 x_k 上的值需要求解 N 个二次规划

$$\psi(\omega_i - Tx_k) = \max\left\{-\frac{1}{2}y^{\mathrm{T}}Hy + y^{\mathrm{T}}(\omega - Tx)|Wy \leqslant q\right\}, \quad i = 1, \cdots, N.$$

而这意味着要做大耗费量的线搜索

$$f_0(x_k + \rho^j d_k) - f_0(x_k) \leqslant \sigma\rho^j \nabla f_0(x_k)^{\mathrm{T}} d_k,$$

其中

$$f_0(x) = P(x) + \varphi_N(x).$$

在这些问题中如何避免类似的线搜索是很有意义的.

在本节后面, 我们将证明, 当 $\nabla f_i \, (i \in I^0)$ 在 R^n 上满足全局 Lipschitz 条件时, 如果参数 $c_i(i \in I^0)$ 足够大, 那么所给的算法能够接受单位步长. 这对求解 $f_i(x)$ 和 $\nabla f_i(x) \, (i \in I^0)$ 难于计算时的问题是非常有用的.

下面记 $\|\omega\|$ 为向量 ω 的欧几里得范数, $\mathrm{supp}(w) = \{i|\omega_i \neq 0\}$.

6.4.1 算法

算法 6.4.1(随机规划算法)

步 1. (*初始化*) 令 $\sigma \in (0,1), \rho \in (0,1), c_i^1 > 0 (i \in I^0)$. 选取 $x_0 \in D$ 以及一个对称正定矩阵 $H_0 \in R^{n \times n}$. 令 $k := 0$.

步 2. 求解如下子问题

$$\min \quad v + \frac{1}{2} d^{\mathrm{T}} H_k d,$$
$$\text{s.t.} \quad \nabla f_0(x_k)^{\mathrm{T}} d \leqslant c_0^k v,$$
$$f_i(x_k) + \nabla f_i(x_k)^{\mathrm{T}} d \leqslant c_i^k v, \quad i \in I. \tag{6.4.9}$$

设其解为 $((d_k)^{\mathrm{T}}, v_k)^{\mathrm{T}}$.

步 3. 如果 $((d_k)^{\mathrm{T}}, v_k)^{\mathrm{T}} = 0$, 那么 x_k 是 (6.4.1) 的一个 FJ 点, 算法停止.

步 4. 令 j_k 是使得下式成立的最小非负整数

$$f_0(x_k + \rho^j d_k) - f_0(x_k) \leqslant \sigma \rho^j \nabla f_0(x_k)^{\mathrm{T}} d_k, \tag{6.4.10}$$

并且

$$f_0(x_k + \rho^j d_k) \leqslant 0, \quad i \in I. \tag{6.4.11}$$

令 $t_k = \rho^{j_k}$.

步 5. 对 $i \in I^0$, 生成 $c_i^{k+1} \geqslant 0$, 计算新的拉格朗日 Hesse 近似对称正定矩阵 H_{k+1}. 令 $x_{k+1} = x_k + t_k d_k, k := k + 1$. 返回步 2.

注 有许多方法可以用于求解子问题 (6.4.9). 比如可以利用 Kiwiel[102] 的对偶二次规划方法和 Daya 与 Shetty[58] 等的凸二次规划的内点算法等. 实际上, 若令

$$P_k = (\nabla f_0(x_k), \nabla f_1(x_k), \cdots, \nabla f_m(x_k))^{\mathrm{T}},$$

并且

$$a_k = (0, -f_1(x_k), \cdots, -f_m(x_k))^{\mathrm{T}},$$

则 (6.4.9) 的对偶问题是

$$\min \quad \frac{1}{2} y^{\mathrm{T}} (P_k^{\mathrm{T}} H_k^{-1} P_k) y + (a_k)^{\mathrm{T}} y,$$
$$\text{s.t.} \quad \sum_{i=0}^{m} c_i^k y_i = 1, \tag{6.4.12}$$
$$y \geqslant 0,$$

其中 $y \in R^{m+1}$. 显然, (6.4.12) 是一个标准形式的半正定凸二次规划问题. 因此, 可以用上面提到的内点算法来求解 (6.4.12).

设 y_k 是问题 (6.4.12) 的一个解, 那么

$$d_k = -H_k^{-1} P_k y_k$$

也是 (6.4.9) 的一个解. 注意到 (6.4.12) 是一个最小二乘问题, 故也可以使用其他方法来求解 (6.4.12).

下一定理表明, 算法 6.4.1 是适定的.

定理 6.4.2　对任意给定的 k, 如果 $((d_k)^T, v_k)^T = 0$, 那么 x_k 是优化问题 (6.4.1) 的一个 FJ 点. 如果 $((d_k)^T, v_k)^T \neq 0$ 并且 $x_k \in D$, 那么存在 $\tau_k > 0$, 使得对任意的 $t \in [0, \tau_k]$ 有

$$f_0(x_k + td_k) - f_0(x_k) \leqslant \sigma t \nabla f_0(x_k)^T d_k,$$

并且

$$f_i(x_k + td_k) \leqslant 0, \quad i \in I.$$

证明　由于 $((d_k)^T, v_k)^T$ 是二次规划 (6.4.9) 的唯一解, 那么对 (6.4.9) 如下 KKT 条件成立:

$$(6.4.13)\quad \begin{cases} H_k d_k + \sum_{i=0}^{m} u_i^k \nabla f_i(x_k) = 0; \\ \sum_{i=0}^{m} c_i^k u_i^k = 1; \\ u_0^k (\nabla f_0(x_k)^T d_k - c_0^k v_k) = 0; \\ u_i^k (f_i(x_k) + \nabla f_i(x_k)^T d^k - c_i^k v_k) = 0, \quad i \in I; \\ \nabla f_0(x_k)^T d_k \leqslant c_0^k v_k; \\ f_i(x_k) + \nabla f_i(x_k)^T d_k \leqslant c_i^k v_k, \quad i \in I. \end{cases}$$

如果 $((d_k)^T, v_k)^T = 0$, 那么以上 KKT 条件可推出: 存在乘子 $u_i^k \geqslant 0$, 满足

$$\begin{cases} \sum_{i=0}^{m} u_i^k \nabla f_i(x^k) = 0; \\ u_i^k f_i(x^k) = 0, \quad i \in I; \\ f_i(x^k) \leqslant 0, \quad i \in I. \end{cases}$$

因此, x_k 是 6.4.1 的一个 FJ 点, 定理的第一部分得证.

下面证明定理的第二部分. 由算法中的步 2, 因为 $(d^T, v) = (0, 0)$ 是 (6.4.9) 的一个可行解, 有

$$\nabla f_0(x_k)^T d_k \leqslant c_0^k v_k \leqslant -\frac{c_o^k}{2} (d_k)^T H_k d_k, \qquad (6.4.14)$$

于是 $d_k = 0$ 当且仅当 $v_k = 0$. 如果 $((d_k)^\mathrm{T}, v_k)^\mathrm{T} \neq 0$, 那么, $d_k \neq 0$ 并且

$$v_k \leqslant -\frac{1}{2}(d_k)^\mathrm{T} H_k d_k < 0.$$

因此,

$$\nabla f_0(x_k)^\mathrm{T} d_k \leqslant -\frac{c_o^k}{2}(d_k)^\mathrm{T} H_k d_k < 0, \tag{6.4.15}$$

$$f_i(x_k) + \nabla f_i(x_k)^\mathrm{T} d_k \leqslant -\frac{c_i^k}{2}(d_k)^\mathrm{T} H_k d_k < 0, \quad i \in I. \tag{6.4.16}$$

如果令

$$q_k(t) = f_0(x_k + td_k) - f_0(x_x) - \sigma t \nabla f_0(x_k)^\mathrm{T} d_k,$$

则由 (6.4.15), 可得

$$\begin{aligned} q_k(t) &= t\nabla f_0(x_k)^\mathrm{T} d_k + o(t) - \sigma t \nabla f_0(x_k)^\mathrm{T} d_k, \\ &= (1-\sigma)t\nabla f_0(x_k)^\mathrm{T} d_k + o(t) \\ &\leqslant -\left(\frac{(1-\sigma)c_0^k}{2}(d_k)^\mathrm{T} H_k d_k\right)t + o(t). \end{aligned}$$

于是存在 $\tau_0^k > 0$, 使得对任意的 $t \in [0, \tau_0^k]$, 有

$$q_k(t) \leqslant 0. \tag{6.4.17}$$

类似地, 对 $i \in I_k = \{i : f_i(x_k) = 0, i \in I\}$, 由 (6.4.16) 以及

$$\begin{aligned} f_i(x^k + td_k) &= f_i(x_k) + t\nabla f_i(x_k)^\mathrm{T} d_k + o(t) \\ &= t\nabla f_i(x_k)^\mathrm{T} d_k + o(t) \\ &\leqslant -\left(\frac{c_i^k}{2}(d_k)^\mathrm{T} H_k d^k\right)t + o(t), \end{aligned}$$

有 $\tau_i^k > 0$ 使得对任意的 $t \in [0, \tau_0^k]$,

$$f_i(x_k + td_k) \leqslant 0. \tag{6.4.18}$$

对 $i \in I \backslash I_k$, 由 f_i 的连续性以及 $f_i(x_k) < 0$, 可知有 $\tau_i^k > 0$, 使得对任意的 $t \in [0, \tau_i^k]$ 有

$$f_i(x_k + td_k) \leqslant 0. \tag{6.4.19}$$

令 $\tau_k = \min\{\tau_k^i | i \in I^0\}$, 那么从 (6.4.17), (6.4.18) 和 (6.4.19) 即可得到结论. $\qquad\Box$

    注   值得注意的是, 对 (6.4.1) 的任意给定的 FJ 点, 如果 (MFCQ) 约束规格成立, 即:

存在向量 $z \in R^n$ 使得

$$(\text{MFCQ}) \qquad \nabla f_i(x)^{\mathrm{T}} z < 0, \quad i \in I(x),$$

那么这一 FJ 点 x 也是 (6.4.1) 的一个 KKT 点. 更进一步, 若 $f_i \, (i \in I^0)$ 是凸的, 那么 KKT 点也是 (6.4.1) 的最优值点. 在这并不假定 (MFCQ) 约束规格成立, 因此算法 6.4.1 仅产生 (6.4.9) 的 FJ 点.

6.4.2 算法的全局收敛性

下面的收敛性讨论中假设下列条件成立:

(A1) 对 $i \in I^0$,

$$0 < \lim_{k\to\infty} \inf c_i^k \leqslant \lim_{k\to\infty} \sup c_i^k < +\infty;$$

(A2) Hesse 矩阵的估计 $\{H_k\}_{k=0}^{\infty}$ 是有界的, 即存在标量 $C_1 > 0$, 对所有的 k, 有

$$\|H_k\| \leqslant C_1; \tag{6.4.20}$$

(A3) 存在一个标量 $C_2 > 0$, 使得对所有的 k, Hesse 估计矩阵满足

$$d^{\mathrm{T}} H_k d \geqslant C_2 \|d\|^2, \quad \forall d \in R^n. \tag{6.4.21}$$

定理 6.4.3 假设条件 (A1)-(A3) 成立, 那么算法 6.4.1 要么终止于某一个 FJ 点, 要么生成一个序列 $\{x_k\}_{k=1}^{\infty}$, 其每一聚点都是 (6.4.1) 的一个 FJ 点.

证明 对第一种情形显然可由定理 6.4.2 得证. 因此, 假设存在一个无限指标集 κ, $\{x_k\}_{k\in\kappa} \to x^*$, 由 (6.4.14) 有, 对任意的 $k \in \kappa$,

$$-\|\nabla f_0(x_k)\| \|d_k\| \leqslant c_0^k v_k \leqslant -\frac{1}{2} C_2 c_0^k \|d_k\|^2,$$

这意味着, 对任意的 $k \in \kappa$,

$$\|d_k\| \leqslant \frac{2}{C_2 \lim\inf_{k\in\kappa} c_0^k} \|\nabla f_0(x_k)\|, \tag{6.4.22}$$

并且

$$|v_k| \leqslant \frac{2}{C_2 (\lim\inf_{k\in\kappa} c_0^k)^2} \|\nabla f_0(x_k)\|^2. \tag{6.4.23}$$

由 (6.4.9) 的 KKT 条件中第二个等式、条件 (A1)、(6.4.22) 和 (6.4.23), 不失一般性, 可以假设

$$\lim_{k\in\kappa, k\to\infty} d_k = d^*; \qquad \lim_{k\in\kappa, k\to\infty} v_k = v^*;$$

$$\lim_{k \in \kappa, k \to \infty} u_i^k = u_i^*; \quad \lim_{k \in \kappa, k \to \infty} c_i^k = c_i^*, i \in I^0.$$

显然, $d^* = 0$ 当且仅当 $v^* = 0$. 由反证法, 假设 x^* 不是 (6.4.1) 的 FJ 点. 那么从 (6.4.9) 中的 KKT 条件, 可推断出 $d^* \neq 0$. 另一方面, 由 (6.4.15) 和 (6.4.16), 有

$$\nabla f_0(x^*)^{\mathrm{T}} d^* \leqslant -\frac{C_2 c_0^*}{2} \|d^*\| < 0,$$

并且

$$f_i(x^*) + \nabla f_i(x^*)^{\mathrm{T}} d^* \leqslant -\frac{C_2 c_i^*}{2} \|d^*\| < 0, \quad i \in I.$$

因此, 存在 $\delta > 0$, 使得对所有的 $k \in \kappa$, 当 k 足够大时有

$$\nabla f_0(x_k)^{\mathrm{T}} d_k \leqslant -\delta, \tag{6.4.24}$$

$$\nabla f_i(x_k)^{\mathrm{T}} d_k \leqslant -\delta, \quad i \in I(x^*). \tag{6.4.25}$$

并且

$$\nabla f_i(x^k) \leqslant -\delta, \quad \text{当} i \in I \setminus I(x^*) \text{时}. \tag{6.4.26}$$

类似定理 6.4.2 的证明, 利用 (6.4.24), (6.4.25) 和 (6.4.26), 可以证明存在 $\tau^* > 0$, 对 $k \in \kappa$ 且 k 足够大时,

$$t_k \geqslant \tau^* > 0. \tag{6.4.27}$$

由 (6.4.10), (6.4.24) 和 (6.4.27), 可知对足够大的 $k \in \kappa$,

$$f_0(x_{k+1}) - f_0(x_k) \leqslant -\sigma \delta \tau^*,$$

但这与当 $k \to \infty$ 时, $f_0(x_{k+1}) - f_0(x_k) \to 0$ 相矛盾. 故结论得证. □

下一定理表明, 若由算法 6.4.1 产生的序列存在聚点, 则这个序列具有正则性质.

定理 6.4.4 假设条件 (A1)-(A3) 成立, 由算法 6.1.5 生成的序列 $\{x_k\}_{k=1}^{\infty}$ 存在一个聚点. 那么

$$\lim_{k \to \infty} \|x_{k+1} - x_k\| = 0. \tag{6.4.28}$$

证明 由 $f_0(x_k)$ 是单调递减的, $\{x_k\}_{k=1}^{\infty}$ 聚点存在, 并且 f_0 是连续的, 可推出序列 $\{f_0(x_k)\}_{k=1}^{\infty}$ 收敛. 由

$$f_0(x_k + t_k d_k) - f_0(x_k) \leqslant \sigma t_k \nabla f_0(x_k)^{\mathrm{T}} d_k,$$

$$\nabla f_0(x_k)^{\mathrm{T}} d_k \leqslant -\frac{C_2 c_0^k}{2} \|d_k\|^2,$$

以及条件 (A1), 有

$$\lim_{k \to \infty} t_k \|d_k\|^2 = 0. \tag{6.4.29}$$

下面证明

$$\lim_{k \to \infty} t_k \|d_k\| = 0. \tag{6.4.30}$$

假设 (6.4.30) 不成立, 那么存在一个正常数 c, 以及一个无穷正整数列 K, 使得对所有的 $k \in \kappa$,

$$t_k \|d_k\| \geqslant c. \tag{6.4.31}$$

再结合 (6.4.29), 有

$$\lim_{k \to \infty, k \in K} \|d_k\| = 0.$$

由于 $t_k = \rho^{j_k} \in (0, 1)$, 可推出

$$\lim_{k \to \infty, k \in K} t_k \|d_k\| = 0,$$

这与 (6.4.31) 矛盾. 因此, (6.4.30) 成立.

又由

$$\|x_{k+1} - x_k\| \leqslant t_k \|d_k\|,$$

即可得到定理结论. □

定理 6.4.5 将 $\{x_k\}_{k=1}^{\infty}$ 中的所有可能的聚点记作 Z. 如果 Z 非空, 那么 Z 是一个单点集或是一个连通集.

证明 从 (6.4.28) 和 [212] 的注 14.1.1 即可得到结论. □

6.4.3 FJ 点的局部性质和整个迭代点列的收敛性

为了研究序列 $\{x_k\}_{k=1}^{\infty}$ 的收敛性, 只需证明 Z 是一个单点集. 为此, 优化问题 (6.4.1) 中的函数还需做更强的假设.

对任意的 $x \in R^n$ 和任意的 $(\tau, u) \in R \times R^m$, 记 FJ 函数为 $FJ(x, \tau, u)$

$$FJ(x, \tau, u) = \tau f_0(x) + \sum_{i=1}^{m} u_i f_i(x),$$

令

$$F_{\tau,u}(x) \equiv \nabla_x FJ(x, \tau, u) = \tau \nabla f_0(x) + \sum_{i=1}^{m} u_i \nabla f_i(x).$$

下面, 除假设 (A1)(A2)(A3) 外, 还假定有以下条件:

(A4) 对任意的 $i \in I^0$, ∇f_i 局部 Lipschitz 连续, 即 f_i 是一阶下半连续可微 (LC^1) 函数.

不失一般性, 假设 $F: R^n \to R^m$ 局部 Lipschitz 连续, 则由 Rademacher 定理, F 几乎处处可微. 令 D_F 是 F 的可微点的集合, 那么在 Clarke[38] 意义下, F 在 x 处的广义雅可比矩阵为

$$\partial F(x) = co\left\{ \lim_{x_k \in D_F, x_k \to x} \nabla F(x_k) \right\}. \tag{6.4.32}$$

记

$$\partial_B F(x) = \left\{ \lim_{x_k \in D_F, x_k \to x} \nabla F(x_k) \right\}.$$

称 F 在 $x \in R^n$ 上是半光滑的, 如果 F 在 x 的某一个开邻域上是 Lipschitz 连续的并且对任意向量 $d \in R^n$, 极限

$$\lim_{D \in \partial F(x+td'), d' \to d, t \to 0^+} Dd'$$

都存在.

定义 6.4.6 设 z 是优化问题 (6.4.1) 的一个 FJ 点. 如果对于任意的 FJ 乘子 $(\tau, u) \in M(z)$, 所有的 $V \in \partial F_{\tau,u}(z)$ 在如下集合上都是正定的:

$$G_1(z, \tau, u) = \{d \in R^n | \nabla f_0(z)^{\mathrm{T}} d = 0, \nabla f_i(z)^{\mathrm{T}} d = 0, i \in \mathrm{supp}(u);$$

$$\nabla f_i(z)^{\mathrm{T}} d \leqslant 0, i \in (I(z) \backslash \mathrm{supp}(u))\}.$$

那么称 z 点满足 FJ1 强二阶充分条件 (FJ1-SSOSC).

定义 6.4.7 设 z 是优化问题 (6.4.1) 的一个 FJ 点. 如果对于任意的 FJ 乘子 $(\tau, u) \in M(z)$, 所有的 $V \in \partial F_{\tau,u}(z)$ 在如下集合上都是正定的:

$$G_2(z, \tau, u) = \{d \in R^n | \nabla f_0(z)^{\mathrm{T}} d \leqslant 0, \tau \nabla f_0(z)^{\mathrm{T}} d = 0, \nabla f_i(z)^{\mathrm{T}} d = 0,$$

$$(i \in \mathrm{supp}(u)); \nabla f_i(z)^{\mathrm{T}} d \leqslant 0, (i \in (I(z) \backslash \mathrm{supp}(u)))\}.$$

那么称 z 点满足 FJ2 强二阶充分条件 (FJ2-SSOSC).

显然, 如果 FJ 点 z 满足 (FJ2-SSOSC), 那么 z 也满足 (FJ1-SSOSC). 如果 $\tau \neq 0$, 那么 $G_1 = G_2$, 由 Robinson[152] 知, 此时 (FJ1-SSOSC) 和 (FJ2-SSOSC) 即为强二阶充分条件 (SSOSC).

下面是 LC^1 函数的二阶中值定理 ([142]).

引理 6.4.8 设 $f: W \to R$ 是 W 上的一个 LC^1 函数, 其中 W 是 R^n 上的一个开子集. 令 $P = \nabla f$. 那么对任意的 $x, y \in W$, 存在 $t \in [0, 1]$ 和 $V \in \partial P(x + t(x - y))$, 使得

$$f(y) - f(x) - \nabla f(x)^{\mathrm{T}}(y - x) = \frac{1}{2}(y - x)^{\mathrm{T}} V(y - x).$$

定理 6.4.9　设 z 是 (6.4.1) 中一个 FJ 点. 如果 z 满足 (FJ1-SSOSC) 条件, 那么, 存在 z 的一个邻域 $N(z)$, 使得对任意的 FJ 点 $y \in N(z) \setminus \{z\}$,

$$f_0(z) \neq f_0(y). \tag{6.4.33}$$

证明　用反证法证明. 假设不存在这样的 z 点邻域 $N(z)$. 那么存在一个 FJ 点列 $\{z^k\}_{k=1}^{\infty}$, 使得 $z^k \neq z$,

$$\lim_{k \to \infty} z^k = z, \tag{6.4.34}$$

并且

$$f_0(z^k) = f_0(z). \tag{6.4.35}$$

对任意给定的 k, 由于 z^k 是 (6.4.1) 的一个 FJ 点, 有 $(\bar{\tau}_k, \bar{u}^k) \in M(z^k)$. 令

$$(\tau_k, u^k) = \frac{(\bar{\tau}_k, \bar{u}^k)}{\|(\bar{\tau}_k, \bar{u}^k)\|}.$$

则 $(\tau_k, u^k) \in M(z^k)$ 并且 $\|(\tau_k, u^k)\| = 1$. 不失一般性, 可以假设

$$\lim(\tau_k, u^k) = (\tau, u). \tag{6.4.36}$$

由 z^k 是 FJ 点以及和 $(\tau_k, u^k) \in M(z^k)$, 对所有的 k, 有

$$\begin{cases} \tau_k \nabla f_0(z^k) + \sum_{i \in I} u_i^k \nabla f_i(z^k) = 0; \\ u_i^k f_i(z^k) = 0, \quad i \in I; \\ f_i(z^k) \leqslant 0, \quad i \in I. \end{cases}$$

再结合 (6.4.34) 和 (6.4.36) 式, 有

$$\begin{cases} \tau \nabla f_0(z) + \sum_{i \in I} u_i \nabla f_i(z) = 0; \\ u_i f_i(z) = 0, \quad i \in I; \\ f_i(z) \leqslant 0, \quad i \in I. \end{cases}$$

因此, $(\tau, u) \in M(z)$ 并且

$$F_{\tau, u}(z) = 0. \tag{6.4.37}$$

由于 z^k 是 (6.4.1) 的 FJ 点, 对 $i \in I$, 有 $f_i(z^k) \leqslant 0$, 再结合 (6.4.35), 以及 $u_i f_i(z) = 0$, $(\tau, u) \geqslant 0$, 可推出对所有的 k,

$$FJ(z, \tau, u) = \tau f_0(z) + \sum_{i \in I} u_i f_i(z)$$
$$\geqslant \tau f_0(z^k) + \sum_{i \in I} u_i f_i(z^k) = FJ(z^k, \tau, u). \tag{6.4.38}$$

利用引理 6.4.8, 有

$$FJ(z^k, \tau, u) = FJ(z, \tau, u) + F_{\tau,u}(z)(z^k - z) + \frac{1}{2}(z^k - z)^{\mathrm{T}} V_k(z^k - z), \qquad (6.4.39)$$

其中, $V_k \in \partial F_{\tau,u}(z + t_k(z^k - z))$, $0 \leqslant t_k \leqslant 1$. 通过 (6.4.37), (6.4.38) 和 (6.4.39), 对所有的 k, 有

$$(z^k - z) V_k(z^k - z) \leqslant 0. \qquad (6.4.40)$$

由 (6.4.32) 和 Carathéodory 定理, V_k 可以用一个 $\nabla F_{\tau u}(z_j^k)$ 的凸组合逼近, 其中 $z_j^k \in D_{F_{\tau,u}}(j = 0, \cdots, n)$ 可与 $z = t_k(z^k - z)$ 无限接近. 因此, 可以选取 $z_j^k \in D_{F_{\tau,u}}$, $z_j^k \to z(k \to \infty)$, $j = 0, \cdots, n$, 使得

$$\left\| V^k - \sum_{j=0}^{n} \lambda_j^k \nabla F_{\tau,u}(z_j^k) \right\| \leqslant \frac{1}{k},$$

其中, 对任意的 k 以及 $j = 0, 1, \cdots, n$, $\sum_{j=0}^{n} \lambda_j^k = 1$, $\lambda_j^k \geqslant 0$. 利用 (6.4.40), 可得

$$\sum_{j=0}^{n} \lambda_j^k \left(\frac{z^k - z}{\|z^k - z\|} \right) \nabla F_{\tau,u}(z_j^k) \left(\frac{z^k - z}{\|z^k - z\|} \right) \leqslant o\left(\frac{1}{k} \right). \qquad (6.4.41)$$

由于 $F_{\tau,u}$ 局部 Lischitz 连续, $\nabla F_{\tau,u}$ 在 $D_{F_{\tau,u}}$ 上局部有界, 利用子序列, 不失一般性, 可以假设当 $k \to \infty$ 时, 有 $F_{\tau,u}(z_j^k) \to V^j$, 其中 $V^j \in \partial_B F_{\tau,u}(z)$ 并且 $\lambda_j^k \to \lambda_j$. 于是 $\sum_{j=0}^{n} \lambda_j = 1$, $\lambda_j \geqslant 0$.

因为 $\|(z^k - z)/\|z^k - z\|\| = 1$, 也可以假设 $d = \lim_{k \to \infty}((z^k - z)/\|z^k - z\|)$. 再对式 (6.4.41) 两边取 $k \to \infty$, 可得

$$\sum_{j=1}^{n} d^{\mathrm{T}} V^j d \leqslant 0. \qquad (6.4.42)$$

另一方面, 对任意 $i \in \operatorname{supp}(u)$, 由 $u_i^k \to u_i$, 知存在 k_i, 使得对所有的 $k > k_i$ 有 $u_i^k > 0$. 因此, 对所有的 $k > k_i$, $i \in \operatorname{supp}(u^k)$. 令 $\bar{k} = \max\{k_i | i \in \operatorname{supp}(u)\}$, 则对所有的 $k > \bar{k}$, $\operatorname{supp}(u) \subseteq \operatorname{supp}(u^k)$. 于是, 对 $k > \bar{k}$, 有

$$f_i(z^k) - f_i(z) = 0, \quad i \in \operatorname{supp}(u). \qquad (6.4.43)$$

由 Taylor 公式, 有

$$0 = f_i(z^k) - f_i(z) = \nabla f_i(z)^{\mathrm{T}}(z^k - z) + o(\|z^k - z\|).$$

对上面的等式两边除以 $\|z^k - z\|$ 并令 $k \to \infty$, 有

$$\nabla f_i(z)^{\mathrm{T}} d = 0, \quad i \in \mathrm{supp}(u). \tag{6.4.44}$$

类似地, 由 (6.4.35) 有

$$\nabla f_0(z)^{\mathrm{T}} d = 0. \tag{6.4.45}$$

对 $i \in I(z)$, $f_i(z) = 0$. 因此, 由

$$\begin{aligned}
0 \geqslant f_i(z^k) &= f_i(z) + \nabla f_i(z)^{\mathrm{T}}(z^k - z) = o(\|z^k - z\|) \\
&= \nabla f_i(z)^{\mathrm{T}}(z^k - z) + o(\|z^k - z\|),
\end{aligned}$$

即

$$\nabla f_i(z)^{\mathrm{T}}(z^k - z) + o(\|z^k - z\|) \leqslant 0,$$

得到对 $i \in I(z)$, 有

$$\nabla f_i(z)^{\mathrm{T}} d \leqslant 0. \tag{6.4.46}$$

由关系式 (6.4.42), (6.4.44)-(6.4.46), 可推出与 z 满足 (FJ1-SSOSC) 条件的假设相矛盾. 故结论得证. $\square$

推论 6.4.10   假设 $\{x_k\}_{k=1}^{\infty}$ 由算法 6.4.1 生成, 并且 $Z \neq \varnothing$, $x^* \in Z$. 如果 x^* 满足 (FJ1-SSOSC) 条件, 那么 Z 是一个单元素集, 并且

$$\lim_{k \to \infty} x_k = x^*. \tag{6.4.47}$$

证明   假设 Z 不是一个单元素集. 则由定理 6.4.5 知, 存在 $y^l \in Z$, $y^l \neq x^*$, 并且 $\lim_{l \to \infty} y^l = x^*$.

由于对所有的 $k, f_0(x_{k+1}) < f_0(x_k)$, 同时还存在一个集合 κ 使得 $\lim_{k \in \kappa} x_k = x^*$, 因此 $f_0(x_k) \to f_0(x^*)$, 这意味着对所有的 l, 有

$$f_0(y^l) = f_0(x^*),$$

但这与定理 6.4.9 相矛盾. 所以 Z 是单点集并且 (6.4.47) 成立. $\square$

下面证明由 (FJ2-SSOSC) 条件可导出 (6.4.1) 一个严格局部极小点.

定理 6.4.11   假设 (6.4.1) 的一个 FJ 点 z 满足 (FJ2-SSOSC) 条件. 那么 z 是 (6.4.1) 的一个严格局部极小点.

证明   用反证法. 假设结论不成立, 则存在一个序列 $\{z^k\}_{k=1}^{\infty}$, $z^k \to z$, $z^k \neq z$, 对 $i \in I$, $f_i(z^k) \leqslant 0$, 并且

$$f_0(z^k) - f_0(z) \leqslant 0. \tag{6.4.48}$$

不失一般性, 假设

$$\lim_{k \to \infty} \frac{z^k - z}{\|z^k - z\|} = d.$$

令 $(\tau, u) \in M(z)$, 则

$$F_{\tau, u}(z) = 0.$$

类似 (6.4.37)- (6.4.42) 式的讨论, 有

$$\sum_{j=1}^{n} d^{\mathrm{T}} V^j d \leqslant 0, \tag{6.4.49}$$

其中 V^j 与定理 6.4.9 证明中的意义相同.

对 $i \in I$,

$$0 \geqslant f_i(z^k) = f_i(z) + \nabla f_i(z)^{\mathrm{T}}(z^k - z) + o(\|z^k - z\|).$$

对 $i \in I(z)$, $f_i(z) = 0$, 于是有

$$\nabla f_i(z)^{\mathrm{T}}(z^k - z) + o(\|z^k - z\|) \leqslant 0.$$

对上式两边同时除以 $\|z^k - z\|$ 并令 $k \to \infty$, 得到

$$\nabla f_i(z)^{\mathrm{T}} d \leqslant 0, \quad i \in I(z). \tag{6.4.50}$$

由 (6.4.48), 有

$$\nabla f_0(z)^{\mathrm{T}} d \leqslant 0. \tag{6.4.51}$$

另一方面, 利用 FJ 条件有

$$\tau \nabla f_0(z) + \sum_{i \in \mathrm{supp}(u)} u_i \nabla f_i(z) = 0,$$

再结合 (6.4.50), (6.4.51), 以及 $\mathrm{supp}(u) \subseteq I(z)$, 可得

$$\nabla f_i(z)^{\mathrm{T}} d = 0, \quad i \in \mathrm{supp}(u), \tag{6.4.52}$$

并且

$$\tau \nabla f_0(z)^{\mathrm{T}} d \leqslant 0. \tag{6.4.53}$$

式 (6.4.49)- (6.4.53) 与假设 z 满足 (FJ2-SSOSC) 条件矛盾. 因此, 结论得证. $\square$

由定理 6.4.3、推论 6.4.15 和定理 6.4.11, 易得如下结果:

推论 6.4.12　　假设条件 (A1)-(A4) 成立,$\{x_k\}_{k=1}^{\infty}$ 由算法 6.4.1 产生. 如果 $\{x_k\}_{k=1}^{\infty}$ 有一个聚点 x^* 满足 (FJ2-SSOSC) 条件,那么 x^* 是 (6.4.1) 的一个严格局部极小点并且 $x_k \to x^*$.

例 6.4.3　　令 $N = \{1, 2, \cdots\}, p \in N$. 考虑如下带参数 p 的例子 (P3):

$$\min \quad f_0(x) := (x_1)^2 + x_2,$$
$$\text{s.t.} \quad f_1(x) := -x_1 - (x_2)^5 \leqslant 0,$$
$$f_2(x) := x_1 + (x_2)^{2p} + (x_3)^2 \leqslant 0.$$

不难证明如下性质:

(a3) (P3) 有唯一解 $x^* = (0, 0, 0)^T$;

(b3) $x^* = (0, 0, 0)^T$ 是 (P3) 的一个 FJ 点, 但不是 (P3) 的 KKT 点;

(c3) 若 $p \in \{1, 2\}$, 则 (P3) 有一个 KKT 点 $\bar{x} = (-1, 1, 0)^T$;

(d3) 对任意 $c_0 > 0$, 水平集 $L(c_0) = \{x \in R^3 | f_0(x) \leqslant c_0, x \in D\})$ 是有界的.

通过简单计算, 有如下结果

$$\nabla f_0(x^*) = (0, 1, 0)^T, \quad \nabla f_1(x^*) = (-1, 0, 0)^T, \quad \nabla f_2(x^*) = (1, 0, 0)^T,$$
$$M(x^*) = \{(0, a, a)^T | a > 0\},$$
$$G_1(x^*, \tau^*, u^*) = \{(0, 0, d_3)^T | d_3 \in R\},$$

并且

$$G_2(x^*, \tau^*, u^*) = \{(0, d_2, d_3)^T | d_2 \leqslant 0\}.$$

对任意 $(\tau^*, (u^*)^T)^T := (0, a, a)^T \in M(x^*)$,

$$\text{若} p = 1, \text{则} \nabla F_{\tau^*, u^*}(x^*) = 2a \begin{pmatrix} 0 & 0 & 0 \\ 0 & 1 & 0 \\ 0 & 0 & 1 \end{pmatrix};$$

$$\text{若} p \in N \setminus \{1\}, \text{则} \nabla F_{\tau^*, u^*}(x^*) = 2a \begin{pmatrix} 0 & 0 & 0 \\ 0 & 0 & 0 \\ 0 & 0 & 1 \end{pmatrix}.$$

因此, 如果 $p = 1$, 那么 $\nabla F_{\tau^*, u^*}(x^*)$ 在 $G_1(x^*, \tau^*, u^*)$ 和 $G_2(x^*, \tau^*, u^*)$ 上对所有的 FJ 乘子 $(\tau^*, (u^*)^T)^T \in M(x^*)$ 都是正定的. 因此, x^* 满足 (FJ1-SSOSC) 和 (FJ2-SSOSC) 条件. 类似地, 如果 $p \in N \setminus \{1\}$, 那么 x^* 满足 (FJ1-SSOSC) 条件, 但不满足 (FJ2-SSOSC) 条件.

下面讨论 $\bar{x}$, 此时注意到 $p \in \{1, 2\}$. 经过简单计算有

$$\nabla f_0(\bar{x}) = (-2, 1, 0)^T, \quad \nabla f_1(\bar{x}) = (-1, -5, 0)^T, \quad \nabla f_2(\bar{x}) = (1, 2p, 0)^T,$$

$$M(\bar{x}) = \left\{ \left(\frac{5-2p}{11}a, \frac{4p+1}{11}a, a \right)^{\mathrm{T}} | a > 0 \right\}.$$

且

$$G_1(\bar{x}, \bar{\tau}, \bar{u}) = \{(0, 0, d_3)^{\mathrm{T}} | d_3 \in R\}.$$

由于对任意的 $(\bar{\tau}, (\bar{u})^{\mathrm{T}})^{\mathrm{T}} \in M(\bar{x}), \bar{\tau} \neq 0,$

$$G_2(\bar{x}, \bar{\tau}, \bar{u}) = G_1(\bar{x}, \bar{\tau}, \bar{u}),$$

$$\nabla^2 f_0(\bar{x}) = \begin{pmatrix} 2 & 0 & 0 \\ 0 & 0 & 0 \\ 0 & 0 & 0 \end{pmatrix}, \quad \nabla^2 f_1(\bar{x}) = \begin{pmatrix} 0 & 0 & 0 \\ 0 & -10 & 0 \\ 0 & 0 & 1 \end{pmatrix}.$$

并且

$$\nabla^2 f_2(\bar{x}) = \begin{cases} \begin{pmatrix} 0 & 0 & 0 \\ 0 & 2 & 0 \\ 0 & 0 & 2 \end{pmatrix}, & p = 1, \\ \begin{pmatrix} 0 & 0 & 0 \\ 0 & 12 & 0 \\ 0 & 0 & 2 \end{pmatrix}, & p = 2. \end{cases}$$

于是对任意的 $(\bar{\tau}, \bar{u}^{\mathrm{T}})^{\mathrm{T}} \in M(\bar{x}))$, 有

$$\nabla^2 F_{\bar{\tau}, \bar{u}}(\bar{x}) = \begin{cases} a \begin{pmatrix} \dfrac{6}{11} & 0 & 0 \\ 0 & -\dfrac{28}{11} & 0 \\ 0 & 0 & 2 \end{pmatrix}, & p = 1, \\ a \begin{pmatrix} \dfrac{2}{11} & 0 & 0 \\ 0 & \dfrac{42}{11} & 0 \\ 0 & 0 & 2 \end{pmatrix}, & p = 2. \end{cases}$$

故若 $p \in \{1, 2\}$, 那么 $\bar{x}$ 同时满足 (FJ1-SSOSC) 和 (FJ2-SSOSC) 条件.

从上述讨论可知, 如果用算法 6.4.1 求解例题 (P3), 那么算法 6.4.1 或者终止于 (P3) 的一个 FJ 点, 或者产生点列 $\{x_k\}_{k=1}^{\infty}$ 且收敛到 (P3) 中的某一 FJ 点.

6.4.4 单位步长

利用算法 6.4.1 可以得到一个全局收敛的点列. 下面将说明如果我们选择足够大的参数 c_i^k, 那么一个单位步长即能被算法中的线搜索 (6.4.10) 和 (6.4.11) 所接受, 并且还可以得到 (6.4.1) 的一些新结果.

为研究单位步长, 需要如下假设:

(A5) 对任意 $i \in I^0$, 存在 $L_i > 0$, 使得对任意的 $x \in R^n, y \in R^n$,

$$\|\nabla f_i(x) - \nabla f_i(y)\| \leqslant L_i \|x - y\|.$$

定理 6.4.13　假设条件 (A1)-(A5) 成立, $\{x_k\}_{k=1}^{\infty}$ 由算法 6.4.1 产生. 如果

$$\liminf_{k \to \infty} c_0^k \geqslant \frac{2L_0}{C_2(1 - \sigma)}, \tag{6.4.54}$$

$$\liminf_{k \to \infty} c_i^k \geqslant \frac{2L_i}{C_2}, \quad i \in I, \tag{6.4.55}$$

那么对于 $k \geqslant 1$,

$$f_0(x_k + d_k) - f_0(x_k) \leqslant \sigma \nabla f_0(x_k)^{\mathrm{T}} d_k, \tag{6.4.56}$$

$$f_i(x_k + d_k) \leqslant 0, \quad i \in I. \tag{6.4.57}$$

证明　首先证明 (6.4.56), 即 $q_k(1) \leqslant 0$, 其中, q_k 如定理 6.4.2 证明中的定义. 对 $k \geqslant 1$, 由 (6.4.15) 和假设 (A5) 知

$$q_k(1) = \int_0^1 \nabla f_0(x_k + td_k)^{\mathrm{T}} d_k dt - \sigma \nabla f_0(x_k)^{\mathrm{T}} d_k$$

$$= (1 - \sigma)\nabla f_0(x_k)^{\mathrm{T}} d_k + \int_0^1 (\nabla f_0(x_k + td_k) - \nabla f_0(x_k))^{\mathrm{T}} d_k dt$$

$$\leqslant -\frac{(1 - \sigma)}{2} c_0^k d_k^{\mathrm{T}} H_k d_k + L_0 \|d_k\|^2$$

$$\leqslant -\frac{(1 - \sigma)C_2 c_0^k}{2} \|d_k\|^2 + L_0 \|d_k\|^2,$$

这意味着如果 $c_0^k \geqslant \dfrac{2L_0}{C_2(1 - \sigma)}$, 那么 $q_k(1) \leqslant 0$. 于是由 (6.4.54) 得到 (6.4.56).

再证 (6.4.57). 对 $k \geqslant 1$, 由 (6.4.16) 和假设 (A3) 知, 对每个 $i \in I$,

$$f_i(x_k + d_k) = [f_i(x_k) + \nabla f_i(x_k)^{\mathrm{T}} d_k] + \int_0^1 [\nabla f_i(x_k + td_k) - \nabla f_i(x_k)]^{\mathrm{T}} d_k dt$$

$$\leqslant c_i^k v_k + L_i \|d_k\|^2$$

$$\leqslant -\frac{c_i^k}{2} d_k^{\mathrm{T}} H_k d_k + L_i \|d_k\|^2$$

$$\leqslant -\frac{C_2 c_i^k}{2} \|d_k\|^2 + L_i \|d_k\|^2.$$

这意味着如果 $c_i^k \geqslant 2L_i$, 那么 $f_i(x_k + d_k) \leqslant 0$. 于是由 (6.4.55) 可以得到 (6.4.57). □

记 X^0 为可行域 D 的内点集, X_{FJ} 为 (6.4.1) 的 FJ 点集. 由定理 6.4.13 的证明, 有如下结论.

定理 6.4.14   假设 $f_i(i \in I)$ 满足 (A5). 如果 $D \neq X_{FJ}$, 那么 X^0 是非空的.

证明   设 $z \in D - X_{FJ}$. 对任意的 $i \in I$, 选择 c_i 满足

$$c_i \geqslant 2(L_i + 1). \tag{6.4.58}$$

考虑最小化问题:

$$
\begin{aligned}
\min \quad & v + \frac{1}{2} d^{\mathrm{T}} d, \\
\text{s.t.} \quad & \nabla f_0(z)^{\mathrm{T}} d \leqslant v, \\
& f_i(z) + \nabla f_i(z)^{\mathrm{T}} d \leqslant c_i v, \quad i \in I.
\end{aligned}
$$

令 d^z 是它的解. 由于 z 不是 (6.4.1) 的 FJ 点, 那么由定理 6.4.3 知 $d^z \neq 0$. 类似定理 6.4.13 的证明, 对任意的 $i \in I$ 有

$$f_i(z + d^z) \leqslant -\frac{c_i}{2} \|d^z\|^2 + L_i \|d^z\|^2.$$

再利用 $d^z \neq 0$ 和 (6.4.58) 式可推出 $f_i(z - d^z) < 0$, 即 $X^0 \neq \varnothing$.   □

由定理 6.4.13, 有如下推论.

推论 6.4.15   假设 $f_i, (i \in I)$ 满足 (A5). 若 $X^0 = \varnothing$ 那么 $D = X_{FJ}$.

由定理 6.4.13, 可以得到算法 6.4.1 的一个不需采用线搜索的新的变形算法. 当假设条件 (A1)-(A5) 成立时, 这个变形算法也是全局收敛的.

算法 6.4.16(无需线搜索的单位步长变形算法)

步 1(初始化), 步 2 和步 3 与算法 6.4.1 的步 1- 步 3 一样.

步 4. 如果

$$f_0(x_k + d_k) - f_0(x_k) \leqslant \sigma \nabla f_0(x_k)^{\mathrm{T}} d_k, \tag{6.4.59}$$

并且

$$f_i(x_k + d_k) \leqslant 0, \quad i \in I, \tag{6.4.60}$$

则转步 5; 否则, 令

$$
c_0^k := \begin{cases} c_0^k, & \text{若满足式 (6.4.59)}, \\ 2c_0^k, & \text{若不满足式 (6.4.59)}, \end{cases}
$$

$$
c_i^k := \begin{cases} c_i^k, & \text{若满足式 (6.4.60)}, \quad i \in I, \\ 2c_i^k, & \text{若不满足式 (6.4.60)}, \quad i \in I, \end{cases}
$$

转步 2.

步 4. 令 $x_{k+1} = x_k + d_k$, $c_i^{k+1} = c_i^k, (i \in I^0)$, $k := k + 1$, 返回步 2.

注   值得说明的的是, 对所有的 $k \geqslant 1$, $t_k = 1$ 并不意味着 $\{x_k\}_{k=1}^{\infty}$ 超线性收敛到 (6.4.1) 的一个 FJ 点. 实际上, d_k 通常不是一个牛顿方向, 因而改进的算法不具有超线性收敛速率. 对于具有超线性收敛速率的可行方向法, 可参见相关文献.

6.5　随机极限载荷分析 —— 模型及求解

比例载荷下弹性结构的塑性极限是结构工程, 尤其是对结构在临界状态讨论中的常见问题. 极限载荷分析对给定的塑性结构计算最大的可承受负荷. 早期的极限分析中, 把结构的材料性质、几何构造以及承载负荷视为确定的量, 但在实际中, 这些因素往往存在着一定程度的不确定性, 并且它们对结构的安全性能有着不可忽视的影响. 由于当结构中有足够多的个体因子处于极限状态时, 即可认为该结构失效, 故结合考察变量的随机因素对弹性结构的有效性进行评估尤为重要.

随机极限载荷理论广泛应用于工程结构安全性能分析中, 一般情形下可表述为一类特殊的机率约束优化问题 (CCP 问题), 即在满足一些概率约束条件下对一个随机价值函数求极小. 极限载荷分析的一些特殊情形, 如带概率约束的确定性目标函数优化或带确定性约束的随机目标函数优化问题, 已有不少研究. 本节主要给出一种随机极限载荷分析的一般随机优化方法, 由于对该类问题进行精确计算困难且复杂, 我们采用适当的近似方法来求解, 并给出两个采用非精确变量的扩展序列二次规划 (SQP) 方法, 这些算法是全局收敛的, 并且在一些特殊情形下可获得局部超线性收敛性质.

考察如下机率约束问题:

$$\min\left\{f_0(x) = \int_\Omega f(x;\omega)P(d\omega) : x \in D\right\}, \tag{6.5.1}$$

$f_0 : R^n \to R$ 是 R^n 上的连续可微凸函数, 且

$$D = \left\{x : x \in R^n, P\{A(\omega)x \geqslant b(\omega)\} \geqslant \alpha\right\}, \tag{6.5.2}$$

或是分离形式的机率约束

$$D = \left\{x : x \in R^n, P\{A_i(\omega)x \geqslant b_i(\omega)\} \geqslant \alpha_i, i = 1, \cdots, l\right\}. \tag{6.5.3}$$

其中 ω 是概率空间 $(\Omega, \mathfrak{A}, P)$ 上的一个随机向量, $A(\omega) = (A_1(\omega), A_2(\omega), \cdots, A_l(\omega))^{\mathrm{T}}$ 和 $b(\omega) = (b_1(\omega), b_2(\omega), \cdots, b_l(\omega))^{\mathrm{T}}$ 分别是关于 $\omega \in R^m$ 的矩阵和向量函数, 标量 $\alpha \in (0, 1)(\alpha_i \in (0, 1), i = 1, \cdots l)$ 表示所有约束条件能够得到满足的概率.

随机极限载荷问题一般可分为三种情形:(i) 载荷确定而只有 $b(\omega)$ 是随机的; (ii) 载荷随机而塑性抗力是确定的, 即只有 $A(\omega)$ 是随机的; (iii) 载荷及塑性抗力均是随机的. 我们将对情形 (iii) 讨论一个更一般的方法, 特别对函数 f 和可行域 D 通过不同的近似形式, 再给出两个非精确 SQP 型算法.

6.5.1　随机极限载荷分析模型

理想塑性结构的极限分析是数学规划较早就应用于力学领域的问题之一. 早在 20 世纪 70 年代, Giulio Maier 教授即将数学规划应用于工程塑性问题的求解, 而 Fourier 首次有预见性地将极限分析和数学规划相结合, 用于确定四腿单位强度支撑的桌子在某一点处所能承受的最大垂直载荷量.

类似通常定义, 本节以向量 $x \in R^n$ 和 $v \in R^n$ 分别表示装配结构的一般应力及应变速率, $y \in R^m$ 表示结构的结节自由度, 对应的载荷为 sF, 其中标量 s 是比例载荷因子或乘子, $F \in R^m$ 是已知的基载荷向量. 为便于讨论, 假设对所研究结构的一般非线性构成已做了适当的分段线性化处理. 于是对考察结构坍塌因素可有如下线性模型:

$$C^{\mathrm{T}}x = sF, \tag{6.5.4}$$

$$\phi = N^{\mathrm{T}} - u \leqslant 0, \tag{6.5.5}$$

$$Cy = v, \tag{6.5.6}$$

$$v = Nz, \quad z \geqslant 0, \tag{6.5.7}$$

$$F^{\mathrm{T}}y = 1, \tag{6.5.8}$$

$$\phi^{\mathrm{T}}z = 0. \tag{6.5.9}$$

(6.5.4) 式通过单独依赖于无形变几何的合适矩阵 $C \in R^{n \times m}$ 建立起整个结构的均衡条件. (6.5.5) 表示屈服条件, 其中 $\phi \in R^l$, $u \in R^l$ 分别为屈服函数和塑性容量向量, $N \in R^{n \times l}$ 是采集所有屈服超平面外部单位向量的块对角矩阵. (6.5.6) 和 (6.5.7) 式描述了塑性结构运动学坍塌中的兼容、无应力塑性应变率场, $z \in R^l$ 为塑性流 (乘子) 率向量. 条件 (6.5.8) 和 (6.5.9) 可视为动态及静态环境的联接, (6.5.8) 式表示了由按比例增长的载荷产生的便于归一化的正向效应, (6.5.9) 是保证仅在屈服面为积极时才产生塑性流动的 Prager 一致性或互补性条件.

显然上述 (6.5.4)- (6.5.9) 是一个线性互补问题, 且由正常塑性流动法则, 它是对称均衡且静动态变量分离的. 因此, 这一对称线性互补问题可以理解为下面线性规划问题及其对偶问题的最优性 KKT 必要条件并且它们有共同的最优解 s^*:

$$s^* = \max\{s : C^{\mathrm{T}}x = sF, Nx - u \leqslant 0\}, \tag{6.5.10}$$

和

$$s^* = \min\{u^{\mathrm{T}}z : Cy = Nz, F^{\mathrm{T}}y = 1, z \geqslant 0\}. \tag{6.5.11}$$

结构工程学中把对偶线性规划问题 (6.5.10) 和 (6.5.11) 分别当做是静态和动态的极限分析模型.

下面考虑 (6.5.10) 的随机规划形式. 我们限定讨论的参数为一般分布的 $N(w)$, $C(w)$, $F(w)$ 和 $u(w)$, 同时假设约束是随机的并且满足某些给定的概率水平 α 和 β, 因而在讨论中所有矩阵都是随机的:

$$P\{N(w)^{\mathrm{T}}x - u(w) \leqslant 0\} \geqslant \alpha,$$
$$(\text{或者}\quad P\{N_i(w)^{\mathrm{T}}x - u_i(w) \leqslant 0\} \geqslant \alpha_i, i = 1, \cdots, l),$$

以及

$$P\{C(w)^{\mathrm{T}}x - sF(w) = 0\} \geqslant \beta,$$
$$(\text{或者}\quad P\{C_j(w)^{\mathrm{T}}x - sF_j(w) = 0\} \geqslant \beta_j, j = 1, \cdots, m).$$

于是 (6.5.10) 的随机等价问题为如下**模型 1**

$$\max\left\{s : P\{N(w)^{\mathrm{T}}x - u(w) \leqslant 0\} \geqslant \alpha, P\{C(w)^{\mathrm{T}}x - sF(w) = 0\} \geqslant \beta\right\}. \quad (6.5.12)$$

或**模型 2**

$$\max\left\{s : P\{N_i(w)^{\mathrm{T}}x - u_i(w) \leqslant 0\} \geqslant \alpha_i, i = 1, \cdots, l; \right.$$
$$\left. P\{C_j(w)^{\mathrm{T}}x - sF_j(w) = 0\} \geqslant \beta_j, j = 1, \cdots, m\right\}. \quad (6.5.13)$$

类似地, (6.5.11) 的随机等价问题是

$$\min\left\{u(w)^{\mathrm{T}}z : P\{C(w)y - N(w)^{\mathrm{T}}z = 0\} \geqslant \alpha, P\{F(w)^{\mathrm{T}}y = 1\} \geqslant \beta, z \geqslant 0\right\}. \quad (6.5.14)$$

问题 (6.5.14) 也可以改写成下面的**模型 3**

$$\min\left\{\int_{\Omega} u(w)^{\mathrm{T}}zP(dw) : P\{C(w)y - N(w)^{\mathrm{T}}z = 0\} \geqslant \alpha, P\{F(w)^{\mathrm{T}}y = 1\} \geqslant \beta, z \geqslant 0\right\}. \quad (6.5.15)$$

或者**模型 4**

$$\min\left\{\int_{\Omega} u(w)^{\mathrm{T}}zP(dw) : P\{C_i(w)y - N_i(w)^{\mathrm{T}}z = 0\} \geqslant \alpha_i, i = 1, \cdots, l; \right.$$
$$\left. P\{F_j(w)^{\mathrm{T}}y = 1,\} \geqslant \beta_j, j = 1, \cdots, m; z \geqslant 0\right\}. \quad (6.5.16)$$

显然, 模型 1 是 (6.5.1) 和 (6.5.2) 的特殊情形而模型 2 是 (6.5.1) 和 (6.5.3) 的特殊情形. 记

$$e(z) = \int_{\Omega} u(w)^{\mathrm{T}}zP(dw).$$

由于对任意的 $z_1, z_2 \in R^l, \lambda \in [0,1]$,

$$e(\lambda z_1 + (1 - \lambda)z_2) = \lambda e(z_1) + (1 - \lambda)e(z_2),$$

故 $e(z)$ 是一个连续可微的凸函数. 则模型 3 是 (6.5.1) 和 (6.5.2) 的特殊情形且模型 4 是 (6.5.1) 和 (6.5.3) 的特殊情形.

下面将给出两种方法来求解 (6.5.1) 和 (6.5.3), 其中函数 f 和可行域 D 均很复杂而难以进行精确计算.

6.5.2 机会约束规划问题的近似

直接计算函数 f_0 或约束集能够得到满足的概率往往非常复杂, 这涉及到在随机向量空间中进行高维积分, 因而对一般问题往往考虑采用某种近似替代. 首先讨论如何构造函数 f 和可行域 D 的近似.

在许多近似方法中, 基本目标是通过

$$f^k(x) = \int_\Omega f(x; w) P^k(dw) \tag{6.5.17}$$

来代替 $f_0(x)$. 其中,P^k 是按照观察数据和选取的积分规则对 P 做的合适估计. 注意到一些拟蒙特卡罗方法, 如晶格法, 对 P 是连续可微的概率密度函数情形, 提供了一个误差边界

$$\|f_0(x) - f^k(x)\| \leqslant O(k^{-1}). \tag{6.5.18}$$

由于指数分布、对数正态分布等都可以转化为正态分布, 故不妨假设随机变量服从正态分布, 则要找到一些不等式 $\bar{A}x \geqslant \bar{b}$, 使得 $P\{A(w)x \geqslant b(w)\} \leqslant \alpha$. 于是我们只要对满足 $\bar{A}x \geqslant \bar{b}$ 的所有 x, 找到 $P\{A(w)x \geqslant b(w)\}$ 的上下界.

考虑对可行域 (6.5.3) 的近似. 由于 $D = \cap_{i=1}^l \{x \in R^n : P\{A_i(w)x \geqslant b_i(w)\}\}$, 故只需讨论如何近似单一约束

$$P\{A_i(w)x \geqslant b_i(w)\}.$$

假设 $A_{ij}(w) = \xi_i(w) - u_i, b_i(w) = -\xi_0(w) + u_0$, 可将 $A_i(w)x \geqslant b_i(w)$ 表示为 $\xi_0(w) + \xi(w)^T x \geqslant u_0 + U_i^T x$. 如果 $\xi(w)$ 有协方差矩阵 M_i, 那么 $\xi_0(w) + \xi(w)^T x$ 的方差是 $y^T M_i y$, 其中 $y = (1, x^T)^T$. 记 $u_0 + U_i^T x = V_i^T y$, 那么有

$$P\{A_i(w)x \geqslant b_i(w)\} \leqslant \frac{y^T M_i y}{y^T M_i y + (V_i^T y)^2},$$

这意味着, 若 x 满足

$$y^T M_i y(1 - \alpha_i) \leqslant \alpha_i (V_i^T y)^2,$$

那么

$$P\{A_i(w)x \geqslant b_i(w)\} \leqslant \alpha_i.$$

否则, 若

$$P\{A_i(w)x \geqslant b_i(w)\} \geqslant \alpha_i, \tag{6.5.19}$$

那么

$$y^{\mathrm{T}}M_iy(1 - \alpha_i) \geqslant \alpha_i(V_i^{\mathrm{T}}y)^2.$$

于是, 若令

$$X_L = \left\{x : y^{\mathrm{T}}M_iy(1 - \alpha_i) \geqslant \alpha_i(V_i^{\mathrm{T}}y)^2, i = 1, \cdots, l\right\}, \tag{6.5.20}$$

那么 (6.5.20) 允许有一个很大的可行域, 对极小化问题 (6.5.1) 和 (6.5.3) 得到一个下界:

$$\min\{f_0(x) : x \in X_L\}. \tag{6.5.21}$$

对于上界, 类似上面的讨论, 首先用

$$\alpha_i y^{\mathrm{T}}M_iy \leqslant (1 - \alpha_i)(V_i^{\mathrm{T}}y)^2$$

来代替 (6.5.19). 令

$$X^U = \left\{x : \alpha_i y^{\mathrm{T}}M_iy \leqslant (1 - \alpha_i)(V_i^{\mathrm{T}}y)^2, i = 1, \cdots, l\right\}. \tag{6.5.22}$$

那么可以产生一个比 (6.5.3) 更小的域. 因此, 问题 (6.5.1) 和 (6.5.3) 有上界:

$$\min\{f_0(x) : x \in X^U\}. \tag{6.5.23}$$

通常通过求解 (6.5.22) 和 (6.5.23) 来分别得到问题 (6.5.1) 和 (6.5.3) 的最优解的下界和上界. 基于求解 (6.5.21) 和 (6.5.23), 将给出两种方法来求解一般优化问题

$$\min\{f_0(x) : x \in D\}. \tag{6.5.24}$$

其中,

$$D = \{x : f_i(x) \leqslant 0, i = 1, \cdots, m\}, \tag{6.5.25}$$

且 $f_i(i = 1, \cdots, m)$ 是连续可微函数.

6.5.3　模型求解算法

对优化问题 (6.5.24) 和 (6.5.25), KKT 点 x_* 满足: $f_i(x_*) \leqslant 0, i = 1, \cdots, m$, 且存在乘子 $\lambda_*^i \geqslant 0 \, (i = 1, \cdots, m)$ 使得

$$\nabla f_0(x_*) + \sum_{i=1}^{m} \lambda_*^i \nabla f_i(x_*) = 0 \tag{6.5.26}$$

且

$$\lambda_*^i f_i(x_*) = 0, \quad i = 1, \cdots, m. \tag{6.5.27}$$

下面给出寻找问题 (6.5.24) 和 (6.5.25)KKT 点的算法. 第一个算法可视为文 [126], [129] 中算法的扩展.

由 (6.5.18), 假设对每个 $x \in X, \delta > 0$, 可以产生值 $f_0^a(x; \delta) \in R$ 满足

$$f_0^a(x; \delta) \in B(f_0; x; \delta), \tag{6.5.28}$$

其中

$$B(f_0; x; \delta) = \{f_0^a : |f_0^a - f_0(x)| \leqslant \delta, f_0^a \in R\}. \tag{6.5.29}$$

算法 6.5.1(一般算法 (GA))

步 1. (初始化). 令 $\delta \in (0, 1), \rho \in (0, 1), \tau \geqslant 2, \mu \in (2, 3), \epsilon_k > 0(k = 1, 2, \cdots)$ 满足 $\sum\limits_{k=1}^{\infty} \epsilon_k < +\infty$. 选取 $x_1 \in D, \delta_1 \in \left(0, \dfrac{1}{2}\epsilon_1\right)$; 置 $k := 0$.

步 2. 生成 $f_0^a(x_k; \delta_k) \in B(f_0; x_k; \delta_k)$, v_k 是 R^n 中的一个向量, G_k 是一个 $n \times n$ 的对称正定矩阵.

(i) 通过求解凸二次子问题 (QP_k) 计算 d_k^0:

$$\min \quad v_k^{\mathrm{T}} d^0 + \frac{1}{2}(d^0)^{\mathrm{T}} G_k d^0,$$

$$\text{s.t.} \quad f_j(x_k) + \nabla f_j(x_k)^{\mathrm{T}} d^0 \leqslant 0, \quad j = 1, \cdots, m.$$

(ii) 通过求解下列问题计算 d_k^1:

$$\min \left\{ \frac{1}{2} \|d^1\|^2 + \max\{v_k^{\mathrm{T}} d^1; \max\{f_j(x_k) + \nabla f_j(x_k)^{\mathrm{T}} d^1 : j = 1, \cdots, m, \}\} \right\}.$$

令 $\rho_k = \dfrac{\|d_k^0\|^{\tau}}{1 + \|d_k^0\|^{\tau}}$, $d_k = (1 - \rho_k)d_k^0 + \rho_k d_k^1$.

(iii) 通过求解下列凸二次子问题 (GQP_k) 计算 $\bar{d}_k$:

$$\min \quad v_k^{\mathrm{T}}(d_k + \bar{d}) + \frac{1}{2}(d_k + \bar{d})^{\mathrm{T}} G_k(d_k + \bar{d}),$$

$$\text{s.t.} \quad f_j(x_k) + \nabla f_j(x_k)^{\mathrm{T}} \bar{d} \leqslant -\|d_k\|^{\mu}, \quad j = 1, \cdots, m.$$

选取 $\delta_{k+1} \in \left(0, \dfrac{1}{2}\epsilon_{k+1}\right)$, 使得 $\delta_{k+1} < \epsilon_{k+1} - \delta_k$.

步 3. 令 $j := 0$.

步 4. 生成 $f_0^a(x_k + \rho^j d_k + (\rho^j)^2 \bar{d}_k; \delta_{k+1}) \in B(f_0; x_k + \rho^j d_k + (\rho^j)^2 \bar{d}_k; \delta_{k+1})$. 若

$$f_0^a(x_k + \rho^j d_k + (\rho^j)^2 \bar{d}_k; \delta_{k+1}) - f_0^a(x_k; \delta_k) \leqslant \delta \rho^j v_k^{\mathrm{T}} d_k + \epsilon_k,$$

$$f_j(x_k + \rho^j d_k + (\rho^j)^2 \bar{d}_k) \leqslant 0, \quad j = 1, \cdots, m,$$

则令 $t_k = \rho^j$, 转下步; 否则, 令 $j := j + 1$ 并重复步 4.

步 5. 令 $x_{k+1} = x_k + t_k d_k + t_k^2 \bar{d}_k, k := k + 1$, 返回步 2.

不难证明, 在一些条件假设下, 通过文 [126], [129] 给出的证明可以得到 (GA) 算法是全局收敛的.

下面讨论约束条件是线性的特殊情形, 我们将给出全局收敛和局部超线性收敛的非精确的 SQP 算法. 考虑仅有一个随机参数 $u(w)$ 的模型 4, 即

$$\min \left\{ \int_\Omega u(w)^{\mathrm{T}} z P(dw) : Cy - N^{\mathrm{T}} z = 0; F^{\mathrm{T}} y = 1, z \geqslant 0 \right\}, \tag{6.5.30}$$

其中约束条件是线性的. 因此, 在下面的讨论中 $j : 1 \leqslant j \leqslant m, f_j$ 是线性函数.

算法 6.5.2(非精确 SQP 算法 (ISA))

步 1. (初始化). 令 $\sigma \in (0, 1), \rho \in (0, 1), \epsilon_k > 0(k = 1, 2, \cdots)$ 满足 $\sum\limits_{k=1}^{\infty} \epsilon_k < +\infty$.

选取 $x_1 \in D, \delta_1 \in \left(0, \dfrac{1}{2}\epsilon_1\right)$; 令 $k := 0$.

步 2. 生成 $f_0^a(x_k; \delta_k) \in B(f_0; x_k; \delta_k)$, v_k 是 R^n 中的一个向量,G_k 是一个 $n \times n$ 的对称正定矩阵. 求解凸二次子问题 (QP_k):

$$\min \quad v_k^{\mathrm{T}} d + \frac{1}{2} d^{\mathrm{T}} G_k d,$$

$$\text{s.t.} \quad f_j(x_k) + \nabla f_j(x_k)^{\mathrm{T}} d \leqslant 0, \quad j = 1, \cdots, m.$$

记 d_k 为 (QP_k) 的解, 即存在乘子 $\lambda_k^i \geqslant 0, i = 1, , \cdots, m$ 满足

$$v_k + G_k d_k + \sum_{i=1}^{m} \lambda_k^i \nabla f_i(x_k) = 0, \tag{6.5.31}$$

$$\lambda_k^i(f_i(x_k) + \nabla f_i(x_k)^{\mathrm{T}} d_k) = 0, \quad i = 1, \cdots, m, \tag{6.5.32}$$

$$f_j(x_k) + \nabla f_j(x_k)^{\mathrm{T}} d_k \leqslant 0, \quad j = 1, \cdots, m. \tag{6.5.33}$$

选取 $\delta_{k+1} \in \left(0, \dfrac{1}{2}\epsilon_{k+1}\right)$, 使得 $\delta_{k+1} < \epsilon_{k+1} - \delta_k$.

步 3. 令 $j = 0$.

步 4. 生成 $f_0^a(x_k + \rho^j d_k; \delta_{k+1}) \in B(f_0; x_k + \rho^j d_k; \delta_{k+1})$. 若

$$f_0^a(x_k + \rho^j d_k; \delta_{k+1}) - f_0^a(x_k; \delta_k) \leqslant \sigma \rho^j v_k^{\mathrm{T}} d_k + \epsilon_k, \tag{6.5.34}$$

则令 $t_k = \rho^j$, 转下步; 否则, 令 $j := j + 1$ 并重复步 4.

步 5. 令 $x_{k+1} = x_k + t_k d_k + t_k^2 \bar{d}_k, k := k + 1$, 转步 2.

下面的定理表明非精确 SQP 算法 (ISA) 是适定的.

定理 6.5.3   令 $N^{+0} = \{0, 1, 2, \cdots\}$. 那么对于每个 k, 存在 $j_k \in N^{+0}$, 使得 (6.5.34) 成立.

证明   假设不存在这样的 j_k, 那么对任意的 $j \in N^{+0}$, 由 (ISA) 算法 6.5.2 的结构, 有

$$f_0^a(x_k + \rho^j d_k; \delta_k) - f_0^a(x_k; \delta_k) > -\sigma \rho^j v_k^{\mathrm{T}} d_k.$$

利用 $f_0^a(x, \delta)$ 的定义, 得

$$f_0^a(x_k + \rho^j d_k; \delta_k) \leqslant f_0(x_k + \rho^j d_k) \delta_{k+1}$$

及

$$f_0^a(x_k; \delta_k) \geqslant f_0(x_k) - \delta_k.$$

从而,

$$f_0(x_k + \rho^j d_k) - f_0(x_k) > -\sigma \rho^j v_k^{\mathrm{T}} d_k + (\epsilon_k - \delta_k - \delta_{k+1}).$$

令 $j \to +\infty$, 再由 f 是连续的, 有

$$0 \geqslant \epsilon_k - (\delta_k + \delta_{k+1}).$$

这与 δ_k 的选取相矛盾. 于是结论得证.   □

在下面的全局收敛性分析中, 需要如下假设:

(A1)   存在常数 $\alpha \geqslant \beta > 0$, 对任意的 $x \in R^n$ 和任意的 k, 满足

$$\beta x^{\mathrm{T}} x \leqslant x^{\mathrm{T}} G_k x \leqslant \alpha x^{\mathrm{T}} x.$$

(A2)   当 $\{x_k : k \in K\}$ 是一个收敛子列时, $\lim\limits_{k \in K} \|\nabla f_0(x_k) - v_k\| = 0$.

定理 6.5.4   假设条件 (A1) 和 (A2) 成立, $\{x_k\}$ 是由 (ISA) 算法 6.5.2 生成的无限点列. 若存在无限下标集 K 满足 $\lim\limits_{k \in K} x_k = x_*$, 且对 $j = 1, \cdots, m, \lim\limits_{k \in K} \lambda_k^i = \lambda_*^i$, 那么 x_* 是 (6.5.24) 和 (6.5.25) 的一个 KKT 点.

证明   由于对任意的 k,

$$f_0^a(x_{k+1}; \delta_k) - f_0^a(x_k; \delta_k) \leqslant \sigma t_k v_k^{\mathrm{T}} d_k + \epsilon_k,$$

故利用 $f_0^a(x, \delta)$ 的定义和 $v_k^{\mathrm{T}} d_k \leqslant 0$, 有

$$f_0(x_{k+1}) - f_0(x_k) \leqslant \epsilon_k + \delta_k + \delta_{k+1}.$$

由

$$\sum_{k=1}^{\infty} \epsilon_k < +\infty$$

和 $\delta_k < \dfrac{1}{2}\epsilon_k$, 可知 $\{f_0(x_k)\}$ 是一个收敛序列. 事实上, 由 $\{x_k\}$ 有聚点 x_* 可以得到 $\{f_0(x_k)\}$ 有下界, 且

$$\lim_{k\to\infty} f_0(x_k) = f_0(x_*).$$

这一极限式结合条件

$$f_0(x_{k+1}) - f_0(x_k) \leqslant \sigma t_k v_k^{\mathrm{T}} d_k + \epsilon_k + \delta_k + \delta_{k+1},$$

可以推得

$$\lim_{k\to\infty} t_k v_k^{\mathrm{T}} d_k = 0, \tag{6.5.35}$$

事实上, 由 $\lim\limits_{k\in K} x_k = x_*$、(A2) 假设和 $f_0 \in C^1$ 可知存在一个常数 $L > 0$, 使得对任意的 $k \in K$, 有

$$\|v_k\| \leqslant L. \tag{6.5.36}$$

于是对任意的 $k \in K$, 利用

$$v_k^{\mathrm{T}} d_k \leqslant -\frac{1}{2} d_k^{\mathrm{T}} G_k d_k, \tag{6.5.37}$$

以及 (A1) 和 (A2) 假设, 得

$$\|d_k\| \leqslant \frac{2L}{\beta}.$$

因此, 不失一般性, 可假设

$$\lim_{k\in K} d_k = d_*.$$

首先证明

$$d_* = 0. \tag{6.5.38}$$

如果 $\lim\limits_{k\in K}\inf t_k > 0$, 那么由 (6.5.35)、(6.5.37) 和 (A1) 假设可以得出 (6.5.38). 再考虑另一情形

$$\lim_{k\in K}\inf t_k = 0.$$

由 t_k 的定义, 对每一个 $k \in K$,

$$f_0^a(x_k + \rho^{-1}t_k d_k; \delta_k) - f_0^a(x_k; \delta_k) > \sigma\rho^{-1}t_k v_k^{\mathrm{T}} d_k + \epsilon_k.$$

因此有

$$f_0(x_k + \rho^{-1}t_k d_k) - f_0(x_k) > \sigma\rho^{-1}t_k v_k^{\mathrm{T}} d_k + \epsilon_k - \delta_k - \delta_{k+1}$$
$$> \delta\rho^{-1}t_k v_k^{\mathrm{T}} d_k.$$

对上面不等式的两边同时除以 $\rho^{-1}t_k$, 并令 $k \to +\infty, k \in K$, 利用 (A2), 可推出

$$\nabla f_0(x_*)^{\mathrm{T}} d_* \geqslant \sigma\nabla f_0(x_*)^{\mathrm{T}} d_*.$$

因此, 由 $\sigma \in (0,1)$ 和 $\nabla f_0(x_*)^{\mathrm{T}} d_* = 0$ 可得 $\nabla f_0(x_*)^{\mathrm{T}} d_* = 0$. 再由这个性质, (A1), (A2) 假设及 (6.5.37) 即可以推得 (6.5.38).

由 (6.5.31), (6.5.32), (6.5.33) 和定理的假设条件, 得到 (6.5.26) 和 (6.5.27). 故 x_* 是 (6.5.24) 和 (6.5.25) 的一个 KKT 点.   □

为了证明局部超线性收敛, f_0 需要更强的假设条件. 假设 $g : R^n \to R^m$ 是局部 Lipschitz 连续的. 由 Rademacher 定理知, g 几乎处处可微. 令 D_g 是 g 的可微点集合, 记

$$\partial_B g(x) = \left\{ \lim_{x_i \in D_g, x_i \to x} \nabla g(x_i) \right\}.$$

则

$$\partial g(x) = co \partial_B g(x).$$

函数 g 称为在 $x \in R^n$ 上是半光滑的, 若 g 在 x 的一个开邻域内是 Lipschitz 连续并且对任意的向量 $d \in R^n$ 存在极限

$$\lim_{D \in \partial g(x+td), t \to 0^+} Dd.$$

函数 g 称为在 x 处 BD- 正则, 如果所有的 $D(x) \in \partial_B g(x)$ 都是正定的.

定理 6.5.5 [3]   令 h 是一个从 $R^{\mathfrak{l}} \to R \cup \{\infty\}$ 的正常下半连续凸函数, 其共轭 h^* 以系数 τ Lipschitz 连续. 对任意的 $e_0 > 0$, 令

$$z_{e_0} \in \operatorname{argmin} \left\{ h(z) + \frac{\epsilon_0}{2} \|z\|^2 : z \in R^{\mathfrak{l}} \right\}.$$

那么对所有的 $\epsilon > 0$ 和 $\bar{\epsilon} < \dfrac{4\epsilon}{\tau^2}$,

$$z_{\bar{\epsilon}} \in \epsilon - \operatorname{argmin} h,$$

其中

$$\epsilon - \operatorname{argmin} h = \{ z \in R^{\mathfrak{l}} : h(z) \leqslant \inf h + \epsilon \}.$$

值得注意的是, h^* 关于系数 τ Lipschitz 连续等价于 "在半径为 τ 的球外部有 $h = \infty$" (见 [3]).

令

$$Z_0 = \{ z : Cy - N^{\mathrm{T}} z = 0; \ F^{\mathrm{T}} y = 1; \ z \geqslant 0 \},$$

$\psi_{Z_0}(.)$ 是 Z_0 的指示函数,

$$h(z) = \int_{\Omega} u(w)^{\mathrm{T}} z P(dw) + \psi_{Z_0}(z).$$

由上面的定理, 若 Z_0 以 R^l 中半径为 τ 的球为界, 那么可以用

$$\bar{f}(z) = \frac{\bar{\epsilon}}{2}z^{\mathrm{T}}z + \int_{\Omega} u(w)^{\mathrm{T}}zP(dw)$$

来代替目标函数 (6.5.30), 且这个相关问题将产生 (6.5.30) 的一个 ϵ 近似最优解. 显然 $\bar{f}$ 是一个正二次函数. 因此, ∇f 在 R^l 上半光滑的且 BD- 正则. 下面给山算法的收敛速度.

定理 6.5.6 假设 $\{x_k\}$ 由 (ISA) 算法 6.5.2 产生, x_* 是 (6.5.24) 和 (6.5.25) 的一个 KKT 点. 如果 $g = \nabla f_0$ 在 D 上局部 Lipschitz 连续, 且在 x_* 处半光滑、BD-正则, 那么 x_k 收敛于 x_*. 并且, 若

$$\lim_{k\to\infty} \frac{\|\nabla f_0(x_k) - v_k\|}{\|d_k\|} = 0, \tag{6.5.39}$$

且存在 $D_k \in \partial_B g(x_k)$ 满足

$$\lim_{k\to\infty} \frac{\|(D_k - G_k)d_k\|}{\|d_k\|} = 0, \tag{6.5.40}$$

那么 x_k 超线性收敛于 x_*.

证明 由文 [141] 的结论, 若 g 在 x_* 处 BD- 正则, 那么存在 $\eta_1 > 0, 0 < M_1 < +\infty$, 使得对所有满足 $\|x - x_*\| < \eta_1$ 的 x, 每个 $D \in \partial_B g(x)$ 都是非奇异的且 $\|D^{-1}\| \leqslant M_1$. 此时, 对任意的 $d \in R^n$, 有

$$d^{\mathrm{T}}Dd \geqslant M_1^{-1}d^{\mathrm{T}}d. \tag{6.5.41}$$

利用 (6.5.41) 和半光滑条件, 类似文 [141] 中命题 2.5 的证明, 可以推得 x_* 是 (6.5.24) 和 (6.5.25) 的一个孤立 KKT 点. 另一方面, 由

$$\begin{aligned}
f_0(x_{k+1}) - f_0(x_k) &\leqslant \sigma t_k v_k^{\mathrm{T}} d_k + \epsilon_k + \delta_k + \delta_{k+1} \\
&\leqslant -\frac{1}{2}\sigma\beta t_k^2 d_k^{\mathrm{T}} G_k d_k + \epsilon_k + \delta_k + \delta_{k+1} \\
&\leqslant -\frac{1}{2}\sigma\beta\|x_{k+1} - x_k\|^2 + \epsilon_k + \delta_k + \delta_{k+1}
\end{aligned}$$

和 $f_0(x_k) \to f_0(x_*)$, 有

$$\|x_{k+1} - x_k\| \to 0. \tag{6.5.42}$$

通过利用 (6.5.42), 定理 6.6.4 和 x_* 是孤立点, 可知 x_k 收敛到 x_*.

下面先证明

$$\|x_k + d_k - x_*\| = o(\|x_k - x_*\|). \tag{6.5.43}$$

对任意给定的 x_k, 注意到 d_k 是子问题 (QP_k) 的一个解, 有

$$0 \leqslant (x_k + d_k - x_*)^{\mathrm{T}} \nabla f_0(x_*)$$
$$= (x_k + d_k - x_*)^{\mathrm{T}} [\nabla f_0(x_k) - D_k(x_k + d_k - x_*) + D_k(d_k)$$
$$+ (\nabla f_0(x_*) - \nabla f_0(x_k) - D_k(x_* - x_k))],$$

即

$$(x_k + d_k - x_*)^{\mathrm{T}} D_k(x_k + d_k - x_*) \leqslant (x_k + d_k - x_*)^{\mathrm{T}} [\nabla f_0(x_k) + D_k d_k]$$
$$+ \nabla f_0(x_*) - \nabla f_0(x_k) - D_k(x_* - x_k).$$
$$(6.5.44)$$

事实上 $x_* - x_k$ 是子问题 (QP_k) 的一个可行点, 并且 d_k 是这一问题的解, 于是有下面不等式成立:

$$(v_k + G_k d_k)^{\mathrm{T}} [x_* - (x_k + d_k)] \geqslant 0.$$

由该不等式, (6.5.41) 和 (6.5.44) 式可推出

$$M_1^{-1} \|x_k + d_k - x_*\| \leqslant \|\nabla f_0(x_k) - v_k\| + \|(D_k - G_k)d_k\|$$
$$+ \|\nabla f_0(x_*) - \nabla f_0(x_k) - D_k(x_* - x_k)\|. \quad (6.5.45)$$

由 g 在 x_* 处是半光滑的假设, 有

$$\|\nabla f_0(x_k) - f_0(x_*) - D_k(x_k - x_*)\| = o(\|x_k - x_*\|). \quad (6.5.46)$$

若 (6.5.39) 和 (6.5.40) 成立, 则由 (6.5.45) 和 (6.5.46) 得

$$M_1^{-1} \|x_k + d_k - x_*\| \leqslant o(\|d_k\|) + o(\|d_k\|) + o(\|x_k - x_*\|)$$
$$\leqslant o(\|x_k + d_k - x_*\| + \|x_k - x_*\|) + o(\|x_k - x_*\|).$$

于是

$$\|x_k + d_k - x_*\| = o(\|x_k - x_*\|),$$

(6.5.43) 式得证.

下面证明我们的主要结论: x_k 超线性收敛于 x_*.

(6.5.43) 表明

$$\|d_k\| = O(\|x_k - x_*\|). \quad (6.5.47)$$

由 g 在 x_* 处半光滑, (6.5.43) 和 (6.5.47) 式可得: 存在 $W_k \in \partial_B g(x_k + d_k)$, 使得

$$
\begin{aligned}
f_0(x_k + d_k) =& f_0(x_*) + \nabla f_0(x_*)^{\mathrm{T}}(x_k + d_k - x_*) \\
&+ \frac{1}{2}(x_k + d_k - x_*)^{\mathrm{T}} W_k(x_k + d_k - x_*) + o(\|x_k + d_k - x_*\|^2) \\
=& f_0(x_*) + \nabla f_0(x_*)^{\mathrm{T}}(x_k + d_k - x_*) + o(\|d_k\|^2).
\end{aligned}
$$

类似地, 有

$$
f_0(x_k) = f_0(x_*) + \nabla f_0(x_*)^{\mathrm{T}}(x_k - x_*) + \frac{1}{2}(x_k - x_*)^{\mathrm{T}} D_k(x_k - x_*) + o(\|x_k - x_*\|^2).
$$

因此

$$
\begin{aligned}
& f_0(x_k + d_k) - f_0(x_k) - \frac{1}{2}\nabla f_0(x_k)^{\mathrm{T}} d_k \\
=& -\frac{1}{2}\nabla f_0(x_k)^{\mathrm{T}} d_k + \nabla f_0(x_*)^{\mathrm{T}} d_k - \frac{1}{2}(x_k - x_*)^{\mathrm{T}} D_k(x_k - x_*) + o(\|d_k\|^2) \\
=& [\nabla f_0(x_*) - \nabla f_0(x_k) - D_k(x_* - x_k) - o(\|x_k - x_*\|)]^{\mathrm{T}} d_k + \frac{1}{2}\nabla f_0(x_k)^{\mathrm{T}} d_k \\
& -\frac{1}{2}(x_k - x_*)^{\mathrm{T}} D_k(x_k - x_*) + d_k^{\mathrm{T}} D_k(x_* - x_k) + o(\|d_k\|^2) \\
=& \frac{1}{2}\nabla f_0(x_k)^{\mathrm{T}} d_k + \frac{1}{2} d_k^{\mathrm{T}} D_k d_k + o(\|d_k\|^2) \\
=& \frac{1}{2}(\nabla f_0(x_k) - v_k)^{\mathrm{T}} d_k + \frac{1}{2} d_k^{\mathrm{T}}(D_k - G_k) d_k + \frac{1}{2} d_k^{\mathrm{T}}(v_k + G_k d_k) + o(\|d_k\|^2).
\end{aligned}
$$

利用 (6.5.39), (6.5.40) 以及 $d_k^{\mathrm{T}}(v_k + G_k d_k) \leqslant 0$, 可推出

$$
f_0(x_k + d_k) - f_0(x_k) - \frac{1}{2}\nabla f_0(x_k)^{\mathrm{T}} d_k \leqslant o(\|d_k\|^2). \tag{6.5.48}
$$

因此, 若令

$$
q_k = f_0^a(x_k + d_k; \delta_k) - f_0^a(x_k; \delta_k) - \sigma v_k^{\mathrm{T}} d_k - \epsilon_k,
$$

则

$$
\begin{aligned}
q_k \leqslant& f_0(x_k + d_k) - f_0(x_k) + \delta_k + \delta_{k+1} - \sigma v_k^{\mathrm{T}} d_k - \epsilon_k \\
\leqslant& \frac{1}{2}(\nabla f_0(x_k) - v_k)^{\mathrm{T}} d_k + \left(\frac{1}{2} - \sigma\right) v_k^{\mathrm{T}} d_k + o(\|d_k\|^2) \\
\leqslant& -\frac{1}{2}(1 - 2\sigma) d_k G_k d_k + o(\|d_k\|^2).
\end{aligned}
$$

由 (A1) 假设, 对所有充分大的 k, $q_k < 0$, 即 $t_k = 1$.

由于对所有充分大的 k, $x_{k+1} = x_k + t_k d_k = x_k + d_k$, 由 (6.5.43) 有

$$
\|x_{k+1} - x_*\| = o(\|x_k - x_*\|)
$$

因此知 x_k 超线性收敛到 x_*. □

6.6 一个 SQP 型算法及其在随机规划中的应用

考虑如下优化问题

$$\min\{f(x) : x \in D\}, \tag{6.6.1}$$

其中 $f : X \to R$ 是一个连续可微的凸函数, 并且

$$D = \{x \in R^n : Ax \leqslant b\}$$

是 $\Re^n$ 中的一个非空多面体子集, $A \in R^{m \times n}$, $b \in R^m$.

逐步序列二次规划方法 (SQP 方法) 通过在每一次迭代中求解一个线性约束二次规划子问题来获得原约束优化问题的解:

$$\min \quad \nabla f(x_k)^{\mathrm{T}}(x - x_k) + \frac{1}{2}(x - x_k)^{\mathrm{T}} G_k(x - x_k), \tag{6.6.2}$$

$$\text{s.t.} \quad Ax_k - b + A(x - x_k) \leqslant 0, \tag{6.6.3}$$

其中 $\nabla f(x_k)$ 是 $f(x)$ 在 x_k 点处的梯度, $G_k \in R^{n \times n}$ 是一个对称正定矩阵. 在假设半光滑和 BD- 正则的条件下, SQP 方法对于一阶 Lipschitz 连续的优化问题 Q- 超线性收敛. 然而, 在许多应用中, 计算每个点处 $f(x)$ 和 $\nabla f(x)$ 的值是极其困难的. 比如, 在随机规划中, 精确计算 f 函数值和梯度 ∇f 的值就涉及到多重积分和多个子优化问题的计算. 于是在随机规划问题的求解中, 我们考虑通过一系列的近似采样函数来代替原目标函数.

类似超线性收敛分析中对估计 Hesse 矩阵的 Dennis-Moré条件, 对下面的近似牛顿法:

$$\min \quad v_k^{\mathrm{T}}(x - x_k) + \frac{1}{2}(x - x_k)^{\mathrm{T}} G_k(x - x_k), \tag{6.6.4}$$

$$\text{s.t.} \quad Ax_k - b + A(x - x_k) \leqslant 0, \tag{6.6.5}$$

其中 v_k 是 $f(x)$ 在 x_k 点处的梯度估计值, G_k 是 $f(x)$ 在 x_k 点处的 Hesse 矩阵估计, 我们给出了在超线性收敛分析中对梯度估计的充分条件, 进一步地, 在一些标准条件下, 给出一个广义 Dennis-Moré 条件, 即

$$\lim_{k \to \infty} \frac{\|(D_k - G_k)(x_{k+1} - x_k)\|}{\|x_{k+1} - x_k\|} = 0, \tag{6.6.6}$$

$$\lim_{k \to \infty} \frac{\|\nabla f(x_k) - v_k\|}{\|x_{k+1} - x_k\|} = 0, \tag{6.6.7}$$

并保证在这些条件下上述近似牛顿方法局部超线性收敛. 式 (6.6.6) 中 D_k 是一个 Clarke 广义 Jacobi 矩阵, 即 $D_k \in \partial(\nabla f(x_k))$.

6.6.1　一般 SQP 方法及其收敛性质

(一) 算法构造

算法 6.6.1(模式 SQP 算法 (MSQP))

步 1. *初始化*. 令 $\sigma \in \left[0, \dfrac{1}{2}\right]$, $\rho \in (0,1)$, 令 $\{\epsilon_{1k} > 0\}_{k=1}^{\infty}$ 且满足 $\displaystyle\sum_{k-1}^{\infty} \epsilon_{1k} < +\infty$, 选取 $x_0 \in D$; 令 $k := 0$.

步 2. *生成* $f_k : D \to R$, $v_k \in R^n$ 和一个 $n \times n$ 阶对称正定矩阵 G_k. 求解下面的子问题:

$$(\text{QP}_k) \quad \min \quad v_k^{\mathrm{T}} d + \frac{1}{2} d^{\mathrm{T}} G_k d,$$
$$\text{s.t.} \quad x_k + d \in D.$$

步 3. 设 d_k 是上述子问题的唯一解. 若 $d_k = 0$ 且 $v_k = \nabla f(x_k)$, 则 x_k 是 (6.6.1) 的一个最优解, 算法停止; 如果 $d_k = 0$ 且 $v_k \neq \nabla f(x_k)$, 令 $x_{k+1} = x_k, k := k+1$, 并且重复步 2;

步 4. *生成一个* $n \times n$ 的对称矩阵 B_k. 令

$$h_k(x) = f_k(x) + \frac{1}{2}(x - x_k)^{\mathrm{T}} B_k (x - x_k).$$

令 j_k 是满足下式的最小非负整数 j:

$$h_k(x_k + \rho^j d_k) - h_k(x_k) \leqslant \sigma \rho^j v_j^{\mathrm{T}} d_k + \epsilon_{1k}. \tag{6.6.8}$$

取 $t_k = \rho^{j_k}$.

步 5. 令 $x_{k+1} = x_k + t_k d_k, k := k+1$, 返回步 2.

对模式 SQP 算法 6.6.1, 在步 2 中, f_k 是 f 一定意义下的近似函数. 在随机规划的框架下, 上图嵌套和上图收敛性质是构造近似函数 f_k 的两个重要方法. 见文 [4] 和 [35] 等. 在标准 SQP 方法中, 如果 f_k 是可微的, 则取向量 v_k 为 f_k 在 x_k 处的梯度. 因此, 要求 v_k 是 $\nabla f(x_k)$ 的近似是合理的. 步 2 中对称正定矩阵 G_k 是 f_k 的 Hesse 矩阵的近似. 例如, 若 $\bar{G}_k$ 是 f_k 的 Hesse 矩阵, 可取

$$G_k = \bar{G}_k + \epsilon I.$$

对称矩阵 B_k 根据 G_k 产生, 其对应的一些条件将在后面给出.

如果 $d_k = 0$ 且 $v_k \neq \nabla f(x_k)$, 那么模式 SQP 算法 6.6.1 将会找到一个更好的 f 近似函数 f_{k+1}. 如果当 k 比较大时 $d_k \equiv 0$, 则 $x_* \equiv x_k$ 在 $v_k \to \nabla f(x_*)\,(k \to \infty)$ 时, 即是 (6.6.1) 的一个解. 假设 $d_k \neq 0$, 那么 $v_k^{\mathrm{T}} d_k < 0$. 如果 f_k 是连续可微的, 并且 d_k 是 f_k 在 x_k 处的下降方向, 那么

$$\nabla h_k(x_k) = \nabla f_k(x_k),$$

且 d_k 也是 h_k 的一个下降方向. 这意味着 h_k 是步 4 中的容许价值函数.

算法 6.6.1 中步 4 与标准的 SQP 方法有两处不同: 首先, 如果 f_k 可微且 $v_k \neq \nabla f_k(x_k)$, 那么 $v_k^{\mathrm{T}} d_k < 0$ 未必能推出我们总能找到一个整数 j_k 满足于

$$h_k(x_k + \rho^{j_k} d_k) - h_k(x_k) \leqslant \sigma \rho^{j_k} v_k^{\mathrm{T}} d_k.$$

因此, 在算法中非单调的线性搜索 (6.6.8) 是必要的. 其次, 步长由 f_k 和 B_k 而不是 f 来决定, 并且 $\frac{1}{2}(x - x_k)^{\mathrm{T}} B_k(x - x_k)$ 这一项对于放宽 σ 的限制条件起重要作用. 实际上, 在标准 SQP 方法中要求 $\sigma \in \left(0, \frac{1}{2}\right)$, 我们将条件减弱为 $\sigma \in \left[0, \frac{1}{2}\right]$, 并且如果选取满足 $d_k^{\mathrm{T}} B_k d_k < 0$ 的 B_k, 那么对任意 $t_k^* \in (0, 1]$, 由不等式

$$f_k(x_k + t_k^* d_k) - f_k(x_k) \leqslant \sigma t_k^* v_k^{\mathrm{T}} d_k + \epsilon_{1k} \tag{6.6.9}$$

可以推出关系式

$$h_k(x_k + t_k^* d_k) - h_k(x_k) < \sigma t_k^* v_k^{\mathrm{T}} d_k + \epsilon_{1k}. \tag{6.6.10}$$

不等式 (6.6.9) 和 (6.6.10) 表明, 如果应用线搜索技术 (6.6.8), 并且在算法中选取一个 $n \times n$ 的对称负定矩阵 B_k, 那么与使用标准回溯法线搜索 (即在 (6.6.8) 式线性搜索技术中没有 $\frac{1}{2}(x - x_k)^{\mathrm{T}} B_k(x - x_k)$ 这一项) 相比, 可以更早地获得 Newton 步长, 因而可以提高算法的收敛性能.

下一引理表明如果对于任意 $k \geqslant 0$, f_k 是连续函数, 那么模式 SQP 算法 6.6.1 是适定的.

引理 6.6.2　*如果对任意给定的 k, f_k 是连续的, 则存在 $\tau_0 > 0$, 使得对任意的 $\tau \in [0, \tau_0]$, 有*

$$h_k(x_k + \tau d_k) - h_k(x_k) \leqslant \sigma \tau v_k^{\mathrm{T}} d_k + \epsilon_{1k}.$$

证明　假设结论不成立, 那么存在一个收敛于 0 的正数序列 $\{\tau_j\}_{j=1}^{\infty}$, 使得对任意 j, 有

$$h_k(x_k + \tau_k d_k) - h_k(x_k) > \sigma \tau_k v_k^{\mathrm{T}} d_k + \epsilon_{1k}.$$

从引理的假设条件, 有 $0 \geqslant \epsilon_{1k}$, 而这与 $\epsilon_{1k} > 0$ 矛盾. □

引理 6.6.3　*假设对任意给定的 k, $v_k^{\mathrm{T}} d_k < 0$. 如果存在 $\sigma_k > \sigma$ 满足*

$$\limsup_{t \to 0} \frac{[f_k(x_k + t d_k) - f_k(x_k)]}{t} \leqslant \sigma_k v_k^{\mathrm{T}} d_k,$$

那么存在 $t_0 > 0$, 使得对任意的 $t \in [0, t_0]$, 有

$$h_k(x_k + t d_k) - h_k(x_k) \leqslant \sigma t v_k^{\mathrm{T}} d_k.$$

证明 假设不存在如上所述的 t_0, 那么存在一个收敛于 0 的正数序列 $\{t_j\}_{j=1}^{\infty}$, 对任意 j, 满足

$$h_k(x_k + t_j d_k) - h_k(x_k) > \sigma t_j v_k^{\mathrm{T}} d_k.$$

这表明

$$f_k(x_k + t_j d_k) - f_k(x_k) + \frac{1}{2} t_j^2 d_k^{\mathrm{T}} B_k d_k > \sigma t_j v_k^{\mathrm{T}} d_k.$$

由引理的假设可以得出

$$\sigma_k v_k^{\mathrm{T}} d_k \geqslant \sigma v_k^{\mathrm{T}} d_k,$$

这与 $v_k^{\mathrm{T}} d_k < 0$ 和 $\sigma_k > \sigma$ 矛盾. □

引理 6.6.3 表明, 如果选择满足引理所假设的 f_k(例如, f_k 是连续可微函数, 并且 $v_k = \nabla f_k(x_k)$), 那么若 $\epsilon_{1k} = 0$, 则对 $\sigma_k \in (\sigma, 1)$, 引理 6.6.3 的结论成立. 而且, 如果 B_k 是一个正定矩阵, 那么

$$f_k(x_{k+1}) \leqslant f_k(x_k).$$

(二) 算法的全局收敛性分析

下面讨论算法 6.6.1 的全局收敛性, 首先给出如下假设:

(A1) 对于任意的 $k \geqslant 1, d \in R^n$, 存在两个正数 $c_1 \leqslant c_2$ 使得

$$c_1 \|d\|^2 \leqslant d^{\mathrm{T}} G_k d \leqslant c_2 \|d\|^2.$$

(A2) $\{d_k^{\mathrm{T}} B_k d_k\}_{k=1}^{\infty}$ 是一个有界序列.

(A3) 对任意的 $k \geqslant 1$, $\lambda_{\min}(2\sigma G_k + B_k) \geqslant \theta(\|d_k\|)$,

其中, 对于任意的 $t > 0$, $\theta : [0, +\infty) \to [0, +\infty)$ 是一个满足 $\theta(t) > 0$ 的连续函数, $\lambda_{\min}(W)$ 是对称矩阵 W 的最小特征值.

定理 6.6.4 设序列 $\{(\epsilon_{1k}, x_k, f_k, v_k, G_k, d_k, B_k)\}_{k=1}^{\infty}$ 由算法 6.6.1 产生. 假设存在指标集 K 满足:

(A4) $\lim\limits_{k \in K, k \to \infty} x_k = x^*$;

(A5) $\lim\limits_{k \in K, k \to \infty} v_k = \nabla f(x^*)$;

(A6) 当 $\lim\limits_{k \in K, k \to \infty} d_k = d^*$ 时, $\limsup\limits_{k \in K, k \to \infty, \tau_k \to 0} \dfrac{[f_k(x_k + \tau_k d_k) - f_k(x_k)]}{\tau_k} \leqslant \nabla f(x^*)^{\mathrm{T}} d^*.$

(A7) $\lim\limits_{k \in K, k \to \infty} (f_k(x_{k+1}) - f_k(x_k)) = 0.$

那么 x^* 是 (6.6.1) 的最优解.

证明 对于 $t_k \in (0, 1]$, 可以假设

$$\lim\limits_{k \in K, k \to \infty} t_k = t^*. \tag{6.6.11}$$

从序列二次子问题 (QP_k) 的 KKT 条件, 可得关系式

$$v_k^{\mathrm{T}} d_k \leqslant -d_k^{\mathrm{T}} G_k d_k, \tag{6.6.12}$$

联合假设条件 (A1), 得

$$v_k^{\mathrm{T}} d_k \leqslant -c_1 \|d_k\|^2,$$

于是有

$$\|d_k\| \leqslant \frac{1}{c_1} \|v_k\|.$$

结合假设 (A5) 可以得出 $\{\|d_k\|\}_{k \in K}$ 是有界的. 不妨假设

$$\lim_{k \in K, k \to \infty} d_k = d^*. \tag{6.6.13}$$

首先分两种情况证明极限点有性质

$$\nabla f(x^*)^{\mathrm{T}} d^* = 0. \tag{6.6.14}$$

情形 1. $t^* > 0$. 那么由算法 6.6.1 的结构知, 对 $k \in K$, 有

$$f_k(x_{k+1}) - f_k(x_k) \leqslant \sigma t_k v_k^{\mathrm{T}} d_k - \frac{1}{2} t_k^2 d_k^{\mathrm{T}} B_k d_k + \epsilon_{1k}.$$

由 (6.6.11)- (6.6.13) 式, 以及假设条件 (A3) 和 (A7), 有

$$0 \leqslant -\frac{1}{2}(t^*)^2 \theta(\|d^*\|) \|d^*\|^2,$$

可以推得 $d^* = 0$, 从而 (6.6.14) 成立.

情形 2. $t^* = 0$, 那么对 $k \in K$, 有

$$h_k(x_k + \rho^{-1} t_k d_k) - h_k(x_k) > \rho^{-1} \sigma t_k v_k^{\mathrm{T}} d_k + \epsilon_{1k} > \rho^{-1} \sigma t_k v_k^{\mathrm{T}} d_k,$$

即

$$\frac{f_k(x_k + \rho^{-1} t_k d_k) - f_k(x_k)}{\rho^{-1} t_k} + \frac{1}{2} \rho^{-1} t_k d_k^{\mathrm{T}} B_k d_k > \sigma v_k^{\mathrm{T}} d_k.$$

于是由 (A2),(A5),(A6) 和 $\sigma \in \left[0, \frac{1}{2}\right]$ 即可得到 (6.6.14).

注意到假设条件 (A1), 不妨假设

$$\lim_{k \in K, k \to \infty} G_k = G^*,$$

且 G^* 也是一个对称正定矩阵. 假设 x^* 不是 (6.6.1) 的最优解, 那么存在 $s \in R^n$, 使得对所有的 $l \in [0,1]$, 有

$$\nabla f(x^*)^{\mathrm{T}} s < 0, \quad x^* + ls \in D. \tag{6.6.15}$$

考虑问题

$$(\text{QP}^*) \qquad \min \quad \nabla f(x^*)^{\mathrm{T}}d + \frac{1}{2}d^{\mathrm{T}}G^*d, \tag{6.6.16}$$

$$\text{s.t.} \quad x^* + d \in D. \tag{6.6.17}$$

令 $\widetilde{d^*}$ 为 (QP^*) 的唯一解. 那么, 对于 $l \in [0,1]$,

$$\nabla f(x^*)^{\mathrm{T}}\widetilde{d^*} + \frac{1}{2}\widetilde{d^*}^{\mathrm{T}}G^*\widetilde{d^*} \leqslant \nabla f(x^*)^{\mathrm{T}}(ls) + \frac{1}{2}(ls)^{\mathrm{T}}G^*(ls)$$

$$\leqslant l\left[\nabla f(x^*)^{\mathrm{T}}s + \frac{1}{2}lc_2\|s\|^2\right].$$

由 (6.6.15), 存在 $l_0 \in (0,1)$, 对于所有的 $l \in [0, l_0]$ 满足

$$\nabla f(x^*)^{\mathrm{T}}s + \frac{1}{2}c_2\|s\|^2 \leqslant \frac{1}{2}\nabla f(x^*)^{\mathrm{T}}s < 0,$$

于是有

$$\nabla f(x^*)^{\mathrm{T}}\widetilde{d^*} + \frac{1}{2}\widetilde{d^*}^{\mathrm{T}}G^*\widetilde{d^*} < 0.$$

另一方面, 由于 d_k 是 (QP^*) 的一个解, 故对所有满足 $x_k + d \in D$ 的 d, 有

$$(v_k + G_kd_k)^{\mathrm{T}}(d - d_k) \geqslant 0,$$

从而对于所有满足 $x^* + d \in D$ 的 d, 有

$$[\nabla f(x^*) + G^*d^*]^{\mathrm{T}}(d - d^*) \geqslant 0.$$

因此, d^* 也是 (QP^*) 的一个解. 于是

$$\nabla f(x^*)^{\mathrm{T}}d^* + \frac{1}{2}(d^*)^{\mathrm{T}}G^*d^* = \nabla f(x^*)^{\mathrm{T}}\widetilde{d^*} + \frac{1}{2}\widetilde{d^*}^{\mathrm{T}}G^*\widetilde{d^*}$$

$$< 0 \tag{6.6.18}$$

因此,

$$\nabla f(x^*)^{\mathrm{T}}d^* < -\frac{1}{2}(d^*)^{\mathrm{T}}G^*d^* \leqslant 0,$$

这与 (6.6.14) 矛盾. 故 x^* 是 (6.6.1) 的最优解得证. $\qquad\qquad \square$

下面两个定理给出满足假设条件 (A5) 和 (A6) 的充分条件. 记 $\partial f(x)$ 为 f 在 x 处的 Clarke 广义 Jacobi 矩阵. 在类似条件下, Brige 和 Qi[15] 证明了

$$\nabla f(x^*) = \lim_{k \to \infty} \partial f_k(x^*).$$

下一定理将这一结果推广到一个序列有极限点 x^* 的情形.

称一个函数序列 $\{f_k\}_{k=1}^{\infty}$ 上图收敛于 f, 如果 f_k 的上图集合收敛于 f 的上图.

定理 6.6.5 假设 $f, f_k : R^n \to R, k = 1, 2, \cdots$, 是闭凸函数, $\{f_k\}_{k=1}^\infty$ 上图收敛于 f, 并且 $\{x_k\}_{k=1}^\infty$ 收敛于 x^*. 如果 f 在 x^* 处可微, 那么

$$\nabla f(x^*) = \lim_{k\to\infty} \partial f_k(x_k).$$

于是, 如果 $v_k \in \partial f_k(x_k)$, 那么 $\lim\limits_{k\to\infty} v_k = \nabla f(x^*)$.

证明 令

$$u_k \in \partial f_k(x^*), \quad g_k \in \partial f_k(x_k),$$

那么,

$$f_k(x) \geqslant f_k(x^*) + u_k^{\mathrm{T}}(x_k - x^*) + g_k^{\mathrm{T}}(x - x_k). \tag{6.6.19}$$

首先证明 $\{g_k\}_{k=1}^\infty$ 是有界的. 令

$$K_1 = \{k : \|g_k\| > 0\},$$

则存在一个紧集 X_1 满足

$$\left\{x_k + \frac{g_k}{\|g_k\|}\right\}_{k\in K_1} \subseteq X_1.$$

由于 $f_k \to f$, 存在一个 M_1, 对所有的 $x \in X_1$ 和所有的 k, 有

$$|f_k(x)| \leqslant M_1.$$

又由文献 [15] 的定理 2.3, 有

$$u_k \to \nabla f(x^*). \tag{6.6.20}$$

在 (6.6.19) 中令

$$x = x_k + \frac{g_k}{\|g_k\|},$$

再利用 (6.6.20), 可知 $\{g_k\}_{k=1}^\infty$ 是有界的.

由 $\{g_k\}_{k=1}^\infty$ 的有界性, 我们可推出 $\{\partial f_k\}_{k=1}^\infty$ 是一致有界的. 再由 (6.6.19) 并注意到 $\{f_k\}_{k=1}^\infty$ 上图收敛于 f, 可推出 $\{g_k\}_{k=1}^\infty$ 的所有聚点均属于 $\partial f(x^*)$. 由于对 $k \geqslant 1$, $\partial f_k(x_k)$ 非空, 由 f 是闭凸函数且在 x^* 处可微即可得到结论. □

定理 6.6.6 假设 $f, f_k : R^n \to R, k = 1, 2, \cdots$, 是闭凸函数, $\{f_k\}_{k=1}^\infty$ 上图收敛于 f, 并且 f 在 x^* 处可微,

$$\lim_{k\in K, k\to\infty} x_k = x^*, \quad \lim_{k\in K, k\to\infty} d_k = d^*.$$

那么,

$$\limsup_{k\in K, k\to\infty, t_k\to 0} \frac{[f_k(x_k + t_k d_k) - f_k(x_k)]}{t_k} \leqslant \nabla f(x^*)^{\mathrm{T}} d^*.$$

证明　对任意给定的 $k \in K$, 由 f_k 的凸性, 有

$$f_k(x_k) - f_k(x_k + t_k d_k) \geqslant -t_k v(x_k + t_k d_k)^{\mathrm{T}} d_k, \tag{6.6.21}$$

其中

$$v(x_k + t_k d_k) \in \partial f_k(x_k + t_k d_k).$$

由定理 6.6.5, 且 $t_k \to 0$, 可得

$$\lim_{k \in K, k \to \infty} v(x_k + t_k d_k) = \nabla f(x^*),$$

再结合 (6.6.21) 即可得出结论. 证毕.　　　　　　　　　　　　　　　□

记

$$X_k = \{x \in R^n : x = x_k + \tau d_k; \tau \in [0, 1]\}, \quad k \geqslant 1.$$

定理 6.6.7　假设 $\{(\epsilon_{1k}, x_k, f_k, v_k, G_k, d_k, B_k)\}_{k=1}^{\infty}$ 由算法 6.6.1 产生, 假设条件 (A5) 成立. 对任意大的 k, 如果对所有 $x \in X_k$, 都存在 $\epsilon_{2k} \in \left[0, \dfrac{1}{2}\epsilon_{1k}\right)$ 满足

$$|f(x) - f_k(x)| \leqslant \epsilon_{2k}, \tag{6.6.22}$$

那么, $\{x_k\}_{k=1}^{\infty}$ 的每个聚点都是 (6.6.1) 的一个最优解.

证明　对任意大的 k, 结合 (6.6.12) 式, 条件 (A3), (6.6.22) 式以及

$$f_k(x_{k+1}) - f_k(x_k) \leqslant \sigma t_k v_k^{\mathrm{T}} d_k - \frac{1}{2} t_k^2 d_k^{\mathrm{T}} B_k d_k + \epsilon_{1k}$$

可以得出

$$f_k(x_{k+1}) - f_k(x_k) \leqslant -\frac{1}{2} t_k^2 \theta(\|d_k\|)\|d_k\|^2 + \epsilon_{1k} + 2\epsilon_{2k}. \tag{6.6.23}$$

假设 $\{x_k\}_{k=1}^{\infty}$ 有一个聚点. 注意到 $\{f(x_k)\}$ 有上界, 对于任意大的 k, $\epsilon_{2k} \in \left[0, \dfrac{1}{2}\epsilon_{1k}\right)$, 以及 $\displaystyle\sum_{k=1}^{\infty} \epsilon_{1k} < \infty$, 类似文献 [18] 中定理 2.1(c) 的证明, 可以推出 $\{f_k\}_{k=1}^{\infty}$ 是收敛的. 这一结果结合 (6.6.23) 式即

$$\lim_{k \to \infty} t_k^2 \theta(\|d_k\|)\|d_k\|^2 = 0. \tag{6.6.24}$$

如果

$$\liminf_{k \to \infty} t_k > 0,$$

那么

$$\liminf_{k \to \infty} d_k = 0.$$

类似定理 6.6.4 的证明, 利用上面的性质和条件 (A5), 可以推出存在 $\{x_k\}_{k=1}^{\infty}$ 的一个聚点 x^*, 且 x^* 是优化问题 (6.6.1) 的最优解. 又由 $f(x_k) \to f(x^*)$, 可知 $\{x_k\}_{k=1}^{\infty}$ 的每个聚点都是 (6.6.1) 的一个最优解.

现在假设

$$\liminf_{k \to \infty} t_k = 0.$$

不失一般性, 假设

$$\lim_{k \in K, k \to \infty} t_k = 0, \quad \lim_{k \in K, k \to \infty} x_k = x^*, \quad \lim_{k \in K, k \to \infty} d_k = d^*.$$

由于对任意的 $k \in K$, 有

$$h_k(x_k + \rho^{-1} t_k d_k) - h_k(x_k) > \rho^{-1} \sigma t_k v_k^{\mathrm{T}} d_k + \epsilon_{1k},$$

对任意大的 k, 由 (6.6.22) 式有

$$f(x_k + \rho^{-1} t_k d_k) - f(x_k)$$
$$> -\frac{1}{2} \rho^{-2} t_k^2 d_k^{\mathrm{T}} B_k d_k + \rho^{-1} \sigma t_k v_k^{\mathrm{T}} d_k + \epsilon_{1k} - 2\epsilon_{2k}$$
$$> -\frac{1}{2} \rho^{-2} t_k^2 d_k^{\mathrm{T}} B_k d_k + \rho^{-1} \sigma t_k v_k^{\mathrm{T}} d_k.$$

因此,

$$\nabla f(x^*)^{\mathrm{T}} d^* \geqslant \sigma \nabla f(x^*)^{\mathrm{T}} d^*,$$

可得

$$\nabla f(x^*)^{\mathrm{T}} d^* = 0.$$

类似前面情况的证明, 由上面性质, 即可得到本定理剩下的结论.   □

由定理 6.6.5 和定理 6.6.7, 可以得到以下结果.

推论 6.6.8   假设 $\{(\epsilon_{1k}, x_k, f_k, v_k, G_k, d_k, B_k)\}_{k=1}^{\infty}$ 由算法 6.6.1 产生, $f_k, k = 1, 2, \cdots$, 是凸函数, 并且 $\{f_k\}_{k=1}^{\infty}$ 上图收敛于 f. 如果 (6.6.22) 成立, 那么 $\{x_k\}_{k=1}^{\infty}$ 的每个聚点都是优化问题 (6.6.1) 的一个最优解.

注   值得注意的是, $\{f_k\}_{k=1}^{\infty}$ 上图收敛于 f 这个假设仅用于保证条件 (A5). 不难证明 ∂- 相容性是 (A5) 的另一个充分条件. 通常保证 ∂- 相容性的条件比上图收敛的要弱, 但它仍能确保子问题优化点的序列

$$x^k \in \operatorname{argmin}\{f_k(x) : x \in R^n\}$$

聚集在 $\min\{f(x) : x \in R^n\}$ 的解处; 见文 [91]. 我们采用的线搜索技术即 (6.6.8) 式类似于 Higle 和 Sen 的阶段依赖性下降的概念, 同样可以参见文 [91]. 在涉及以序列约束函数近似目标函数的算法分析中, 阶段依赖性下降的概念是十分有用的.

(三) 近似牛顿法

当 v_k 选取为 $\nabla f(x_k)$ 的近似时, 显然 (6.6.4) 是序列二次子问题 (6.6.2) 的一个近似. 下面我们将通过 (6.6.4) 建立 $\{x_k\}$ 的一个超线性收敛结果.

一般地, 假设 $F: R^n \to R^m$ 局部 Lipschitz 连续. 根据 Rademacher 定理知, F 几乎处处可微. 记 D_F 是 F 中可微点的集合. 那么, F 在 x 处的 Clarke 广义 Jacobi 矩阵是

$$\partial F(x) = co\{\lim_{x^k \in D_F, x^k \to x} \nabla F(x^k)\}. \tag{6.6.25}$$

令

$$\partial_B F(x) = \{\lim_{x^k \in D_F, x^k \to x} \nabla F(x^k)\},$$

如果 F 在 x 的某一开邻域中是 Lipschitz 连续的, 并且对每个向量 $d \in R^n$, 极限

$$\lim_{D \in \nabla F(x+td'), d' \to d, t \to o^+} Dd$$

均存在, 则称 F 在 $x \in R$ 上是半光滑的.

如果对每一个 B- 次微分 $D \in \partial_B F(x)$ 都是非奇异的, 则称局部 Lipschitz 连续函数 F 在 x 处是 BD- 正则的.

定理 6.6.9　假设 $g = \nabla f$ 是局部 Lipschitz 连续的, 并假设 g 半光滑且在 x^* 处 BD- 正则. 那么, 存在 $\delta_1 > 0$ 和 $0 < M_1 < +\infty$, 使得对于所有满足 $\|x - x^*\| \leqslant \delta_1$ 的 x, 每一个 $D \in \partial_B g(x)$ 都是非奇异的, 且有 $\|D^{-1}\| \leqslant M_1$.

如果

$$\|\nabla f(x_k) - v_k\| \leqslant \frac{1}{6M_1}\|x_{k+1} - x_k\|, \tag{6.6.26}$$

且存在 $D_k \in \partial_B g(x_k)$ 满足

$$\|D_k - G_k\| \leqslant \frac{1}{6M_1}, \tag{6.6.27}$$

那么在 x^* 的邻域内, x_k 线性趋近于 x^*. 更近一步地, 如果 (6.6.6), (6.6.7) 成立, 则在 x^* 的邻域内有

$$\|x_{k+1} - x^*\| = o(\|x_k - x^*\|). \tag{6.6.28}$$

证明　由文 [145] 的结论, 如果 g 在 x^* 处 BD- 正则, 那么存在 $\delta_1 > 0$ 和 $0 < M_1 < +\infty$, 使得对于所有满足 $\|x - x^*\| \leqslant \delta_1$ 的 x, 任一 $D \in \partial_B g(x)$ 都是非奇异的并且 $\|D^{-1}\| \leqslant M_1$. 此时对于所有的 $d \in R^n$,

$$d^{\mathrm{T}} D d \geqslant M_1^{-1} d^{\mathrm{T}} d. \tag{6.6.29}$$

由于 x^* 是优化问题 (6.6.1) 的一个最优解, 故对任意 $x \in D$, 有

$$(x - x^*)^{\mathrm{T}} \nabla f(x^*) \geqslant 0.$$

对于任一给定的 x_k, 注意到 x_{k+1} 是 (6.6.4) 的一个解, 有

$$
\begin{aligned}
0 \leqslant{} & (x_{k+1} - x^*)^{\mathrm{T}} \nabla f(x^*) \\
={} & (x_{k+1} - x^*)^{\mathrm{T}} [\nabla f(x_k) - D_k(x_{k+1} - x^*) + D_k(x_{k+1} - x_k) \\
& + \nabla f(x^*) - \nabla f(x_k) - D_k(x^* - x_k)],
\end{aligned}
$$

即

$$
\begin{aligned}
& (x_{k+1} - x^*)^{\mathrm{T}} D_k(x_{k+1} - x^*) \\
\leqslant{} & (x_{k+1} - x^*)^{\mathrm{T}} [\nabla f(x_k) + D_k(x_{k+1} - x_k) \\
& + \nabla f(x^*) - \nabla f(x_k) - D_k(x^* - x_k)].
\end{aligned} \tag{6.6.30}
$$

另一方面, 由于 x_{k+1} 是 (6.6.4) 的一个最优解, 有

$$
\begin{aligned}
0 \leqslant{} & [v_k + G_k(x_{k+1} - x_k)]^{\mathrm{T}} [(x^* - x_k) - (x_{k+1} - x_k)] \\
={} & [v_k + G_k(x_{k+1} - x_k)]^{\mathrm{T}} (x^* - x_k).
\end{aligned}
$$

由上面的不等式, (6.6.29) 和 (6.6.30) 可以推出

$$
\begin{aligned}
M_1^{-1} \|x_{k+1} - x^*\| \leqslant{} & \|\nabla f(x_k) - v_k\| + \|(D_k - G_k)(x_{k+1} - x_k)\| \\
& + \|\nabla f(x^*) - \nabla f(x_k) - D_k(x^* - x_k)\|.
\end{aligned} \tag{6.6.31}
$$

由于 g 在 x^* 处是半光滑的, 可以选取 $\delta_2 < \delta_1$, 使得对任意的 $x_k \in O(x^*; \delta_2) := \{x : \|x - x_k\| < \delta_2, x \in D\}$, 满足

$$
\|\nabla f(x_k) - \nabla f(x^*) - D_k(x_k - x^*)\| \leqslant \frac{1}{6M_1} \|x_k - x^*\|. \tag{6.6.32}
$$

于是, 如果 $x_k \in O(x^*; \delta_2)$ 并且 x_{k+1} 是 (6.6.4) 的一个解, 那么由 (6.6.26), (6.6.27) 和 (6.6.31), (6.6.32), 有

$$
\|x_{k+1} - x^*\| \leqslant \frac{1}{3} \|x_{k+1} - x_k\| + \frac{1}{6} \|x_k - x^*\|.
$$

故

$$
\|x_{k+1} - x^*\| \leqslant \frac{3}{4} \|x_k - x^*\|,
$$

且 x_k 在 $O(x^*; \delta_2)$ 中线性趋近于 x^*.

现在假设 (6.6.6) 和 (6.6.7) 成立, 由 (6.6.31), 有

$$
\begin{aligned}
M_1^{-1} \|x_{k+1} - x^*\| \leqslant{} & o(\|x_{k+1} - x_k\|) + o(\|x_{k+1} - x_k\|) + o(\|x_k - x^*\|) \\
\leqslant{} & o(\|x_{k+1} - x^*\|) + o(\|x_k - x^*\|).
\end{aligned}
$$

从而有

$$\|x_{k+1} - x^*\| = o(\|x_k - x^*\|),$$

即完成了这个命题的证明. □

下面的例子说明在定理 6.6.9 中不能缺少条件 (6.6.7).

例 6.6.1　令 $B \in R^{n \times n}$ 是一个对称正定矩阵. 令

$$f(x) = \frac{1}{2} x^{\mathrm{T}} B x, \quad D \in R^n.$$

对于所有的 k, 选取

$$f_k(x) = f(x), \quad v_k = cBx^k, \quad G_k \equiv D_k \equiv B,$$

其中 $c \in (0, 1)$ 是一个标量. 那么

$$d_k = c x_k.$$

显然 (6.6.7) 不能成立. 事实上,

$$\lim_{k \to \infty} \frac{\|v_k - \nabla f(x_k)\|}{\|d_k\|} = \lim_{k \to \infty} (1 - c) \frac{\|Bx_k\|}{\|cx_k\|}$$
$$\geqslant \left[\frac{(1 - c)}{c} \right] \lambda_{\min}(B) > 0.$$

由于 $x^* = 0$ 是对应优化问题的唯一解, 可以推得

$$\frac{\|x_{k+1} - x^*\|}{\|x_k - x^*\|} = \frac{\|x_{k+1}\|}{\|x_k\|} = 1 - t_k c.$$

利用 $t_k \in (0, 1]$, 有

$$\lim_{k \to \infty} \frac{\|x_{k+1} - x^*\|}{\|x_k - x^*\|} \geqslant 1 - c > 0.$$

可见, 在这个例子中, (6.6.28) 不成立.

(四) 算法 6.6.1 的局部收敛性质

在本节中下面的引理对于证明结论是必须的.

引理 6.6.10　记 Z 为 $\{x_k\}_{k=1}^{\infty}$ 所有聚点的集合. 如果 $Z \neq \varnothing$, 且

$$\lim_{k \to \infty} \|x_{k+1} - x_k\| = 0, \tag{6.6.33}$$

那么, 或者 Z 是一个单元素集合, 或者 Z 是一个紧集.

证明　证明由 (6.6.33) 式和文 [212] 的 Remark14.1.1 可以得到.

定理 6.6.11 假设 $\{(\epsilon_k, x_k, f_k, v_k, G_k, d_k, B_k)\}_{k=1}^{\infty}$ 是由算法 6.6.1 在同定理 6.6.7 的条件下产生, x^* 是 $\{x_k\}_{k=1}^{\infty}$ 的一个聚点. 如果 $g = \nabla f$ 在 D 中局部 Lipschitz 连续、半光滑, 且在 x^* 处 BD- 正则, 那么 x_k 趋近于 x^*. 而且, 若

$$\liminf_{k \to \infty} \lambda_{\min}((1 - 2\sigma)G_k - B_k) > 0, \tag{6.6.34}$$

$$\lim_{k \to \infty} \frac{\|\nabla f(x_k) - v_k\|}{\|d_k\|} = 0. \tag{6.6.35}$$

且存在 $D_k \in \partial_B g(x_k)$ 满足

$$\liminf_{k \to \infty} \frac{\|(D_k - G_k)d_k\|}{\|d_k\|} = 0. \tag{6.6.36}$$

那么 x_k 超线性收敛于 x^*.

证明 由定理 6.6.7, g 半光滑且在 x^* 处 BD- 正则, 有 x^* 是问题 (6.6.1) 的一个孤立点优化解. 再结合引理 6.6.10 和等式

$$\lim_{k \to \infty} (x_{k+1} - x_k) = \lim_{k \to \infty} t_k d_k = 0,$$

可知 x_k 收敛于 x^*.

下面证明第二个结论. 类似于定理 6.6.9 的证明, 可证明

$$\|x_k + d_k - x^*\| = o(\|x_k - x^*\|). \tag{6.6.37}$$

因此,

$$\|d_k\| = O(\|x_k - x^*\|). \tag{6.6.38}$$

由 g 在 x^* 处半光滑以及 (6.6.37) 和 (6.6.38) 式, 可知: 存在 $W_k \in \partial_B g(x_k + d_k)$ 满足

$$\begin{aligned}
f(x_k + d_k) &= f(x^*) + \nabla f(x^*)^{\mathrm{T}}(x_k + d_k - x^*) \\
&\quad + \frac{1}{2}(x_k + d_k - x^*)^{\mathrm{T}} W_k (x_k + d_k - x^*) + o(\|x_k + d_k - x^*\|^2) \\
&= f(x^*) + \nabla f(x^*)^{\mathrm{T}}(x_k + d_k - x^*) + o(\|d_k\|^2).
\end{aligned}$$

类似地, 有

$$\begin{aligned}
f(x_k) &= f(x^*) + \nabla f(x^*)^{\mathrm{T}}(x_k - x^*) \\
&\quad + \frac{1}{2}(x_k - x^*)^{\mathrm{T}} D_k (x_k - x^*) + o(\|x_k - x^*\|^2).
\end{aligned}$$

因此,

$$f(x_k + d_k) - f(x_k) - \frac{1}{2}\nabla f(x_k)^{\mathrm{T}}d_k$$

$$= -\frac{1}{2}\nabla f(x_k)^{\mathrm{T}}d_k + \nabla f(x^*)^{\mathrm{T}}d_k - \frac{1}{2}(x_k - x^*)^{\mathrm{T}}D_k(x_k - x^*) + o(\|d_k\|^2)$$

$$= [\nabla f(x^*) - \nabla f(x_k) - D_k(x^* - x_k) - o(\|x_k - x^*\|)]^{\mathrm{T}} + \frac{1}{2}\nabla f(x_k)^{\mathrm{T}}d_k$$

$$\quad - \frac{1}{2}(x_k - x^*)^{\mathrm{T}}D_k(x_k - x^*) + d_k^{\mathrm{T}}D_k(x_k - x^*) + o(\|d_k\|^2)$$

$$= \frac{1}{2}\nabla f(x_k)^{\mathrm{T}}d_k + \frac{1}{2}d_k^{\mathrm{T}}D_kd_k + o(\|d_k\|^2)$$

$$= \frac{1}{2}(\nabla f(x_k) - v_k)^{\mathrm{T}}d_k + \frac{1}{2}d_k^{\mathrm{T}}(D_k - G_k)d_k$$

$$\quad + \frac{1}{2}d_k^{\mathrm{T}}(v_k + G_kd_k) + o(\|d_k\|^2).$$

由此可推出

$$f(x_k + d_k) - f(x_k) - \frac{1}{2}\nabla f(x_k)^{\mathrm{T}}d_k \leqslant o(\|d_k\|^2). \tag{6.6.39}$$

利用 (6.6.35), (6.6.36) 以及

$$d_k^{\mathrm{T}}(v_k + G_kd_k) \leqslant 0,$$

若令

$$q_k = h_k(x_k + d_k) - h_k(x_k) - \sigma v_k^{\mathrm{T}}d_k - \epsilon_{1k},$$

那么

$$q_k \leqslant f(x_k + d_k) - f(x_k) + \frac{1}{2}d_k^{\mathrm{T}}B_kd_k + 2\epsilon_{2k} - \sigma v_k^{\mathrm{T}}d_k - \epsilon_{1k}$$

$$\leqslant \frac{1}{2}[\nabla f(x_k) - v_k]^{\mathrm{T}}d_k + \left(\frac{1}{2} - \sigma\right)v_k^{\mathrm{T}}d_k + \frac{1}{2}d_k^{\mathrm{T}}B_kd_k + o(\|d_k\|^2)$$

$$\leqslant -\frac{1}{2}d_k^{\mathrm{T}}[(1 - 2\sigma)G_k - B_k]d_k + o(\|d_k\|^2).$$

由 (6.6.34), 有, 对所有足够大的 k,$q_k < 0$, 即,$t_k = 1$. 对所有足够大的 k, 由于

$$x_{k+1} = x_k + t_kd_k = x_k + d_k,$$

利用定理 6.6.9, 即得 x_k 超线性收敛于 x^*.　　　　　　　　　　　　　□

　　注　因为 B_k 仅与假设 (A2),(A3) 和 (6.6.34) 有关, 所以对于选取 B_k 有很多的可能性. 举个例子, 不考虑 (A3) 和 (6.6.34), B_k 可以通过满足 $B_k \cong -G_k$ 来选择; 同时值得注意的是, 如果 $\sigma = 0$ 或 $\sigma = \frac{1}{2}$, 可以分别选取 $B_k = \frac{1}{2}(1 - 2\sigma)G_k$ 或 $B_k = -\frac{1}{2}\sigma G_k$. 如何选取一个不仅可以尽可能快地获取统一步长 (即 Newton 步), 而且又可以提高算法的收敛性的 B_k 是值得进一步探讨的问题.

6.6.2　算法在二阶段随机规划中的应用

对求解优化问题 (6.6.1), 模式 SQP 算法 6.6.1 可以提供多种灵活的设计方法. 作为一个特例, 利用模式 SQP 算法 6.6.1 求解两阶段随机规划问题:

$$\min \quad P(x) + \phi(x),$$
$$\text{s.t.} \quad Ax \leqslant b, \tag{6.6.40}$$

其中, P 是 $X \to R^n$ 的二阶连续可微凸函数,

$$\phi(x) = \int_{R^m} \psi(w - Tx)\mu(w)dw,$$
$$\psi(w - Tx) = \max\left\{-\frac{1}{2}y^{\mathrm{T}}Hy + y^{\mathrm{T}}(w - Tx) : Wy \leqslant q\right\},$$

$H \in R^{m \times m}$ 是一个对称正定矩阵, $A \in R^{r \times n}, b \in R^r, T \in R^{m \times n}, q \in R^{m_1}$ 和 $W \in R^{m_1 \times m}$ 是固定的矩阵或向量, $w \in R^m$ 是一个随机向量, 且 $\mu : R^m \to R_+$ 是一个连续可微的概率函数. 下面, 记

$$Y = \{y : Wy \leqslant q\},$$

并假设 X 和 Y 是有界的. 在上面的假设下, 利用文 [16] 中的定理 2.1 可以得出, 函数 $P + \phi$ 是二阶连续可微的且在 D 上是凸的.

下面讨论如何产生满足前一小节给出的收敛性条件的近似函数 $\{f_k\}_{k=1}^{\infty}$.

利用变换函数 $w = p(\tilde{w})$(见文 [36, 37]), 把 R^m 上的积分变换成单位立方体 I^m 上的积分, 并重写 $\phi(x)$ 如下

$$\phi(x) = \int_{R^m} \psi(w - Tx)\mu(w)dw$$
$$= \int_{I^m} \psi(p(\tilde{w} - Tx)\mu(p(\tilde{w}))p^{'}(\tilde{w})d\tilde{w}$$
$$= \int_{I^m} \psi(p(\tilde{w}) - Tx)\bar{\mu}(\tilde{w})d\tilde{w},$$

其中

$$\bar{\mu}(\tilde{w}) = \mu(p(\tilde{w}))p^{'}(\tilde{w}).$$

这个变换函数可以见文 [35]. 由于 H 是对称正定的, (6.6.40) 中的目标函数 $P(x) + \phi(x)$ 是凸的, 并且在 R^n 中有一阶连续导函数, 即

$$\nabla(P(x) + \phi(x)) = \nabla P(x) - T^{\mathrm{T}} \int_{R^m} \psi(w - Tx)\rho(w)dw,$$

且

$$\psi(w - Tx) = \operatorname{argmax}\left\{-\frac{1}{2}z^{\mathrm{T}}Hz + z^{\mathrm{T}}(w - Tx), z \in Z\right\}$$
$$= H^{-\frac{1}{2}}\prod_S\left(H^{-\frac{1}{2}}(w - Tx)\right),$$

其中, 记 $\prod_S(u)$ 为点 $u \in R^m$ 在多面体

$$S = \{s|s = H^{-\frac{1}{2}}z, z \in Z\}$$
$$= \{s|WH^{-\frac{1}{2}}s \leqslant q, s \in R^n\}$$

上的投影.

于是, 可以找到一个向量函数 $\hat{\mu}: I^m \to R^m$, 且 $\nabla\hat{\mu}$ 有界, 满足

$$\int_{R^m}\psi(\mu)\nabla\mu(\mu + Tx)d\mu = \int_{I^m}\psi(p(\tilde{w} - Tx)\hat{\mu}(\tilde{w})d\tilde{w}.$$

为了简化符号, 在不混淆的情况下, 在下面的讨论中使用 w 代替 $\tilde{w}$. 令 $\{n_k\}_{k=1}^{\infty}$ 是一个整数序列且满足

$$1 \leqslant n_1 \leqslant \cdots \leqslant n_k \leqslant n_{k+1} \leqslant \cdots$$

且

$$当 k \to \infty 时, \quad n_k \to \infty.$$

根据某种积分法则, 我们在单位超立方体上产生序列 $\{w^i, i = 1, \cdots, n_k\}$, 这个积分法则可以是随机的 (如蒙特卡罗随机产生), 也可以是确定的, 如准随机序列, 见文 [16]. 下面, 我们采用的是一个确定的积分法则. 令

$$\bar{f}_{n_k}(x) = P(x) + \frac{1}{n_k}\sum_{i=1}^{n_k}\psi(w^i - Tx)\bar{\mu}(w^i), \tag{6.6.41}$$

$$\bar{v}_{n_k}(x) = \nabla P(x) - \frac{1}{n_k}T^{\mathrm{T}}\sum_{i=1}^{n_k}y(w^i - Tx)(\bar{\mu})(w^i), \tag{6.6.42}$$

$$\bar{G}_{n_k}(x) = \nabla^2 P(x) - \frac{1}{n_k}T^{\mathrm{T}}\left[\sum_{i=1}^{n_k}y(w^i - Tx)\nabla\hat{\mu}(w^i)\right]T, \tag{6.6.43}$$

其中

$$y(w - Tx) = \operatorname{argmax}\left\{-\frac{1}{2}y^{\mathrm{T}}Hy + y^{\mathrm{T}}(w - Tx) : Wy \leqslant q\right\}. \tag{6.6.44}$$

令

$$f(x) = P(x) + \phi(x).$$

可以证明 $\{\bar{f}_{n_k}\}_{n_k=1}^{\infty}$ 是凸函数, 且上图收敛于 f. 对任何紧集 D, 可以得到下面结论, 它可视为文 [16] 中定理 3.1 的直接结果.

引理 6.6.12 假设集合 X, Y 是有界的. 当 $k \to \infty$ 时 $n_k \to \infty$. 那么, 对于任意的 $\epsilon > 0$, 存在 $k(\epsilon)$ 使得对所有的 $x \in D, n_k \geqslant k(\epsilon)$, 有

$$|f(x) - \bar{f}_{n_k}(x)| < \epsilon, \tag{6.6.45}$$

$$\|\nabla f(x) - \bar{v}_{n_k}(x)\| < \epsilon, \tag{6.6.46}$$

$$\|\nabla^2 f(x) - \bar{G}_{n_k}(x)\| < \epsilon. \tag{6.6.47}$$

由于 D, Z 是紧集, 从文 [16] 的结论可知, 如果采用拟蒙特卡罗法产生 $\{w^i, i = 1, \cdots, n_k\}$, 则存在一个常数 $C > 0$ 使得对任意的 $x \in X$, 有

$$|f(x) - \bar{f}_{n_k}(x)| \leqslant \frac{C(\log n_k)^{m-1}}{n_k}, \tag{6.6.48}$$

$$\|\nabla f(x) - \bar{v}_{n_k}(x)\| \leqslant \frac{C(\log n_k)^{m-1}}{n_k}. \tag{6.6.49}$$

由 (6.6.48)- (6.6.49) 式, 可取 $\delta_1 \in (0, \frac{1}{2})$, $\delta_2 = 1 - \delta_1$, 对任意的 $x \in D$ 满足

$$|f(x) - \bar{f}_{n_k}(x)| \leqslant \left[\frac{C(\log n_k)^{m-1}}{n_k^{\delta_1}} \right] \left(\frac{1}{n_k^{\delta_2}} \right) \tag{6.6.50}$$

以及

$$\|\nabla f(x) - \bar{v}_{n_k}(x)\| \leqslant \left[\frac{C(\log n_k)^{m-1}}{n_k^{\delta_1}} \right] \left(\frac{1}{n_k^{\delta_2}} \right). \tag{6.6.51}$$

下面给出对二阶段随机规划问题 (6.6.40) 的算法.

算法 6.6.13(求解二阶段随机规划的 SQP 方法)

步 1. *初始化*. 令 $\delta \in \left[0, \frac{1}{2} \right], \rho \in (0, 1), \{\epsilon_{1k} > 0\}_{k=1}^{\infty}$ 且满足 $\sum\limits_{k=1}^{\infty} \epsilon_{1k} < +\infty$.

选取一个足够大的数 $M > 0$, 以及 $x_0 \in D$; 计算满足 $\frac{1}{\bar{n}_1^{\delta_2}} \in \left(0, \frac{1}{3}\epsilon_{1l} \right)$ 的 $\bar{n}_1$; 令 $k := 0$.

步 2. 令 $l = 0$.

步 3. 用拟蒙特卡罗法产生 $\{w^i, i = 1, \cdots, \bar{n}_k + l\}$;

计算 $\bar{v}_{\bar{n}_k+l}(x_k), \bar{G}_{\bar{n}_k+l}(x_k)$.

找下列二次规划的唯一解 $\bar{d}_{kl}$:

$$(\mathrm{QP}_{Ke}) \quad \min \quad (\bar{v}_{\bar{n}_k+l}(x_k))^{\mathrm{T}} d + \frac{1}{2} d^{\mathrm{T}} (\bar{G}_{\bar{n}_k+l}(x_k) + \epsilon_{1k} I) d,$$

$$\text{s.t.} \quad A(x_k + d) \leqslant b,$$

其中, $I \in R^{n \times n}$ 是单位矩阵.

步 4. 若 $\dfrac{1}{(\bar{n}_k+l)^{\delta_2}} \leqslant M \|\bar{d}_{k_l}\|$, 则令

$$d_k = d_{k_l}, \quad v_k = \bar{v}_{\bar{n}_k+l}(x_k), \quad G_k = \bar{G}_{\bar{n}_k+l}(x_k) + \epsilon_{1k} I,$$

$$B_k = -\sigma G_{k_j}, \quad n_k = \bar{n}_k + l;$$

转步 5; 否则, 令 $l := l + 1$, 转步 3.

步 5. 令 $f_k = \bar{f}_{n_k}$ 和

$$h_k(x) = f_k(x) + \frac{1}{2}(x - x_k)^{\mathrm{T}} B_k(x - x_k).$$

记 j_k 为满足

$$h_k(x_k + \rho^j d_k) - h_k(x_k) \leqslant \sigma \rho^j v_k^{\mathrm{T}} d_k + \epsilon_{1k}$$

的最小非负整数 j. 令 $t_k = \rho^{j_k}$.

步 6. 计算满足 $\dfrac{1}{N_k^{\delta_2}} \in \left(0, \dfrac{1}{3} \epsilon_{1,k+1} \right)$ 的 N_k; 令

$$\bar{n}_{k+1} = \max\{N_k, n_k\}, \quad x_{k+1} = x_k + t_k d_k, \quad k := k + 1,$$

并转步 2.

由

$$\lim_{n_k \to \infty} \frac{c(\log n_k)^{m-1}}{n_k^{\delta_1}} = \lim_{n_k \to \infty} \frac{c(\log n_k)^{m-1}}{n_k^{\delta_2}} = 0, \tag{6.6.52}$$

(6.6.50) 式和算法 6.6.13 的构造, 可以推出, 对任意大的 k, (6.6.22) 成立. 类似地, 由 (6.6.51), (6.6.52) 式和算法的构造, 有如下两个引理.

引理 6.6.14　对于给定的 k, 若算法 6.6.13 从不执行步 4, 即如果对所有的 $l \geqslant 0$,

$$\frac{1}{(\bar{n}_k+l)^{\delta_2}} > M \|\bar{d}_{k_l}\|, \tag{6.6.53}$$

那么 x_k 是二阶段随机规划问题 (6.6.40) 的最优解.

引理 6.6.15   如果算法 6.6.13 产生无限迭代点列 $\{x_k\}_{k=1}^{\infty}$, 那么

$$\lim_{k\to\infty} \frac{\|\nabla f(x_k) - v_k\|}{\|x_{k+1} - x_k\|} = 0$$

成立.

注意到在定理 6.6.11 中可以选取 $D_k = \nabla^2 f(x_k)$, 由定理 6.6.7 或者推论 6.6.8, 引理 6.6.12- 6.6.15 和定理 6.6.11, 有下面的收敛定理.

定理 6.6.16   如果 $\{x_k\}_{k=1}^{\infty}$ 由算法 6.6.13 产生, D, Y 是有界的, 那么 $\{x_k\}_{k=1}^{\infty}$ 的每个聚点是二阶段随机规划问题 (6.6.40) 的一个最优解. 假设 x^* 是 $\{x_k\}_{k=1}^{\infty}$ 的一个聚点, 若 A 是行满秩的且 $\nabla^2 f(x^*)$ 非奇异, 那么 x^* 是 (6.6.40) 的唯一解, 且序列 x_k 超线性收敛于 x^*.

注   对于 f_k(以及 v_k, G_k), 可以有其他不同形式的选取方式, 如在文 [92] 中, Higle 和 Sen 给出了另外一种近似技术, 通过序列二次子问题来逐步近似二阶段线性规划, 其二次子问题解序列的聚点是一定概率意义下的原随机问题优化解. 其他构造方式可参见文 [35-37, 182] 等.

6.7   大规模有界约束问题的子空间有限记忆 BFGS 方法

考虑带简单界约束的非线性规划问题

$$\begin{align}
\min \quad & f(x); \\
\text{s.t.} \quad & l \leqslant x \leqslant u,
\end{align} \tag{6.7.1}$$

其中 $f: R^n \to R$ 为非线性函数, 向量 l 和 u 分别表示变量 x 的下界和上界, 变量维数 n 为一个大的整数.

早期对上述问题的求解方法多通过积极集及其变形, 这类方法对于求解低维问题十分有效, 但对大规模问题求解则一般不具优势. 其主要原因是它们在每一次迭代中通常只能从积极集中增加或者删除一个约束, 这意味着在最坏情形下的计算复杂性有可能涉及 3^n 的积极集计算以获得最优解. 一些学者对改进积极集的不确定预测做了一些尝试, 如文献 [66, 68, 123, 124] 等.

梯度投影法也是求解约束优化问题的常用算法, 它在每一次迭代中沿着约束边界产生一个搜索方向, 能够同时增加或删除当前积极集估计的多个约束, 在有限个计算步中得到积极集. 在界约束优化和一般非线性约束优化中, 这一投影方法都得到进一步的研究, 如 [31, 39, 110, 106] 等.

自 20 世纪 80 年代, 许多学者将信赖域概念和方法引入约束优化问题, Conn 等在 [39] 中给出一类求解简单界约束优化问题的信赖域算法. 当严格互补条件成立

时, 他们证明了这一方法能够在有限步迭代中探明优化解处的积极边界集, Cauchy 点概念的引入使得算法归结为无约束优化计算, 同时可以采用无约束优化中的方法进行收敛速率的分析. 进一步地, Lescrenier[106] 在适当假设下得到不需严格互补条件时的超线性收敛率. 初步的数值试验结果也表明这些方法是有效的并且能够用于求解大型优化问题.

下面将给出一个结合积极集技术和梯度投影方法的算法, 在迭代中我们避免寻求带界约束的二次子问题的精确解, 同时采用辨别技术使得非积极变量的方向更易于确定. 该算法具有如下性质: 所有迭代均为可行且目标函数值序列单调下降; 允许积极集的快速变动; 算法全局收敛; 同时它保留了如同 [66] 中有效集辨别技术的优点, 并结合利用了非常适用于求解大规模问题的子空间有限记忆 BFGS 方法.

在本节中, 为便于讨论, 以下标 i 表示 n 维变量的第 i 个分量而以上标 k 表示第 k 次迭代, 梯度 $\nabla f(x)$ 的第 i 个分量为 $\nabla f_i(x) = \dfrac{\partial f(x)}{\partial x_i}$.

6.7.1　算法

首先将给出在可行点 x^k 处如何得到搜索方向 d^k 并将其与投影方向相结合. 我们基于 [66] 的预测技术来确定搜索方向. 设可行域 $D = \{x \in R^n : l_i \leqslant x_i \leqslant u_i, i = 1, \cdots, n\}$, 称向量 $\overline{x} \in D$ 为问题 (6.7.1) 的驻点, 若 $\overline{x}$ 满足

$$\begin{cases} l_i = \overline{x}_i & \Rightarrow \nabla f_i(\overline{x}) \geqslant 0, \\ l_i < \overline{x}_i < u_i & \Rightarrow \nabla f_i(\overline{x}) = 0, \\ \overline{x}_i = u_i & \Rightarrow \nabla f_i(\overline{x}) \leqslant 0. \end{cases} \tag{6.7.2}$$

若 (6.7.2) 的第一和第三个关系推导中不等式严格成立, 则我们称其为严格互补的.

为导出估计积极边界的方法, 设 $\overline{x} \in R^n$ 是问题 (6.7.1) 的驻点, 且对应的积极约束集为

$$\overline{L} = \{i : l_i = \overline{x}_i\}, \quad \overline{U} = \{i : \overline{x}_i = u_i\}. \tag{6.7.3}$$

此外设

$$\overline{F} = \{1, \ldots, n\} \setminus (\overline{L} \cup \overline{U})$$

为自由变量集. 利用这些符号, 条件 (6.7.2) 可以表示为

$$\begin{cases} \nabla f_i(\overline{x}) \geqslant 0, & \forall i \in \overline{L}, \\ \nabla f_i(\overline{x}) = 0, & \forall i \in \overline{F}, \\ \nabla f_i(\overline{x}) \leqslant 0, & \forall i \in \overline{U}. \end{cases} \tag{6.7.4}$$

很自然地, 可以如下定义 $L(x)$, $F(x)$ 和 $U(x)$ 的近似估计 $\overline{L}$, $\overline{F}$ 和 $\overline{U}$ 分别为

$$L(x) = \{i : x_i \leqslant l_i + a_i(x)\nabla f_i(x)\},$$
$$U(x) = \{i : x_i \geqslant u_i + b_i(x)\nabla f_i(x)\}, \qquad (6.7.5)$$
$$F(x) = \{1, \ldots, n\} \setminus (L \textstyle\bigcup U),$$

其中 $a_i(x)$ 和 $b_i(x)$ 是可行域 D 的非负连续外界, 且当 $x_i = l_i$ 或 $x_i = u_i$ 时, 分别
有 $a_i(x) > 0$ 或 $b_i(x) > 0$. 还有其他的识别技术可以参考 [27, 124] 等. 下面的定理
表明了 $\overline{L}$, $\overline{F}$ 和 $\overline{U}$ 分别是 $L(x)$, $F(x)$ 和 $U(x)$ 的一个 "好" 的近似估计.

定理 6.7.1 ([66] 定理 3)   对任意的可行点 x, $L(x) \cap U(x) = \varnothing$. 进一步地, 若
$\overline{x}$ 是问题 (6.7.1) 的一个驻点并且严格互补条件成立, 那么存在一个 $\overline{x}$ 的邻域使得
对该邻域里的每一个可行点 x, 都有

$$L(x) = \overline{L}, \quad F(x) = \overline{F}, \quad U(x) = \overline{U}.$$

现设 $x^k \in D$ 为第 k 次迭代点. 考虑集合 $L^k = L(x^k)$, $U^k = U(x^k)$ 和 $F^k = F(x^k)$, 选取子空间方向 $d_{F^k}^k$ 作为非积极变量的搜索方向. 令 Z 是由列 $\{e_i | i \in F^k\}$
构成的矩阵, 其中 e_i 是 $R^{n \times n}$ 单位矩阵里的第 i 列, H^k 是整个空间中逆 Hesse 矩阵
的近似. 记集合 F^k 的元素个数为 $|F^k|$, 设 $\overline{H}^k \in R^{|F^k| \times |F^k|}$ 是近似的约化逆 Hesse
阵, 则有 $\overline{H}^k = Z^{\mathrm{T}} H^k Z$. 取搜索方向 $d^k = (d_{L^k}^k, d_{F^k}^k, d_{U^k}^k)$ 为

$$d_i^k = l_i - x_i^k, \quad i \in L^k; \qquad (6.7.6)$$

$$d_i^k = u_i - x_i^k, \quad i \in U^k; \qquad (6.7.7)$$

$$d_i^k = -(Z\overline{H}^k Z^{\mathrm{T}} g^k)_i, \quad i \in F^k. \qquad (6.7.8)$$

投影方法常被研究者用来解决界约束二次非线性规划问题 (见 [12, 22, 121] 等).
投影方法需要求步长 $\alpha_k > 0$, 使得如下定义的函数 $\phi^k : R \to R$ 获得充分下降:

$$\phi^k(\alpha) = f([x^k + \alpha d^k]^+),$$

其中 $[\cdot]^+$ 是到 D 上的投影,

$$[x]^+ = \begin{cases} x_i, & l_i \leqslant x_i \leqslant u_i, \\ l_i, & x_i < l_i, \\ u_i, & x_i > u_i. \end{cases} \qquad (6.7.9)$$

由充分下降条件需要 $\alpha_k > 0$ 并且满足

$$\phi^k(\alpha) \leqslant \phi^k(0) + \sigma \nabla \phi^k(0)\alpha, \qquad (6.7.10)$$

其中 $\sigma \in \left(0, \dfrac{1}{2}\right)$.

以下结论表明了对于任意的 $d^k \neq 0$, 目标函数 $f(x)$ 在当前迭代点 x^k 上至少有一个下降方向. 该性质对于证明全局收敛性尤为重要.

引理 6.7.2　若 H^k 是正定矩阵, 则由 (6.7.6)-(6.7.8) 式所定义的 d^k 满足以下条件:

$$(d^k)^{\mathrm{T}} g^k \leqslant 0. \tag{6.7.11}$$

证明　由搜索方向的定义以及 (6.7.6)-(6.7.8) 式, 有

$$(d^k)^{\mathrm{T}} g^k = \sum_{i \in L^k} (l_i - x_i^k) g_i^k + \sum_{i \in U^k} (u_i - x_i^k) g_i^k + \sum_{i \in F^k} -g_i^k (Z \overline{H}^k Z^{\mathrm{T}} g^k)_i \leqslant 0.$$

上述关系式可由 H^k 的正定性 (因而 $\overline{H}^k$ 也是正定的), 以及相关集合的定义 (6.7.5) 得到. 特别地, 当且仅当 $d^k = 0$ 时, $(d^k)^{\mathrm{T}} g^k = 0$.　　　　　　　　　　　□

有限记忆 BFGS 方法是一种适用于大规模问题的 BFGS 型方法[159, 160]. 其与普通 BFGS 方法的区别在于对矩阵的校正. 为得到逆 Hesse 矩阵的近似 H^{k+1}, 在每个迭代点 x^k 并不直接存储矩阵 H^k 而是存储少量的 (记为 m 个) 校正对 $\{s^i, y^i\}, i = k-1, \ldots, k-m$, 其中

$$s^k = x^{k+1} - x^k, \quad y^k = g^{k+1} - g^k.$$

通过存储 H^k 计算的标准的 BFGS 校正为

$$H^{k+1} = (V^k)^{\mathrm{T}} H^k V^k + \rho^k s^k (s^k)^{\mathrm{T}},$$

其中 $\rho^k = \dfrac{1}{(y^k)^{\mathrm{T}} s^k}$, $V^k = I - \rho^k y^k (s^k)^{\mathrm{T}}$.

如果采用存储校正对进行计算, 则有

$$
\begin{aligned}
H^{k+1} &= (V^k)^{\mathrm{T}} [(V^{k-1})^{\mathrm{T}} H^{k-1} V^{k-1} + \rho^{k-1} s^{k-1} (s^{k-1})^{\mathrm{T}}] V^k + \rho^k s^k (s^k)^{\mathrm{T}} \\
&= (V^k)^{\mathrm{T}} (V^{k-1})^{\mathrm{T}} H^{k-1} V^{k-1} V^k + (V^k)^{\mathrm{T}} \rho^{k-1} s^{k-1} (s^{k-1})^{\mathrm{T}} V^k + \rho^k s^k (s^k)^{\mathrm{T}} \\
&= \cdots \left[(V^k)^{\mathrm{T}} \ldots (V^{k-m+1})^{\mathrm{T}} \right] H^{k-m+1} [V^{k-m+1} \ldots V^{k-1}] \\
&\quad + \rho^{k-m+1} \left[(V^{k-1})^{\mathrm{T}} \ldots (V^{k-m+2})^{\mathrm{T}} \right] s^{k-m+1} (s^{k-m+1})^{\mathrm{T}} [V^{k-m+2} \ldots V^{k-1}] \\
&\quad + \cdots + \rho^k s^k (s^k)^{\mathrm{T}}. \tag{6.7.12}
\end{aligned}
$$

这些校正对包含了函数的曲率信息, 以及结合了 BFGS 公式, 由此得到有限记忆的迭代矩阵.

为了保证有限记忆 BFGS 矩阵的正定性, 若曲率不满足 $(s^k)^{\mathrm{T}} y^k > 0$, 一些研究者 (如 [159]) 则选择舍弃校正对 $\{s^k, y^k\}$. 这意味着在 S^k 和 Y^k 里的 m 个方向中实际包含的可能要少于 $k - m$ 个. 在 [138] 中, Powell 则提出另外一种方法, 他通过一些关系式建立一个新的 $(s^k)'$ 替换 s^k.

算法 6.7.3 (校正 $(ns, \{\bar{s}^k\}, \{\bar{y}^k\}, H^0, d, Z)$)

步 1. 令 $d = Z'd$;

步 2. 若 $ns = 0, d = H^0 d$, 则返回;

步 3. 令 $\alpha = \bar{s}_{ns-1}^{\mathrm{T}} d / \bar{y}_{ns-1}^{\mathrm{T}} \bar{s}_{ns-1}^{\mathrm{T}}; d = d = \alpha \bar{y}_{ns-1}^{\mathrm{T}}$;

步 4. 调用校正 $(ns - 1, \{\bar{s}^k\}, \{\bar{y}^k\}, H^0, d, Z)$;

步 5. $d = d + (\alpha - (d^{\mathrm{T}} \bar{y}_{ns-1}^{\mathrm{T}} / \bar{y}_{ns-1}^{k\mathrm{T}} \bar{s}_{ns-1}^{k})) \bar{s}_{n-1}^{k}$;

步 6. $d = Z'd$.

算法中 $ns \leqslant m$ 表示校正对的数量. 注意到当 $(\bar{y}^k)^{\mathrm{T}} \bar{s}^k \leqslant 0$ 时, 令 ns 重新初始化为 0. 在数值试验中我们发现, 与直接跳过校正相比, 这样可以有更好的数值结果.

下面给出求解有界约束优化问题 (6.7.1) 的完整算法, 我们称其为投影积极集有限记忆 BFGS 算法 (PAL-BFGS).

算法 6.7.4 (PAL-BFGS 算法)

步 1. 给定初始点 $x^0 \in D$, 常数 $\sigma \in \left(0, \dfrac{1}{2}\right)$, $m \in (3, 20)$, 以及初始矩阵 θI, 非负常数 $a_i(x)$ 和 $b_i(x)$. 计算 $f(x^0), \nabla f(x^k)$ 并令 $k := 0$.

步 2. 根据 (6.7.5) 式, 确定 $L^k = L(x^k)$, $U^k = U(x^k)$ 和 $F^k = F(x^k)$.

步 3. 由 (6.7.6)-(6.7.8) 式计算搜索方向 d^k.

步 4. 若 $d^k = 0$, 则停止; 否则转下步.

步 5. 利用投影线搜索规则求满足 (6.7.10) 式的步长因子 α_k.

步 6. 令 $x^{k+1} = [x^k + \alpha_k d^k]^+$. 计算 $f(x^{k+1})$ 和 $\nabla f(x^{k+1})$.

步 7. 由 (6.7.12) 式校正 H^k.

步 8. 令 $k := k + 1$, 转步 2.

注 (1) 步 5 中 α_k 的初始试探步长为 1, 对 $j = 1, 2, \cdots$, 令 $\alpha_k = \beta^j \alpha_k$, 在我们的数值实验中, 取 $\beta = 0.1$ 并且在每一次迭代中线搜索的次数不超过 10.

(2) 在我们的数值实验中, 我们不直接采用 (6.7.12) 式进行计算而是采用算法 6.7.3 产生搜索方向.

6.7.2   收敛性分析

下面分析算法 6.7.3 的全局收敛性. 首先引入以下假设.

假设 A　存在正标量 ρ_1, ρ_2, 使得对任意矩阵 $\overline{H}^k, k = 1, 2, \cdots$, 满足

$$\rho_1 \|z\|^2 \leqslant z^{\mathrm{T}} \overline{H}^k z \leqslant \rho_2 \|z\|^2, \quad \forall z \in R^{F^k}, z \neq 0.$$

为证明算法 6.7.3 的全局收敛性, 还需要以下一些引理.

引理 6.7.5　假设 d^k 是根据 (6.7.6)-(6.7.8) 式产生的搜索方向, 且 $d^k \neq 0$, 则

$$\min\left\{1, \frac{\|u - l\|_\infty}{\|d^k\|_\infty}\right\} \geqslant \beta^k \geqslant \min\left\{1, \frac{\epsilon_k}{\|d^k\|_\infty}\right\}, \tag{6.7.13}$$

其中

$$\beta^k = \sup_{0 \leqslant \gamma \leqslant 1}\{\gamma | l \leqslant x^k + \gamma d^k \leqslant u\},$$

$$\epsilon_k = \min\{|a_i(x^k) g_i(x^k)|, |b_i(x^k) g_i(x^k)|, i \in F^k, g_i(x^k) \neq 0\}.$$

证明　由 β^k 的定义, x^k 和 $x^k + \beta^k d^k$ 是问题 (6.7.1) 的可行点, 于是

$$\|\beta^k d^k\|_\infty \leqslant \|u - l\|_\infty.$$

这样 (6.7.13) 的第一部分得证.

下证 (6.7.13) 的第二部分. 事实上只需证明下式即可

$$x_i^k + \overline{\beta} d_i^k \in [l_i, u_i], \quad \forall i = 1, \cdots, n, \tag{6.7.14}$$

其中 $\overline{\beta} = \min\left\{1, \dfrac{\epsilon_k}{\|d^k\|_\infty}\right\}$. 若 $i \in L(x^k)$, 则由 (6.7.6) 式的定义, 有 $x_i^k + d_i^k = l_i$. 对于 $i \in U(x^k)$ 亦同理. 若 $i \in F(x^k)$, 有

$$x_i^k > l_i + a_i(x^k) \nabla f_i(x^k),$$

$$x_i^k < u_i + b_i(x^k) \nabla f_i(x^k).$$

假设存在 $i \in F^k$ 使得 $\nabla f_i(x^k) < 0$, 由 (6.7.8), 有 $d_i^k > 0$, 于是

$$u_i > x_i^k + [-b_i(x^k) \nabla f_i(x^k)] \geqslant x_i^k + \epsilon_k \frac{d_i^k}{\|d^k\|_\infty} \geqslant x_i^k + \overline{\beta} d_i^k.$$

对于 $\nabla f_i(x^k) > 0$ 亦同理, 有 $x_i^k + \overline{\beta} d_i^k \geqslant l_i$. 当 $i \in F^k, g_i(x^k) = 0$ 时, 结论显然成立. 因此, 便证明了对所有 $i = 1, \cdots, n$, 都有 (6.7.14) 成立.　　　　□

引理 6.7.6　假设 $x^k \in D, d^k$ 是根据 (6.7.6)-(6.7.8) 式产生的搜索方向, 则对于某个正标量 γ, 有

$$\|d^k\|^2 \leqslant -\gamma \nabla f(x^k)^{\mathrm{T}} d^k. \tag{6.7.15}$$

证明   因为 $\overline{H}^k$ 是对称正定矩阵, 由 (6.7.8) 式, 有

$$d_{F^k}^k = -(Z\overline{H}^k Z^{\mathrm{T}} g^k)_{F^k}.$$

再由假设 A, 有

$$\rho_1 \|d_{F^k}^k\|^2 \leqslant -\nabla f_{F^k}(x^k)^{\mathrm{T}} d_{F^k}^k \leqslant \rho_2 \|d_{F^k}^k\|^2,$$

故有

$$\nabla f_{F^k}(x^k)^{\mathrm{T}} d_{F^k}^k \leqslant -\rho_1 \|d_{F^k}^k\|^2. \qquad (6.7.16)$$

现证存在一个正标量 γ_i 使得对于每一个 $i \in L^k \cup U^k$,

$$\nabla f_i(x^k)^{\mathrm{T}} d_i^k \leqslant -\gamma_i \|d_i^k\|^2. \qquad (6.7.17)$$

若 $d_i^k = 0$, 不等式显然成立. 现设 $d_i^k \neq 0$. 只需证不等式对于 $i \in L^k$ 成立, 对于 $i \in U^k$ 亦同理.

因为对于每一个 $i \in L^k$ 都有 $x^k \in D$ 和 $d_i^k = l_i - x_i^k$, 于是对于所有非零的 d_i^k 必为负. 再由 L^k 的定义可知

$$a_i(x^k)\nabla f_i(x^k) \geqslant -d_i^k. \qquad (6.7.18)$$

因为若 $a_i(x^k) = 0$, 则 $x_i^k = l_i$, 这意味着 $d_i^k = 0$. 所以不妨设 $a_i(x^k) > 0$. 由 $d_i^k < 0$ 及 (6.7.18) 式, 有

$$\nabla f_i(x^k)^{\mathrm{T}} d_i^k \leqslant -\frac{1}{a_i(x^k)}(d_i^k)^2.$$

但 $a_i(x^k)$ 在 D 上是有上界的, 故存在

$$\xi_i \geqslant \sup_{l \leqslant x \leqslant u} a_i(x) > 0,$$

以及有 $\gamma_i = 1/\xi_i$ 使得 (6.7.17) 式成立. 因此, 存在某正常数使得结论成立. 证毕. □

引理 6.7.7   设 x^k, d^k 由算法 6.7.3 给出, 则 x^k 是问题 (6.7.1) 的一个 KKT 点当且仅当 $d^k = 0$.

证明   设 $d^k = 0$. 若 $i \in L^k$, 则由 (6.7.5) 和 (6.7.6) 式有

$$0 = d_i^k = l_i - x_i^k \geqslant -a_i(x^k)\nabla f_i(x^k).$$

但因为 $x_i^k = l_i$, $a_i(x^k) > 0$, 因此 $\nabla f_i(x^k) \geqslant 0$. 另一方面, 对于每一个 $i \in U^k$, 有

$$0 = d_i^k = u_i - x_i^k \geqslant -b_i(x^k)\nabla f_i(x^k),$$

于是 $\nabla f_i(x^k) \leqslant 0$. 若 $d^k_{F^k} = 0$, 则由

$$d^k_i = -(Z\overline{H}^k Z^T g^k)_i, \quad i \in F^k,$$

又 $\overline{H}^k$ 是正定矩阵, 故必有 $\nabla f_i(x^k) = 0$.

现假设 x^k 是 f 在 D 上的一个驻点, 则由 (6.7.2) 和 (6.7.4), 有

$$L^k = \{i : x^k_i = l_i\}, \quad F^k = \{i : l_i < x^k_i < u_i\}, \quad U^k = \{i : x^k_i = u_i\}.$$

因此, 由 (6.7.6) 和 (6.7.7) 式, 有 $d_{L^k} = d_{U^k} = 0$. 另一方面, 因为 $\nabla f_{F^k}(x^k) = 0$, $\overline{H}^k$ 是正定矩阵以及 (6.7.8) 式, 得到 $d_{F^k} = 0$. 因此 $d^k = 0$. □

由引理 6.7.2 和引理 6.7.7 知, 若 x^k 不是一个 KKT 点, 则 d^k 是一个下降方向. 下面定理给出了算法 6.7.3 的全局收敛性.

定理 6.7.8 若假设 A 成立, 设 x^k, d^k 和 $\overline{H}^k$ 由算法 6.7.3 为解问题 (6.7.1) 给出, $f(x)$ 在可行域 D 上是二次连续可微, 且存在一个正常数 γ_1 使得对于所有的 k, 有 $\|Z^T\overline{H}^k Z\| \leqslant \gamma_1$, 则每一个 $\{x^k\}$ 的聚点都是问题 6.7.1 的一个 KKT 点.

证明 由引理 6.7.6 有

$$\|d^k\|^2 \leqslant -\gamma \nabla f(x^k)^T d^k.$$

于是

$$\begin{aligned}
\|d^k\|^2 &= \|Z\overline{H}^k Z^T g^k\|^2 + \sum_{i \in L^k}(l_i - x^k_i)^2 + \sum_{i \in U^k}(u_i - x^k_i)^2 \\
&\leqslant \gamma_1\|g^k\|^2 + \sum_{i \in L^k}(a_i(x^k)\nabla f(x^k))^2 + \sum_{i \in U^k}(b_i(x^k)\nabla f(x^k))^2 \\
&= (\gamma_1 + \mu_k)\|g^k\|^2 \leqslant (\gamma_1 + \mu_k)\eta_1,
\end{aligned} \tag{6.7.19}$$

其中 $\mu_k = \sum_{i \in L^k}a_i(x^k)^2 + \sum_{i \in U^k}b_i(x^k)^2$, $\eta_1 = \max_{x \in D}\|g^k\|^2$. 这样由 (6.7.13) 和 (6.7.19) 式, 存在一个常数 $\overline{\beta} \in (0,1)$ 使得

$$\beta_k \geqslant \overline{\beta}, \quad \forall k. \tag{6.7.20}$$

若 $\alpha_k < 0.1\overline{\beta}$, 根据 α_k 的定义, 存在 $j \geqslant 0$ 使得 $\alpha_{k,j} \leqslant 10\alpha_k$ 且 $\alpha_{k,j}$ 是不可接受步长, 于是有

$$f(x^k) + \sigma\alpha_{k,j}(g_k)^T d^k \leqslant f(x^k + \alpha_k d^k) \leqslant f(x^k) + \alpha_{k,j}(g^k)^T d^k + \frac{1}{2}\eta_2\alpha^2_{k,j}\|d^k\|^2, \tag{6.7.21}$$

其中 $\eta_2 = \max_{x \in D}\|\nabla^2 f(x)\|$. 由上述不等式和 (6.7.15) 式有

$$\alpha_{k,j} \geqslant \frac{-2(1-\sigma)(g^k)^T d^k}{\eta_2\|d^k\|^2} \geqslant \frac{2(1-\sigma)}{\eta_2\gamma}. \tag{6.7.22}$$

再由上述不等式和 $\alpha_k \geqslant 0.1\alpha_{k,j}$, 知对于所有的 k, 有

$$\alpha_k \geqslant \min\left\{ \frac{-(1-\sigma)}{5\eta_2\gamma}, 0.1\overline{\beta} \right\} > 0. \tag{6.7.23}$$

因为 k 是有界集,

$$\infty > \sum_{k=1}^{\infty}(f(x^k) - f(x^{k+1})) \geqslant \sum_{k=1}^{\infty} -\sigma\alpha_k(g^k)^{\mathrm{T}}d^k, \tag{6.7.24}$$

由 (6.7.23) 和 (6.7.24) 式可得

$$\sum_{k=1}^{\infty} -(g^k)^{\mathrm{T}}d^k < \infty, \tag{6.7.25}$$

即

$$\lim_{k\to\infty}(g^k)^{\mathrm{T}}d^k = 0. \tag{6.7.26}$$

根据 (6.7.26) 及下式

$$(d^k)^{\mathrm{T}}g^k = -(g^k)^{\mathrm{T}}Z\overline{H}^k Z^{\mathrm{T}}g^k + \sum_{i\in L^k}(l_i - x_i^k)g_i^k + \sum_{i\in U^k}(u_i - x_i^k)g_i^k$$

有

$$\lim_{k\to\infty} \|Z^{\mathrm{T}}g^k\| = 0, \tag{6.7.27}$$

$$\lim_{k\to\infty} \sum_{i\in L^k}(l_i - x_i^k)g_i^k = 0, \tag{6.7.28}$$

$$\lim_{k\to\infty} \sum_{i\in U^k}(u_i - x_i^k)g_i^k = 0. \tag{6.7.29}$$

设 $\overline{x}$ 是 $\{x^i\}$ 的任一聚点, 则存在子列 $\{x^{k_i}\}(i = 1, 2, \ldots)$ 使得

$$\lim_{k\to\infty} x^{k_i} = \overline{x}. \tag{6.7.30}$$

由 (6.7.3) 和 (6.7.4) 式, 若 $\overline{x}$ 不是一个 KKT 点, 则存在 $j \in \overline{L}$(或 $j \in \overline{U}$) 使得

$$g_j(\overline{x}) < 0 \quad (\text{或} g_j(\overline{x}) > 0), \tag{6.7.31}$$

或者存在 $j \in \overline{F}$ 使得

$$g_j(\overline{x}) \neq 0. \tag{6.7.32}$$

若对于某个 $j \in \overline{F}$ 有 (6.7.32) 式成立, 则由 (6.7.27)-(6.7.29) 可知, 对于充分大的 i, 有 $j \notin L(x^{k_i}) \cup U(x^{k_i}) \cup F(x^{k_i})$, 但这是不可能的. 故结论得证.　　　□

参 考 文 献

[1] Alizadeh F, Goldfarb D. Second-order cone programming. Math.Program., 2003, 95: 3-51.

[2] Attouch H. Variational convergence for functions and operators. London: Pitman, 1984.

[3] Attouch H, Wets R. Quantitative stability of variational systems:III. E-approximate solutions. Mathematical Programming, 1993, 61: 197-214.

[4] Au K L, Higle J L and Sen S. Inexact subgradient methods with applications in stochastic programming. Math.Program., 1994, 63: 65-85.

[5] Auslender A. Convergence of stationary sequences for variational inequalities with maximal monotone operators. Applied Mathematics and Optimization, 1993, 28: 161-172.

[6] Auslender A, Cominetti R and Crouzeix J P. Convex functions with unbounded level sets and applications to duality theory. SIAM Journal on Optimization, 1993, 3: 669-687.

[7] Auslender A. Numerical methods for nondifferentiable convex optimization. Mathematical Programming Study, 1986, 30: 102-126.

[8] Auslender A and Crouzeix J P. Well behaved asymptotical convex functions. Analyse Non-linéare, 1989: 101-122.

[9] Au K L, Higle J L and Sen S. Inexact subgradient methods with applications in stochastic programming. Math.Program., 1994, 63: 65-85.

[10] Bazarra M S and Shetty C M. Nonliner programming, theory and algorithms. New York: John Wiley and Sons.Inc, 1979.

[11] Barzilai J, Borwein J M. Two-point step size gradient methods. Numer. Anal.,1988, 8: 141-148.

[12] Bertsekas D P. Projected Newton methods for optimization problems with simple constrains. SIAM J. Contr. Opt., 1982, 20: 221-246.

[13] Bertsekas D P and Tseng P. Partial proximal minimization algorithms for convex programming. SIAM Journal on Optimization, 1994, 4: 551-572.

[14] Bihain A. Optimization of upper semidifferentiable functions. Optim J. Theory Appl., 1984, 44: 545-568.

[15] Birge J R and Qi L. Subdifferentials in approximation for stochastic programming. SIAM Journal on Optimization, 1995, 5: 436-453.

[16] Birge J R and Qi L. Continuous approximation schemes for stochastic programs. Annals of Operations Research, 1995, 56: 251-285.

[17] Birge J R and Wets R. Designing approximation schemes for stochastic optimization problems, in particular, for stochastic programs with recourse. Mathematical Programming Study, 1986, 27: 54-102.

[18] Birge J R, Qi L and Wei Z. A general approach to convergence properties of some methods for nonsmooth optimization. Applied Mathematics and Optimization, 1998, 38: 141-158.

[19] Birge J R, Qi L and Wei Z. Convergence analysis of some methods for minimizing a nonsmooth convex function. J. Optim. Theory Appl., 1998, 97: 357-383.

[20] Birgin E G, Martínez J M and Raydan M. Nonmonotone spectral projected gradient methods on convex sets. SIAM J. Optim., 2000, 10: 1196-1221.

[21] Birgin E G, Martínez J M. A spectral conjugate gradient method for unconstrained optimization. Appl. Math. Optim., 2001, 43: 117-128.

[22] Birgin E G and Martínez J M. Large-scale active-set box-constrained optimization method with spectral projected gradients. Comput.Opt. Appl., 2002, 22: 101-125.

[23] Bonnans J F, Gilbert J C, Lemaréchal C and Sagastizábal C A. A family of variable metric proximal methods, Math. Program., 1995, 68: 5-47.

[24] Broyden C G, Dennis J E and Moré J J. On the local and supelinear convergence of quasi-Newton methods. J.Inst.Math.Appl., 1973, 12: 223-246.

[25] Bümenei A, Bratkovic F, Puhan J, Fajfar I and Tuma T. Extended global convergence framework for unconstrained optimization. Acta Mathematica Sinca, English Series, 2004, 20: 433-440.

[26] Burke J V and Han S P. Arobust sequential quadratic programming method. Math. Program., 1989, 43: 277-303.

[27] Burke J V and Moré J J. Exposing constrints, SIAM J. Opt., 1994, 4: 573-595.

[28] Byrd R and Nocedal J. A tool for the analysis of quasi-Newton methods with application to unconstrained minimization. SIAM Journal on Numerical Analysis, 1989, 26: 727-739.

[29] Byrd R H, Nocedal J and Schnabel R B. Representations of quasi-Newton matrices and their use in limited memory methods. Math.Program., 1994: 63: 129-156.

[30] Byrd R, Nocedal J and Yuan Y. Global convergence of a class of quasi-Newton methods on convex problems. SIAM Journal on Numerical Analysis, 1987, 24: 1171-1189.

[31] Calamai P and Moré J J. Projected gradient for linearly constrained programs. Math. Program., 1987, 39: 93-116.

[32] Charalambous J and Conn A R. An efficient method to solve the minimax problem directly. SIAM J.Numer. Anal., 1978, 15: 162-187.

[33] Chen G, Teboulle M. A proximal-based decomposition method for convex minimiza-

tion problems. Mathematical Programming, 1994, 64: 81-101.

[34] Chen G. A gradient projection method solving the optimization problem with linear or nonlinear constraints. Mathematical Numerica Sinica, 1987, 4: 356-364(in Chinese).

[35] Chen X. A parallel BFGS-SQP method for stochastic linear programs//Computational Techniques and Applications. Princeton, New Jersey: World Scientific, 1995: 67-74.

[36] Chen X, Qi L and Womersley R S. Newton's method for quadratic stochastic programs with recourse. Journal of Computational and Applied Mathematics, 1995, 60: 29-46.

[37] Chen X and Womersley R S. A parallel inexact Newton method for stochastic programs with recourse. Annals of Operations Research, 1996, 64: 113-141.

[38] Clarke F H. Optimization and nonsmooth analysis. New York: Wiley, 1983.

[39] Conn A R, Gould N I M and Toint P L. Global convergence of a class of trust region algorithm for optimization with simple bounds. SIAM J. Numer. Anal., 1988, 25: 433-460.

[40] Conn A R, Gould N I M and Toint P L. Trust-region methods. SIAM, Philadel-phia, USA, 2000.

[41] Correa R, Lemaréchal C. Convergence of some algorithms for convex minimization. Mathematical Programming, 1993, 62: 261-275.

[42] Dai Y. Convergence properties of the BFGS algorithm. SIAM J. Optim., 2003, 13: 693-701.

[43] Dai Y. Alternate step gradient method. Optimization, 2003, 52: 395-415.

[44] Dai Y and Fletcher R. Projected Barzilai-Borwein methods for large-scale box-constrained quadratic programming. Numer. Math., 2005, 100: 21-47.

[45] Dai Y, Hager W, Schittkowski K and Zhang H. The cyclic Barzilai-Borwein method for unconstrained optimization. IMA J. Numer. Anal., 2006, 26: 604-627.

[46] Dai Y and Liao L. R-linear convergence of the Barzilai and Borwein gra-dient method. IMA Numer J. Anal., 2002, 22: 1-10.

[47] Dai Y, Liao L and Li D. An analysis of barzilai-borwein gradient method for unsymmetric linear equations//Teo K, Qi L, and Yang X. Optimization and Control with Applications. Springer, 2005: 183-211.

[48] Dai Y, Qi N. Testing different conjugate gradient methods for large-scale unconstrained optimization. Comput J. Math., 2003, 21(3): 311-320.

[49] Dai Y and Yuan Y. Convergence properties of the conjugate descent method. Advances in Mathematics, 1996, 6: 552-562.

[50] Dai Y and Yuan Y. Nonlinear conjugate gradient methods. Science Press of Shanghai, 2000.

[51] Dai Y and Yuan Y. Convergence properties of the Fletcher-Reeves method. IMA J. Numer. Anal., 1996, 16(2): 155-164.

[52] Dai Y and Yuan Y. Nonlinear conjugate gradient methods. Shanghai Scientific and

Technical Publishers, 1998: 37-48.

[53] Dai Y, Yuan J and Yuan Y. Modified two-point stepsize gradient method for uncon-strained optimization.Comput. Optim. Appl., 2002, 22: 103-109.

[54] Dai Y and Yuan Y. Analysis of monotone gradient methods. J. Ind. Manag.Optim, 2005, 1: 181-192.

[55] Dai Y and Zhang H. Adaptive two-point stepsize gradient algorithm. Numer. Algo-rithms, 2001, 27: 377-385.

[56] Xiao Y, Wang Q and Wang D. Notes on the Dai-Yuan-Yuan modified spectralgradient method. J. Comput. Appl. Math., 2010, 234: 2986-2992.

[57] Yin H X, Du D L. The global convergence of a self-scaling BFGS algorithm with nonmonotone line search for unconstrained nonconvex optimizaation problems. Acta Mathematica Sinica, English Series, 2007, 23(8).

[58] Daya M and Shetty C. Polynomial barrier function algorithms for convex quadratic programming. Arabian Journal for Science and Engineering, 1990, 15: 657-670.

[59] Dennis J E, Moré J J. A characterization of superlinear convergence and its application to quasi-Newton methods. Math. Comp., 1974, 28: 549-560.

[60] Demyanov V F and Malozemov V N. Introduction to minimax. New York: Wiley, 1974.

[61] Dennis J E and Moré J J. Quasi-Newton methods, motivation and theory. SIAM Rev., 1977, 19: 46-89.

[62] Dolan E D and Moré J J. Benchmarking optimization software with performance profiles. Math. Program., 2002, 91: 201-213.

[63] Du D and Sun J. A new gradient projection algorithm. Mathematica Numerica Sinica, 1984, 4: 378-386(in Chinese).

[64] Eckstein J and Bertsekas D P. On the Douglas-Rachford splitting method and the proximal point algorithm for maximal monotone operators. Mathematical Program-ming, 1992, 55: 293-318.

[65] Ermoliev M Y. Stochastic programming methods. Moscow, Russia: Nauka, 1976.

[66] Facchinei F, Júdice J and Soares J. An active set Newton algorithm for large-scale nonlinear programs with box canstranits. SIAM J.Opt., 1998, 8: 158-186.

[67] Facchinei F and Kanzow C. On unconstrained and constrained stationary points of the implicit Lagrangian. J. Optim. Theory Appl., 1997, 92: 99-115.

[68] Facchinei F, Lucidi S and Palagi L. A truncated Newton algorithm for large scale box constrained optimization. SIAM J. Opt., 2002, 12: 1100-1125.

[69] Ferris M C and Mangasarian O L. Parallel constraint distribution. SIAM Journal on Optimization, 1991, 1: 487-500.

[70] Fischer A. New constrained optimization reformulation of complementarity problems. Optim J. Theory Appl., 1998, 97: 105-117.

[71] Fukushima M. A descent algorithm for nonsmooth convex programming. Math. Program., 1984, 30: 163-175.

[72] Fukushima M. A successive quadratic programming algorithm with global and superlinear convergence properties. Mathematical Programming, 1986, 35: 253-264.

[73] Fukushima M and Qi L. A global and superlinearly convergent algorithm for nonsmooth convex minimization. SIAM J. Optim., 1996, 6: 1106-1120.

[74] Gabriel S A and Pang J S. A trust-region method for constrained nonsmooth equations//Hager W W, Hearn D W and Pardalos P M. Large Scale Optimization-State of the Art. Dordrecht, Holland: Kluwer Academic Pub-lishers, 1994.

[75] Gill P E, Hammarling S J, Murray W, Saunders M A and Wright M H. User's guide for LSSOL (version1.0): a Fortran package for constrained least-squares and convex quadratic programming. Report SOL86-1, Department of Operations Research, Standford University, 1986.

[76] Gilbert J C and Nocedal J. Global convergence properties of conjugate gradient methods for optimization. SIAM J. Optimizat., 1992, 2: 21-42.

[77] Goldfarb D. Extension of Davidon's variable metric algorithm to maximization under linear inequality and constraints. SIAM J.Appl. Math., 1969, 17: 739-764.

[78] Griewank A. On automatic differentiation//M. Iri, Tanabe K. Mathematical Programming: Recent Developments and Applications. Kluwer Academic Publishers, 1989: 84-108.

[79] Griewank A and Toint P L. Local convergence analysis for partitioned quasi-Newton updates. Numer. Math., 1982, 39: 429-448.

[80] Grippo L and Lucidi S. A globally convergence version of the Polak-Ribiere conjugate gradient method. Math. Prog., 1997, 78: 375-391.

[81] Grippo L, Lampariello F and Lucidi S. A nonmonotone line search technique for Newton's method. SIAM J. Numer. Anal., 1986, 23: 707-716.

[82] Grippo L and Sciandrone M. Nonmonotone globalization techniques for the Barzilai-Borwein gradient method. Comput. Optim. Appl., 2002, 23: 134-169.

[83] Güler O. On the convergence of the proximal point algorithm for convex minimization. SIAM Journal on Control and Optimization, 1991, 29: 403-419.

[84] Güler O. New proximal point algorithms for convex minimization. SIAM Journal on Optimization, 1994, 4: 649-664.

[85] Gupta N. A higher than first order algorithm for nonsmooth constrained optimization. Ph D. Thesis, Department of Philosophy, Washington State University, Pullman, WA, 1985.

[86] Han J and Liu G. Global convergence analysis of a new nonmonotone BFGS algorithm on convex objective functions. Comput. Optim. Appl., 1997, 7: 277-289.

[87] Han L, Yu G and Guan L. Multivariate spectral gradient method for unconstrained

optimization. Appl. Math. Comput., 2008, 210: 621-630.

[88]   Han S. A globally convergent method for nonlinear programming. Journal of Opti-mization Theory and Applications, 1977, 22: 297-309.

[89]   Herskovits J. A two-stage feasible directions algorithm for nonlinear constrained op-timization. Math. Program., 1986, 36: 19-38.

[90]   Hertog D, Roos C and Terlaky T. A polynomial method of weighted centers for convex quadratic programming. Journal of Information & Optimization Sciences, 1991, 12: 187-205.

[91]   Higle J and Sen S. On the convergence of algorithms with implications for stochastic and nondifferentiable optimization. Mathematics of Operations Research, 1992, 17: 112-131.

[92]   Higle J and Sen S. Stochastic decomposition: An algorithm for two stage linear pro-grams with recourse. Mathematics of Operations Research, 1991, 16: 650-669.

[93]   Hiriart-Urruty J B and Lemmaréchal C. Convex analysis and minimization algorithms II. Berlin, Heidelberg: Spring-Verlag, 1983.

[94]   Huang H, Wei Z and Yao S. The proof of the sufficient descent condition of the Wei-Yao-Liu conjugate gradient method under the strong Wolfe-Powell line search. Applied Mathematics and Computation, 2007, 189: 1241-1245.

[95]   Kanzow C. An active-set type Newton method for constrained nonlinear equations complementarity: Applications, in algorithms, and extensions//Ferris M C, Man-gasarian O L and Pang J S. Dordrecht, Holland: Kluwer Academic Publishers, 2001: 179-200.

[96]   P Kall, Wallace SW. Stochastic Programming. New York: Wiley, 1994.

[97]   King A J and Wets R. Epiconsistence of convex stochastic programs. Stochastics and Stochastic Reports, 1991, 34: 83-92.

[98]   Kiwiel K C. An aggregate subgradient method for nonsmooth convex minimization. Mathematical Programming, 1983, 27: 320-341.

[99]   Kiwiel K C. Methods of descent for nondifferentiable optimization. Lecture Notes in Mathematics. Berlin, Germany: Springer, 1985, 1133.

[100]   Kiwiel K C. Proximity control in bundle methods for convex nondiffierentiable opti-mization. Math.Program., 1990: 105-122.

[101]   Kiwiel K C. Proximal level bundle methods for convex nondifierentiable opti-mization, saddle-point problems and variational inequalities. Math. Program., 1995, 69: 89-109.

[102]   Kiwiel K C. A dual method for solving certain positive semi-definite quadratic pro-gramming problems. SIAM Journal on Scientific and Statistical Computing, 1989, 10: 175-186.

[103]   Lan Y and Wei Z. A gradient projection method with arbitrary initial point and global convergence. Kexue Tongbao, 1990, 20: 1536-1539(in Chinese).

[104]   Lemaréchal C. About the convergence of the proximal method//Pallaschke D. Advances in Optimization. Lecture Notes in Economics and Mathematics Systems. Berlin: Springer-Verlag, 1992: 39-51.

[105]   Lemaréchal C. Nondifierentiable optimization//Nemhauser G L, Rinnooy Kan A H G. and Todd M J. Handbooks in Operations Research and Man-agement Science. vol. 1. Amsterdam, North-Holland: Optimization, 1989.

[106]   Lescrenier M. Convergence of trust region algorithm for optimization with bounds when strict complementarity does not hold. SIAM J. Numer. Anal., 1991, 28: 467-695.

[107]   Li D and Fukushima M. A global and superlinear convergent Gauss-Newton-based BFGS method for symmetric nonlinear equations. SIAM J.Numer. Anal., 1999, 37: 152-172.

[108]   Li D and Fukushima M. A modified BFGS method and its global convergence in nonconvex minimization. J. Comput. Appl. Math., 2001, 129: 15-35.

[109]   Li D and Fukushima M. On the global convergence of the BFGS method for nonconvex unconstrained optimization problems. SIAM J. Optim., 2001, 11: 1054-1064.

[110]   Lin C and Moré J J. Nowton's method for large bound-constrained optimization problems. SIAM J. Opt., 1999, 9: 1100-1127.

[111]   Liu G, Han J and Sun D. Global convergence analysis of the BFGS algorithm with nonmonotone linesearch. Optimization, 1995, 34: 147-159

[112]   Liu D and Nocedal J. On the limited memory BFGS method for large scale optimization. Math Program., 1989, 45: 503-528.

[113]   Liu G and Peng J. The convergence properties of a nonmonotonic algorithm. J. Comput. Math., 1992, 1: 65-71.

[114]   Lu S, Wei Z and Mo L. Some global convergence properties of the Wei-Yao-Liu conjugate gradient method with inexact line search. Applied Mathematics and Computation, 2011, 217: 7132-7137.

[115]   Lukšan L and Vlček J. Test Problems for nonsmooth unconstrained and linearly constrained optimization. Technical Report No. 798, Institute of ComputerScience, Academy of Sciences of the Czech Republic, 2000.

[116]   Lukšan L and Vlček J. A bundle-Newton method for nonsmooth unconstrained minimization. Math.Program., 1998, 83: 373-391.

[117]   Mäkelä M M, Neittaanmäki P. Nonsmooth optimization. London: World Scientific, 1992.

[118]   Martínez J M, Pilotta E A and Raydan M. Spectral gradient methods for linearly constrained optimization. J. Optim. Theory Appl., 2005, 125: 629-651.

[119]   Mifflin R. A quasi-second-order proximal bundle algorithm. Mathematical Programming, 1996, 73: 51-72.

[120] Moré J J, Garbow B S, Hillstrome K E. Testing unconstrained optimization software. ACM Trans. Math. Software, 1981, 7: 7-41.

[121] Moré J J and Toraldo G. On the solution of large quadratic programming problems with bound constraints. SIAM J. Opt., 1991, 1: 93-113.

[122] Migdalas A. A regularization of the Frank-Wolf method and unification of certain nonlinear programming methods. Mathematical Programming, 1994, 65: 331-345.

[123] Ni Q. A subspace projected conjuagte gradient algorithm for large bound constrained quadratic programming. Numer. Math. (a Journal of Chinese Universities), 1998, 7: 51-60.

[124] Ni Q and Yuan Y. A subspace limited memory quasi-Newton algorithm for large-scale nonlinear bound constrained optimization. Math. Comp., 1997, 66: 1509-1520.

[125] Niederreiter H. Random number generation and Quasi-Monte Carlo methods. Society for Industrial and Applied Mathematics, Philadelphia, Pennsylvania, 1992.

[126] Panier E R and Tits A L. A superlinearly convergent feasible method for the solution of inequalicy constrained optimization problems. SIAM Journal on Control and Optimization, 1987, 25: 934-950.

[127] Panier E R, Tits A L and Herskovits J N. AQP-free globally convergent, locally superlinearly convergent algorithm for inequality constrained optimization. SIAM Journal on Control and Optimization, 1988, 4: 788-811.

[128] Panier E R and Tits A L. Avoiding the Maratos effect by means of a nonmonotone line search I: General constrained problems. SIAM Journal on Numerical Analysis, 1991, 4: 1183-1195.

[129] Panier E R and Tits A L. On combining feasibility, descent and superlinear convergence in inequality constrained optimization problems. Mathematical Programming, 1993, 59: 261-276.

[130] Perry J M. A class of conjugate algorithms with a two step variable metric memory. Discussion paper 269, Center for Mathematical Studies in Economics and Management Science, Northwestern University, 1977.

[131] Pillo G Di and Grippo L. On the exactness of a class of nondifferentiable penalty function. Journal of Optimization Theory and Application, 1988, 57: 399-410.

[132] Pinter J. Deterministic approximations of probability inequalities. ZOR-Methods and Models of Operations Research, Series Theory, 1989, 33: 219-239.

[133] Powell M J D. A new algorithm for unconstrained optimization//Rosen J B, Mangasarian O L, Ritter K. Nonlinear Programming. New York: Academic Press, 1970.

[134] Powell M J D. Nonconvex minimization calculations and the conjugate gradient method. Lecture Notes in Mathematics, 1984, 1066: 122-141.

[135] Powell M J D. On the convergence of the variable metric algorithm. Inst J. Math. Appl., 1971, 7: 21-36.

[136] Powell M J D. Some properties of the variable metric algorithm//Lootsman F A. Numerical Methods for Nonlinear Optimization. London: Academia Press, 1972.

[137] Powell M J D. Some global convergence properties of a variable metric algorithm for minimization without exact line searches//Cottle R W, Lemke C E. Nonlinear Programming, SIAM-AMS Proceedings, Vol. IX. American Mathematical Society, Providence, RI, 1976: 53-72.

[138] Powell M J D. A fast algorithm for nonlinearly constrained optimization calculations. Numer. Anal., 1978: 155-157.

[139] Prekopa A. Bool-Bonferroni inequalities and linear programming. Operations Research, 1998, 36: 145-162.

[140] Qi H, Qi L and Sun D. Solving KKT system via the trust region and the conjugat gradient method. SIAM J. Optim., 2004, 14: 439-463.

[141] Qi L. Convergence analysis of some algorithms for solving nonsmooth equations. Mathematics of Operations Research, 1993, 18: 227-244.

[142] Qi L. Superlinear convergent approximate Newton methods for LC' optimization problems. Mathematical Programming, 1994, 46: 277-294.

[143] Qi L. Regular pseudo-smooth NCP and BVIP functions and globally and quadratically convergent generalized Newton methods for complementarity and variational inequality problems. Math. Oper.Res., 1999, 24: 440-471.

[144] QI L and Jiang H. Semismooth Karush-Kuhn-Tucker equations and convergence analysis of Newton methods and Quasi-Newton methods for solving these equations. Mathematics of Operations Research, 1997, 22: 301-325.

[145] Qi L and Sun J. A nonsmooth version of Newton' s method. Math. Program., 1993, 58: 353-367.

[146] Qi L, Tong X and Li D. Active-set projected trust-region algorithm for box-constrained nonsmooth equations. Optim J. Theory Appl., 2004, 120: 601-625.

[147] Qi L and Wei Z. On the constant positive linear dependence and its application to SQP methods. SIAM Journal on Optimization, 2000, 10: 963-981.

[148] Qi L and Womersley R S. An SQP algorithm for extended linear-quadratic problems in stochastic programming. Annals of Operation Research, 1995, 56: 251-285.

[149] Raydan M. On the Barzilai and Borwein chsoce of steplength for the gradient method. IMA Numer J. Anal., 1993, 13: 321-326.

[150] Raydan M. The Barzilai and Borwein gradient method for the large scale unconstrained minimization problem. SIAM J. Optim., 1997, 7: 26-33.

[151] Robinson S M. A quadratically convergent algorithm for general nonlinear-programming algorithms. Mathematical Programming, 1972, 3: 145-156.

[152] Robinson S M. Generalized equations and their solutions. part II: Applications to nonlinear programming. Mathematical Programming Study, 1982, 19: 200-221.

[153] Robinson S M and Wets R. Stability in two-stage stochastic programming. SIAM Journal on Control and Optimization, 1987, 25: 1409-1416.

[154] Rockafellar R T. Convex analysis. Princeton: Princeton University Press, 1970.

[155] Rockafellar R T. Monotone operators and proximal point algorithm. SIAM Journal on Control and Optimization, 1976, 14: 877-898.

[156] Rockafellar R T and Wets R. Variational systems: multifunctions and integrands. Lecture Notes in Mathematics, 1984, 1091: 1-54.

[157] Rockafellar R T and Wets R. A Lagrangian finite-generation techniques for solving linear-quadratic problems in stochastic programming. Mathematical Programming Study, 1986, 28: 63-93.

[158] Rockafellar R T and Wets R. Linear-quadratic problems with stochastic penalties: the finite generation algorithm//Arkin VI, Shiraev A, Wets RJB. Stochastic Optimization. Lecture Notes in Control and Information Sciences 81. Berlin: Springer-Verlag, 1987: 55-69.

[159] Ryrd R H, Lu P and Nocedal J. A limited memory algorithm for bound constrained optimization. SIAM J. Statist. Sci. Comput., 1995, 16: 1190-1208.

[160] Ryrd R H, Nocedal J and Schnabel R B. Representations of quasi-Newton matrices and their use in limited memory methods. Math.Program., 1994, 63: 129-156.

[161] Sagara N and Fukushima M. A trust region method for nonsmooth convex optimization. J. Ind.Manag. Optim., 2005, 1: 171-180.

[162] Sampaio R J B, Yuan J and Sun W. Trust region algorithm for nons-mooth optimization. Appl. Math. Comput., 1997, 85: 109-116.

[163] Schramm H and Zowe J. A version of the bundle idea for minimizing a nons-mooth function: Conceptual idea, convergence analysis, numerical results. SIAMJ. Optim., 1992, 2: 121-152.

[164] Shanno D F. On the convergence of a new conjugate gradient algorithm. SIAM J. Numer. Anal., 1978, 15: 1247-1257.

[165] Short N Z. Minimization methods for nondifferentiable functions. Berlin: Springer, 1985.

[166] Shi B. A family of perturbed gradient projection algorithms for nonlinear constraints. Acta Mathematicae Applicatae Sinica, 1989, 12: 190-195(in Chinese).

[167] Sikorski K A and Borkowski A. Ultimate load analysis by stochastic programming//Lloyd Smith D. Mathernaticai Programming Methods in Structural Plasticity, Chapter 20, CISM Courses and Lectures, Udinc. 1986. New York: Springer-Veriag, 1990: 403-424.

[168] Spanier J and Maize E H. Quasi-random methods for estimating integrals using relatively small samples. SIAM Review, 1994, 36: 18-44.

[169] Stoer J and Bulirsch R. Introduction to numerical analysis. second ed.. Springer-

Verlag, 1996.

[170] Todd M J. On convergence properties of algorithms for unconstrained minimization. IMA Journal of Numerical Analysis, 1989, 9: 435-441.

[171] Toint P L. An assessment of non-monotone line search techniques for uncon-strained minimization problem. SIAM J. Optim., 1996, 17: 725-739.

[172] Topkis D M and Veinott A F. On the convergence of some feasible direction algorithms for nonlinear programming. Journal on SIAM Control, 1967, 5: 268-279.

[173] Wang C, Liu Q and Yang X. Convergence properties of nonmonotone spectral projected gradient methods. Comput J. Appl. Math., 2005, 182: 51-66.

[174] Wang J. Approximate nonlinear programming algorithms for solving stochastic programs with recourse. Annals of Operations Research, 1991, 30: 371-384.

[175] Wei Z, Qi L and Chen X. An SQP-type method and its application in stochastic programs. J. Optim. Theory Appl., 2003, 116: 205-228.

[176] Wei Z and Qi L. Convergence analysis of a proximal Newton method. Numer. Funct. Anal. Optim., 1996, 17: 463-472.

[177] Wei Z, Qi L and Birge J R. A new methods for nonsmooth convex optimization.J. Inequal.Appl., 1998, 2: 157-179.

[178] Wei Z, Qi L and Chen X. An SQP-type method and its application in stochastic programming. J. Optim. Theory Appl., 2003, 116: 205-228.

[179] Wei Z, Qi L and Ito S. New step-size rules for optimization problems. Department of Mathematics and Information Science, Guangxi University, Nanning,Guangxin, China P R. October, 2000.

[180] Wei Z, Yao S and Liu L. The convergence properties of some new conjugate gradient methods. Applied Mathematics and Computation, 2006, 12: 1341-1350.

[181] Wei Z, Yu G, Yuan G and Lian Z. The superlinear convergence of a modified BFGS-type method for unconstrained optimization. Comput.Optim. Appl., 2004, 29: 315-332.

[182] Wets R. Stochastic programming: solution techniques and approximation schemes //Bachem A, Gr otschel M, Korte B. Mathematical Programming, The State of the Art - Bonn 1982. Berlin: Springer-Verlag, 1983: 566-603.

[183] Wolfe P. A method of conjugate subgradients for minimizing nondifferentiable convex functions. Mathematical Programming Study, 1975, 3: 145-173.

[184] Womersley J. Numerical methods for structured problems in nonsmooth optimization. Ph. D. Thesis. Mathematics Department, University of Dundee, Dundee, Scotland, 1981.

[185] Wu S. Convergence properties of descent methods for unconstrained minimization. Optimization, 1992, 26: 229-237.

[186] Xu D. Global convergence of the Broyden' s class of Quasi-Newton methods with

nonomonotone linesearch. Acta Mathematicae Applicatae Sinica, English Series, 2003, 19(1): 19-24.

[187]   Yao S, Wei Z and Huang H. A note about WYL' s conjugate gradient method and its applications. Applied Mathematics and Computation, 2007, 191: 381-388.

[188]   Ye Y and Tse E. An extension of Karmarkar' s projective algorithm for convex quadratic programming. Mathematical Programming, 1989, 44: 157-179.

[189]   Yan D and Mukai H. Optimization algorithm with probabilistic estimation. Journal of Optimization Theory and Applications, 1993, 73: 345-371.

[190]   Yu G, Huang J and Zhou Y. A descent spectral conjugate gradient methodfor impulse noise removal. Appl. Math. Lett., 2010, 23: 555-560.

[191]   Yuan G and Lu X. A new backtracking inexact BFGS method for symmetric nonlinear equations. Comput. Math. Appl., 2008, 55: 116-129.

[192]   Yuan G, Lu X and Wei Z. BFGS trust-region method for symmetric nonlinear equations. Comput J. Appl. Math., 2009, 230: 44-58.

[193]   Yu Z. Solving bound constrained optimization via a new nonmonotone spectral projected gradient method. Appl. Numer. Math., 2008, 58: 1340-1348.

[194]   Yu Z, Lin J, Sun J, Xiao Y, Liu L and Li Z. Spectral gradient projection method for monotone nonlinear equations with convex constraintsl. Appl. Nu-mer. Math., 2009, 59: 2416-2423.

[195]   Yu Z, Sun J and Qin Y. A multivariate spectral projected gradient method for bound constrained optimization. J. Comput. Appl. Math., 2011, 235: 2263-2269.

[196]   Zhang H and Hager W W. A nonmonotone line search technique and its application to unconstrained optimization. SIAM J. Optim., 2004, 14: 1043-1056.

[197]   Zhang L. A new trust region algorithm for nonsmooth convex minimization.Appl. Math.Comput., 2007, 193: 135-142.

[198]   Zhang L and Zhou W. Spectral gradient projection method for solvingnonlinear monotone equations. J. Comput. Appl. Math., 2006, 196: 478-484.

[199]   Zhang Y and Tewarson P R. Quasi-Newton algorithm with updates from the preconvex part of Broyden' s family. SIAM J. Numer. Anal., 1988, 8: 487-509.

[200]   Zhou J L and Tits A L. Nonmonotone line search for minimax problem. J. Op-tim. Theory Appl., 1993, 76: 455-476.

[201]   Zhu C. Modified proximal point algorithm for extended linear-quadratic programming. Computational Optimization and Applications, 1992, 1: 185-206.

[202]   Zhu D. Nonmonotone backtracking inexact quasi-Newton algorithms for solving smooth nonlinear equations. Appl. Math. Comput., 2005, 161: 875-895.

[203]   Zhu C and Rockafellar R T. Primal-dual projected gradient algorithms for extended linear-quadratic programming. SIAM Journal on Optimization, 1993, 3: 751-783.

[204]   Zowe J. Nondifferentiable optimization//K. Schittkowski. Computational Mathemat-

ical Programming. Berlin, Germany: Springer-Verlag, 1985: 323-356.

[205]　陈广军. 一个解带线性或非线性约束最优化问题的梯度投影方法. 计算数学, 1987, 4: 356-364.

[206]　堵丁柱. 非线性约束条件下的梯度投影法. 应用数学学报, 1985, 8: 7-16.

[207]　戴彧虹, 袁亚湘. 非线性共轭梯度法. 上海: 上海科学技术出版社, 2000.

[208]　薛声家. 解非线性约束拟凸规划的一个梯度投影法. 数学研究与评论, 1984, 2:87-91.

[209]　袁亚湘, 孙文瑜. 最优化理论与方法. 北京: 科学出版社, 1997.

[210]　章祥荪. 关于非线性约束条件下的 Polak 算法的一些讨论. 应用数学学报, 1981, 3: 1-13.

[211]　Nocedal J and Yuan Y. Combining trust region and line search technique//Yuan Y. Advances in Nonlinear Prograr mming. Kluwer, Dordrecht, 1998: 153-175.

[212]　Ortega J M and Rheinboldt W C. Ieerative Solution of nonlinear equations in several variables. New York: Academic Press, 1970.

索　引